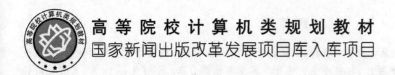

高等院校计算机类规划教材

国家新闻出版改革发展项目库入库项目

计算机辅助机械设计

主编　李伟青

参编　康嘉杰　潘　露

U0290906

北京邮电大学出版社

www.buptpress.com

内 容 简 介

本书主要介绍计算机辅助机械设计的相关概念、三维设计软件 SolidWorks 的设计理念和操作、轻量化设计软件 Altair Inspire 的设计理念和操作、相关专业大学生学科竞赛相关内容。全书共分 12 章,内容包括计算机辅助设计概述、SolidWorks 2020 简介、草图设计、零件三维模型设计、装配体三维模型设计、二维工程图的生成、标准件库及系列零部件设计、有限元分析、动态仿真、动画制作与渲染输出、Altair Inspire 结构拓扑优化设计、工科专业大学生学科竞赛介绍及往年决赛作品。

本书可作为高等院校机械或近机械类专业本科生或研究生教材,也可作为有意参加大学生学科竞赛的学生或工程技术人员的参考用书。

图书在版编目(CIP)数据

计算机辅助机械设计 / 李伟青主编 . -- 北京:北京邮电大学出版社,2023.9
ISBN 978-7-5635-7010-2

Ⅰ.①计… Ⅱ.①李… Ⅲ.①机械设计—计算机辅助设计—应用软件 Ⅳ.①TH122

中国国家版本馆 CIP 数据核字 (2023) 第 161825 号

策划编辑:姚 顺 刘纳新 **责任编辑**:姚 顺 米文秋 **责任校对**:张会良 **封面设计**:七星博纳

出版发行:北京邮电大学出版社
社 址:北京市海淀区西土城路 10 号
邮政编码:100876
发 行 部:电话:010-62282185 传真:010-62283578
E-mail:publish@bupt.edu.cn
经 销:各地新华书店
印 刷:北京虎彩文化传播有限公司
开 本:787 mm×1 092 mm 1/16
印 张:29.25
字 数:765 千字
版 次:2023 年 9 月第 1 版
印 次:2023 年 9 月第 1 次印刷

ISBN 978-7-5635-7010-2 定价:68.00 元

· 如有印装质量问题,请与北京邮电大学出版社发行部联系 ·

前　言

1. 编写本教材的背景

国内外已出版的"计算机辅助机械设计"课程教材有多种版本,适合不同授课对象、不同专业、不同层次、不同学时的教学需要,大体分为三类:注重基础理论的教材、注重软件二次开发的教材和注重某种商业软件应用的教材。作者在俄亥俄州立大学做访问学者期间,通过与该校该类课程相关教师的交流及对美国其他高校的调研,了解到国外大多该类课程与商业软件公司合作,他们主要使用的教材是商业软件公司提供的软件操作教材,与主讲教师编写的教材资料相辅相成,课程结业是直接将参与认证考试的成绩作为该门课程成绩,通过该门课程获得的认证证书成绩在学生就业时起到了很重要的作用。

本教材在调研企业、已毕业学生和在校学生对该类课程的需求的基础上,融合作者 20 余年讲授该类课程的教学经验和积累,并在企业、在校学生、已毕业学生的共同参与下完成。本教材将"计算机辅助机械设计"课程的相关知识与新工科的创新创业理念相结合,引入与该课程有关的大学生学科竞赛,着重培养学生的专业理论知识、动手操作能力、专业创新能力和社会适应能力。

2. 本教材在人才培养中的地位、作用

① 在专业培养计划中的地位:"计算机辅助机械设计"课程为机械工程专业的专业基础必修课和核心课程,本教材是基于新工科的需求编写的,在机械专业整个教学培养计划和教材建设中具有十分重要的地位。

② 在新工科理念下的工程实践能力和创新能力培养方面:本教材兼顾理论性和操作应用,可以让学生利用自己创新性的设计思想和通过该课程学到的知识进行实体零件和装配体建模,无须进行加工就可以使自己的设计得到很好的实现,因此本教材在培养学生工程实践能力及创新能力方面起到很关键的作用。

③ 在学科竞赛方面:本教材针对教育部认可的学科竞赛(如"高教杯"全国大学生先进成图技术与产品信息建模创新大赛、全国三维数字化创新设计大赛、全国大学生机械创新设计大赛、全国大学生工程训练综合能力竞赛)进行解读,并附上往年比赛的试题,引导学生学以致用,利用学到的计算机辅助机械设计知识,参加各类比赛,在比赛中不断巩固知识、提升能力,因此本教材在学科竞赛方面起到很重要的作用。

3. 本书特点

① 教材内容——立足"两度一性"金课标准:本教材将理论知识与学科竞赛、实际的工程案例相结合,培养学生解决复杂问题的综合工程能力、高级思维和创新能力。

② 教材形式——多形态:本教材将信息技术与教育教学深度融合,采用了纸质、二维码(视频、图形文件、模型文件等)等多种方式,是一本表现力丰富的新形态教材,并被纳入了国家新闻出版改革发展项目库入库项目。

③ 与产学研紧密结合:本教材通过走访企业、毕业生并与企业合作编写,使内容更符合不断发展的人才市场的需要。

本书由李伟青任主编,李伟青〔中国地质大学(北京)〕负责第 1~10 章的编写,潘露〔澳汰尔工程软件(上海)有限公司、上海大学〕负责第 11 章的编写,康嘉杰〔中国地质大学(北京)〕参与第 12 章的编写,同时有在校学生、毕业学生参与需求调研和案例提供,在这里表示深深的感谢。本教材获批"中国地质大学(北京)十四五本科规划教材",本教材的出版得到了中国地质大学(北京)教务处的鼓励和资助,在此深表谢意。

本教材提供的工程案例及实践与操作作业题有利于培养学生的实践能力和创新精神,同时还可加强课内互动教学。本教材以二维码形式提供了免费的素材。

本教材虽几经修改,但由于作者能力所限,不足之处在所难免,恳切希望广大师生、专家读者批评指正,以便我们及时修改完善,更好地满足使用者的需要。

作 者

目 录

第1章 计算机辅助设计概述

1.1 关于计算机辅助设计

1.1.1 计算机辅助设计相关技术

随着制造业不断向全球化、信息化方向发展以及用户需求逐渐多样化、个性化,企业只有最大限度地缩短产品的研发、设计、制造周期,才能够迅速占领产品市场,并根据用户反馈的产品满意度,进一步更快、更早地推出更符合市场需求的升级产品。因此,只有拥有先进的设计制造技术,才能够提高产品质量,适应瞬息万变的市场需求。目前,随着计算机技术的发展,计算机技术与设计制造技术相互融合、共同发展,形成了一门综合性的新兴学科——计算机辅助设计技术。该技术充分利用人类的无限思维认知和创新设计能力以及计算机的快速运算能力,快速地把产品设计思想转化为现实,它代表了计算机和工程设计方法融合的最新发展方向。

任何新技术的诞生、应用和发展,最初的愿望都是把人类从繁琐的脑力劳动和繁重的体力劳动中解放出来,计算机技术的出现尤其如此。虽然,计算机最初解决的是复杂的数学计算问题,但随着个人计算机的诞生,其很快就被应用到各行各业中,在产品设计制造技术中,最早应用计算机技术的就是产品设计,如辅助绘图,计算机辅助绘图很快就基本取代了人工绘图、晒图的工作。也正因如此,CAD其实最初指的是计算机辅助绘图(Computer Aided Drafting)。

随着计算机软、硬件技术的迅猛发展,计算机技术亦不再局限于绘图,而是快速应用到产品设计的各个阶段,从产品的构思、结构设计、功能设计及分析,到最后的加工制造,逐渐贯穿了产品的整个设计制造周期。所以,CAD的概念也由最初的计算机辅助绘图上升到了另一个全新的高度,即计算机辅助设计(Computer Aided Design),同时诞生了另一个全新的技术,即计算机辅助制造(Computer Aided Manufacturing,CAM)技术。至此,计算机辅助设计和计算机辅助制造技术已经成了产品设计和制造的重要一环。产品在被实际制造之前,就可以利用计算机技术被虚拟设计和制造出来,实现对产品全方面的技术分析。

目前,计算机辅助设计其实已经包括很多内容,如设计、分析、仿真、优化等。设计主要是指概念设计、优化设计;分析则主要是指有限元分析;仿真即计算机仿真;优化则是根据计算机仿真结果对产品设计缺陷部分进行优化设计,并通过仿真和优化的不断迭代,最终设计出理想的产品。在实际工程设计中,设计工作可以分为创造性设计和非创造性设计。创造性设计主要指的就是概念设计、优化设计方面;非创造性设计则主要是指计算机绘图、设计计算等。所以,整个设计过程首先是利用人类的创造性思维能力,设计出以前不存在的创新设计方案,其次是充分利用计算机技术,即计算机的高速计算和分析能力,将创新设计方案逐步变为现实。所以,计算机辅助设计系统就是用来把人类的创造性设计迅速实现的工具。

下面,我们就从几个不同角度对 CAD 分别进行说明。

首先,从设计角度来看,在 CAD 中,人与计算机紧密合作,从设计策略的决定到数据信息的处理再到设计修改和分析计算等方面充分发挥各自的优势。例如,计算机在数据存储与检索、分析与计算、图文处理等方面具有特殊优势,可代替人完成许多枯燥重复的任务;但在设计策略、逻辑控制、信息组织、经验和创造力的运用方面,起主导作用的只能是人,虽然随着人工智能(AI)技术的应用和发展,人工智能已经可以在这方面有所作为,但人类的主导作用永远无法被取代。因此,二者的有机结合是提高产品设计质量、缩短设计周期、降低设计成本的最佳途径。

其次,从技术角度来说,最初出现的 CAD 技术主要解决的是辅助绘图问题。随着计算机技术和其他相关技术的发展,CAD 已经成为涉及多项技术综合运用的新技术,主要涉及以下几个方面的技术。

① 图形处理技术:主要包括二维交互绘图技术、三维几何造型技术和图形输入输出技术。

② 工程分析技术:主要包括有限元分析、优化设计方法、物理属性计算(如面积、体积、质量重心等)、数值仿真等。

③ 数据交换与管理技术:主要包括产品设计数据的数据库管理技术、不同 CAD 设计平台之间的数据交换技术和系统之间的接口技术等。

④ 文件处理技术:主要指文档的制作、编辑和文字处理。

⑤ 软件设计技术:主要包括窗口界面设计技术、软件工程技术、各种工具系统的设计及应用等。

虽然 CAD 技术越来越智能化,但依然无法实现完全自动化设计,CAD 系统中最关键的因素依然是人,即设计人员,人类的创新设计能力永远是时代前进的主要驱动力。只有设计人员充分利用 CAD 系统的交互设计能力和信息存储能力,才能把人类的创造性思维同计算机技术的强大计算能力结合,进而推动时代的进步。因此,人机信息交互能力是评价 CAD 系统优劣的一个重要技术指标,也是 CAD 系统最显著的特点。

1.1.2　计算机辅助设计与其他计算机辅助技术的关系

随着 CAD 技术的发展,很多相关的技术应运而生,如 CAE(Computer Aided Engineering,计算机辅助工程)、CAM(Computer Aided Manufacturing,计算机辅助制造)、PDM(Product Data Management,产品数据管理)。

而 CAD 技术则是以上所有技术的基础。在 CAE 中,从最开始的产品单个零件设计到后面的有限元分析和运动分析,都需要 CAD 进行三维造型设计和装配;在 CAM 中,曲面设计、复杂零件建模、模具设计都需要 CAD;而 PDM 则是在整个产品完成设计和装配后,对产品的装配关系以及产品所有零件的明细(如零件所用的材料及零件的件数和重量等)进行管理。在 CAD 系统中对零件和组件所做的任何更改都将反映在 CAE、CAM 和 PDM 中。在具体设计中,CAD 系统的工作流程如图 1-1 所示。

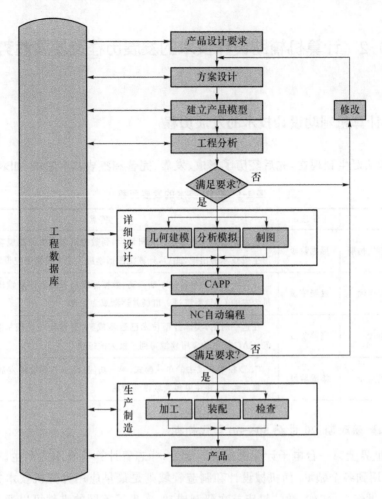

图 1-1　CAD 系统的工作流程

　　目前,CAD、CAM、CAE 和 PDM 从最初的各自独立的系统,逐步发展为高度集成的系统,尤其是 CAD 与 CAM 的结合最为紧密,其次是与 PDM 和 CAE 的集成。达索公司则实现了以上几个系统的完全高度紧密集成,其代表即为 3DEXPERIENCE 平台。这也是以后的技术发展方向。

　　总之,从计算机科学的角度来看,产品的设计制造过程是一个产品信息的数据产生、处理、交换和管理的过程。在此过程中,计算机已成为主要的技术手段,对产品从概念设计到投放市场的整个过程中的数据信息进行分析和处理,并根据生成的各种数字信息和图形信息进行产品设计和制造。目前,CAD/CAM 技术已不再是传统设计和制造工艺、流程及方法的简单复制,也不再局限于某个步骤或环节中使用的计算机工具,而是贯穿于整个产品的设计及制造周期,将计算机科学与工程领域的专业技术及现代科学方法完美结合,实现产品设计周期的大幅缩短和产品质量的极大提高。所以,CAD/CAM 系统是以计算机软、硬件为支撑环境,软件的各个功能模块(子系统)则分别实现对产品的描述、计算、分析、优化、绘图、工艺及流程设计、仿真、数控加工等功能。从广义上讲,CAD/CAM 集成系统一般还包括生产计划、管理、质量控制等诸多方面。

1.2 计算机辅助设计技术的发展历程及发展趋势

1.2.1 计算机辅助设计技术的发展历程

CAD 技术从诞生到现在,先后经历了形成、发展、完善和集成几个阶段,如表 1-1 所示。

表 1-1 CAD 技术的发展历程

时间	阶段	特点
20 世纪 50—60 年代初期	形成阶段	从世界上第一台电子计算机诞生,到数控机床首次研制成功,再到交互式图形生成技术的出现,此后,计算机图形学进入了大规模研究设计阶段
20 世纪 60—70 年代	发展阶段	计算机硬件的性价比不断提高;数据库管理系统软件陆续出现;以小型计算机为主的 CAD 系统进入市场并逐渐成为主流
20 世纪 80 年代	完善阶段	在这一时期,实体造型技术已逐步成熟,并取代三维线框技术成为技术主流,CAD 技术的应用领域得到了极大的拓展
20 世纪 90 年代至今	集成阶段	CAD 技术从过去的单一模式、单一功能、单一领域应用发展到多模式、多功能集成系统,并在更多领域得到应用

1. 准备和酝酿时期:20 世纪 50—60 年代初期

1946 年,世界上第一台电子计算机在美国诞生,标志着计算机技术的诞生。随后,计算机技术被逐步应用到各个领域,而机械设计和制造领域则是最早应用计算机技术并取得巨大成功的领域。20 世纪 50 年代,数控机床首次研制成功,实现了不同的零件可以通过不同的数控程序进行加工,从而产生了 CAD 的原始概念。1950 年,美国麻省理工学院在其计算机中首次将阴极射线管(CRT)作为图形终端,可以被动显示图形。光笔则出现在 20 世纪 50 年代后半期。这两项技术的应用掀开了交互式计算机交互图形学的研究,结束了只能靠纸带穿孔设计计算机程序的非交互计算机时代。

20 世纪 60 年代初期,随着交互式图形生成技术的出现,CAD 技术得到了快速发展。计算机图形学、交互技术以及使用分层数据结构存储图形符号的思想,首次出现在麻省理工学院研究生伊万·萨瑟兰的论文《人机对话图形通信系统》中,并对 CAD 技术的应用起到了重要的推动作用。1962 年,美国学者伊万·萨瑟兰开发了一个名为 Sketchpad 的系统,这是交互式图形系统的雏形,可以设计和修改屏幕上的图形。此后,计算机图形学进入了大规模研究设计阶段,CAD 这一术语就是在这个阶段出现的。

2. 蓬勃发展并进入应用时期:20 世纪 60—70 年代

20 世纪 60 年代末到 70 年代中期,CAD 技术日趋成熟。在此期间,计算机硬件的性价比不断提高;数据库管理系统软件陆续出现;以小型计算机为主的 CAD 系统进入市场并逐渐成为主流。显示技术也在 20 世纪 60 年代末得到技术突破,进一步大大提高了 CAD 系统的性价比,达到了每年 30% 的用户增长速度,并形成了 CAD 行业。1964 年,美国通用汽车公司发布了 DAC-1 系统;洛克希德飞机公司于 1965 年推出了 CADAM 系统;贝尔电话公司发布了 GRAPHIC-1 系统。但是,当时图形显示价格昂贵,限制了 CAD 系统的普及和推广。20 世纪 60 年代后期,存储管显示器以其低廉的价格进入市场,大大降低了 CAD 系统的成本,CAD 系统被许多公司认可并接受。随后,出现了一批系统集成商,他们把硬件和软件集成起来卖给用户,称为整套方案提供商,并由此快速促进了 CAD/CAM 产业的形成。

到了 20 世纪 70 年代,交互式计算机图形技术已经逐步成熟并越来越多地应用于工业。在这个时期,出现了大量的论文、文献、教程和学术会议。所以,整个 20 世纪 70 年代可以说是计算机图形学逐步成熟和广泛应用的年代。但局限于计算机硬件的发展速度,那个时期大部分还是 16 位计算机上的二维绘图系统和三维线框系统,只能解决一些简单的产品设计问题。

3. 突飞猛进的时期:20 世纪 80 年代

20 世纪 80 年代,随着超大规模集成电路的出现,计算机硬件成本得到大幅下降。同时,计算机外围设备(如高分辨率彩色图形显示器、大型数字化仪、自动绘图仪等设备)已成为系列产品,为推动 CAD 技术向高水平发展提供了必要条件,因此,CAD 技术到了迅猛发展的时期。与此同时,相应的软件技术,如数据管理、有限元分析、优化设计等技术也得到了迅速发展。一系列商业化软件的出现和应用也促进了 CAD 技术的推广应用,使其应用范围从大中型企业发展到小型企业,从发达国家向发展中国家推广,从产品设计应用到工程设计。在这一时期,实体造型技术已逐步成熟,并取代三维线框技术成为技术主流,CAD 技术的应用领域得到了极大的拓展。

在软件方面,软件集成技术也得到了极大发展,使得在一个 CAD 平台上,就可以实现二维工程图形绘制、三维造型及自由曲面设计、有限元分析、机构和机器人分析仿真、注塑模具设计等各种工程应用,而不必在不同软件平台上进行切换,统一的数据模型也省去了在不同软件平台上进行数据交换的不便,尤其是实体建模理论和系统的开发和应用,如通用汽车公司的 Gmsolid、ShapeData 公司的 Romulus、罗彻斯特大学的 PADL-2、ApplicOn 公司的 SynlhevisiOn-based 和 Computervision 公司的 Solidesign 等。同时,计算机硬件和相关的输入输出设备也得到了很大的发展。32 位 CPU 的出现使得工程工作站和微机的性能达到了过去小型机甚至中型机的性能。廉价的彩色光栅图形显示器已成为主流标配;计算机网络的广泛应用进一步使 CAD 系统的性能得到了极大提升,同时奠定了 CAD 系统网络协同设计的基础。

4. 开放性、标准化、集成化、智能化、协同化发展时期:20 世纪 90 年代至今

从 20 世纪 90 年代开始,随着计算机尤其是个人计算机性能的爆发式增长,其价格呈指数下降,CAD 技术从过去的单一模式、单一功能、单一领域应用,发展到多模式、多功能集成系统,并在更多领域得到应用。随着计算机网络技术和多媒体技术的普及和应用,CAD 技术正逐步走向开放性、标准化、集成化、智能化、协同化发展。为了实现系统集成和资源共享,以及产品生产、组织管理的高度自动化,提高产品竞争力,需要在企业内部或 CAD 平台的各个子系统之间或不同的 CAD/CAM 系统之间进行统一的数据交换。因此,一些先进的工业化国家和国际标准化组织都在从事标准接口的开发,CAD/CAM 在各自领域的巨大推动作用得以显现,再加上设计和制造自动化的需求,CAD/CAM 系统逐步向开放性、标准化、集成化、智能化、协同化方向发展。目前,市场上的主要 CAD/CAM 软件都具有这些特性,而且还发展到了更高的高度。

1.2.2　计算机辅助设计技术的发展趋势

当前,市场全球化、制造国际化以及产品品种需求多样化给工业企业带来了新的挑战,企业之间在产品上市时间、质量和成本控制方面的竞争也越来越激烈。因此出现了一系列的先进制造技术、系统和生产管理方法,如并行工程、准时制生产、精细化生产、敏捷制造、虚拟现实技术等,这些都与 CAD 系统的发展和应用息息相关。目前,CAD 系统有以下几个主要发展趋势。

1. CAD 系统的应用面向产品的全生命周期

CAD 系统的产品信息模型可以在产品的整个生命周期的不同环节(从概念设计、结构设计、详细设计到工艺设计、数控编程等)之间轻松转换甚至是无缝转换。CAD 系统需要支持产品与相关过程(包括制造过程和支持过程)的集成和并行设计,并帮助产品开发人员考虑从设计概念形成到产品报废处理的所有因素,包括质量、成本、进度和用户需求。CAD 系统已从面向产品设计的某个或某几个环节转变为面向产品的整个生命周期。

2. CAD 系统必须充分考虑产品信息的继承性

CAD 系统可以方便用户获取所有历史数据,以充分利用生产实践已验证过的产品信息。在利用 CAD 系统开发和设计新产品时,只需要重新设计和制造少数零件,大多数零件的设计都会继承以前产品的信息。同时,CAD 系统必须具有强大的变型设计能力,并且可以通过快速重构获得新产品。这不仅可以大大缩短产品周期,还可以提高产品制造的一次成功率和产品的一次成熟性。

3. CAD 系统必须满足并行设计的要求

将产品分解为一些模块,身处世界各地的产品设计师就可以通过计算机网络分工协作,进行产品零部件的设计和制造,然后进行组装、集成。并行设计系统一般包括:

① 提供基于 Web 的会议系统,让开发团队成员在异构网络中轻松实现半结构化通信和分布式计算;

② 建立和维护统一的产品过程和源数据模型,使用户可以从分布在公司不同地理位置的数据库中透明地搜索、提取及浏览信息;

③ 动态管理产品开发过程,让虚拟产品开发团队轻松讨论及制定决策;

④ 促进并发工程中工具和服务的集成。

4. CAD 系统和产品信息标准化的结合

产品信息的标准化作为 CAD 系统应用的基础和前提。产品信息标准化的结果为 CAD 系统提供一个实用的、配套的产品信息基因库(数据库和知识库),这将使 CAD 系统发挥更重要的作用。海量存储技术的发展为产品信息基因库的建设提供了更好的条件。产品信息基因库的内容包括零件的各种标准化功能特性、典型零件、功能模块、典型产品信息等。

5. 产品模型的可转换性

尤其是二维和三维产品模型之间的相互转换,可以满足不同的需求。

在基于特征建模的 CAD 系统中,当采用特征建模方法完成一个新零件的设计时,当类似零件的变体不断出现时,CAD 系统自动转换零件的功能特征模型为典型零件模型,这样利用 CAD 系统的变型设计功能就可以大大缩短新零件的设计过程,节省时间成本。

6. 产品信息编码系统面向全球

对产品信息进行编码可以方便产品信息的检索和使用,同时也为并行设计和变型设计提供了便利条件,为敏捷制造创造了必要条件。

7. 软件系统必须具有良好的可移植性、扩展性和自组织性

在 CAD 系统中,采用模块化设计,可以根据用户需求,像搭积木一样方便地为用户组装必要的功能模块。同时 CAD 系统应该提供系统扩展或二次开发接口,方便用户自行加入自己的模块以满足用户的个性化需求或弥补系统中的不足,并且这种修改不会影响 CAD 系统。

8. 系统智能化

将知识工程引入 CAD 系统中,让 CAD 系统具备一定的智能性,这些智能性主要体现在以下几个方面:

① 为设计人员提供智能化支持,不仅是智能化的人机界面,系统还可以理解设计者的意图,为其提供智能化操作引导,并能够及时发现错误、回答问题、提出合理的建议方案;

② 具有一定的推理能力,可以引导不熟练的设计者做出好的设计方案。

9. 支持虚拟现实(VR)技术

当设计者在虚拟世界中创建新产品时,利用 VR 技术可以让设计者从人体工程学的角度对设计的效果进行检查和体验,而且可以直接参与操作,进行使用模拟及各种试验和测试,以确保产品设计的准确性和功能的完备性。该技术具有如下特点:

① 可以尽早从多个角度查看新产品的外观,方便从多方面、多角度对所设计的产品进行观察和评审;

② 可以利用虚拟环境的多种工具对产品进行扭曲、挤压和拉伸,以模拟和观察产品的抗扭曲、抗压和抗拉能力;

③ 可以在不消耗材料或不占用贵重加工设备的情况下对材料进行虚拟切割或挤压;

④ 可以尽早发现产品结构空间设计中的干扰、运动机构的碰撞等;

⑤ 通过刀具运动轨迹模拟,可以直接观察数控加工(CNC)中刀具的运动轨迹是否正确。

1.3　计算机辅助设计系统的构成

CAD 系统是 CAD 技术的集中体现,无论是最终用户设计理念的实现,还是产品和工程设计的信息化,都依赖 CAD 系统来完成。CAD 系统一般由硬件和软件两部分组成。硬件由一系列的硬件设备(主要是指计算机和输入、输出设备)组成。软件的体系结构则由基础层、支撑层和应用层 3 个层次组成。

下面分别从硬件和软件两方面介绍 CAD 系统的组成。

1.3.1　系统的硬件构成

CAD 系统硬件由计算机及其外围设备组成,对硬件的主要要求如下。

1. 强大的图形处理和人机交互能力

CAD 系统主要处理的是几何图形信息,而几何图形信息需要占据大量的内存,数据处理及可视化处理(如渲染、着色等)更是需要快速的 CPU 和专用的图形加速处理器 (GPU)以及高分辨率显示器。因此,CAD 系统一般都要求计算机具有大内存、高速 CPU 和 GPU 以及大屏幕的高分彩显。此外,设计人员在利用 CAD 系统进行设计工作时,经常需要对设计方案进行反复修改,所以,要求 CAD 系统具有友好的、智能化的人机交互能力和快速的响应能力。

2. 需要相当大的内部/外部存储容量

由于多媒体、可视化和面向对象技术的应用,无论是 CAD 系统本身,还是产品设计的几何数据信息的保存,都需要大量的存储空间,所以 CAD 系统不仅需要比较大的内部存储硬盘,还经常需要用大量的外部存储设备保存设计数据,以便作为设计档案保存或在 CAD 系统崩溃时用于数据恢复。

3. 稳定、高速的网络通信能力

为方便分散在世界各地的设计人员能够进行协同设计,需要稳定和高速的网络通信能力,设计人员从网络上任何地方获取设计资源都像在本地操作一样快捷、方便。目前,CAD 系统逐渐从分散的、独立的设计终端向集成化和设计服务器方向发展。所有的设计软件和设计资源都在设计服务器上,设计人员只需要通过 Web 浏览器就可以调用设计服务器上的设计软件和设计资源进行设计,设计数据也集中保存在设计服务器上,便于设计数据的统一管理和保密。

在选择 CAD/CAM 系统硬件时,能够满足功能需求是首先需要考虑的,其次需要考虑硬件的可扩展性、开放性以及标准化,以尽量延长硬件的使用寿命,节约硬件成本。

4. 输入、输出设备

CAD 系统的输入、输出设备一般指数字化仪、扫描仪、触摸屏、打印机、绘图仪等,下面分别进行简单介绍。

(1) 输入设备

① 数字化仪

数字化仪(digitizer)一般由一个 A4～A0 幅面大小的面板和一个类似于鼠标的定位器或光笔/触笔组成。通常,小幅面(A3、A4)的数字化仪被称作图形输入板(tablet)。数字化仪主要用于输入图形、选择菜单及跟踪控制光标。大幅面的数字化仪通常用于将现有图形输入计算机。

数字化仪在工作时,图样被贴在数字化仪面板上,用定位器或光笔/触笔跟踪图形的特征点,并将这些点的位置进行数字化后输入计算机,利用 CAD 系统的绘图指令,将这些特征点连接起来,就可以将图样上的图形输入 CAD 系统中。

小型数字化仪的面板通常被划分为菜单区和绘图区等几个区域,菜单区由许多预定义好功能的小方块区域组成,和计算机键盘上的按键类似,每个小区域代表着某一种功能,只要用定位器或光笔/触笔选择上面的小方格,就可以触发 CAD 系统软件选择对应的功能,执行相应的操作。当定位器或光笔/触笔位于绘图区时,屏幕会自动更改为图形状态,并且光标会随定位器或光笔/触笔一起移动。根据菜单区中的绘制指令和点的坐标值,就可以在屏幕上绘制出和图样一样的图形。

分辨率和精度是数字化仪的主要技术指标。分辨率是指数字化仪可以检测到的定位器或光笔/触笔的最小运动量,通常用每英寸可识别的点或线数表示,一般可达每英寸几千条线,但在使用时,由于受人工的影响,它只能精确到百分之一英寸左右。精度是指位置识别的精度,一般可以达到±0.125 mm 以内。数字化仪通常连接到计算机的串行端口(COM)和高速 USB 端口。

② 扫描仪

扫描仪(scanner)通过光电读取装置,可以将计算机上的所有图案信息快速转换为数字信息,是一种很有前途的图形输入设备。近年来,国内外 CAD 用户都非常重视将工程图用扫描仪自动导入计算机和识别技术的应用与研究。扫描输入与光盘存储技术相结合,可以轻松实现图纸的技术文件管理,代替目前劳动密集型的技术文件管理。通过扫描图形识别技术,可以将手工绘制的图纸转换成 CAD 系统能够识别的图形元素。特别是近几年 3D 扫描仪的应用,可以通过对实物模型进行三维扫描,形成离散的三维点云,CAD 系统可以利用这些点云完成对几何模型的重建,3D 扫描仪已经在逆向工程中被广泛应用,大大缩短了几何建模的时间。

扫描仪通常有两种类型:大型和小型。大型的一般是单色扫描输入,主要用于输入工程图纸信息;小型的一般是彩色扫描输入,主要用于输入彩色图形和图像。目前,中级扫描仪的光学分辨率已达到 600 dpi×1 200 dpi 以上。小型扫描仪相对便宜,适合与微型计算机配合使用,而且很受欢迎。此外,大型彩色扫描仪也已投放市场。

③ 其他新的输入设备

触摸屏是一种非常有特色的输入设备,它可以对被触摸位置做出反应。当人的手指或其他物体触摸屏幕上的不同位置时,计算机可以接收触摸信号并根据具体信号做出对应的响应。

交互式语音输入是另一种很有前途的多媒体输入方法。尤其是近年来,语音识别输入技术的研究取得了突破性的进展,出现了种类繁多的语音识别商业软件,语音识别输入技术已逐渐进入市场并被人们接受和使用。

(2) 输出设备

通常所说的输出设备,除显示器外,还有打印机(printer)和绘图仪(plotter)两种。打印机主要打印文字,也可以输出小幅面图形,甚至可以直接打印出实体零件。绘图仪则以图形输出为主,以文字输出为辅。打印机和绘图仪都有单色和彩色两种。打印机和绘图仪是 CAD 系统必不可少的输出设备。

① 针式打印机

针式打印机又称点阵打印机,目前常见的是 24 针打印机。通常,打印机上安装了多个字体库。其打印原理是,打印机根据计算机打印指令,控制打印头上每根打印针的电磁铁的吸合与释放,带动直径为 0.2～0.3 mm 的打印针向前撞击色带,从而打印出由点阵组成的文字或图形。成本低廉是针式打印机最大的优点,针式打印机目前一般应用于各种票据的打印,如图 1-2 所示。

图 1-2　针式打印机

② 激光打印机

激光打印机由于具有打印速度快、打印质量高以及打印噪声低等优点,已经取代针式打印机和喷墨打印机,成为家庭和办公文字打印的必备设备,如图 1-3 所示。激光打印机主要由负责数据处理的控制器、激光扫描系统、电子照相系统和进纸机构组成。打印时,激光扫描系统对计算机传输过来的文字或图像数据进行扫描,然后将扫描得到的图像转印到光导鼓上,再通过电子照相系统进行图像处理,将这些文字或图像转印到打印纸上,结果定影后,由进纸机构将打印纸送出,即可获得高质量的图文副本。激光打印机也有单色和彩色两种,但彩色型相对昂贵。常用的激光打印机一般可以打印 A4 或 B5 幅面的纸张。激光打印机的主要技术指标如下。

- 打印速度:一般指每分钟可以打印的 A4 纸的页数(页/分钟),低速打印机通常在 4～8 页/分钟之间,高速打印机通常在 10 页/分钟以上。
- 分辨率:以每英寸打印的点数(dpi)计算,激光打印机的分辨率一般为 600 dpi,高分辨率可达 1 200 dpi 或更高。

图 1-3　激光打印机

③ 3D 打印机

传统打印机是将文字或图形打印在纸张上,但 3D 打印机却可以直接打印出三维的几何物体,如图 1-4 所示。3D 打印技术是最近几年才出现的,并得到了快速应用。它是快速成型技术的一种,又称为增材制造。它是一种以数字模型文件为基础,运用粉末状金属或塑料等可粘合材料,通过逐层打印的方式来构造物体的技术,常在模具制造、工业设计等领域被用于制造模型,现在已经逐渐用于一些产品的直接制造,已经有很多的零部件是使用该技术打印而成的。该技术在很多领域都有所应用。

图 1-4　3D 打印机

④ 喷墨绘图仪

喷墨绘图仪使用一种特殊的换能器来泵送带电的墨水,聚焦系统将墨滴聚集成束,然后偏转系统控制喷嘴扫描打印纸并将其粘附在图纸上形成阴影,进而形成各种单色或彩色图形、图像、文字和符号。喷墨绘图仪具有清晰度高、工作可靠、噪声小、价格低、易于实现不同深浅的彩色图形和图像等优点。小型喷墨绘图仪常用于打印小张图形和文字,也称为喷墨打印机;大型喷墨绘图仪可用于打印设计图纸,如图 1-5 所示,一般有平板式和滚筒式两种。喷墨绘图仪也有单色和彩色两种。喷墨绘图仪的绘图速度比笔式绘图仪快,但耗材成本高。喷墨打印机的主要技术指标与激光打印机相似,打印速度一般为 3～7 页/分钟,分辨率一般为 300～600 dpi。

图 1-5　喷墨绘图仪

⑤ 笔式绘图仪

笔式绘图仪一般分为平板式和滚筒式两种。平板式的多为小型笔式绘图仪,最常用的是A3 幅面的。滚筒式的一般为大型笔式绘图仪。绘图时,可以通过控制绘图笔的抬、落和纸的相对运动进行绘图。

平板式绘图仪工作时,图纸是固定在平板上的,通过绘图笔在 X、Y、Z 方向的移动来绘制各种图形,有 A4 到 A0 多种规格。滚筒式绘图仪工作时,图案沿滚筒轴线的垂直方向运动,绘图笔沿滚筒轴线运动,通过两种运动的复合进行图形绘制,一般有 A1 和 A0 两种规格,可以绘制更长的幅面图案。其与平板式绘图仪相比,占地面积小,价格低廉。

1.3.2 系统的软件构成

CAD 系统软件最早主要运行在使用 UNIX 操作系统的工作站上,其后逐步移植和发展到微机的 Windows 操作系统上。CAD 系统软件一般还包括必要的支撑软件、系统开发及维护的配套工具软件。随着网络的广泛应用,远程协同虚拟 CAD 环境将是 CAD 支撑层的一大发展趋势。应用层在各个应用领域一般有自己的专用 CAD 软件来完成领域专属的 CAD 工作。

CAD 系统支撑软件主要是指直接支持用户进行 CAD 工作的通用功能软件,通常分为简单功能型和高度集成型。集成的 CAD 系统支撑软件可以在一个软件平台上为用户提供设计、造型、分析、数控编程和加工控制等多种模块,功能比较全面,如 PTC 公司的 Pro/Engineer,Siemens 公司的 UG、I-DEAS 和法国达索(Dassault System)公司的 CATIA 等系统。简单功能支撑软件仅提供执行某些典型 CAD 流程的功能。例如,SolidWorks 系统只是一个完整的桌面 CAD 设计系统,不具有数控编程和加工功能,ANSYS 主要用于分析和计算,ORACLE 是一个专用的数据库系统。

CAD 系统支撑软件一般都是商品化的软件,由专业的软件公司开发。用户在构建自己的CAD 系统时,需要根据自己的使用需求购买配套的支撑软件,形成相应的应用开发环境,可以使用集成的系统或多个简单功能支撑软件的组合来完成。用户可以在此基础上,利用 CAD系统提供的开发接口,进行特殊应用程序的开发,以实现自己需要的 CAD/CAM 功能。

下面根据软件功能,简单介绍 CAD 系统中常用支撑软件的特点。

1. 图形支撑软件

设计绘图占据了常规的设计工作中 60% 以上的设计工作量,计算机辅助绘图则是工程CAD 中最普及、最常用的功能。所以,图形支撑软件是 CAD 系统中最基本的支撑软件包。目前国内常用的商用图形支撑软件典型产品有美国 Autodesk 公司的 AUTOCAD、法国达索公司的 SolidWorks 以及国内自主开发的中望 CAD、CAXA、PICAD、开目 CAD、天河 CAD、InLeCAD 等。这些软件基本上都是以工程设计图的生成和绘图为应用的主要目的,具有图形功能强、开放性好、操作方便等优点。

2. 3D 建模软件

建立统一的产品数据模型和获得统一的产品定义,是 CAD/CAM 集成的基础。通过 3D建模软件,可以建立完整的产品几何描述和产品特性描述,随时提取所需信息,进而对 CAD全过程工作中的各个环节提供支持,例如,提供与有限元分析模块/软件或计算机辅助工艺过程设计(CAPP)相关的数据,以实现系统集成。

3D 建模软件一般包括几何建模、特征建模、物性计算(如质量、重心计算)、逼真图形显示、干涉检查、二维映射、二维仿形等功能。

产品造型技术是 CAD 的关键。传统的几何建模侧重于几何信息,很难提供公差、表面粗糙度、材料特性和加工要求等制造信息,这使得 CAD 和 CAM 无法有效结合。特征建模是在更高层次表达功能信息和产品形状信息,充分考虑加工的形状、精度、材料、信息管理和技术特性,提供统一的整个产品设计和制造过程的信息模型。

3. 分析软件和优化设计软件

机械设计中常用的分析软件主要包括有限元分析软件、机械运动分析软件、动力学分析软件等。通用商用有限元分析软件是 CAD 应用系统中最重要的计算分析工具软件,具有 CAD 产品模型数据的前后处理接口,是一款实用方便的专用产品结构分析软件。

产品设计有很多可能的设计方案。优化设计软件旨在利用数学优化理论和现代数值计算技术来寻找最优解。在 CAD/CAM 应用中,优化设计软件经常与工程分析软件结合使用。

4. 专业的 CAD 应用软件

专业应用软件是指为用户的特定需求而开发的软件。在实际应用中,由于设计要求和生产条件多样,购买的配套软件难以完全适应,必须针对特定的 CAD 应用进行二次开发,即根据用户要求开发定制应用软件。应用软件的水平、质量和可靠性是 CAD 系统实现生产效益的关键。企业在产品设计等方面开发的各类软件都属于应用软件。由于编程语言在面向对象技术和显示技术方面的发展和应用,CAD 应用软件的开发变得更简单、更直观、更实用。

1.4　计算机辅助设计技术在机械行业中的应用

CAD 技术在机械行业中的应用主要有以下几个方面。

① 绘制二维工程图:这是 CAD 技术最早在机械行业中的应用,也是应用最普遍和最广泛的,基本取代了传统手工绘图。

② 建立图形符号库:可以将经常需要重复使用的图形或符号保存到图形符号库中,以便可以随时调用,也可以对其进行简单编辑修改后再插入另一个图形中,使图形设计更加方便。

③ 参数化设计:标准化或系列化的零件一般都具有相似的结构,仅仅是各部分尺寸不同。参数化设计方法可以针对这类零件建立图形程序库,在设计新零件时,只需调用图形程序库中的程序并分配一组新的尺寸参数即可生成新的零件。

④ 三维建模:零件的结构采用三维实体造型设计,经过渲染、着色及光线追踪处理,可以逼真地显示出物体在现实世界的真实形状、色彩。也可通过对零部件进行装配和运动仿真,以观察各运动部件之间是否存在干涉等。

⑤ 工程分析:最常见的工程分析一般包括有限元分析、优化设计、运动学和动力学分析。此外,机械行业中的某些特定领域也有其独特的工程分析问题,如模具设计中的流体流动分析、冷却分析、变形分析等。

⑥ 设计说明文档或设计报告:在实际设计过程中,有许多设计属性会被后续工作使用。

因此,这些设计属性就需要制成设计说明文档或设计报告,以方便被调用。这些工作一般是利用软件配套的专门软件或集成模块来完成的,这些设计数据的保存一般是利用数据库或软件本身的统一数据模型,实际上软件的统一数据模型也可以看作一个特殊的或者专用的数据库。

综合上述应用情况可以看到,在机械行业中应用 CAD 技术将为行业带来以下好处:

① 提高绘图效率,基本取代了手工绘图。

② 提高分析计算速度,解决各种复杂的计算问题。

③ 易于修改设计。

④ 推进设计工作标准化、系列化、规范化。

总之,CAD 技术的应用可以帮助企业缩短产品设计周期,提高产品设计质量并降低设计成本,从而加快企业产品的更新换代速度,为企业保持良好竞争力提供技术保障。

汽车工业代表了一个国家机械制造业的发展水平,一直是 CAD/CAM 技术应用的先行者和重要领域。下面以汽车行业为例,说明国内外 CAD/CAM 技术在机械行业应用的现状。

在国际上,美国福特汽车公司(简称"福特")在 CAD/CAM 技术方面处于领先地位。20 世纪 80 年代初期,福特就开始进行 CAD/CAM 的系统规划,并以工作站为主体构建了环形网络系统;1985 年,已经有超过一半的产品设计工作在图形终端上实现;1986 年,约 70% 的钣金件使用 CAD/CAM 系统进行设计,并成功应用到开发的 Taurus 和 Sable 汽车上;其 CAD/CAM 于 20 世纪 90 年代初全面应用于产品开发,达到了 100% 的应用率。1990 年,福特有 2 000 个工作站,主要是 FGS 工作站(70% 左右)和 CV 工作站(18% 左右),其应用软件主要为自主开发的 PDGSh 和 CAD/CAM 系统。1993 年,福特首先提出了 C3P(CAD/CAB/CAM/PDM)的概念,同时,将 I-DEAS 软件作为公司的主要核心软件。

1960 年,日本三菱汽车公司开始从冲模的 NC 数控加工着手,以 CAD/CAB/CAM 为推动,从设计到加工的各项工程环节进行改革,到现在为止,已经形成了从车型外观设计到整车组装的新车型开发全过程的完整 CAD/CAM 系统。

法国汽车公司雷诺的 CAD/CAM 系统采用的是 Euclid 软件。目前,该软件已经可以为其完成 95% 的设计工作。同时,他们开发了许多适合汽车行业需求的模块,如用于干涉检测的 Megavision 以及用于钣金成型分析的 OPTRIS 等。

CATIA 是 CAD/CAM 系统的杰出代表,并被德国各大汽车公司采用。1994 年,Pro/Engineer 软件被德国大众汽车集团作为其未来新车型开发的主导 CAD 平台。

20 世纪 70 年代,CAD/CAM 系统在我国开始应用,随后得到迅速发展,也取得了良好的经济效益。"七五"期间,国家对 24 个重点机械产品的 CAD 开发研制工作提供了支持,为我国 CAD/CAM 技术的发展奠定了一定的基础。此外,国家科委实施的"863"计划中的 CIMS 主题也推动了 CAD/CAM 技术的研发。机械行业从 1995 年起先后开展了"CAD 应用 1215 工程"和"CAD 应用 1550 工程",前者是通过树立 12 家 CAD 应用典型企业进行"甩图板"工程,后者是培养 50~100 家 CAD/CAM 应用的示范企业,同时扶持 500 家,进而带动 5 000 家企业的庞大计划。在此期间,清华大学、华中科技大学、北京航空航天大学都分别在科技部的支持下开发了具有自主知识产权的软件,并开始推广应用。我国的 CAD/CAM 系统也完成了从二维绘图到三维实体建模和参数化设计阶段的巨大转变。

目前,我国的一汽、二汽等大型企业已经建立了较为完善的 CAD/CAM 系统,应用水平和国际先进水平接近。CAD/CAM 技术也在许多中小型企业中得到应用,无论是在保证产品质量还是提高人工效率方面都取得了显著的经济效益。但总体而言,无论在深度还是广度上,我国 CAD/CAM 技术的应用与国外先进水平仍有较大差距。随着我国经济的高速增长,国有企业需要转变传统的产品结构、生产设备和管理模式,以增强企业活力,适应市场。在机械行业大力推广和使用 CAD/CAM 技术是唯一的出路。

CAD 技术的应用实例

第 2 章　SolidWorks 2020 简介

2.1　SolidWorks 及其界面简介

2.1.1　关于 SolidWorks

SolidWorks 是达索系统公司的子公司,达索系统公司提供覆盖整个产品生命周期的系统,包括设计、工程、制造和产品数据管理等领域的最佳软件系统,目前是世界上 CAD 产品市场份额较大的公司之一。

SolidWorks 软件是世界上第一个基于 Windows 平台的三维 CAD 系统。SolidWorks 紧跟 CAD 技术趋势和技术创新的理念,每年能够生产数十项甚至数百项技术创新成果,其遵循易用性、稳定性和创新性三大原则,极大地缩短了设计人员的设计时间,使产品能够快速、高效地交付市场。

得益于 Windows OLE 技术、直观的设计技术、先进的 Parasolid 内核(剑桥提供)以及与第三方软件的良好集成,SolidWorks 成为达索系统公司最具竞争力的 CAD 产品,也是世界上安装最多、用户界面最友好的软件。数据显示,目前 SolidWorks 软件的使用涉及航空航天、机车、食品、机械、国防、交通、模具、电子通信、医疗设备、娱乐产业、日用品/消费品、离散制造等领域。在教育市场,每年有来自全球的大量学生通过 SolidWorks 培训相关课程,在美国,SolidWorks 是麻省理工学院、斯坦福大学等著名高校的制造专业的必修课程,一些国内大学(教育机构),如清华大学、北京航空航天大学、北京理工大学等也使用 SolidWorks 进行教学。在一定程度上,SolidWorks 已成为主流三维 CAD 软件,甚至是三维 CAD 行业标准。

2.1.2　界面简介

SolidWorks 软件是在 Windows 环境下开发的,可以充分利用 Windows 优秀的界面资源,为设计人员提供友好、简便的用户界面。SolidWorks 的用户界面实现了功能的一致性,减少了创建零件、装配体和工程图所需的操作量,充分反映了 SolidWorks 以人为本的设计理念。

当用户首次启动 SolidWorks 2020 时,他们首先看到的是启动界面,如图 2-1 所示。

通过 SolidWorks 2020,设计者可以创建 3 种不同类型的文件——零件、装配体和工程图文件。下面以零件文件界面为例,介绍 SolidWorks 2020 界面的几个功能分区,如图 2-2 所示。

　① 主菜单栏:分门别类地包含 SolidWorks 的常用主要操作命令。

图 2-1　SolidWorks 软件的启动界面

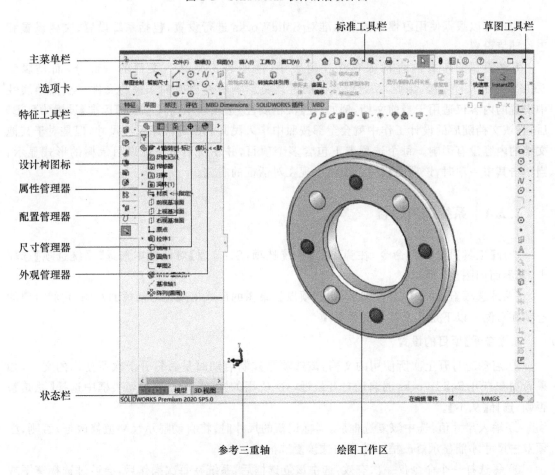

图 2-2　SolidWorks 2020 界面的几个功能分区

② 标准工具栏：像其他标准的 Windows 程序一样，标准工具栏中的工具按钮可以用来对

文件执行最基本的操作,如创建、打开、保存、打印等。

③ 特征管理树:SolidWorks 首创了特征管理器,特征管理器在界面左侧形成了一个树形结构——特征管理树,内容因不同文件类型(零件、装配体、工程图)的操作而异,但基本上它真实地记录了用户所采取的每一个步骤(如添加一个特征、添加一个视图或插入一个零件等)。通过对特征管理树的管理,用户可以方便地对三维模型进行修改和设计。设计者可以随时选择要修改的特征,并可以随意调整特征管理树的顺序来改变零件的形状。由于 SolidWorks 完全使用 Windows 技术,因此可以在设计零件时剪切、复制和粘贴特征管理树上零件的特征。SolidWorks 的 Feature Manager 技术已经成为 Windows 平台上三维 CAD 软件的标准。这项技术一经推出,就震惊了整个 CAD 界,SolidWorks 也因此成为企业主流设计工具。

④ 绘图工作区:零件设计、虚拟装配、工程图制作的主要操作窗口,后面提到的草图绘制、零件装配、工程图绘制等操作都是在这个区域完成的。

⑤ 状态栏:用于显示当前的操作状态。

2.2　系统属性和工作环境设置

用户可以根据使用习惯或国家标准对 SolidWorks 进行设置,包括系统设置、文档设置和工作环境设置。

系统设置的所有内容都保存在注册表中,注册表不是某一文件的一部分,而是属于 SolidWorks 软件系统,因此,系统设置里的更改将影响所有当前和未来的文件。在文档属性中设置的内容仅适用于当前文档,例如,在【文档属性】选项卡中,将【总绘图标准】设置为【GB】后,在该文档随后的设计工作中就会全部按照中华人民共和国标准来标注尺寸,但是对于其他文档的内容没有影响。每个选项卡下包含多个项目,并在对话框左侧以目录树的形式显示。当单击其中一项时,该项的相关选项将出现在对话框的右侧。

2.2.1　系统选项设置

选择【工具】|【选项】命令,在弹出的【系统选项(S)-普通】对话框中选择【系统选项】选项卡,其界面如图 2-3 所示。

【系统选项】选项卡中有许多项,这些项以目录树的形式出现在对话框的左侧,它们对应的选项在右侧。以下是几个常用的设置项。

1.【普通】项目的设置

① 启动时打开上次所使用的文档:该选项是控制启动时是否打开上次所使用的文档,如果希望在打开 SolidWorks 时自动打开最近一次使用的文档,则在下拉列表框中选择【总是】;否则,选择【从不】。

② 输入尺寸值:选中该复选框后,当标记新的尺寸时,将自动显示尺寸值修改框;否则,必须双击尺寸才能显示修改框。建议勾选该复选框。

③ 每选择一个命令仅一次有效:选中该复选框后,系统在每次操作后,会通过选择草图或尺寸标注工具而自动结束上一命令,以避免该命令的连续执行。如果想连续使用某命令,双击某工具使其保持选中状态以继续使用。

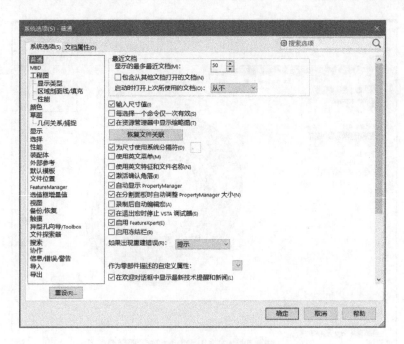

图 2-3　【系统选项】选项卡界面

④ 在资源管理器中显示缩略图：在建立装配体文件时，经常会遇到"只知道其名称，不知道是什么"的尴尬情况，如果选中了该复选框，则在 Windows 资源管理器中会显示每个 SolidWorks 的零件或装配体文件的缩略图，而不是图标。缩略图将基于文件保存时的模型视图，并将使用 16 色调色板（如果没有使用模型，将使用类似的颜色）。此外，缩略图也可以在打开对话框中使用。

⑤ 为尺寸使用系统分隔符：选中该复选框时，系统将使用默认的系统十进制分隔符显示十进制值。如果想使用与系统默认值不同的小数分隔符，则应该取消选中该复选框，并激活其右侧的文本框，用户可以在其中输入符号作为小数分隔符。

⑥ 使用英文菜单：SolidWorks 是世界上安装最多的微机三维 CAD 软件之一，支持多种语言（如中文、俄语、西班牙语等）。如果安装 SolidWorks 时指定了不同的语言，则可以通过选中该复选框更改为英文版本。

⑦ 激活确认角落：选中该复选框后，当进行某些需要确认的操作时，在图形窗口的右上角将会显示确认角落，如图 2-4 所示。

⑧ 自动显示 PropertyManager：选中该复选框后，系统在编辑特性时，会自动显示该特性的属性管理器（PropertyManager）。例如，如果选择一个草图特性进行编辑，选中的草图特性的属性管理器将自动出现。

2. 【工程图】项目的设置

SolidWorks 是一款基于实体建模的三维机械设计软件，其基本设计思想是【实体建模】|【虚拟装配】|【二维图纸】。SolidWorks 2020 推出了便捷的 2D 转换工具，用户可以轻松将 2D 图纸转换到 SolidWorks 环境中，同时保留原始数据，从而完成详细的工程图纸。此外，通过其独特的快速绘图功能，SolidWorks 可以快速生成暂时与三维零件或装配体分离的二维工程图纸，但仍然与三维实体模型完全相关，从而解决了从三维到二维的瓶颈问题。以下是【工程图】项目的常用选项，如图 2-5 所示。

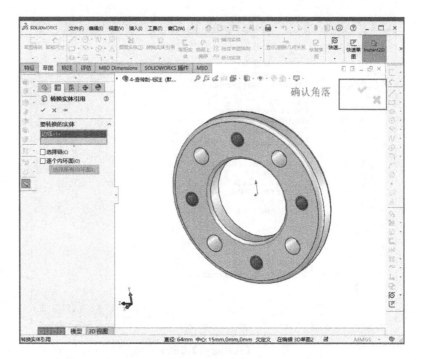

图 2-4 激活确认角落

图 2-5 【工程图】项目的常用选项

① 自动缩放新工程视图比例：选中该复选框后，当零件或装配体的标准三个视图插入工程图纸时，三个视图将自动调整比例以配合工程图纸的大小，而不管已选的图纸大小。

② 显示新的局部视图图标为圆：选中该复选框后，新建的局部视图轮廓将显示为圆形。当取消选中该复选框时，将显示草图轮廓。这样可以提高系统的显示性能。

③ 选取隐藏的实体：选中该复选框后，用户可以选择隐藏实体的切线和边线。当光标经过隐藏的边线时，边线将以双点画线显示。

④ 在工程图中显示参考几何体名称：选中该复选框后，将参考几何实体（基准面、基准轴等）输入工程图中时，它们的名称将在工程图中显示。编辑时可以选中该复选框，但最终的工程图一般是不需要显示的，可以取消选中该复选框。

⑤ 生成视图时自动隐藏零部件：选中该复选框后，生成新视图时，在【工程视图属性】对话框的【隐藏/显示零件】选项卡中将自动列出装配体中隐藏的零件。

⑥ 显示草图圆弧中心点：选中该复选框后，工程图中将显示模型草图圆弧中心点。

⑦ 显示草图实体点：选中该复选框后，草图中的实体实心点将一起显示在工程图中。

⑧ 局部视图比例：局部视图比例是指局部视图相对于工程原图的比例，可在右侧文本框中指定。

3.【草图】项目的设置

在 SolidWorks 中，所有零部件都基于草图，大多数功能的创建和编辑都是从 2D 草图的绘制开始的，所以能够熟练地使用草图工具来绘制草图是很重要的。

以下是【草图】项目的常用选项，如图 2-6 所示。

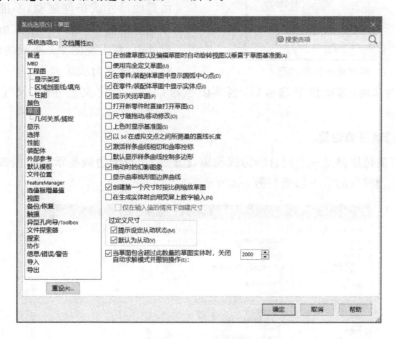

图 2-6　【草图】项目的常用选项

① 使用完全定义草图：完全定义的草图是指草图中所有实体的尺寸及其位置都由尺寸、几何关系或两者的结合进行了定义的草图。选中该复选框后，草图必须在用来生成特性之前被完全定义。

② 在零件/装配体草图中显示圆弧中心点：选中该复选框后，草图中的所有圆弧中心点将在草图中显示。

③ 在零件/装配体草图中显示实体点：选中该复选框后，草图中实体的端点将显示为实心点。实体点的不同颜色反映了草图中该实体的状态。黑色表示实体已完全定义；蓝色表示实体是欠定义的，这意味着草图中实体的一些尺寸或几何关系没有被定义，可以随意更改；红色

表示实体被过度定义,意思就是在草图中存在一些尺寸、几何关系的冲突或冗余。

④ 提示关闭草图:选中该复选框后,当使用带有开环轮廓的草图生成凸台特征时,如果此草图可以用模型的边线来封闭,系统将显示【封闭草图到模型边线?】对话框。单击【是】按钮,将草图轮廓与模型的边缘一起关闭,生成一个封闭的草图轮廓。

⑤ 打开新零件时直接打开草图:选中该复选框后,创建新零件时直接进入绘制草图状态,可以直接使用草图绘制区域和草图绘制工具进行草图绘制。当生成几何图形时,至少需要一个项目是草图实体,其他项目可以是草图实体,也可以是将边、平面、顶点、原点、基准面、轴或其他草图曲线投影到草图基准面上而形成的线或圆。

⑥ 尺寸随拖动/移动修改:选中该复选框后,尺寸值可以通过在草图中拖动实体或在【移动/复制属性管理器】选项卡中移动实体来修改。拖动完成后,实体的大小或位置将自动更新。

⑦ 上色时显示基准面:选中该复选框后,如果采用上色模式编辑草图,则基准面将呈现上色,显示网格线。

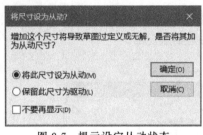

图 2-7 提示设定从动状态

⑧ 过定义尺寸:该选项组中有两个选项,分别描述如下。

- 提示设定从动状态:从动尺寸是指该尺寸由其他尺寸或条件驱动,不能被修改。选中该复选框后,当向草图添加一个过定义尺寸时,将出现图 2-7 所示的对话框,要求将尺寸设置为从动。

- 默认为从动:选中该复选框后,当草图被添加一个过定义尺寸时,尺寸默认设置为从动。

4.【显示】项目的设置

任何零件的轮廓都是一个闭合的边线轮廓,【显示】项目为边线显示和边线选择设定系统默认值。【显示】项目的常用选项如图 2-8 所示。

图 2-8 【显示】项目的常用选项

① 隐藏边线显示为：该组单选按钮用于规定实体模型隐藏边线的显示方式。当选中【实线】单选按钮时，零件或装配体中的隐藏线显示为实线。当选中【虚线】单选按钮时，视图中不可见的边显示为浅灰色的线，而可见的边则正常显示。

② 零件/装配体上的相切边线显示：该组单选按钮用于控制模型相切处边线的显示状态。

③ 在带边线上色模式下的边线显示：该组单选按钮用于控制模型在上色模式下边线的显示状态。

④ 关联编辑中的装配体透明度：关联是指在装配体中，有的零部件的几何特征是参考其他零部件的几何特征而得到的，此时该零部件中生成一个关联特征。如果被参考零部件的几何特征发生变化，相关的关联特征也会发生相应的变化。左边的下拉列表可以设置要在关联中编辑装配体的程序集的透明度模式，可以选择【保持装配体透明度】或【强制装配体透明度】或【不透明装配体】，右边的滑块用于设置透明度的值。

⑤ 高亮显示所有图形区域中选中特征的边线：选中该复选框后，单击模型特征时将突出显示所选特征的所有边缘。

⑥ 图形视区中动态高亮显示：选中该复选框后，当光标移动到草图、模型或工程图时，系统将以高亮度显示模型的边、面和顶点。

⑦ 以不同的颜色显示曲面的开环边线：选中该复选框后，系统将以不同的颜色显示曲面的开环边线，这样可以更容易地区分曲面开环边线和任何相切边线或侧影轮廓边线。

⑧ 显示上色基准面：选中该复选框后，系统将显示上色基准面。

⑨ 显示参考三重轴：选中该复选框后，将在图形区域中显示参考三重轴。

2.2.2　文档属性设置

【文档属性】设置的内容仅适用于当前文件。对于新建文件，如果没有特别指定文档属性，将采用建立该文件的模板的默认设置（如绘图标准、单位、尺寸标注、边线显示等）。

选择【工具】|【选项】命令，在弹出的对话框中选择【文档属性】选项卡，其包含的内容如图 2-9 所示，其中的项目以目录树的形式显示在对话框的左侧，单击其中一个项目时，该项目的相关选项就会出现在对话框的右侧。

图 2-9　【文档属性】选项卡

下面介绍几个常用项目的设置。

1.【绘图标准】项目的设置

该项目是通过下拉列表设置采用哪种绘图标准，我们国家一般选择国标【GB】。

2.【尺寸】项目的设置

该项目是在尺寸标注时有关文字和尺寸标注的要素的设置，用户可以根据国标或自己的习惯进行设置，该项目的相关选项如图 2-10 所示。

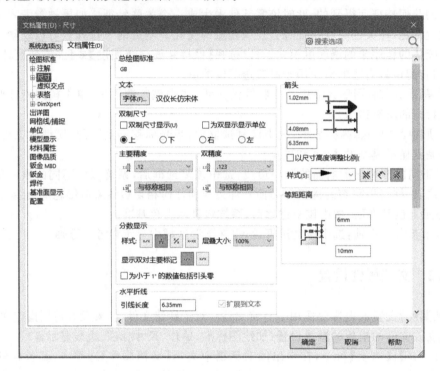

图 2-10 【尺寸】项目的设置

该项目的常用选项如下所示。

① 文本：该选项是对标注的文字的字体及字高进行设置。

② 主要精度：该选项组用于设置主要尺寸、角度尺寸以及替换单位的尺寸精度和公差值。

③ 箭头：该选项组用于指定箭头在标注时显示的大小和样式。

④ 水平折线：在工程图中，如果尺寸界线互相交叉，需要跨越其他尺寸界线，可打断尺寸界线。

⑤ 添加默认括号：该选项主要是对参考尺寸标注方法的设置，选中该复选框后，对于参考尺寸将默认添加括号。

⑥ 置中于延伸线之间：选中该复选框后，标注的尺寸文本将放在尺寸界线中间。

⑦ 等距距离：该选项组用来设置同一方向标注的尺寸间的距离。其中，一个是指与前一个标注尺寸间的距离，另一个是规定模型的轮廓线与该方向第一个尺寸之间的距离。

⑧ 公差：单击公差按钮，将出现公差设置对话框，如图 2-11 所示，这里可以设置公差的类型和数值。注：默认上偏差为正，下偏差为负，可以通过在输入的数值前增加一个负号来改变默认符号。

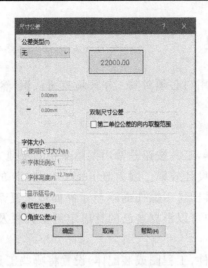

图 2-11　公差设置

3.【单位】项目的设置

【单位】项目主要用来指定文件(零件、装配体或工程图)所使用的线性单位类型和角度单位类型,可以根据需要进行选择和设置,内容如图 2-12 所示,下面介绍几个常用选项的设置。

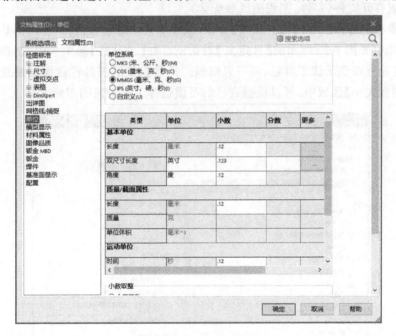

图 2-12　【单位】项目的设置

① 单位系统:该选项组用来设置文件采用的单位制。按照国标我国采用米制单位制,可以选择 MMGS,如果选择【自定义】,则可激活表格中的所有选项。

② 双尺寸长度:用来指定系统的第 2 种长度单位。这个选项只有工程图上需要标注两种单位制时才有效。

③ 角度:用来设置角度单位的类型,通过下拉列表可选择的单位有度、度/分、度/分/秒或弧度。只有在选择的单位为度或弧度时,才可以选择【小数位数】。

2.2.3 工作环境设置

要熟练地使用一套软件,用户必须对其工作环境有所认识,然后根据个人的使用习惯进行设置,从而使设计更加便捷。

1. 自定义工具栏

工具栏是工具按钮的容器,工具按钮是常用菜单命令的快捷方式。通过使用工具栏,用户可以大大提高 SolidWorks 的设计效率。因为 SolidWorks 2020 的功能非常强大和丰富,所以工具栏也非常多。如何使工具栏易于操作而不至于界面过于复杂? SolidWorks 2020 提供了一个专门的解决方案——用户可以根据自己的意愿定制工具栏及各个工具栏中的按钮,以适合个人的操作习惯。

用户可根据文件类型(零件、工程图或装配体)设置将哪些工具栏放置在界面上、工具栏的位置及其显示状态。例如,在零件文件编辑状态下,用户可以选择将编辑零件时可能用到的工具栏放置在界面上而隐藏用不到的工具栏,如只显示标准工具栏和特征工具栏,而在装配体编辑状态下,用户可以选择只显示装配体工具栏和选择过滤器物工具栏等。

自定义工具栏的步骤如下:

① 新建或打开文件(零件、工程图或装配体)。

② 从主菜单栏选择【工具】|【自定义】命令,或在工具栏区域右击,在弹出的快捷菜单中选择【自定义】,则打开图 2-13 所示的【自定义】对话框。在【工具栏】选项卡中,选择要显示的工具栏前面的复选框以显示该工具栏,也可以取消选择要隐藏的工具栏前面的复选框以隐藏该工具栏,在【图标大小】区域中,可以根据自己的习惯选择工具按钮的图标大小。

图 2-13 【自定义】对话框

如果工具栏的位置不理想,可以将光标指向工具栏上按钮之间的空白区域,然后将工具栏拖动到想要放置的位置。如果将工具栏拖动到 SolidWorks 窗口的边缘,则工具栏将会根据边缘自动横放或竖放显示,并自动定位在该窗口边缘。

2. 自定义工具栏上的按钮

为了使界面简洁方便,在默认情况下,工具栏里只显示最常用的该类工具按钮,用户使用 SolidWorks 2020 提供的自定义命令,可以根据自己的需要重新定义哪些工具按钮在工具栏中显示、重新排列工具栏中按钮的显示顺序、将按钮从一个工具栏移动到另一个工具栏、从工具栏中删除不使用的按钮等等。

在工具栏中自定义按钮的操作步骤如下:

① 选择【工具】|【自定义】命令,或在工具栏区域右击,在快捷菜单中选择【自定义】,打开【自定义】对话框。

② 选择【命令】选项卡,界面如图 2-14 所示。

图 2-14　【命令】选项卡

③ 在【类别】列表框中,选择要更改的工具栏。

④ 在【按钮】列表框中,选择需要更改的按钮,将鼠标放置在某一按钮图标上,则可弹出该按钮的功能说明。

若要重新排列工具栏上的按钮,单击要在对话框中使用的按钮图标,并将其拖动到工具栏上的新位置。

若要将按钮从一个工具栏移动到另一个工具栏,单击对话框中【按钮】列表框中的按钮图标,按住鼠标左键,将其拖动并放置在不同的工具栏上,然后释放鼠标。

要从工具栏中删除按钮,只需将要删除的按钮从工具栏中拖动,并将其拖回按钮区域。当更改完成时,单击【确定】,关闭对话框。

3. 设置快捷键

在使用 SolidWorks 软件时,用户除了可以利用菜单栏和工具栏执行命令外,还可以利用更快捷的方式来执行命令——快捷键。SolidWorks 软件有一些默认的快捷键,如新建(Ctrl＋N)、保存(Ctrl＋S)等,用户也可以修改系统默认的快捷键,还可以增加、删除快捷键的设置。其操作步骤如下。

① 选择【工具】|【自定义】命令,或者在工具栏区域右击,在弹出的快捷菜单中选择【自定义】,打开【自定义】对话框。

② 选择【键盘】选项卡,如图 2-15 所示。

图 2-15 【键盘】选项卡

③ 在【类别】下拉列表框中,默认是【所有命令】被选中,可以根据需要分门别类地选择某一类命令,如图 2-16 所示,然后在下面列表的【命令】栏中选择要设置快捷键的命令。

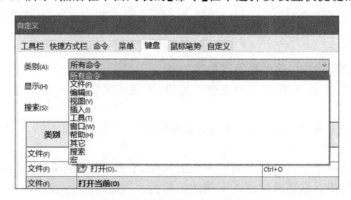

图 2-16 【类别】下拉列表框

④ 在【快捷键】栏中输入要设置的快捷键。

⑤ 单击【确定】,完成快捷键的设置。

4. 鼠标常用方法

鼠标在 SolidWorks 软件中的应用频率非常高,可以用其实现平移、缩放、旋转、绘制几何图素和创建特征等操作。基于 SolidWorks 系统的特点,建议读者使用三键滚轮鼠标,在设计时可以有效地提高设计效率。表 2-1 列出了三键滚轮鼠标的使用方法。

表 2-1　三键滚轮鼠标的使用方法

鼠标按键	作用	操作说明
左键	用于选择菜单命令和实体对象工具按钮,绘制几何图元等	直接单击鼠标左键
滚轮(中键)	放大或缩小	按 Shift+中键并上下移动光标,可以放大或缩小视图;直接滚动中键,同样可以放大或缩小视图
	平移	按 Ctrl+中键并移动光标,可将模型按光标移动的方向平移
	旋转	按住鼠标中键不放并移动光标,即可旋转模型
右键	弹出快捷菜单	直接右击

2.3　设计理念和方法

2.3.1　基本理念

SolidWorks 2020 是一套先进的机械设计自动化软件,该软件基于 Microsoft Windows 图形用户界面,是一种简单易学的计算机辅助设计工具,其理念是:机械设计工程师只需专注于他的设计,软件能够快速地按照其设计思想绘制出草图,然后运用特征与尺寸制作零件模型、装配体和详细的工程图。

利用 SolidWorks 2020 不仅可以生成二维工程图,而且可以生成三维零件。同时,也可利用三维零件生成二维工程图及三维装配体,并且零件设计、装配设计和工程图之间是全相关的,如图 2-17 所示。基于该软件的设计理念可体现在以下几个方面。

1. 实体造型

传统的工程设计方法是设计人员在图纸上利用几个不同的投影图来表示一个三维产品的设计模型,图纸上还有很多人为的规定、标准、符号和文字描述。一个较为复杂的部件要用若干张图纸来描述。尽管这样,图纸上还是密布着各种线条、符号和标记等。工艺、生产和管理等部门的人员再去认真阅读这些图纸,理解设计意图,通过不同视图的描述想象出设计模型的每一个细节。这项工作非常艰难,因为一个人的能力有限,设计人员不可能保证图纸的每个细节都正确。尽管经过设计主管的层层检查和审批,图纸上的错误还是在所难免。对于过于复杂的零件,设计人员有时只能采用代用毛坯,边加工设计边修改,经过长时间的艰苦工作后才

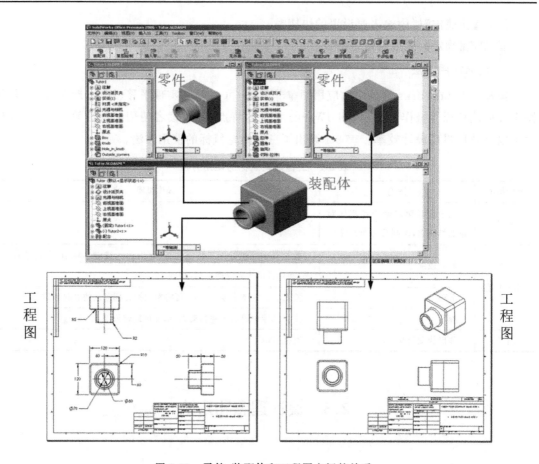

图 2-17　零件、装配体和工程图之间的关系

能给出产品的最终设计图纸。所以,传统的设计方法严重影响着产品的设计制造周期和质量。

SolidWorks 的模型是基于实体造型思想建立的实体模型,所谓实体造型,就是在计算机上用一些基本元素来构造机械零件的完整几何模型。利用实体造型软件进行产品设计时,设计人员可以在计算机上直接进行三维设计,在屏幕上能够见到产品的真实三维模型,这实现了工程设计方法的重大突破。在产品设计中,产品零件的形状和结构越复杂,更改越频繁,采用实体造型软件进行设计的优越性越突出。

当零件在计算机中建立模型后,工程师就可以在计算机上很方便地进行后续环节的设计工作,如部件的模拟装配、总体布局、管路铺设、运动模拟、干涉检查以及数控加工与模拟等。所以,实体造型为在计算机集成制造和并行工程思想的指导下,实现整个生产环节采用统一的产品信息模型奠定了基础。

2. 基于特征

利用 SolidWorks 进行机械产品的设计是基于特征的,特征是产品设计的基本单元,而机械产品被描述为特征(如孔、槽、内腔等)的有机集合。特征兼有形状和功能两种属性,包括特定几何形状、拓扑关系、典型功能。绘图表示方法、制造技术和公差要求等是产品局部信息的集合。

基于特征的设计,在设计阶段就可以把很多后续环节的有用信息放到数据库中,这样做有一个显著的优点，能使设计绘图、计算分析、工艺性审查、数控加工等后续环节工作都顺利完成，从而实现并行工程，提高设计和制造的效率，缩短新产品的研发周期。

3. 尺寸驱动

传统的尺寸标注是对图形的"注释"，SolidWorks 标注的尺寸是驱动用的"参数"，即通过编辑尺寸数值来驱动几何形状的改变。因此尺寸驱动的思想不仅可使模型充分体现设计人员的设计意图，还能够快速而容易地修改模型。

4. 全约束

SolidWorks 除了可以通过尺寸驱动进行尺寸约束外，还可以通过规定几何元素的平行、垂直、水平、竖直、同轴心和重合等进行几何关系约束。全约束是指将形状和尺寸综合起来考虑，通过尺寸约束和几何关系约束来实现对几何形状的完全控制。通过使用约束关系，设计者可以在设计过程中实现和维持诸如"通孔"或"等半径"之类的设计意图。

5. 全相关

SolidWorks 零件模型与其相关的工程图及装配体是全相关的，对零件模型的修改会自动反映到与之相关的工程图和装配体中；同样，对工程图和装配体的修改也会自动反映到零件模型中。

2.3.2　设计过程

SolidWorks 系统可以完全体现设计者的设计思路，既可以采用自上而下的设计方法进行产品设计，也可以采用自下而上的设计方法，其设计过程如图 2-18 所示。从图 2-18 中可以看出，在 SolidWorks 系统中，零件设计是核心，特征设计是关键，草图设计是基础。

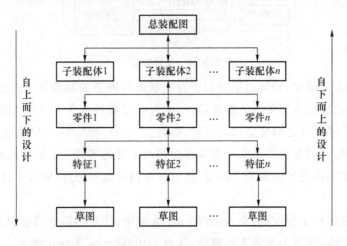

图 2-18　设计过程

任何设计都是先从草图开始的，草图指的是二维轮廓或横截面。对草图进行拉伸、旋转、放样或沿某路径扫描等操作后即生成三维特征，特征是指可以通过组合生成零件的各种形状（如凸台、切除、孔等）及操作（如圆角、倒角、抽壳等），如图 2-19 所示。

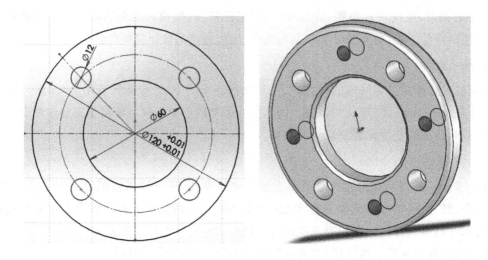

图 2-19　草图到三维特征

2.3.3　设计方法

从设计过程中可以看出,零件设计是核心,因此,零件是 SolidWorks 系统中最主要的对象。传统的 CAD 设计方法是由二维的工程图到实物(三维模型),工程师首先设计出图纸,工艺人员或加工人员根据图纸生产出实际零件。但是,在 SolidWorks 系统中,工程师根据自己的设计思想直接设计出三维实体零件(三维模型),然后根据需要生成相关的工程图,如图 2-20 所示。

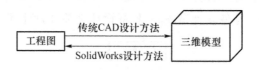

图 2-20　设计方法

在 SolidWorks 系统中,设计过程类似于真实制造环境下的零部件生产过程,用户先设计好所需的零件,然后根据装配关系的需要,通过配合关系和约束条件将零件组装在一起,生成装配件。配合会在零部件之间建立几何关系,如共点、垂直、相切等,每种配合关系对于特定的几何实体组合有效,使用配合关系就是将零部件相对于其他零部件来精确地定位,也可以将零部件相对于其他零部件进行移动和旋转等,通过一系列的这些操作,就可以将零部件移到所需的位置。

工程图就是常说的工程图纸,在 SolidWorks 系统中,用户不用专门绘制工程图,只需由设计好的零件和装配体,按照图纸的表达需要,通过 SolidWorks 系统中的命令,生成各种视图、剖面图、轴侧图等,然后添加需要的尺寸说明,就可以得到最终的工程图。

根据一个零件的三维实体模型得到的多个视图,它们都是由实体零件自动生成的,无须进行二维绘图设计,而且,由于它们的全相关性,当对零件或装配体进行了修改时,对应的工程图文件也会相应地修改。

2.4 术 语

下面对 SolidWorks 系统中一些常用的术语进行简单介绍,从而避免使用中产生理解上的歧义。

2.4.1 常用文件窗口术语

SolidWorks 的文件窗口由两个窗格组成,如图 2-21 所示。

左侧窗格中包含几个管理器项目,常用的管理器介绍如下。

① FeatureManager ⑤:设计树,列出了零件、装配体或工程图的特征的组成结构。

② PropertyManager 圓:属性管理器,提供了绘制草图及与 SolidWorks 2020 应用程序交互的另一种方法。

③ ConfigurationManager 圏:配置管理器,提供了在文件中生成、选择和查看零件及装配体的多种配置方法。

④ DimXpertManager ⊕:尺寸管理器,对尺寸、公差等标准的管理。

⑤ DisplayManager ◉:外观管理器,对零部件外观显示的管理。

右侧窗格为图形区域,用于零件、装配体或工程图的设计。

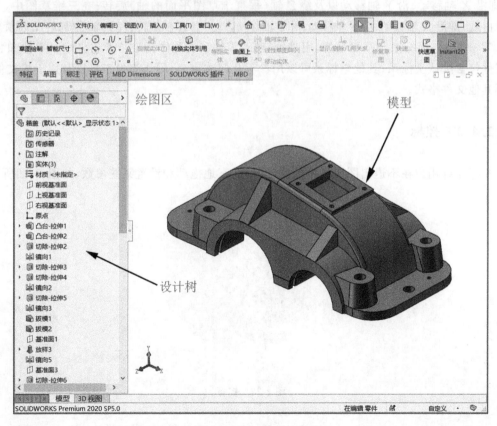

图 2-21 SolidWorks 的文件窗口

2.4.2 常用模型术语

① 顶点：顶点为两条或多条直线或边线的交点，可以用来绘制草图、标注尺寸等。

② 面：面为模型或曲面的所选区域（平面或曲面），模型或曲面带有边界，可帮助定义模型或曲面的形状。例如，矩形实体有 6 个面。

③ 原点：模型原点显示为灰色，代表模型的(0,0,0)坐标。当激活草图时，草图原点显示为红色，代表草图的(0,0,0)坐标。尺寸和几何关系可以加入模型原点，但不能加入草图原点。

④ 平面：平面是指平的构造几何体，可用于绘制草图、生成模型的剖面视图，以及用作拔模特征中的中性面等。

⑤ 轴：轴为穿过圆锥面、圆柱体或圆周阵列中心的直线。插入轴有助于建造模型特征或阵列。

⑥ 圆角：圆角为草图内、曲面或实体上的角或边的内部圆形。

⑦ 特征：特征为单个形状，如与其他特征结合则构成零件。有些特征（如凸台和切除）由草图生成，有些特征（如抽壳和圆角）则为修改特征而形成的几何体。

⑧ 几何关系：几何关系为草图实体之间或草图实体与基准面、基准轴、边线、顶点之间的几何约束，可以自动或手动添加这些项目。

⑨ 模型：模型为零件或装配体文件中的三维实体几何体。

⑩ 自由度：没有尺寸或几何关系定义的几何体可自由移动。在二维草图中，有 3 种自由度，即沿 X 轴移动、沿 Y 轴移动以及绕 Z 轴（垂直于草图平面的轴）旋转；在三维草图中，有 6 种自由度，即沿 X 轴移动、沿 Y 轴移动、沿 Z 轴移动，以及绕 X 轴旋转、绕 Y 轴旋转、绕 Z 轴旋转。

⑪ 坐标系：坐标系为平面系统，用来给特征、零件和装配体指定笛卡尔坐标。零件和装配体文件包含默认坐标系；其他坐标系可以用参考几何体定义，用作测量工具以及用于将文件输出到其他文件格式。

2.4.3 控标

控标允许用户在不退出图形区域的情形下，动态地拖动和设置某些参数，如图 2-22 所示。

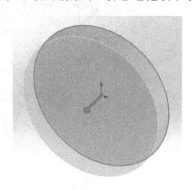

图 2-22 控标

2.5　文 件 管 理

常见的文件管理工作有新建文件、打开文件、保存文件和退出系统等,下面简要介绍。

2.5.1　新建文件

新建一个 SolidWorks 文件的步骤:选择菜单栏中的【文件】|【新建】,将弹出图 2-23 所示的【新建 SolidWorks 文件】对话框,用户根据自己的意愿可以选择不同的命令按钮,进而可以新建不同的文件类型,下面简单介绍 3 个命令按钮的含义。

【零件】按钮　:双击该按钮或单击该按钮再单击【确定】,可以进入零件文件的设计环境。

【装配体】按钮　:双击该按钮或单击该按钮再单击【确定】,可以进入装配体文件的设计环境。

【工程图】按钮　:双击该按钮或单击该按钮再单击【确定】,可以进入二维工程图文件的工作环境,可以设计零件的工程图或装配体的工程图。

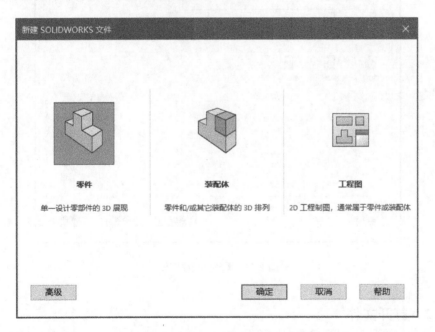

图 2-23　新建一个 SolidWorks 文件

单击【高级】按钮,此时的【新建 SolidWorks 文件】对话框如图 2-24 所示,该对话框除了可以选择新建的文件类型外,还可以通过单击【模板】选项卡,选择新建文件使用的模板,如果想设计一个符合我国国家标准的零件,可以在【模板】选项卡中选中【gb_part】模板,如图 2-25 所示。

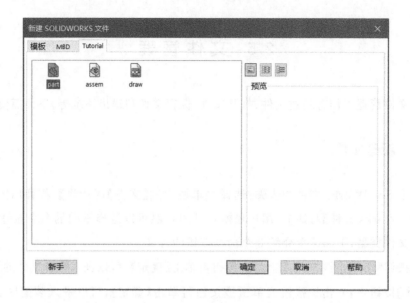

图 2-24 【高级】按钮

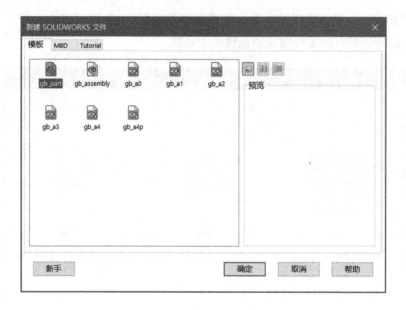

图 2-25 【gb_part】模板

2.5.2 打开文件

在 SolidWorks 2020 系统中,可以打开存储的文件,对其进行相应的查看、编辑等操作,打开文件的操作步骤如下。

① 选择【文件】|【打开】,或者单击标准工具栏中的【打开】,执行打开文件命令。

② 弹出【打开】对话框,在文件类型下拉列表框中选择文件的类型,在对话框中将会显示文件夹中对应类型的文件。单击【显示预览窗格】按钮,选择的文件就会显示在对话框的预览窗口中,但是并不打开该文件,如图 2-26 所示。

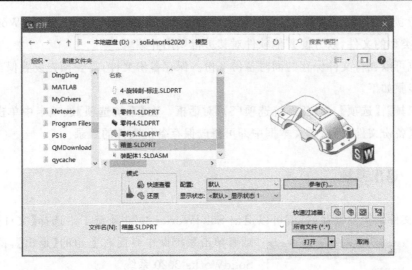

图 2-26　打开文件

③ 选择需要的文件后,单击【打开】按钮,就可以打开相应的文件,从而对其进行相应的编辑等操作。

在文件类型下拉列表框中,除了可以调用 SolidWorks 类型的文件外,还可以调用其他 CAD 软件(如 Pro/E、CATIA、UG 等)所生成的图形并对其进行编辑。

2.5.3　保存文件

完成设计后就需要将文件保存以备以后使用,也只有保存文件后,才能在需要时打开文件并对其进行相应的操作,保存文件的操作步骤如下。

① 选择主菜单中的【文件】|【保存】,或者单击标准工具栏中的【保存】按钮。

② 弹出【另存为】对话框,如图 2-27 所示。在左侧选择文件存放的文件夹,在【文件名】文本框中输入所保存文件的名称,在【保存类型】下拉列表框中选择所保存文件的类型。通常情况下,在不同的工作模式下,系统会自动设置文件的保存类型。

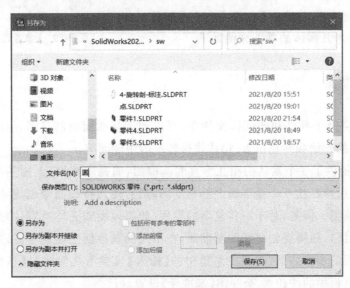

图 2-27　保存文件

在【保存类型】下拉列表框中,并不局限于 SolidWorks 类型的文件。SolidWorks 还可以保存为其他类型的文件,以方便其他软件对其进行调用并编辑。

同时,也可以在将文件保存的同时备份一份。保存备份文件,需要预先设置保存文件的目录,其操作步骤如下。

选择【工具】|【选项】,弹出【系统选项(S)】对话框。在【系统选项】选项卡中单击【备份/恢复】选项,在【备份文件夹】后的文本框中即可修改保存备份文件的目录。

2.5.4 退出系统

在完成文件编辑及保存后,就可以退出 SolidWorks 2020 系统了。选择【文件】|【退出】,或者单击系统操作界面右上角的【退出】,都可以退出 SolidWorks 2020 系统。

如果退出前对文件进行了编辑而没有保存,或者在操作过程中不小心执行了退出命令,则会弹出提示对话框,如图 2-28 所示。根据需要,若单击【全部保存】按钮,系统就会保存修改后的文件,并退出 SolidWorks 系统;若单击【不保存】按钮,系统将不保存修改后的文件,并退出 SolidWorks 系统;若单击【取消】按钮,则取消退出操作,回到原来的操作界面。

图 2-28 弹出提示对话框

2.6 参考几何体

使用 SolidWorks 软件进行设计时,常常需要借助于参考几何体对几何元素进行定位,参考几何体主要包括基准面、基准轴、坐标系与点。【参考几何体】工具栏如图 2-29 所示,各参考几何体的功能介绍如下。

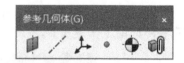

图 2-29 【参考几何体】工具栏

2.6.1 基准面

基准面主要应用于零件和装配体文件中,可以利用基准面绘制草图、生成模型的剖面视图、定位拉伸特征的起始和终止位置、用作拔模特征的中性面等。

SolidWorks 提供了 3 个默认的相互垂直的基准面:前视基准面、上视基准面和右视基准面。一般情况下,用户在这 3 个基准面上绘制草图,然后使用特征命令创建实体模型,即可设计出需要的三维模型。但是,对于一些复杂的零件(如箱体类或壳体类零件)或者特殊的特征(如扫描和放样特征),则需要创建新的基准面,在不同的基准面上绘制草图,才能完成模型的构建。创建基准面的步骤如下:选择主菜单中的【插入】|【参考几何体】|【基准面】,或者单击【参考几何体】工具栏中的按钮 ,会弹出【基准面】设置对话框。

创建基准面有 6 种方式,各种基准面的创建方式如下。

①　通过直线和点方式:创建一个通过边线、轴线或者草图线及点的基准面,或者通过不在同一直线上的 3 个点创建基准面。

②　平行方式:创建一个平行于基准面或者已存在的实体面的基准面。

③　两面夹角方式:创建一个通过一条边线、轴线或者草图线,并与一个已存在的实体面或者基准面成一定角度的基准面。

④　等距距离方式:创建一个平行于一个基准面或者已存在的实体面,且距离为指定距离的基准面。

⑤　垂直于曲线方式:创建一个通过一个点且垂直于一条边线或者曲线的基准面。

⑥　曲面切平面方式:创建一个与空间面或圆形曲面相切于一点的基准面。

2.6.2　基准轴

每一个回转面(如圆柱面和圆锥面)都有一条轴线,当几何体沿回转面排列时,需要一个基准轴做参考。创建基准轴的步骤如下:选择主菜单中的【插入】|【参考几何体】|【基准轴】,或者单击【参考几何体】工具栏中的按钮 ⁄,会弹出【基准轴】设置对话框。

创建基准轴有 5 种方式,各种基准轴的创建方式如下。

①　一直线/边线/轴方式:选择一条草图的直线、实体的边线或者轴,将所选直线、实体的边线或者轴作为基准轴。

②　两平面方式:将两个所选平面的交线作为基准轴。

③　两点/顶点方式:将两个点或者两个顶点的连线作为基准轴。

④　圆柱/圆锥面方式:选择圆柱面或者圆锥面,将其轴线确定为基准轴。

⑤　点和面/基准面方式:选择一个曲面或者基准面以及一个顶点、点或者中点,创建一个通过所选点并且垂直于所选面的基准轴。

2.6.3　坐标系

坐标系主要用来定义零件、装配体及工程图上几何体的坐标。每个文件都有一个默认的系统坐标系,用户也可以根据自己的需要创建新的坐标系,创建新坐标系的操作步骤如下。

①　选择主菜单中的【插入】|【参考几何体】|【坐标系】,或者单击【参考几何体】工具栏中的按钮 ↳,会弹出图 2-30(a)所示的【坐标系】设置对话框。

②　在【原点】栏中,用鼠标选择点;在【X 轴】栏中,用鼠标选择边线 1;在【Y 轴】栏中,用鼠标选择边线 2;在【Z 轴】栏中,用鼠标选择边线 3。

③　单击【确定】按钮 ✓,即可创建一个新的坐标系。坐标系也属于一种特征,因此创建的坐标系将出现在 FeatureManager 设计树中,如图 2-30(b)所示。

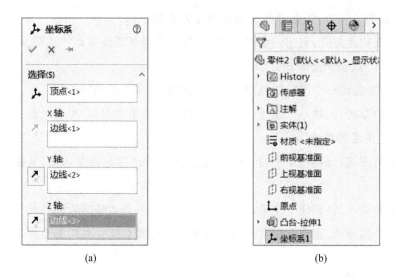

(a)　　　　　　　　　　(b)

图 2-30　创建一个新的坐标系

2.6.4　点

在进行特征操作时,有时需要使用特殊点作为参考,此时需要将对应点设置成参考基准点,具体操作步骤如下。

① 选择【插入】|【参考几何体】|【点】,或者单击【参考几何体】工具栏中的按钮 • ,会弹出图 2-31(a)所示的【点】属性管理器。

② 在【选择】选项组中,选择点类型(包括圆弧中心、面中心、交叉点、投影、在点上),同时在参考实体栏中选择对应的参考对象。

③ 单击【确定】按钮 ✓ ,即可创建一个新的参考点。此时所创建的参考点也会出现在 FeatureManager 设计树中,如图 2-31(b)所示。

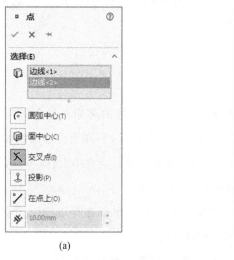

(a)　　　　　　　　　　(b)

图 2-31　创建一个新的参考点

2.7　实践与操作

实践 SolidWorks 基本操作：

① 启动 SolidWorks 2020，进入绘图界面。

② 调整操作界面大小。

③ 打开、移动、关闭工具栏。

④ 利用基准面命令，分别采用 6 种方式创建基准面。

⑤ 打开、保存文件。

⑥ 进行自动保存设置。

⑦ 退出该图形。

第3章 草图绘制

3.1 草图设计基础

在 SolidWorks 系统中,草图是基础,任何设计都是从草图绘制开始的,然后在其基础上创建实体特征,因此,必须熟练掌握绘制草图的方法。SolidWorks 系统既可以绘制二维草图,也可以绘制三维草图,在本教材中约定,没有特殊说明的草图指二维草图。下面在介绍草图绘制基本术语的基础上,讲述草图绘制和编辑的常用方法。

3.1.1 基本术语

1. 草图

二维草图是一个平面轮廓,通常用其定义一个三维特征的截面形状,其中的信息包括图线形状、几何关系和尺寸标注。一般的三维特征设计都是先绘制表达截面形状的草图,再基于草图创建三维特征。

2. 草图平面

绘制二维几何图形(草图)的平面称为草图平面。在创建草图前,用户需确定一个草图所在的平面。草图平面包括系统默认的基准面(包括前视基准面、上视基准面和右视基准面)、已有特征上的平面和用户自己创建的基准面。创建基准面的方法如 2.6.1 节所述。

3. 约束

在草图中绘制的直线、圆弧等线条本身的尺寸以及线条之间的位置关系,需要给予一定的约束,才能确定并体现设计意图。约束包括几何约束和尺寸约束。

① 几何约束:使用图线的几何关系(如平行、垂直、共线、相切等)进行约束,主要约束图线之间的位置关系。

② 尺寸约束:使用尺寸进行约束,包括定位尺寸和定形尺寸,二者均为参数化驱动尺寸,可以定义无法用几何约束表示的参数,或者在设计过程中可能需要更改的参数。当它改变时,草图可以随之更改。

4. 草图状态

草图状态是指由尺寸约束和几何约束决定的草图约束状态,包括欠定义、完全定义和过定义 3 种。要实现尺寸驱动,即通过尺寸修改草图形状和大小,草图必须完全定义。

① 欠定义是指草图约束处于不足状态,欠定义时绘制出的图线状态是蓝色的(默认设

置）。在零件早期设计阶段，没有足够的信息来完全定义草图时，允许草图是欠定义状态。

② 完全定义是指草图具有完整的约束，完全定义时绘制出的图线状态是黑色的（默认设置）。一般来说，每一个草图都应该在最终设计好零件后被完全定义（推荐）。

③ 过定义是指在草图中存在重复的尺寸或者冲突的约束，该种状态不能是最终状态，需要对其进行诊断和调整，应该去除多余的尺寸和约束。过定义的几何体是红色的（默认设置）。

3.1.2 SolidWorks 草图工具

在绘制草图时，通常调出草图工具栏，如图 3-1 所示。SolidWorks 2020 系统中包含 72 个草图相关命令，如图 3-2 所示，包括草图绘制、编辑和约束工具。并非所有草图绘制工具按钮都出现在草图工具栏中，调出草图工具栏和重新安排草图工具栏中的工具按钮的方法和步骤如 2.2.3 节所述。

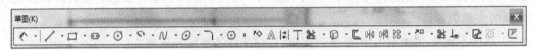

图 3-1　草图工具栏

图 3-2　SolidWorks 2020 系统中的 72 个绘制草图命令

3.1.3　草图绘制原则

草图的绘制在很大程度上影响了零件特征的建立,因此在绘制草图的过程中应该遵循以下几个原则。

① 根据所建立的不同特征以及特征之间的关系,确定草图的基本形状和设计方案。

② 草图要尽可能简单,无须复杂的嵌套,以便于草图的修改和特征的管理。

③ 必须根据原点放置零件的第一个草图,以确定特征在图纸空间中的位置,即将定位草图位置的点与原点重合。

④ 约束应用的一般顺序:首先根据设计意图确定草图元素之间的几何关系,然后确定尺寸,最后标记草图的形状和尺寸。这样有利于设计意图的实现和工作效率的提高。

⑤ 对于复杂的草图一定要"边绘图,边约束"。尽管 SolidWorks 允许存在不完全定义的草图,但最好使用完全定义的草图约束,并且绘制草图时就添加约束可以避免绘制内容因欠约束导致的多解的麻烦。

⑥ 草图不倒角:用特征生成圆角和倒角,这便于特征重排和压缩。

⑦ 中心线(构造线)起辅助作用,不参与特征的生成。因此,如果需要,构造线可以用来识别或确定尺寸。

3.1.4　草图绘制步骤

草图由几段直线和弧线组成,它们决定了几何和尺寸关系。绘制草图前,必须对草图的构成进行分析,确定草图线之间的尺寸约束和几何约束,明确草图的绘制位置和顺序,然后一步步绘制出所需要草图的轮廓。

① 分析草图构成。草图为平面图形,根据其定位尺寸的完整性,构成草图的图线可分为以下 3 种类型,以图 3-3 为例。

a. 已知线段:线段有两个定位尺寸,已知线段的定位点通常是设计基准或工艺基准。如图 3-3 所示,左边圆弧为已知线段,其圆心与坐标原点重合,即两个定位尺寸均等于零。

b. 中间线段:具有一个定位尺寸和一个几何条件的线段。如图 3-3 中的右边圆弧,其圆心与左边圆弧的圆心相距 500 mm,且两者满足在同一水平线上的几何条件。

c. 连接线段:只有两个几何条件而没有定位尺寸的线段。如图 3-3 中的直线只满足与左、右两圆相切的几何条件。

② 确定草图绘制顺序。一般情况下,草图绘制的顺序是先画基准线和已知线段,然后画中间线段,最后画连接线段,如图 3-3 中的顺序所示。

③ 选择平面。选定要绘制草图的平面(草图平面)。

④ 绘制形状。使用直线、圆或圆弧等绘图工具绘制或修改二维几何图形。

⑤ 确定位置。确定草图直线水平或垂直、元素间的距离、相互位置关系等定位关系和定位尺寸。

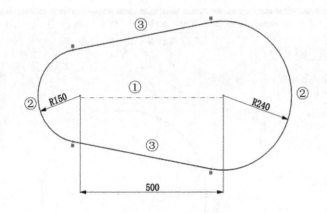

图 3-3 平面图形

⑥ 标注尺寸。确定草图的定形尺寸并调整几何体的尺寸。

3.2 创建草图

草图是定义零件截面形状、尺寸和位置的平面轮廓。通常，SolidWorks 的模型创建从绘制二维草图开始，然后生成基体特征，并向模型添加更多特征，从而得到满足设计者设计意图的零件。

此外，SolidWorks 也可以生成三维草图。在三维草图中，实体存在于三维空间中，它们与特定草图基准面无关。此方面的内容将在 3.5 节中介绍，此处仅介绍二维草图的创建方法。

3.2.1 新建一个二维草图

首先新建或打开一个 SolidWorks 文件，以新建一个零件类型的文件为例，选择【文件】|【新建】|【零件】（这也是系统当前默认的选择），单击【确定】，就可以进入 SolidWorks 草图绘制界面。

在文件没有三维特征时，只能首先在前视、上视或右视基准面上新建一个草图：

① 在设计树中选择【前视基准面】【上视基准面】或【右视基准面】，该基准面会出现在绘图区。

② 单击视图工具栏上视图定向中的【正视于】按钮，或在菜单栏中选择【视图】|【修改】|【视图定向】，打开【方向】对话框，如图 3-4 所示，然后单击按钮。

③ 单击功能区【草图】选项卡或草图工具栏上的【草图绘制】按钮，也可以在菜单栏中选择【插入】|【草图绘制】，以此来进入草图绘制模式，如图 3-5 所示。

图 3-4 视图定向

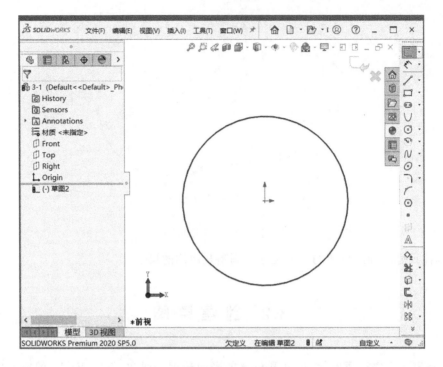

图 3-5　草图绘制模式

④ 在该模式下,功能区【草图】选项卡和草图工具栏上的【草图绘制】按钮都被激活,此时,单击【草图绘制】按钮 ⌐ 即可退出草图模式。也可选择【插入】|【退出草图】来退出草图模式。

⑤ 如要删除此草图,可单击绘图区右上角的红叉,在弹出的图 3-6 所示的对话框中,选择【丢弃更改并退出】。

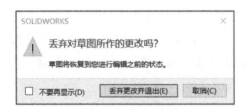

图 3-6　确认丢弃草图

3.2.2　在零件的面上绘制草图

在创建的零件表面上生成新草图,以完成零件上新特征的创建,具体步骤如下所示。

① 在已有零件上,单击想要创建的新草图所在的平面,当被选中时,它会变成蓝色。

② 按照 3.2.1 节中的步骤③创建一个新的草图。

③ 在菜单栏中选择【视图】|【隐藏/显示】|【网格】,可在草图平面上显示网格线,如图 3-7 所示。

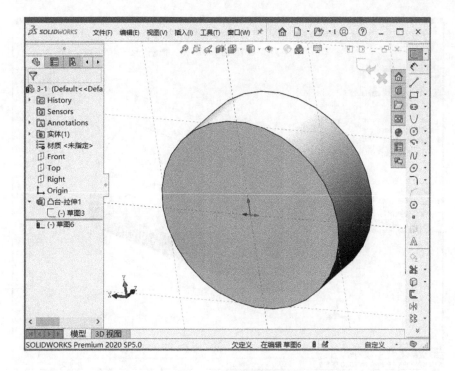

图 3-7　显示网格线

3.2.3　从现有的草图派生出新的草图

在 SolidWorks 系统中,可以从同一零件或装配体的现有草图中派生出同样形状的新的草图。当一个草图是从现有的草图派生出来的时候,两个草图具有相关关系,保留相同的属性。如果对原始草图进行更改,这些更改将被反映到新生成的草图中。但是无法在派生草图中添加或删除几何体,其形状始终与原始草图相同,并且可以使用尺寸或几何关系对派生草图进行定位。

从现有的草图派生出新的草图的操作如下。

① 在设计树中选择希望派生新草图的草图(如果是从装配体的草图中派生出新的草图,则右击需要放置派生草图的零件,在弹出的快捷菜单中选择【编辑零件】,进入零件编辑状态),也可使用选择工具 ▷ 选择希望派生新草图的草图。

② 按住 Ctrl 键,单击零件上新草图放置的基准面或已有特征的平面,如图 3-8 所示。

③ 在菜单栏中选择【插入】|【派生草图】,派生草图将会出现在选定的基准面上。

④ 拖动派生草图或者尺寸标注以将草图定位于选定的表面,如图 3-9 所示。

在 SolidWorks 系统中,也可以根据需要解除派生草图与其原始草图之间的链接,在设计树中右击派生草图或零件的名称,在弹出的快捷菜单中选择【解除派生】。解除与原始草图之间的链接后,派生草图则可以被编辑,对原始草图进行修改后,派生草图不会自动更新。

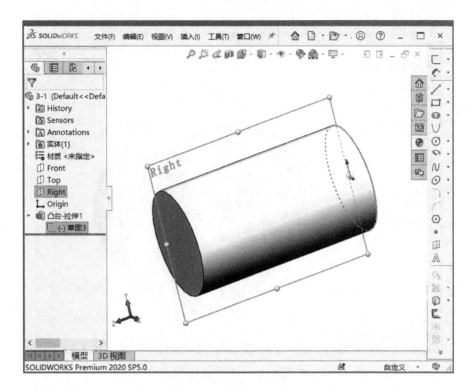

图 3-8　选择草图所在的平面

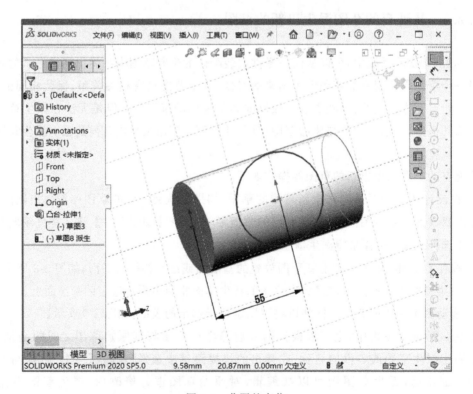

图 3-9　草图的定位

3.3 常用草图绘制命令

在使用 SolidWorks 绘图前,需了解草图工具栏中各工具按钮的功能和使用方法。

3.3.1 选择工具

在 SolidWorks 使用过程中,使用最广泛的是选择工具,单击草图工具栏中的【选择】按钮 ▷,即可进入草图选择状态,它有以下功能。

① 选取草图实体。

② 拖动草图实体或端点以改变草图形状。

③ 选择模型的边线或面。

④ 拖动选框以选取多个草图实体。

3.3.2 点的绘制

点仅作为模型中的参考,不影响三维建模的形状。执行该命令后,可以在绘图区域中的任何位置绘制一个点。绘制点的操作如下。

① 单击草图工具栏上的【点】按钮 ▫,或在菜单栏中选择【工具】|【草图绘制实体】|【点】。

② 在绘图区域内希望绘制点的位置单击即可生成点。此时,在绘图区域中会显示绘制的点并在左侧显示【点】属性管理器,如图 3-10 所示。

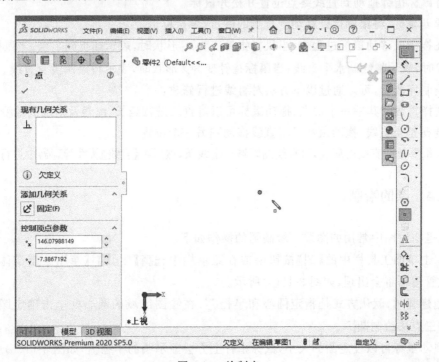

图 3-10 绘制点

- 现有几何关系：

现有几何关系区域列出草图绘制过程中自动形成或使用添加几何关系命令生成的几何关系，当从列表中选择一个几何关系时，绘图区域中的相应图线和标注会被高亮显示，也可以从该列表中删除某几何关系。

- 添加几何关系：

选择几何图线，该区域列表中显示的是可以添加的与该几何图线的几何关系，选择不同的对象显示出的可添加的几何关系会有不同，如果需要添加某种几何关系的约束，单击需要的选项即可添加。当不选择其他几何图线时，点常用的几何关系为固定几何关系，如图 3-10 所示。

- 控制顶点参数：

:点的 X 坐标值编辑框。

:点的 Y 坐标值编辑框。

③ 绘制点后，单击【点】属性管理器中的【确定】按钮，或单击绘图区域右上角的【确定】按钮，或在绘图区域右击，弹出快捷菜单，选择【选择】，即可退出绘制点模式。

3.3.3 直线的绘制

在绘制二维或三维图时，直线是最基本的图线。绘制直线的操作如下。

① 单击草图工具栏中的【直线】按钮，或在菜单栏中选择【工具】|【草图绘制实体】|【直线】，此时会出现【直线】属性管理器。

② 单击绘图区，确定直线的起始位置。

③ 直线可以通过下列方式之一完成绘制：

a. 将鼠标指针拖动到直线终点位置并松开鼠标。

b. 松开鼠标，将鼠标指针移动到直线的终点，再次单击。

④ 在拖动或移动鼠标过程中，当鼠标指针变为形状时，表示捕捉到了点；当鼠标指针变为形状时，表示将绘制水平直线；当鼠标指针变为形状时，表示将绘制竖直直线。

⑤ 绘制完成后，可以通过以下方法对直线进行修改：

a. 选择直线的其中一个端点，拖动鼠标可以对直线进行延长、缩短及角度的改变。

b. 选择整条直线，拖动鼠标可将直线拖动到另一个位置。

⑥ 如果要修改直线的属性，可在绘图区域单击线条，然后在【直线】属性管理器中进行编辑。

3.3.4 圆的绘制

圆也是在绘图中常用的图线。绘制圆的操作如下。

① 单击草图工具栏中的【圆】按钮或在菜单栏中选择【工具】|【草图绘制实体】|【圆】，【圆】属性管理器将会出现，如图 3-11(a)所示。

② 创建圆时，默认方式是指定圆心和半径，在绘图区域的圆心处单击确定圆心位置。也可以用三点法绘制圆。

③ 拖动鼠标可以设定圆的大小，鼠标指针上方会显示圆的半径值，如图 3-11(b)所示。

④ 按住圆的边缘进行拖动，可以缩小或放大圆。要移动一个圆，则应按住圆的中心进行拖动。

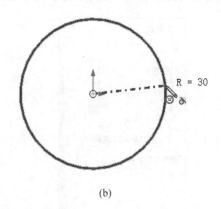

R = 30

(a)   (b)

图 3-11　绘制圆及其属性管理器

⑤ 如果要修改圆的属性,可在绘图区域单击圆,然后在【圆】属性管理器中进行编辑。

3.3.5　圆弧的绘制

圆弧是圆的一部分,绘制圆弧的操作如下。

① 单击草图工具栏中的【圆心/起/终点画弧】按钮，或在菜单栏中选择【工具】|【草图绘制实体】|【圆心/起/终点画弧】,【圆弧】属性管理器将会出现,如图 3-12 所示。

② 选择圆弧类型:圆心/起/终点画弧、三点画弧和画切线弧。

③ 在绘图区域依次单击希望放置点的位置:

a. 圆心/起/终点画弧:分别单击希望放置圆心、起始点和终止点的位置。

b. 三点画弧:分别单击希望放置起始点、终止点和中间点的位置。

c. 画切线弧:分别单击已有线段(直线、圆弧、椭圆弧或样条曲线)的端点(此端点即为与已有线段的切点)、终止点。

根据需要,可以通过向不同方向拖动鼠标改变圆弧的方向。

④ 如果要修改圆弧的属性,可在绘图区域单击弧线,然后在【圆弧】属性管理器中进行编辑。

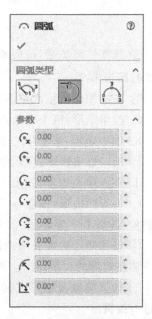

图 3-12　【圆弧】属性管理器

3.3.6　矩形的绘制

许多零件的基本截面形状是矩形,因此矩形是最常用的草图绘制命令之一。绘制矩形的操作如下。

① 单击草图工具栏中的【矩形】按钮 ⧠ ,或在菜单栏中选择【工具】|【草图绘制实体】|【矩形】,【矩形】属性管理器将会出现,如图 3-13 所示。

(a)

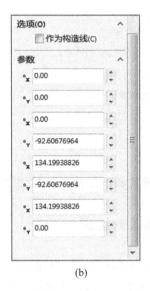

(b)

图 3-13　【矩形】属性管理器

② 选择矩形类型:可以绘制边角矩形 ⧠、中心矩形 ⊡、三点边角矩形 ◇、三点中心矩形 ◈ 和平行四边形 ▱。

③ 在绘图区域依次单击希望放置点的位置:

a. 边角矩形:第 1 个角点、第 2 个角点(第 1 个点的对角点)。

b. 中心矩形:矩形中心点、角点。

c. 三点边角矩形:按顺序放置三个相邻的角点(第 1 个角点、第 2 个角点、第 3 个角点)。

d. 三点中心矩形:矩形中心点、一边的中点、角点。

e. 平行四边形:该命令不仅可以绘制矩形,也可以绘制平行四边形。按顺序放置三个相邻的角点(第 1 个角点、第 2 个角点、第 3 个角点)。

④ 按住矩形边缘并拖动鼠标,可改变矩形的位置。按住矩形的一个角上的一点并拖动鼠标可调整矩形的大小,并且,矩形或多边形的各条边是单独的直线,可以分别对其进行编辑。

⑤ 如果要修改矩形或其中边的属性,可在绘图区域单击矩形,然后在【矩形】属性管理器中进行编辑。

3.3.7　多边形的绘制

SolidWorks 可以绘制 3～1 024 边的等边多边形,绘制多边形的操作如下。

① 单击草图工具栏中的【多边形】按钮 ⊙,或在菜单栏中选择【工具】|【草图绘制实体】|【多边形】,【多边形】属性管理器将会出现,如图 3-14 所示。

② 选择绘制正多边形方式:内切圆、外接圆。

③ 在【多边形】属性管理器的【参数】栏中,分别输入相应的参数值或者在屏幕上单击希望放置的位置(参考框的值会根据单击的位置而更新),则可确定多边形的边数、位置、大小和方向,几个参数的含义如下。

图 3-14　【多边形】属性管理器

：多边形的边数。

：多边形中心点的 X 坐标。

：多边形中心点的 Y 坐标。

：多边形的内切圆或外接圆的直径,该选项取决于在类型中选择了内切圆还是外接圆。

：指定多边形旋转的角度。

④ 设置完成后,单击【确定】按钮 ✓ 以完成多边形绘制。

⑤ 如果要修改多边形的属性,可在绘图区域单击多边形,然后在【多边形】属性管理器中进行编辑。

3.3.8　椭圆和部分椭圆(椭圆弧)的绘制

椭圆由长、短轴和一个中心点定义,长、短轴决定了椭圆的方向和大小,中心点决定了椭圆的位置。绘制椭圆的操作如下。

① 单击草图工具栏中的【椭圆】按钮 ⊙ ,或在菜单栏中选择【工具】|【草图绘制实体】|【椭圆】,【椭圆】属性管理器将会出现,如图 3-15 所示。

② 在绘图区域内单击椭圆中心点、第 1 个轴的端点和第 2 个轴的端点所需位置。

③ 设置完成后,单击【确定】按钮 ✓ 以完成椭圆绘制。

④ 如果要修改椭圆的属性,可在绘图区域单击椭圆,然后在【椭圆】属性管理器中进行编辑。

部分椭圆的绘制是在确定了椭圆的大小和方向后,通过确定椭圆弧的起点和终点生成部分椭圆。绘制部分椭圆的操作如下。

① 单击草图工具栏的椭圆下拉菜单中的【部分椭圆】按钮 ⊙,或在菜单栏中选择【工具】|【草图绘制实体】|【部分椭圆】,【椭圆】属性管理器将会出现。

② 在绘图区域内单击椭圆中心点、第 1 个轴的端点和第 2 个轴的端点所需位置,第 2 个轴的端点同时定义了椭圆弧的起始点。

③ 拖动鼠标,确定部分椭圆的终止点的位置,从而定义了部分椭圆的范围。此时【部分椭

圆】属性管理器会出现,如图 3-16 所示。

图 3-15　【椭圆】属性管理器　　　　图 3-16　【部分椭圆】属性管理器

④ 设置完成后,单击【确定】按钮 ✔ 以完成部分椭圆的绘制。

⑤ 如果要修改部分椭圆的属性,可以在绘图区域单击部分椭圆,然后在【部分椭圆】属性管理器中进行编辑。

3.3.9　抛物线的绘制

绘制抛物线的操作如下。

① 单击草图工具栏的椭圆下拉菜单中的【抛物线】按钮 ∪,或在菜单栏中选择【工具】|【草图绘制实体】|【抛物线】,【抛物线】属性管理器将会出现。

② 在绘图区域单击希望放置抛物线顶点的位置。

③ 拖动鼠标,可以设置抛物线的大小。此时定义的抛物线是一条虚线。

④ 确定抛物线在所定义的抛物线上的起始点,并拖动鼠标来设置抛物线的长度。

⑤ 确定了抛物线的长度后,在绘图区域单击抛物线的顶点,会生成图 3-17 所示的抛物线。

⑥ 拖动抛物线的顶点,可改变抛物线的形状、弧度和方向。

⑦ 设置完成后,单击【确定】按钮 ✔ 以完成抛物线的绘制。

⑧ 如果要修改抛物线的属性,可单击绘图区域中的抛物线,然后在【抛物线】属性管理器中进行编辑。

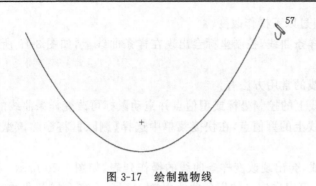

图 3-17 绘制抛物线

3.3.10 样条曲线的绘制

样条曲线是由一组点定义的光滑曲线,通常用于准确地表示对象的形状。绘制样条曲线的操作如下。

① 单击草图工具栏中的【样条曲线】按钮 ∿ 或在菜单栏中选择【工具】|【草图绘制实体】|【样条曲线】。

② 在绘图区域单击所需样条曲线的起始位置,拖动鼠标,设置第二点的位置。此时会出现第一段样条曲线,并且【样条曲线】属性管理器将会出现,如图 3-18(a)所示。

③ 确定样条曲线第二点的位置后,拖动鼠标,设置样条曲线第一段的弧度,单击第三点的位置,则会确定第一段样条曲线。

④ 重复以上步骤,双击完成样条曲线绘制,如图 3-18(b)所示。

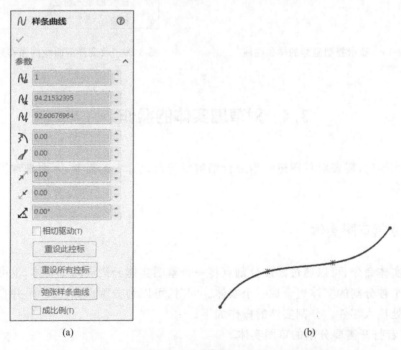

(a)   (b)

图 3-18 【样条曲线】属性管理器及样条曲线

样条曲线可以通过以下操作改变。

① 单击绘制的样条曲线,控制坐标会出现在样条曲线上,如图 3-19 所示,并出现【样条曲线】属性管理器。

② 改变样条曲线的常用方法有:

a. 按住样条曲线上的控制坐标或型值点并拖动鼠标可改变样条曲线的形状。

b. 右击样条曲线上的型值点,在快捷菜单中选择【删除】,将删除该型值点而更改样条曲线的形状。

c. 右击样条曲线,会出现改变样条曲线的操作列表,如图 3-20 所示。例如,选择【插入样条曲线型值点】命令,可以在定义的样条曲线中插入一个或多个样条曲线的型值点,通过对型值点的操作可改变样条曲线的形状。列表的其他选项不在这里做详细说明。

图 3-19　显示控制坐标的样条曲线　　　　图 3-20　改变样条曲线的操作列表

3.4　对草图实体的操作

草图绘制完毕后,需要对草图进一步进行编辑以符合设计者的需要,下面是常用的对草图实体的操作命令。

3.4.1　分割草图实体

利用分割实体命令,可以通过添加分割点将一个草图实体分割成两个实体,也可以通过删除分割点将两个被分割的实体组合成一个实体。同时,可以为分割点标注尺寸,并在管道装配体中的分割点处插入零件。分割实体的操作如下。

① 新建或者打开需要分割的草图实体。

② 单击草图工具栏中的【分割曲线】按钮 ，或在菜单栏中选择【工具】|【草图工具】|【分割实体】。

③ 将鼠标指针移动到需要分割的草图实体上。单击草图实体上希望分割的位置,则该草

图实体分割为两个草图实体,并在两个草图实体之间添加一个分割点。

④ 用该命令分割的两个实体,可以通过删除分割点的方法合并为一个草图实体。

3.4.2　绘制圆角

使用绘制圆角命令时,可以选择两个草图实体或者选择一个边角的顶点。如果所选的两个草图实体不相交,则实体将延伸到带倒角边角的虚拟交叉点。绘制圆角的操作如下。

① 单击草图工具栏中的【圆角】按钮 ﹁,或在菜单栏中选择【工具】|【草图工具】|【圆角】,此时【绘制圆角】属性管理器将会出现,如图 3-21 所示。

② 在【绘制圆角】属性管理器的【圆角参数】栏下的 ﹁框中输入需要的圆角半径。

③ 如果角部存在尺寸或几何关系,并且希望保持虚拟交点,则勾选【保持拐角处约束条件】即可。

④ 选择需要绘制圆角的两个草图实体或者一个边角的顶点。

⑤ 单击【确定】按钮 ✓ 生成圆角,如图 3-22 所示。

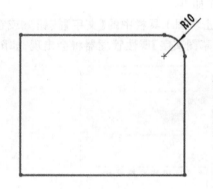

图 3-21　【绘制圆角】属性管理器　　　　　　　图 3-22　绘制圆角效果

3.4.3　绘制倒角

两个相邻的草图实体可进行倒角操作。绘制倒角的操作如下。

① 单击草图工具栏中的【倒角】按钮 ﹁,或在菜单栏中选择【工具】|【草图工具】|【倒角】,此时【绘制倒角】属性管理器将会出现,如图 3-23 所示。

② 在【绘制倒角】属性管理器的【倒角参数】栏中可选择两种不同的倒角类型。

③ 在【倒角参数】栏中选择倒角的类型,图 3-23 中的两个单选按钮对应图 3-24 中的两种倒角类型。

【角度距离】:在角度和距离的框中输入倒角所需的角度和距离,如图 3-24 左上角所示。

【距离-距离】:在距离的框中输入倒角所需的两个距离,可选择两个距离是否相等,如

图 3-24 右上角所示。

④ 选择两个需要倒角的草图实体,单击【确定】按钮 ✓ 完成倒角。

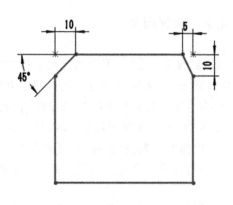

图 3-23 【绘制倒角】属性管理器　　　　图 3-24 角度距离倒角(左)和距离-距离倒角(右)

3.4.4 文字草图

SolidWorks 2020 可以在零件上通过对文字草图的拉伸凸台或切除生成文字。插入文字草图的操作如下。

① 单击草图工具栏中的【文字】按钮 🅰 或在菜单栏中选择【工具】|【草图绘制实体】|【文字】,此时【草图文字】属性管理器将会出现,如图 3-25(a)所示。

(a)

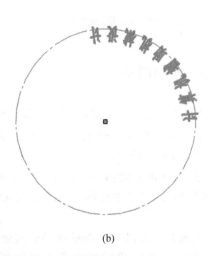

(b)

图 3-25 【草图文字】属性管理器及插入文字草图效果

② 在绘图区域单击,确定文字出现的初始位置。

③ 可在【草图文字】属性管理器的【文字】框中输入需要插入的文字。

④ 可以使用文档字体,取消勾选【使用文档字体】时,可在宽度因子和间距框中输入文字的宽度和文字间的间距。单击【字体】按钮,打开【选择字体】对话框,如图 3-26 所示,可在该对话框中选择字体、字体样式、高度和效果等。

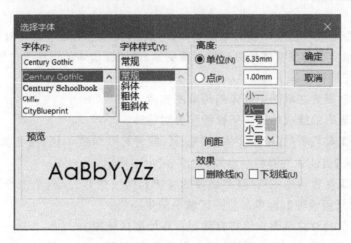

图 3-26　【选择字体】对话框

⑤ 文字编辑完成后,单击【确定】按钮 ✓ 即可生成文字草图,如图 3-25(b)所示。

3.4.5　转换实体引用

转换实体引用可将零件上所选边线或草图实体转换为相同的实体,方法是将其投影到草图基准平面或面上。转换实体引用的操作如下。

① 创建一个希望放置转换实体的新草图。

② 单击选择模型上的一个边线或一组边线。

③ 单击草图工具栏中的【转换实体引用】按钮 ⬡,或在菜单栏中选择【工具】|【草图工具】|【转换实体引用】。选中的边将被投影到草图基准面上,生成一个新的草图实体,在属性管理器中可更改新的草图实体的属性。图 3-27 所示从左向右分别是:创建新草图、选择垫片上希望转换实体的一组边线和转换实体引用后的新草图。

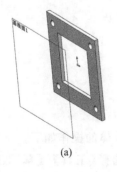　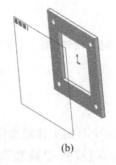　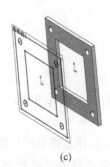

(a)　　　　　　　　　　(b)　　　　　　　　　　(c)

图 3-27　转换实体引用效果图

④ 系统将自动给新的草图实体生成与被转换的实体之间的相关性,保持被转换实体的几何关系,当被转换的实体更改时,新草图自动更改。如果希望修改新草图的某些几何关系,可以使用显示/删除几何关系命令,移除自动建立的几何关系。

3.4.6　草图镜像

草图镜像命令是基于已经绘制的草图实体,生成一个与之相对于某一对称轴而对称的新的草图实体。镜像实体和源实体始终保持对称关系,改变源实体的形状或位置,镜像实体也跟着改变。草图镜像的操作如下。

① 打开或绘制需要在草图中镜像的源草图实体。

② 选择一条现有的线或绘制一条新线作为对称轴。

③ 单击草图工具栏中的【镜像实体】按钮 ，或者在菜单栏中选择【工具】|【草图工具】|【镜像】,此时【镜像】属性管理器将会出现,如图 3-28(a)所示。

④ 在【镜像】属性管理器中选择【要镜像的实体】,即按住 Ctrl 键,单击绘图区域中要镜像的草图实体。选择【镜像轴】,即单击绘图区域中的中心线。

⑤ 要生成的新的对称草图实体将自动显示在绘图区域中。

⑥ 确定镜像实体后,单击【确定】按钮 生成镜像,如图 3-28(b)所示。

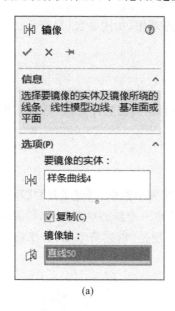

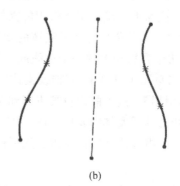

(a)　　　　　　　　　　　　　　　　(b)

图 3-28　【镜像】属性管理器及镜像操作效果图

3.4.7　延伸实体

延伸实体是将草图实体延伸到另一个草图实体的操作。延伸实体的操作如下。

① 单击草图工具栏中的【延伸实体】按钮 或在菜单栏中选择【工具】|【草图工具】|【延伸】。

② 两个草图实体如图 3-29(a)所示,将鼠标指针放在要延伸实体的线段上,这时所选实体

显示为橙色并显示延伸的方向,且与最近的另一草图实体相交,如图 3-29(b)所示。

③ 单击鼠标生成延伸实体,如图 3-29(c)所示。

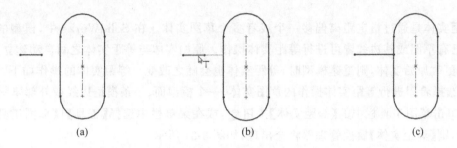

| (a) | (b) | (c) |

图 3-29　延伸实体

④ 如果想将草图延伸到最近的实体外,可以单击放置第一个延伸,拖动到下一个草图实体,然后单击放置第二个延伸,以此类推。

⑤ 选择一次延伸实体命令,可以对多个实体进行延伸,直到完成所有实体的延伸。

⑥ 单击【确定】按钮 ✓ 完成延伸操作。

3.4.8　剪裁实体

剪裁实体用于去掉多余的线段,可以将线段截断于某一边界(直线、曲线或中心线的交点处),也可以删除某一线段。剪裁实体的操作如下。

① 单击草图工具栏中的【草图剪裁】按钮 ✂,或在菜单栏中选择【工具】|【草图工具】|【剪裁】,将出现图 3-30 所示的【剪裁】属性管理器。可选择选项列表中不同的剪裁方式:

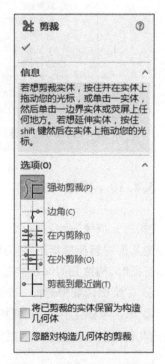

图 3-30　【剪裁】属性管理器

- 强劲剪裁 ⌐:将鼠标指针放在要剪裁的线段上,待剪裁的线段在绘图区域中显示为橙色,拖动鼠标指针,线段将被截断于与另一个实体模型的交点。
- 边角 ⌐:选择两个实体来剪裁到边角。
- 在内剪除 ⌗:选择两个边界实体或一个面,然后选择剪裁的实体,则剪除边界内的实体部分。
- 在外剪除 ⌗:选择两个边界实体或一个面,然后选择剪裁的实体,则剪除溢出边界外的实体部分。
- 剪裁到最近端 ⊢:选择一个实体剪裁到最近端交叉实体或拖动到实体。

② 选择一次剪裁实体命令,可以在几个选项间切换使用,直到完成所有剪裁操作。

③ 单击【确定】按钮 ✓ 完成剪裁操作。

3.4.9 等距实体

等距实体是通过指定距离偏移一个或者多个草图实体。在 SolidWorks 中,模型的边线、面以及已有草图或其边线皆可进行等距实体操作。原始实体与等距实体之间自动建立几何关系,如果更改原始实体,则重建模型时,等距实体也会随之改变。等距实体的操作如下。

① 选择希望进行等距实体操作的草图实体、一个模型面、一条模型边线或外部草图曲线。

② 单击草图工具栏中的【等距实体】按钮 ，或在菜单栏中选择【工具】|【草图工具】|【等距实体】,则【等距实体】属性管理器将会出现,如图 3-31 所示。

③ 在属性管理器中,在【等距距离栏】 中输入等距量,根据需要勾选【反向】或【双向】按钮以生成相反方向或两个方向的等距实体,绘图区域将显示生成的等距实体。

④ 单击【确定】按钮 ，生成等距实体,如图 3-32 所示。

图 3-31 【等距实体】属性管理器

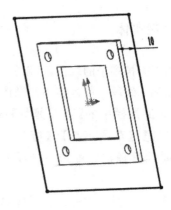

图 3-32 生成等距实体

3.4.10 构造几何线

【构造几何线】命令是一个双向开关,可以将草图实体线转换成构造几何线,反之,也可以将构造几何线转换成草图实体线。构造几何线用来协助创造草图实体和几何体,当使用草图创建特征时,构造几何线是被忽略的。构造几何线的操作如下。

① 在绘图区域中选择一个或多个草图实体。

② 单击草图工具栏中的【构造几何线】按钮 ，或在菜单栏中选择【工具】|【草图工具】|【构造几何线】,则被选中的草图实体线转换为构造几何线,或将构造几何线转换成草图实体线。

3.4.11 线性草图阵列

线性草图阵列可以方便地生成呈线性规律分布的相同内容的复制,且用该命令生成的实体是参数化和可编辑的。线性草图阵列的操作如下。

① 打开或者在草图中绘制希望阵列的草图实体并选中。

② 单击草图工具栏中的【线性草图阵列】按钮 ，或在菜单栏中选择【工具】|【草图工具】|【线性草图阵列】，则【线性阵列】属性管理器将会出现，如图 3-33 所示。

③ 在【线性阵列】属性管理器中可设定以下阵列属性：

【方向 1】：默认为 X 轴正方向，单击【反向】按钮 ↗ 可以设置为与 X 轴正方向相反的方向。

【间距】：输入阵列实体在该方向的间距。勾选【标注 X 间距】，阵列完成后，会在形成的阵列实体之间标记间距。

【实例数】：输入希望阵列出的实体数量。勾选【显示实例记数】，阵列完成后，会在形成的阵列实体之间标记实体的数量。

【角度】：输入阵列的方向与 X 轴正方向的夹角，取值范围为 $0 \sim 360°$。

选择的阵列实体显示在【要阵列的实体】栏中，可在其中删除所选实体，并选择其他实体进行阵列。

④ 绘图区域将显示阵列效果，颜色为黄色，如图 3-34 所示的方向 1 阵列效果。

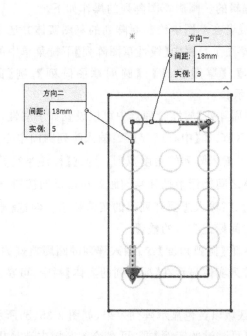

图 3-33　【线性阵列】属性管理器　　　　图 3-34　线性阵列生成过程及效果

⑤【方向 2】：默认为 Y 轴正方向，单击【反向】按钮 ↗ 可以设置为与 Y 轴正方向相反的方

向。其余的设置与【方向 1】相同。勾选【在轴之间标注角度】,阵列完成后将标记阵列两个方向之间的夹角。

⑥ 拖动阵列箭头上方的点,可改变阵列的间距和角度。

⑦ 单击【可跳过的实例】框,可在绘图区域中选择想要隐藏的阵列实体,实体在阵列中的位置标识会显示在框内。删除框内的标识,被隐藏的实体将再次显示。

⑧ 待阵列完成后,单击【确定】按钮 ✅ 完成线性阵列的生成。

线性阵列生成过程及效果如图 3-34 所示。

如果要修改已完成的阵列实体,则可进行以下操作。

① 在绘图区域中右击阵列实体,在弹出的快捷菜单中选择【编辑线性阵列】,或单击阵列实体,在菜单栏中选择【工具】|【草图工具】|【编辑线性阵列】,打开【线性阵列】属性管理器。

② 在绘图区域的阵列实体上拖动一个点或顶点,可以改变阵列实体之间的距离。

③ 在【线性阵列】属性管理器中添加角度后,双击绘图区域阵列实体上的角度,通过修改角度值来改变阵列的角度。

④ 在【线性阵列】属性管理器中添加间距尺寸后,双击绘图区域阵列实体上的间距尺寸,通过修改间距尺寸值来更改阵列实体之间的距离。

⑤ 可以向阵列实体添加几何关系。

⑥ 可以选择并删除单个阵列实体。

3.4.12 圆周草图阵列

圆周草图阵列可以方便地生成沿圆周分布的相同内容的复制,且用该命令生成的实体是参数化和可编辑的。圆周草图阵列的操作如下。

① 打开或者在草图中绘制要阵列的草图实体并选中。

② 单击草图工具栏中【线性草图阵列】下拉菜单中的【圆周草图阵列】按钮 ✿,或在菜单栏中选择【工具】|【草图工具】|【圆周草图阵列】,则【圆周阵列】属性管理器将会出现,如图 3-35(a)所示。

③ 在【圆周阵列】属性管理器中可以设置如下属性:

【中心点 X】 $\mathcal{C}_x$ 和【中心点 Y】 $\mathcal{C}_y$:输入阵列圆周中心点的 X 和 Y 坐标。

【间距】 ✹:输入阵列的角度范围。勾选【标注半径】和【标注角间距】,阵列完成后,会在形成的阵列实体之间标记半径和角间距。单击反向按钮 ⟳ 将会反转阵列的旋转方向。

【实例数】 ✹:输入想要阵列出的实体数量。勾选【显示实例记数】,阵列完成后,会在形成的数组实体之间标记实体的数量。

【半径】 ⟋ 和【圆弧角度】 ✹:输入阵列的圆周轨迹的半径和与 X 轴的夹角。

选择的阵列实体显示在【要阵列的实体】栏中,可在其中删除所选实体,并选择其他实体进行阵列。

④ 绘图区域以黄色显示阵列效果,如图 3-35(b)所示。

⑤ 单击【可跳过的实例】框,可在绘图区域中选择想要隐藏的阵列实体,实体在阵列中的位置标识会显示在框内。删除框内的标识,被隐藏的实体则会再次显示出来。

⑥ 待阵列完成后,单击【确定】按钮 ✅ 完成圆周阵列的生成。

修改已完成的圆周阵列实体和修改线性阵列实体的方法和步骤相似。

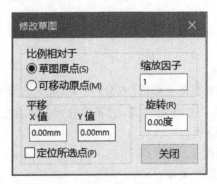

(a)　　　　　　　　　　　　　　(b)

图 3-35　【圆周阵列】属性管理器及圆周阵列效果

3.4.13　修改草图工具的使用

修改草图工具可以比例缩放、平移或旋转激活的草图。以下是修改草图的操作步骤。

① 在设计树中打开或者绘制一个草图,草图中的实体不能有其他几何关系。

② 单击草图工具栏中的【修改草图】按钮 🔹 或在菜单栏中选择【工具】|【草图工具】|【修改】。系统会弹出【修改草图】对话框,如图 3-36 所示。

图 3-36　【修改草图】对话框

③ 在【比例相对于】栏中通过单击【草图原点】和【可移动原点】按钮,改变草图相对于草图原点的比例,通过移动原点缩放草图。

④ 在【缩放因子】栏中输入待缩放的比例。

⑤ 在【旋转】栏中输入需要的旋转值来旋转草图。

⑥ 在【平移】栏中输入草图 X 值和 Y 值的平移量来平移草图。

⑦ 勾选【定位所选点】按钮可以将草图中的一个指定点移动到输入的 X 值和 Y 值对应的位置。

⑧ 单击【关闭】按钮,退出对话框。

⑨ 在进入修改模式时,可以用鼠标修改草图:

- 按住鼠标左键移动草图,按住鼠标右键围绕黑色原点符号旋转草图。
- 将鼠标指针移动到黑色原点符号的中心或端点处,鼠标指针会变成 3 种形状,从而显示 3 种翻转效果。单击鼠标左键会使草图沿 X 轴、Y 轴或两者的方向翻转。
- 将鼠标指针移动到黑色原点符号的中心,鼠标指针上有一个黑点,单击可在草图不移动时移动旋转中心。

3.5 3D 草图

可通过选择菜单栏上的【插入】|【3D 草图】,或在【草图】选项卡上的草图绘制下拉菜单中单击【3D 草图】按钮 ,或在草图工具栏上的草图下拉菜单中单击【3D 草图】来激活 3D 草图。

在 3D 草图中,图形空间标记有助于在几个基准面上绘图时保持方位。当在选定的基准面上定义草图实体的第一个点时,会出现一个空间控标,如图 3-37 所示,使用空间控标可以选择一个轴线,以便沿着该轴线绘图。

在 3D 基准面上绘制草图时不显示图形助手,因为 3D 草图是在 2D 空间中生成的。

在默认情况下,3D 草图通常是相对于模型中的默认坐标系绘制的。要切换到另外两个默认基准面,可单击草图工具,然后按 Tab 键,会显示当前草图基准面的原点。

图 3-37 空间控标

3.5.1 3D 点

以下是生成 3D 点的步骤。

① 在 3D 草图中单击草图工具栏中的【点】按钮 ,或者在菜单栏中选择【工具】|【草图绘制实体】|【点】即可绘制 3D 点。点绘制后,【点】属性管理器将会出现,如图 3-38 所示。在【点】属性管理器中可以进行以下设置。

- 【现有几何关系】选项组:

方框中显示了这些点的几何关系。

- 【控制顶点参数】选项组:

【X 坐标】 :点的 X 坐标。

【Y 坐标】$^{\bullet}\!_{Y}$:点的 Y 坐标。

【Z 坐标】$^{\bullet}\!_{Z}$:点的 Z 坐标。

② 在绘图区域中单击,放置点,如图 3-39 所示。

图 3-38　【点】属性管理器　　　　　　图 3-39　3D 点

③ 如果要修改点的属性,可以在绘图区域单击点,然后在【点】属性管理器中编辑。

3.5.2　3D 直线

以下是生成 3D 直线的步骤。

① 在 3D 草图中,单击草图工具栏中的【直线】按钮 ∕,或者在菜单栏中选择【工具】|【草图绘制实体】|【直线】即可绘制 3D 直线。直线绘制后,【线条属性】属性管理器将会出现,如图 3-40 所示。

在【线条属性】属性管理器中可以进行以下设置。

• 【现有几何关系】选项组:

方框中显示了这些线的几何关系。

• 【参数】选项组:

在长度框中输入所需线段的长度。

• 【额外参数】选项组:

【起始 X 坐标】$\mathcal{Z}_{X}$:起始点的 X 坐标。

【起始 Y 坐标】$\mathcal{Z}_{Y}$:起始点的 Y 坐标。

【起始 Z 坐标】$\mathcal{Z}_{Z}$:起始点的 Z 坐标。

【结束 X 坐标】$\mathcal{Z}_{X}$:结束点的 X 坐标。

【结束 Y 坐标】$\mathcal{Z}_{Y}$:结束点的 Y 坐标。

【结束 Z 坐标】$\mathcal{Z}_{Z}$:结束点的 Z 坐标。

【DeltaX】 **Δx**：起始和结束 X 坐标之间的差值。

【DeltaY】 **Δy**：起始和结束 Y 坐标之间的差值。

【DeltaZ】 **Δz**：起始和结束 Z 坐标之间的差值。

② 直线可以用下列方式之一来完成：

- 将鼠标指针拖动到直线末端并松开。
- 松开鼠标，将鼠标指针移动到直线末端，再次单击。

③ 当在绘图区域绘制直线时，直线的初始位置将出现一个空间控标，以帮助确定绘图方位，按 Tab 键更改基准面。3D 直线如图 3-41 所示。

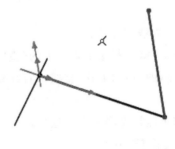

图 3-40 【线条属性】属性管理器   图 3-41 3D 直线

④ 若要修改直线的属性，在绘图区域单击直线，然后在【线条属性】属性管理器中编辑。

3.5.3 3D 样条曲线

以下是 3D 样条曲线的绘制步骤。

① 在 3D 草图中单击草图工具栏中的【样条曲线】按钮 **N**，或者在菜单栏中选择【工具】|【草图绘制实体】|【样条曲线】即可绘制 3D 样条曲线。样条曲线绘制后，【样条曲线】属性管理器将会出现，如图 3-42 所示。

在【样条曲线】属性管理器中可进行以下设置。

· 【现有几何关系】选项组：

方框中显示了这些点的几何关系。

· 【选项】选项组：

【作为构造线】：将实体转换为构造几何线。

【显示曲率】：显示曲率梳形图。

【保持内部连续性】：保持样条曲线的内部曲率。

· 【参数】选项组：

【样条曲线控制点数】 $\mathbb{N}$ ：样条曲线点数。

【X 坐标】 $\mathbb{N}$ ：样条曲线点的 X 坐标。

【Y 坐标】 $\mathbb{N}$ ：样条曲线点的 Y 坐标。

【Z 坐标】 $\mathbb{N}$ ：样条曲线点的 Z 坐标。

【相切重量 1】：通过修改样条曲线点处的样条曲线曲率度数来控制左相切向量。

【相切重量 2】：通过修改样条曲线点处的样条曲线曲率度数来控制右相切向量。

【相切径向方向】：通过修改相对于 X、Y 或 Z 轴的样条曲线倾斜角度来控制相切方向。

【相切极坐标方向】：控制相对于放置在与样条曲线点垂直的点处基准面之相切向量的提升角度。

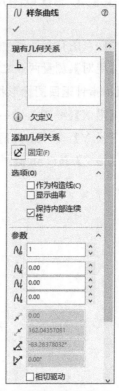

图 3-42　【样条曲线】属性管理器

【相切驱动】：使用相切重量、相切径向方向及相切极坐标方向来激活样条曲线控制。

【重设此控标】：将所选样条曲线的控标返回到其初始状态。

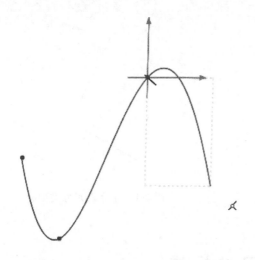

图 3-43　3D 样条曲线

【重设所有控标】：将所有样条曲线的控标返回到其初始状态。

【弛张样条曲线】：首次绘制样条并显示控制多边形时，可以拖动控制多边形上的任何节点来改变其形状。

② 在绘图区域单击所需样条的起始位置，拖动鼠标，可设置第二个 3D 点的位置。

③ 确定样条曲线第二点的位置后，在绘图区域单击第二个 3D 点，拖动鼠标，可设置样条曲线第一段的弧度和第三个 3D 点的位置。

④ 重复以上步骤，双击完成 3D 样条曲线绘制，如图 3-43 所示。

3.5.4　3D 草图尺寸类型

3D 草图有多种尺寸类型,包括:【绝对】【沿 X】【沿 Y】【沿 Z】。

【绝对】:测量两点之间的绝对距离。如果按 Tab 键沿轴方向标记尺寸,则按住 Tab 键,直到鼠标指针返回图标形状 ，即可获得绝对测量值,如图 3-44 所示。

【沿 X】:按 Tab 键一次可测量两点沿 X 轴的距离,如图 3-45 所示。

【沿 Y】:按 Tab 键两次可测量两点沿 Y 轴的距离,如图 3-46 所示。

【沿 Z】:按 Tab 键三次可测量两点沿 Z 轴的距离,如图 3-47 所示。

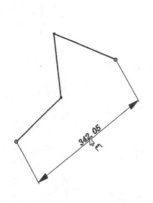

图 3-44　【绝对】尺寸类型

图 3-45　【沿 X】尺寸类型

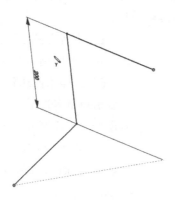

图 3-46　【沿 Y】尺寸类型

图 3-47　【沿 Z】尺寸类型

3.6　尺 寸 标 注

尺寸标注是绘图过程中的重要组成部分,SolidWorks 是一种尺寸驱动式系统,允许用户指定实体之间的尺寸和几何关系,改变尺寸可以改变零件的尺寸和形状。

SolidWorks 可以捕捉用户的设计意图而自动进行尺寸标注,但有时由于各种原因,自动尺寸标注并不能完全满足用户的需要,用户需要根据自己的意图进行尺寸标注。

3.6.1　度量单位

为了满足用户不同的需要,SolidWorks 有多种度量单位供用户选择,包括埃、纳米、微米、毫米、厘米、米、英寸、英尺。

在菜单栏中选择【工具】|【选项】可以打开【系统选项】对话框,选择【文档属性】|【单位】可在对话框中设置单位属性,如图 3-48 所示。

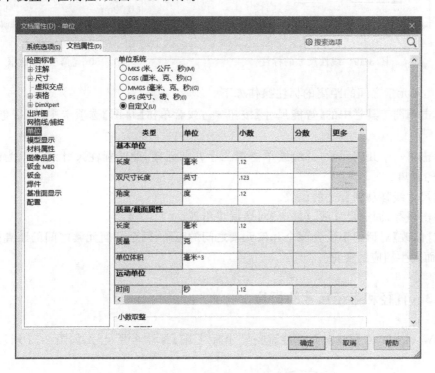

图 3-48　设定文件的度量单位

3.6.2　线性尺寸的标注

线性尺寸用于标注直线段的长度或两个几何元素间的距离,如图 3-49 所示。

线段的线性尺寸的标注操作如下。

① 单击草图工具栏中的【智能尺寸】按钮 。

② 将鼠标指针放在待标注的线段上,则待标注的线段呈橙色。

③ 单击鼠标,显示标注尺寸线,并随鼠标指针移动。

④ 将尺寸线移动到合适位置后,单击鼠标,将尺寸线固定,然后会自动弹出【修改】对话框,如图 3-50 所示。

⑤ 可以在【修改】对话框中设置线段的长度,线段的长度将随设置的长度值而发生相应的变化。单击【确定】按钮 即可完成标注。

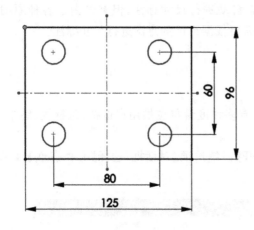

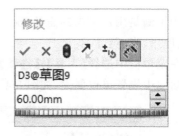

图 3-49　线性尺寸的标注　　　　　　　　图 3-50　【修改】对话框

两个几何元素之间的距离的标注操作如下。

① 单击草图工具栏中的【智能尺寸】按钮 ，或者单击【草图】选项卡中的【智能尺寸】按钮 。

② 单击第一个几何元素，并继续单击第二个几何元素，此时标注尺寸线显示为两个几何元素之间的距离。

③ 将尺寸线移动到合适的位置。

④ 单击鼠标，固定尺寸线，【修改】对话框将出现。

⑤ 在【修改】对话框中设置两个几何元素之间的距离，两个几何元素之间的距离会随输入的距离值而发生相应的变化。

3.6.3　直径和半径尺寸的标注

SolidWorks 2020 默认对圆标注直径尺寸而对圆弧标注半径尺寸，如图 3-51 所示。

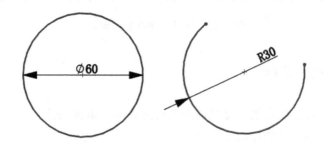

图 3-51　直径和半径尺寸的标注

标注圆的直径的操作如下。

① 单击草图工具栏中的【智能尺寸】按钮 。

② 将鼠标指针放在待标注的圆上，圆显示为橙色。

③ 单击鼠标，显示尺寸线，并随鼠标指针移动。

④ 将尺寸线移动到合适位置后，单击鼠标固定尺寸线，【修改】对话框会自动跳出。

⑤ 可以在【修改】对话框中设置圆的直径,圆的直径随着设置的直径数值而改变。

标注圆弧的半径的操作如下。

① 单击草图工具栏中的【智能尺寸】按钮 。

② 将鼠标指针放置在待标注圆弧上,待标注圆弧为橙色。

③ 单击鼠标,显示尺寸线,并随鼠标指针移动。

④ 将尺寸线移动到合适位置后,单击鼠标固定尺寸线,【修改】对话框会自动跳出。

⑤ 可以在【修改】对话框中设置圆弧半径,圆弧半径随着设置的半径数值而改变。

3.6.4 角度尺寸的标注

角度尺寸可以标注两条直线之间的夹角或圆弧的圆心角。

标注两条直线之间的夹角的操作如下。

① 单击草图工具栏中的【智能尺寸】按钮 。

② 单击第一条线,并继续单击第二条线。

③ 此时尺寸线显示两条线之间的夹角,鼠标移动时,会出现 3 种不同的夹角角度,如图 3-52 所示。

④ 将尺寸线移动到合适位置后,单击鼠标固定尺寸线,【修改】对话框会自动跳出。

⑤ 可以在【修改】对话框中设置角度的大小,角度的大小会随之改变。

标注圆弧圆心角的操作如下。

① 单击草图工具栏中的【智能尺寸】按钮 。

② 单击弧的一端,再继续单击弧的另一端。这时,尺寸线显示两端之间的距离。

③ 继续单击圆弧的圆心,尺寸线显示圆弧两端之间的圆心角,如图 3-53 所示。

④ 将尺寸线移动到合适位置后,单击鼠标固定尺寸线,【修改】对话框将自动跳出。

⑤ 可以在【修改】对话框中设置圆弧圆心角的大小,圆弧圆心角的大小会随之改变。

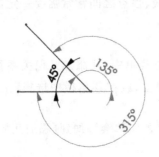

图 3-52　3 种不同的夹角角度

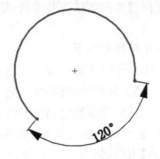

图 3-53　标注圆弧的圆心角

3.7　几 何 关 系

几何关系为草图实体之间或草图实体与基准面、基准轴、边线、顶点之间的几何约束。常见几何关系、可选择的实体及几何关系的特征如表 3-1 所示。

表 3-1　几何关系说明

常见几何关系	可选择的实体	几何关系的特征
水平或竖直	一条或多条直线,两个或多个点	直线会变成水平或竖直(由当前草图的空间定义),而点会水平或竖直对齐
共线	两条或多条直线	实体位于同一条无限长的直线上
全等	两个或多个圆弧	实体会共用相同的圆心和半径
垂直	两条直线	两条直线相互垂直
平行	两条或多条直线	实体相互平行
相切	圆弧、椭圆和样条曲线,直线和圆弧,直线和曲面或三维草图中的曲面	两个实体保持相切
同心	两个或多个圆弧,一个点和一个圆弧	圆弧共用同一圆心
中点	一个点和一条线段	点保持位于线段的中点
交叉	两条直线和一个点	点保持位于直线的交叉点处
重合	一个点和一直线、圆弧或椭圆	点位于直线、圆弧或椭圆上
相等	两条或多条直线,两个或多个圆弧	直线长度或圆弧半径保持相等
对称	一条中心线和两个点、直线、圆弧或椭圆	实体保持与中心线等距离,并位于一条与中心线垂直的直线上
固定	任何实体	实体的大小和位置被固定
穿透	一个草图点和一个基准轴、边线、直线或样条曲线	草图点与基准轴、边线、直线或曲线在草图基准面上穿透的位置重合
合并点	两个草图点或端点	两个点合并成一个点

3.7.1　添加几何关系

草图实体之间或草图实体与基准面、基准轴、边线、顶点之间常常需要一定的几何关系进行约束。

添加几何关系的操作如下。

① 单击草图工具栏的【显示/删除几何关系】下拉菜单中的【添加几何关系】按钮 ⊥ ,或单击【尺寸/几何关系】工具栏中的【添加几何关系】按钮 ⊥ ,或在菜单栏中选择【工具】|【关系】|【添加】,此时【添加几何关系】属性管理器将会出现。

② 在绘图区选择要添加几何关系的实体,所选择的实体会添加到【添加几何关系】属性管理器的【所选实体】框中,如图 3-54 所示。

③ 右击【所选实体】框中的实体,在弹出的快捷菜单中单击【清除选项】命令可清除所有实体,单击【删除】命令可以删除选择的单个实体。

④ 【信息栏】 ⓘ 显示所选实体的状态(完全定义或欠定义等)。

⑤ 可在【添加几何关系】选项组中单击要添加的几何关系类型。根据所选择的实体不同,此处列出的可添加的几何关系类型也不同。

⑥ 添加的几何关系会显示在【现有几何关系】框中。

⑦ 如果要删除已添加的几何关系,右击其中的几何关系,在弹出的快捷菜单中单击【删除】命令即可。

⑧ 几何关系添加完成后,单击【确定】按钮 ✔ 完成添加,如图 3-55 所示。

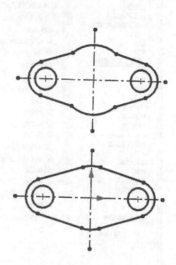

图 3-54 【添加几何关系】属性管理器　　　　图 3-55 添加相切关系前后的两个草图实体

3.7.2 自动添加几何关系

在使用 SolidWorks 的自动添加几何关系后,鼠标指针会随着草图可以生成的几何关系而改变形状,如图 3-56 所示。

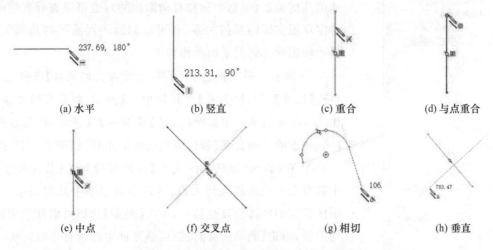

图 3-56 不同几何关系对应的鼠标指针形状

将自动添加几何关系作为默认设置的操作如下。

① 在菜单栏中选择【工具】|【选项】,打开【系统选项】对话框。

② 在【系统选项】对话框左侧项目列表中选择【草图】|【几何关系/捕捉】。

③ 在右侧的列表中勾选【自动几何关系】,如图 3-57 所示。

④ 单击【确定】退出对话框。

图 3-57　勾选【自动几何关系】

3.7.3　显示和删除几何关系

图 3-58　【显示/删除几何关系】
属性管理器

利用显示/删除几何关系工具,既可以显示应用到草图实体的几何关系(包括手动和自动添加的),也可以查看有疑问的特定草图实体的几何关系,并可以删除不再需要的几何关系。显示和删除几何关系的操作如下。

① 单击草图工具栏中的【显示/删除几何关系】按钮,或单击【尺寸】|【几何关系】工具栏中的【显示/删除几何关系】按钮,或在菜单栏中选择【工具】|【关系】|【显示/删除】,此时【显示/删除几何关系】属性管理器将会出现,如图 3-58 所示。

② 在【显示/删除几何关系】属性管理器的【几何关系】栏中有草图中全部的几何关系,当选中其中一个几何关系时,绘图区相应的实体会高亮显示,单击【删除】按钮可删除选中的几何关系,单击【删除所有】按钮可删除框中的所有几何关系。

③ 先选中某一个或几个草图实体,则在【显示/删除几何关系】属性管理器中仅显示与选中实体有关的几何关系。

④【压缩】复选框可以对当前几何关系进行压缩或解压缩。

⑤ 草图实体的名称和状态将显示在【实体】一栏中。

3.8　检查草图

　　草图检查工具可以自动检查在利用草图生成特征时草图的合法性,并可提出适当的修复建议。通过检查草图,阻止从草图中生成特定功能的错误。检查草图的操作如下。

　　① 在激活草图的状态下,选择【工具】|【草图工具】|【检查草图合法性】,会弹出【检查有关特征草图合法性】对话框,如图 3-59 所示。

　　② 在【检查有关特征草图合法性】对话框的【特征用法】下拉列表框中选择将要基于草图生成的特征。

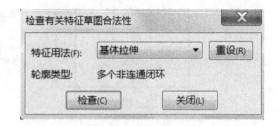

　　③ 此特征的草图轮廓要求将在【轮廓类型】中显示。

　　④ 单击【检查】按钮,系统将根据所选取的特征所需要的轮廓类型进行检查。

图 3-59　【检查有关特征草图合法性】对话框

　　⑤ 如果草图检查通过,则提示无问题。如果发现错误,则显示错误的描述,并高亮显示包含错误的草图区域,如图 3-60 所示。

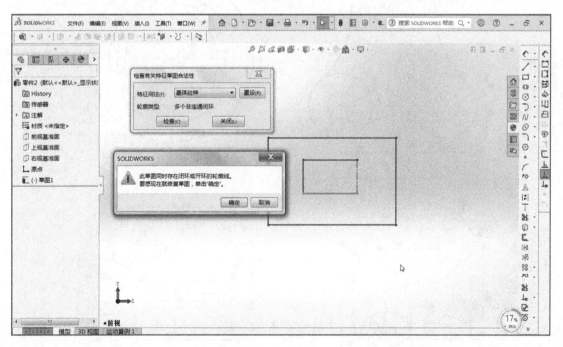

图 3-60　检查草图合法性

　　⑥ 每次检查只报告一个错误。

　　⑦ 单击【关闭】按钮,关闭对话框。

3.9 实践与操作

按图 3-61 所示尺寸绘制草图,草图原点设置于图示位置,并通过尺寸标注和几何约束实现全约束。

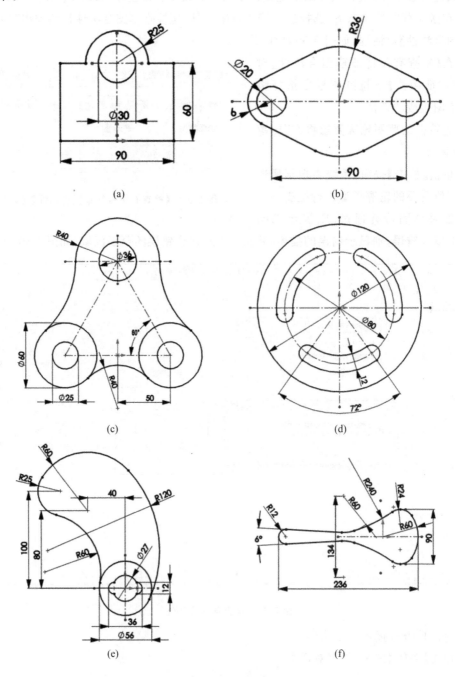

图 3-61 实践草图

第4章 零件三维模型设计

4.1 零件建模基础

传统的机械设计方法要求设计人员在脑海中构造出零件的三维形状,然后按投影规律,用二维图样将零件的三维形状表达出来。因此要求设计人员具有较强的空间想象能力和二维图形表达能力,所以新产品设计和试制周期很长。

SolidWorks 2020 系统采用三维模型进行产品设计,系统提供了很多实体建模的特征工具(命令),每一种特征可以建立具有一种特殊性质的实体特征(即各种单个的加工形状),将它们组合起来就形成了各种零件。

零件是基于 SolidWorks 设计的核心,本章将在第 3 章掌握 SolidWorks 2020 草图的绘制方法的基础上,讨论零件的实体建模方法。

4.1.1 零件建模基本术语

1. 实体建模

实体建模是工程设计方法的一个重要突破,在计算机辅助设计软件平台上用若干基本元素来构造机械零件的完整几何模型,设计人员在屏幕上能够见到真实的三维模型。

2. 参数化

传统的 CAD 技术,输入的每个几何图素都有确定的位置,而尺寸只有注释作用,若想修改图样内容,只有删除原有几何图素后重画,这种方法在进行新产品的开发设计时需要多次反复修改、进行零件形状和尺寸的综合协调和优化。SolidWorks 系统是基于参数化技术进行零部件设计,尺寸具有驱动功能,参数化设计可使产品随着某些结构尺寸的修改和使用环境的变化而自动修改零部件模型,这种技术可以大大缩短新产品研发周期。

3. 特征

在 SolidWorks 系统中,特征是产品设计的基本单元,将机械产品描述成有关特征的有机集合。特征包括特定几何形状、拓扑关系、典型功能、绘图表示方法、制造技术和公差要求等。特征设计的突出优点是在设计阶段就可以把很多后续环节需要使用的有关信息放到数据库中,以便可以采用并行工程的思想,使设计绘图、计算分析、工艺、加工等后续环节并行、高效地完成。

4.1.2　特征工具栏

SolidWorks 的零件设计是基于特征的,特征工具栏提供生成模型特征的命令按钮,默认的特征工具栏如图 4-1 所示。

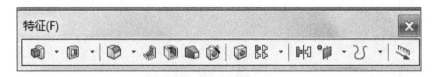

图 4-1　特征工具栏

SolidWorks 2020 系统提供了许多特征命令按钮(SolidWorks 2020 中的特征工具有 61 个,如下所示),为了使界面简洁,并非所有的特征命令按钮都被包含在默认的特征工具栏中,但用户可通过自定义工具栏来新增或移除图标(如 2.2.3 节所述),以便满足自己的需要。

拉伸凸台/基体	旋转凸台/基体	扫描凸台/基体
放样凸台/基体	边界凸台/基体	加厚
拉伸切除	旋转切除	扫描切除
放样切除	边界切除	加厚切除
使用曲面切除	圆角	倒角
筋	缩放比例	抽壳
草稿	移动面	弯曲
压凹	变形	自由形
圆顶	孔系列	螺纹线
高级孔	异型孔向导	简单直孔
包覆	活动剖切面	模型断开视图
Instant3D	压缩	解除压缩
带从属关系解除压缩	线性阵列	圆形阵列
镜像	删除/保留实体	连接
组合	相交	分割
变量阵列	填充阵列	由表格驱动的阵列
由草图驱动的阵列	由曲线驱动的阵列	愈合边线
输入的几何体	插入零件	移动/复制实体
识别特征	FeatureWorks 选项	网格系统
转换到网格实体	3D 纹理	导入网格实体的线段
十分之一网格实体		

4.1.3　零件建模原则

在进行零件建模时，为了使建立的模型方便后续在计算机辅助分析、工艺及制造中使用，需要遵循以下几点原则。

① 先固定后调整：先创建固定不变的特征，后创建需要经常调整的特征。

② 先主后次、先大后小：先建立构成零件基本形状的主要特征和较大尺度的特征，然后再添加辅助的孔、槽、圆角、倒角等辅助特征。

③ 先形状后尺寸：先确立特征的几何形状，然后再确定特征的尺寸，在必要的情况下添加特征之间的尺寸和几何关系。

④ 模拟加工制造顺序：建模的顺序尽可能模拟实际加工的顺序。

4.1.4　零件建模步骤

在 SolidWorks 系统中，零件建模过程就是零件真实制造过程的虚拟仿真，利用 SolidWorks 2020 进行零件设计及零件机械加工的过程如图 4-2 所示。

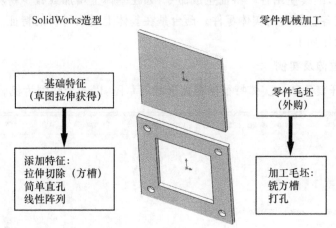

图 4-2　零件设计及零件机械加工过程

具体的零件建模步骤如下。

1. 形体分析并规划零件

根据零件的结构，分析零件的特征组成、相互关系、构造顺序及其构造方法，确定每部分的最佳草图轮廓等。

2. 创建基础特征

基础特征是零件的第一个特征，可以看作零件模型的"毛坯"或主体结构，它反映了零件的基本形态特征，也是构造其他特征的基础。

3. 创建其他特征

通常根据"如何加工就如何造型"的原则，按照特征之间的关系确定建模顺序，一步步创建剩余特征。

在 SolidWorks 系统中,零件设计是核心,特征设计是关键,草图设计是基础。在进行零件建模时,通常是根据分析创建一个个特征。有些特征的创建需要在选定的平面上绘制二维草图,再对这个草图进行某个特征(拉伸、切除、扫描、放样等)操作,使之生成三维特征;有些特征(如倒角、圆角、抽壳等)是通过选择适当的特征命令,然后定义所需的尺寸或特性而生成;多个特征有机组合即可得到需要结构的零件。

4.2 实体特征设计

一系列特征的有机组合可以得到满足用户需要的各种零件,下面对构成零件的基本特征的创建方法进行介绍。

4.2.1 拉伸凸台/基体

拉伸特征是将草图轮廓向一个方向或两个方向拉伸为实体的命令,适合于构造等截面的实体特征。基体是组成实体模型的基础,在零件建模时,常常需要先建立一个基体特征,然后在此基体的基础上,继续使用各种特征生成命令(如在基体上增加或减少材料、改变形状、构造不同特征等),形成各种复杂的实体零件。凸台是在基体上增加材料的特征。

拉伸特征的操作如下。

1. 简单实体拉伸及实例

① 绘制或打开表达某一实体特征的截面形状的草图,以一个垫圈为例,如图 4-3 所示。

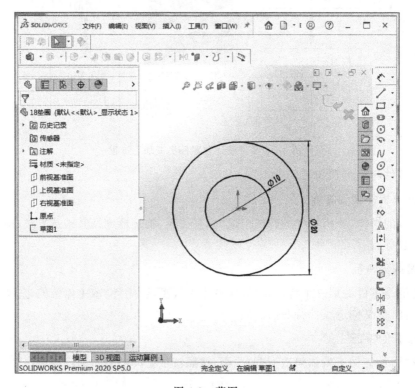

图 4-3 草图

② 在主菜单栏里选择【特征】|【拉伸凸台/基体】,或在特征工具栏里单击【拉伸凸台/基体】按钮 ,会出现【凸台-拉伸】属性管理器,如图 4-4 所示。

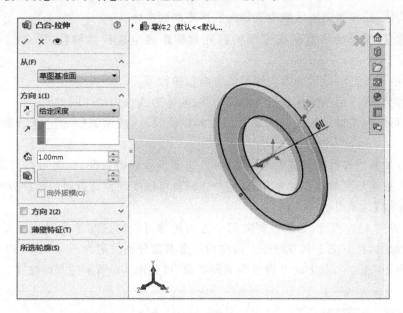

图 4-4　将草图拉伸为垫片

③ 在尺寸方框内输入需要的拉伸深度尺寸,或用鼠标通过拖动箭头设定拉伸深度。

④ 单击【确定】按钮 ,完成简单拉伸操作。

在作图过程中,通过【视图】|【修改】|【视图定向】,设定观察点或作图平面,可以显示从不同方向的观察效果。

2.【凸台-拉伸】属性管理器

在进行拉伸操作时,【凸台-拉伸】属性管理器里的不同选项组可以方便满足设计者不同的设计意图。

(1)【从】选项组

设置特征拉伸的【开始条件】,包括以下几个选项。

草图基准面:将草图所在的基准面作为拉伸的起始位置。

曲面/面/基准面:将这些选中的实体之一作为拉伸的起始位置。

顶点:将选择的顶点处作为拉伸的起始位置。

等距:将与当前草图所在的基准面等距的基准面作为拉伸的起始位置,距离值在输入框里手动键入。

(2)【方向 1】选项组

【终止条件】:设置特征拉伸的终止条件,在 SolidWorks 2020 中可以根据设计者的设计意图采用 6 种不同的实体拉伸的终止条件,如图 4-5 所示。

给定深度:输入距起始位置的距离。

成形到一顶点:选择的顶点处作为拉伸的终止位置。

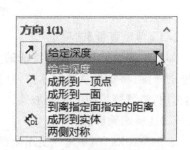

图 4-5　拉伸终止条件选项

成形到一面：选择的实体或基准面处作为拉伸的终止位置。

到离指定面指定的距离：通过选择指定面和输入距离指定面的距离方式设定终止位置。

成形到实体：拉伸到图形区域中选定的实体或曲面实体。

两侧对称：按照起始位置所在平面的两侧对称距离生成拉伸特征，距离值在输入框里输入。

【反向】：沿与预览中显示的方向相反的方向拉伸特征。

【拉伸方向】：可以用鼠标选择已有草图边线、实体边线作为拉伸的方向。

【深度】：可以在该输入框中输入需要的拉伸深度尺寸，或用鼠标通过拖动箭头设定拉伸深度。

【拔模开/关】：当有些零件或毛坯是铸件时，需要设计拔模特征，此时可打开该开关，并在输入框中输入拔模角度的值。如果勾选【向外拔模】，可以实现预览方向的相反方向的拉伸。

（3）【方向2】选项组

选项同【方向1】选项组，如果需要向两个方向拉伸可以勾选此选项组。以长方体毛坯为例，为了清晰起见，在方向1和方向2上将拉伸深度参数分别设定为50 mm和30 mm，拔模角度分别设置为10°和20°，且方向2设置为向外拔模，得到图4-6所示的双面拉伸。

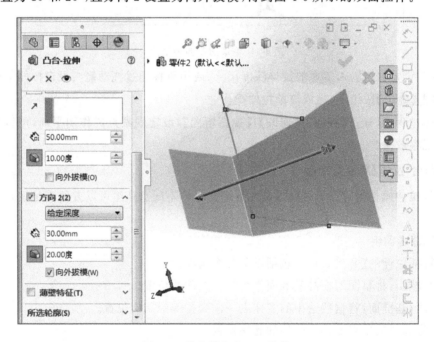

图4-6　带拔模角的双面拉伸

（4）【薄壁特征】选项组

如果需要设计具有薄壁特征的实体，可以在拉伸时勾选【薄壁特征】，然后设定拉伸方向和薄壁的厚度，将矩形草图实体拉伸时加上薄壁特征的效果如图4-7所示。也可以勾选【顶端加盖】选项，将薄壁模型的顶端加盖。

（5）【所选轮廓】选项组

SolidWorks 2020允许使用全部或部分草图生成拉伸特征，可以在图形区域选择草图轮廓和模型边线。

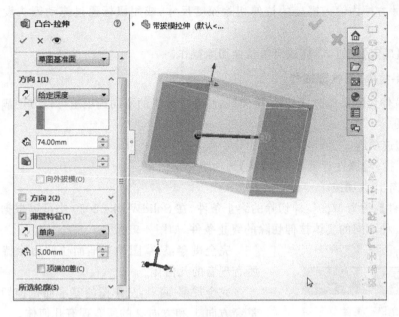

图 4-7　薄壁拉伸

4.2.2　拉伸切除

拉伸切除是从零件或装配体上移除材料的特征。对于多实体零件,设计者可以使用拉伸切除来生成脱节零件。

拉伸切除特征的操作如下。

1. 简单实体拉伸切除及实例

① 绘制或打开某一实体特征,选择一面为基准面,或直接在一基准面上建立草图,以一个螺母为例。

② 在主菜单栏里选择【插入】|【切除】|【拉伸】,或在特征工具栏里单击【拉伸切除】按钮,会出现【切除-拉伸】属性管理器,如图 4-8 所示。

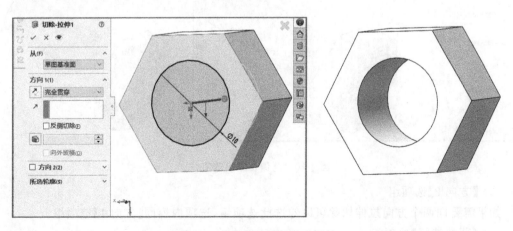

图 4-8　将草图拉伸切除为螺母

③ 在尺寸方框内输入需要的拉伸切除深度尺寸,或用鼠标通过拖动箭头设定拉伸切除深度。

④ 单击【确定】按钮 ✓,完成简单拉伸切除操作。

2.【切除-拉伸】属性管理器

在进行拉伸切除操作时,【切除-拉伸】属性管理器里的不同选项组可以方便满足设计者不同的设计意图。

(1)【从】选项组

与【凸台-拉伸】属性管理器中的【从】选项组完全一致。

(2)【方向1】选项组

【终止条件】:设置特征拉伸切除的终止条件,在 SolidWorks 2020 中可以根据设计者的设计意图采用 9 种不同的实体拉伸切除的终止条件,如图 4-9 所示。

完全贯穿:从草图的基准面拉伸切除特征直到贯穿所有现有的几何体。

完全贯穿-两者:从草图的基准面拉伸切除特征直到贯穿方向 1 和方向 2 的所有现有几何体。

成形到下一面:从草图的基准面拉伸切除特征到下一面(隔断整个轮廓)以生成特征(下一面必须在同一零件上)。

图 4-9　拉伸切除终止条件选项

其余终止条件与【凸台-拉伸】属性管理器中的一致。

【反向】 ↗、【拉伸方向】 ↗、【深度】 ⓧ、【拔模开/关】 ▣ 与【凸台-拉伸】属性管理器中的一致。

【反侧切除】:移除轮廓外的所有部分。

以一个螺栓为例,首先,在六棱柱的端面绘制一个直径为 20 mm 的内切圆作为草图,然后使用拉伸切除命令,并勾选【反侧切除】,设置拉伸切除深度为 2 mm,单击【拔模开/关】,设置拔模角度为 45°,得到反侧切除出的实体,如图 4-10 所示。

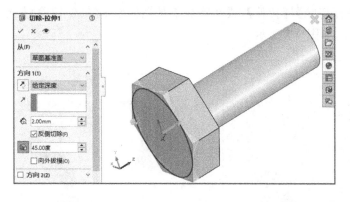

图 4-10　反侧切除出的实体

(3)【方向2】选项组

如果需要向两个方向拉伸切除可以勾选此选项组,选项内容同【方向1】选项组。

(4)【薄壁特征】选项组

如果需要设计具有薄壁特征的实体,可以在拉伸时勾选【薄壁特征】,然后设定拉伸方向和薄壁的厚度。

　　以圆柱上的环形槽为例,在圆柱体的端面绘制一个圆作为草图。选择【拉伸切除】,设定切除深度为 10 mm,并勾选【薄壁特征】复选框,得到图 4-11 所示的圆环槽。

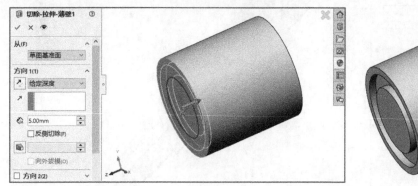

图 4-11　在圆柱体上用拉伸切除实体特征生成圆环槽

　　(5)【所选轮廓】选项组

　　SolidWorks 2020 允许使用全部或部分草图生成拉伸切除特征,可以在图形区域选择草图轮廓和模型边线。

4.2.3　旋转凸台/基体

　　如果需要造型的零件是回转体,可以用旋转凸台/基体命令建模。通过旋转命令将草图轮廓向一个方向或两个方向旋转为实体。

　　旋转特征的操作如下。

　　1. 简单实体旋转及实例

　　① 绘制或打开表达某一实体特征的截面形状的草图,以一个阶梯轴为例,如图 4-12 所示。

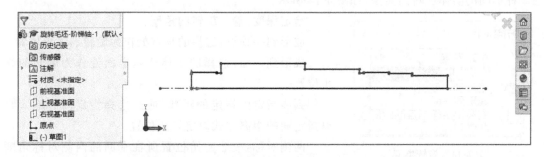

图 4-12　草图

　　② 在主菜单栏里选择【插入】|【凸台/基体】|【旋转】,或在特征工具栏里单击【旋转凸台/基体】按钮 ,会出现【旋转】属性管理器,如图 4-13 所示。

　　③ 在旋转轴方框中选择已有草图边线、实体边线作为旋转的中心线。

　　④ 在角度方框内输入需要的旋转角度,或用鼠标通过拖动箭头设定旋转角度。

　　⑤ 单击【确定】按钮 ,完成简单旋转操作。

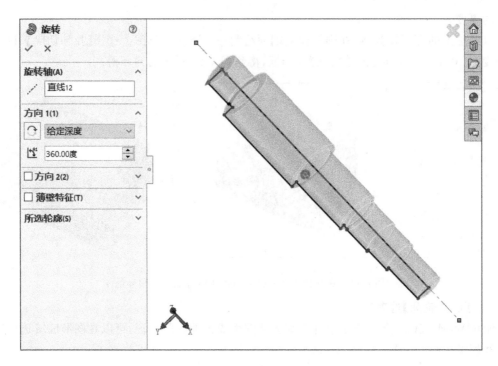

图 4-13　将草图旋转为阶梯轴

2.【旋转】属性管理器

在进行旋转操作时,【旋转】属性管理器里的不同选项组可以方便满足设计者不同的设计意图。

(1)【旋转轴】选项组 ⁄

可以用鼠标选择已有草图边线、实体边线作为旋转的中心线。

(2)【方向 1】选项组

【旋转类型】:设置特征旋转的类型,在 SolidWorks 2020 中可以根据设计者的设计意图采用 5 种不同的实体旋转的类型,如图 4-14 所示。

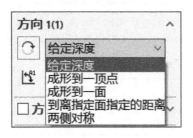

图 4-14　旋转类型

给定深度:输入旋转的角度。

成形到一顶点:选择的顶点处作为旋转的终止位置。

成形到一面:选择的实体或基准面处作为旋转的终止位置。

到离指定面指定的距离:通过选择指定面和输入距离指定面的距离方式设定终止位置。

两侧对称:按照起始位置所在平面的两侧对称角度生成旋转特征,角度值在输入框里输入。

【反向】:沿与预览中显示的方向相反的方向旋转特征。

【角度】:可以在该输入框中输入需要的旋转角度,或用鼠标通过拖动箭头设定旋转角度。

(3)【方向 2】选项组

选项同【方向 1】选项组,如果需要向两个方向旋转可以勾选此选项组。以旋转轴为例,为了清晰起见,在方向 1 和方向 2 上将旋转角度参数分别设定为 180°和 45°,得到图 4-15 所示的双面旋转。

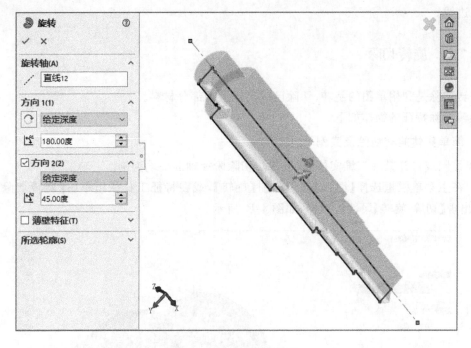

图 4-15　不同角度的旋转

(4)【薄壁特征】选项组

如果需要设计具有薄壁特征的实体,可以在旋转时勾选【薄壁特征】,然后设定旋转方向和薄壁的厚度,将草图实体旋转时加上薄壁特征的效果如图 4-16 所示。

图 4-16　薄壁旋转

（5）【所选轮廓】选项组

SolidWorks 2020 允许使用全部或部分草图生成旋转特征,可以在图形区域选择草图轮廓和模型边线。

4.2.4　旋转切除

旋转切除是利用草图的旋转,切除已有实体上的部分材料。

旋转切除特征的操作如下。

1. 简单实体旋转切除及实例

① 绘制或打开某一三维实体图,以旋转切除阶梯轴的一端为例。

② 在主菜单栏里选择【插入】|【切除】|【旋转】,或在特征工具栏里单击【旋转切除】按钮
🔘,会出现【切除-旋转】属性管理器,如图 4-17 所示。

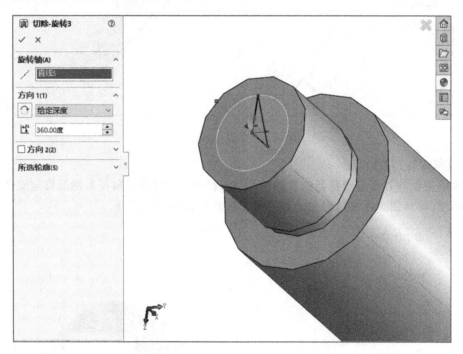

图 4-17　【切除-旋转】属性管理器

③ 在旋转轴方框中选择已有草图边线、实体边线作为旋转切除的中心线。

④ 在角度方框内输入需要的旋转切除角度,或用鼠标通过拖动箭头设定旋转切除角度。

⑤ 单击【确定】按钮 ✓,完成简单旋转切除操作,如图 4-18 所示。

2.【切除-旋转】属性管理器

在进行旋转切除操作时,【切除-旋转】属性管理器里的不同选项组可以方便满足设计者不同的设计意图。【切除-旋转】属性管理器中包含【旋转轴】选项组、【方向 1】选项组、【方向 2】选项组和【所选轮廓】选项组,其含义与【旋转】属性管理器相同。

旋转切除不能像拉伸切除那样具有反侧切除的功能。与旋转凸台/基体的要求一样,但需要注意:一定要使草图封闭,且草图中不互相交错,同时要有中心线作为旋转中心。

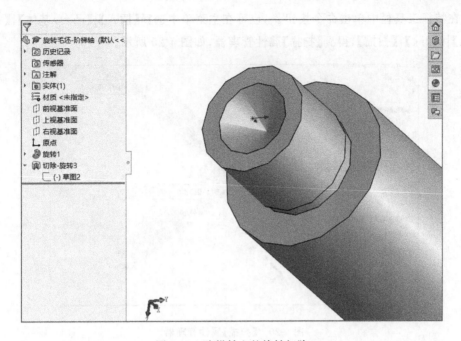

图 4-18　阶梯轴上的旋转切除

4.2.5　扫描

扫描特征是沿某一路径移动一个轮廓(剖面)来生成基体、凸台、切除或曲面的命令,扫描可简单可复杂。要生成扫描几何体,SolidWorks 通过沿路径不同位置复制轮廓而创建一系列中间截面,然后中间截面将组合到一起。其他参数可包含在扫描特征中,如引导线、轮廓方向选项和扭转,以创建各种形状。

扫描特征的操作如下。

1. 简单实体扫描及实例

① 以内六角扳手为例。在前视基准面上创建草图 1,绘制内六角扳手的断面,在上视基准面上创建草图 2,绘制扫描路径,如图 4-19 所示。

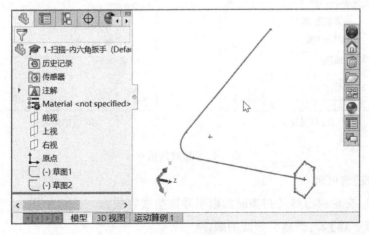

图 4-19　草图

② 在特征工具栏中单击命令按钮 🍢，也可在主菜单中选择【插入】|【凸台/基体】|【扫描】，或【插入】|【切除】|【扫描】，得到【扫描】属性管理器，如图 4-20 所示。

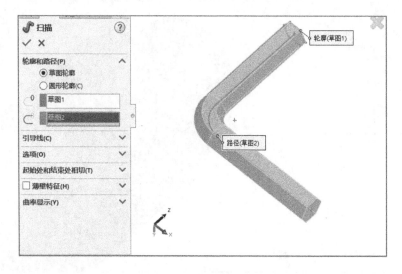

图 4-20　【扫描】属性管理器

③ 选择草图 1 为轮廓 🖰，草图 2 为扫描路径 🖰。

④ 单击【确定】按钮 ✓，完成简单扫描操作。

2.【扫描】属性管理器

在进行扫描操作时，【扫描】属性管理器里的不同选项组可以方便满足设计者不同的设计意图。

（1）【轮廓和路径】选项组

【轮廓】🖰：设置用来生成扫描实体的轮廓。可以选择以某一草图为轮廓或以圆为轮廓。选择【草图轮廓】需要选择一个草图为轮廓，选择【圆形轮廓】需要在 🖉 中输入圆的直径，如图 4-21 所示。

【路径】🖰：设置轮廓扫描的路径。

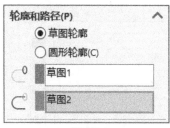

(a) 草图轮廓

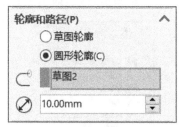

(b) 圆形轮廓

图 4-21　轮廓的选择

（2）【引导线】选项组

【引导线】🖰：在轮廓沿路径扫描时加以引导以生成特征。

【上移】⬆、【下移】⬇：调整引导线的顺序。

【合并平滑的面】:改进带引导线扫描的性能,并在引导线或者路径不是曲率连续的所有点处分割扫描。

【显示截面】:显示扫描的截面。

(3)【选项】选项组

【方位/扭转控制】:控制轮廓在沿路径扫描时的方向,包括如下选项。

随路径变化:轮廓相对于路径时刻保持同一角度。

保持法向不变:使轮廓总是与起始轮廓保持平行。

随路径和第一引导线变化:中间轮廓的扭转由路径到第一条引导线的向量决定,在所有中间轮廓的草图基准面中,该向量与水平方向之间的角度保持不变。

随第一和第二引导线变化:中间轮廓的扭转由第一条引导线到第二条引导线的向量决定。

沿路径扭转:沿路径扭转轮廓。可以按照度数、弧度或者旋转圈数定义扭转。

以法向不变沿路径扭曲:在沿路径扭曲时,保持与起始轮廓平行而沿路径扭转轮廓。

【定义方式】:定义扭转的形式,可以选择【度数】【弧度】【旋转】选项。

扭转角度:在扭转中设置度数、弧度或者旋转圈数的数值。

【路径对齐类型】:当路径上出现少许波动或者不均匀波动使轮廓不能对齐时,可以将轮廓稳定下来。

【切线延伸】:沿切线方向延伸模型。

【合并切面】:如果扫描轮廓具有相切线段,可以使所产生的扫描中的相应曲面相切,保持相切的面可以是基准面、圆柱面或者锥面。

【显示预览】:显示扫描的上色预览,取消选择此选项,则只显示轮廓和路径。

【合并结果】:将多个实体合并成一个实体。

【与结束端面对齐】:将扫描轮廓延伸到路径所遇到的最后一个面。

(4)【起始处/结束处相切】选项组

【起始处相切类型】:其选项包括如下内容。

无:不应用相切。

路径相切:垂直于起始路径而生成扫描。

【结束处相切类型】:与起始处相切类型的选项相同,在此不做赘述。

(5)【薄壁特征】选项组:生成薄壁特征扫描

【类型】:设置薄壁特征扫描的类型。

单向:设置厚度数值,以单向从轮廓生成薄壁特征。

两侧对称:设置同一(厚度)数值,以两个方向从轮廓生成薄壁特征。

双向:设置不同的【厚度 1】和【厚度 2】数值,以相反的两个方向从轮廓生成薄壁特征。

3. 扫描的其他应用

用带引导线的扫描方法建模时,如果需要在扫描路径上有更多的变化以得到更精确的造型,可以使用带双引导线的精确扫描方法。下面用该方法扫描出一个化妆品的瓶子。

创建准确的引导线和扫描路径可以通过输入若干个空间点的坐标创建空间曲线,将其作为引导线和扫描路径。

选择【插入】|【曲线】|【通过 XYZ 点的曲线】,会出现一个【曲线文件】对话框,如图 4-22 所示,输入点的坐标后,在作图区会显示相应的曲线,可将其以 *.SLDCRV 的文件格式保存。按此方法,可创建准确的引导线和扫描路径。

建立双引导线扫描实体示例如下所述。

① 用上述方法建立两条曲线作为引导线,建立一条垂直线作为扫描路径,如图 4-22、图 4-23、图 4-24 所示。

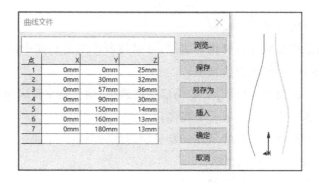

图 4-22　第一条引导线

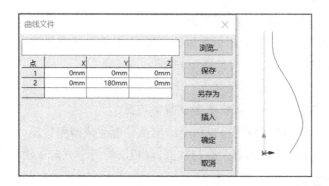

图 4-23　第二条引导线

图 4-24　用点的坐标建立扫描路径

② 建立椭圆草图,长轴 40 mm,短轴 25 mm,并定义它与两条引导线的穿透关系,与扫描路径的位置关系,结果如图 4-25 所示。

③ 关闭草图,单击扫描按钮 ✎,进行带引导线的扫描。分别选择轮廓草图 1、路径曲线 3

和引导曲线 1、引导曲线 2，则可得到图 4-26 所示的瓶子实体。

图 4-25 建立扫描断面

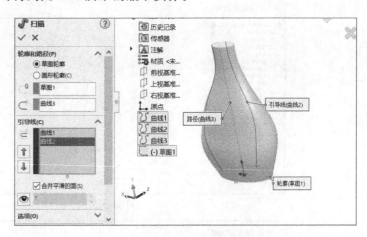

图 4-26 带双引导线的扫描实体

4.2.6 放样

将两个或多个轮廓图形作为基础拉伸建立三维实体的一种特征生成工具，称为放样。放样通过在轮廓之间进行过渡以生成特征，放样的对象可以是基体、凸台、切除或者曲面，可以使用两个或者多个轮廓生成放样，但仅第一个或者最后一个对象的轮廓可以是点。

放样特征的操作如下。

1. 简单实体放样及实例

① 选择前视基准面，绘制轮廓为圆（草图 1）。

② 定义到前视基准面距离为 50 mm 的基准面 1，绘制正方形（草图 2）。

③ 定义到前视基准面距离为 25 mm 的基准面 2，绘制圆（草图 3）。

④ 关闭草图。

⑤ 在主菜单栏里选择【插入】|【凸台/基体】|【放样】，或在特征工具栏里单击【放样凸台/基体】按钮 🔖，在【放样】属性管理器的【轮廓】选项组中依次选择所作的草图 1、草图 3、草图 2，如图 4-27(a)所示，放样后将得到图 4-27(b)所示的多轮廓实体。

2.【放样】属性管理器

（1）【轮廓】选项组

【轮廓】🔖：用来生成放样的轮廓，可以选择要放样的草图轮廓、面或者边线。

【上移】🔼、【下移】🔽：调整轮廓的顺序。

（2）【起始/结束约束】选项组

【起始约束】【结束约束】：应用约束以控制起始和结束轮廓的相切，包括如下选项。

默认（在最少有 3 个轮廓时可供使用）：近似在第一个和最后一个轮廓之间刻画抛物线。该抛物线中的相切驱动放样曲面，在未指定匹配条件时，所产生的放样曲面更具可预测性、更自然。

无：不应用相切约束（即曲率为零）。

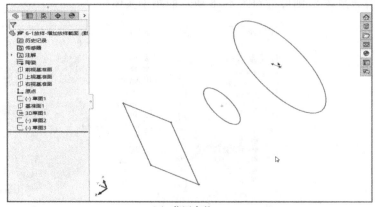

(a) 草图实体

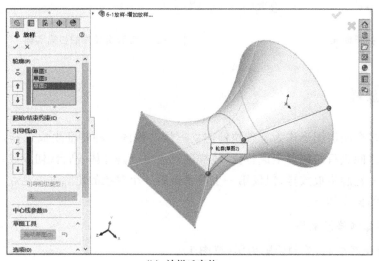

(b) 放样后实体

图 4-27　实体的多轮廓放样

方向向量:根据所选的方向向量应用相切约束。

垂直于轮廓:应用在垂直于起始或者结束轮廓处的相切约束。

(3)【引导线】选项组

【引导线感应类型】:控制引导线对放样的影响力,包括如下选项。

到引线:只将引导线延伸到下一引导线。

到下尖角:只将引导线延伸到下一尖角。

到下一边线:只将引导线延伸到下一边线。

整体:将引导线影响力延伸到整个放样。

【引导线】 ：选择引导线来控制放样。

【上移】 、【下移】 ：调整引导线的顺序。

【开环<n>-相切】:控制放样与引导线相交处的相切关系(n 为所选引导线标号),包括如下选项。

无:不应用相切约束。

垂直于轮廓:垂直于引导线的基准面应用相切约束。设定拔模角度。

方向向量：根据所选的方向向量应用相切约束。

自定义引导线，将得到不同的放样实体。在下例中，假如自定义引导线为 3 个矩形的异面顶点，则得到图 4-28 所示的实体。

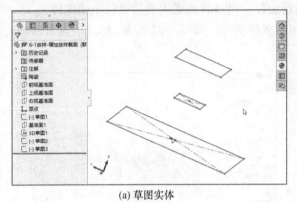

(a) 草图实体

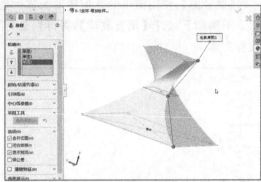

(b) 放样后实体

图 4-28　自定义引导线放样

（4）【中心线参数】选项组

【中心线】：使用中心线引导放样形状。

【截面数】：在轮廓之间并围绕中心线添加截面。

以下为不带中心线的实体放样与带中心线的实体放样的结果比较，如图 4-29 所示。

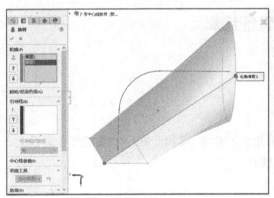

(a) 不带中心线

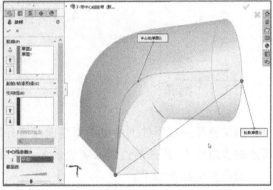

(b) 带中心线

图 4-29　不带中心线和带中心线的实体放样比较

（5）【草图工具】选项组

【拖动草图】：激活拖动模式，编辑放样特征时，可以从任何已经为放样定义了轮廓线的 3D 草图中拖曳 3D 草图线段、点或者基准面，3D 草图在拖曳时自动更新。

【撤销草图拖动】 ：撤销先前的草图拖曳并将预览返回到其先前状态。

（6）【选项】选项组

【选项】选项组如图 4-30 所示。

【合并切面】：如果对应的线段相切，则保持放样中的曲面相切。

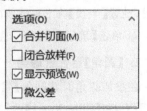

图 4-30　【选项】选项组

【闭合放样】:沿放样方向生成闭合实体,选择此选项会自动连接最后一个和第一个草图实体。

【显示预览】:显示放样的上色预览,取消选择此选项则只能查看路径和引导线。

【微公差】:使用微小的几何图形为零件创建放样。严格容差适用于边缘较小的零件。

举例如下:选择【闭合放样】,将得到自封闭的放样实体。如图 4-31 所示,形成了自封闭的放样实体。

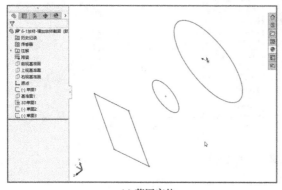

(a) 草图实体   (b) 放样后实体

图 4-31   自封闭的放样实体

4.3   实体特征编辑

4.3.1   圆角

圆角特征是在零件上生成内圆角面或者外圆角面的命令,可用于在一个面的所有边线上、所选的多组面上、所选的边线或者边线环上生成圆角。

圆角特征操作如下。

1. 添加简单圆角及实例

① 绘制或打开某一实体,以一个简单支座为例。

② 在主菜单栏里选择【插入】|【特征】|【圆角】,或在特征工具栏里单击【圆角】按钮,会出现【圆角】属性管理器。

③ 在【要圆角化的项目】选项组中单击【边线、面、特征和环】按钮 ⬜,选择模型上面的 4 条边线,设置【半径】为 2 mm,如图 4-32 所示。

④ 单击【确定】按钮 ✓,生成圆角特征。

2.【圆角】属性管理器

在添加圆角时,【圆角】属性管理器里的不同选项组可以方便满足设计者不同的设计意图,有【手工】和【FilletXpert】两种模式供用户选择,【FilletXpert】模式可以帮助管理、组织和重新排序对称等半径圆角。在【手工】模式下,【圆角】属性管理器介绍如下。

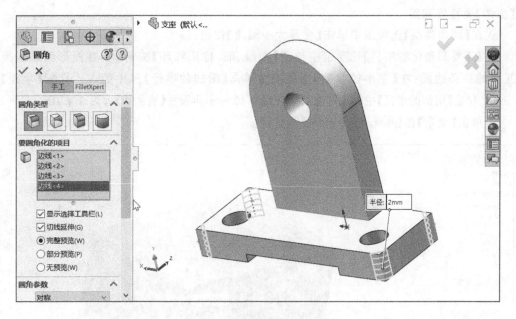

图 4-32　设置等半径圆角特征

（1）【圆角类型】选项组

【恒定大小圆角】：可用于生成整个圆角长度都有固定尺寸的圆角。

【变量大小圆角】：可用于生成带变半径值的圆角，可使用控制点来帮助定义圆角。

【面圆角】：可用于混合非相邻、非连续的面。

【完整圆角】：可用于生成相切于 3 个相邻面组（一个或者多个面相切）的圆角。

（2）【要圆角化的项目】选项组

【边线、面、特征和环】：在图形区域选择要进行圆角处理的实体。

【切线延伸】：将圆角延伸到所有与所选面相切的面。

【完整预览】：显示所有边线的圆角预览。

【部分预览】：只显示一条边线的圆角预览。

【无预览】：可以缩短复杂模型的重建时间。

（3）【圆角参数】选项组

【半径】：设置圆角的半径。

【多半径圆角】：以不同半径的边线生成圆角，可以使用不同半径的 3 条边线生成圆角，但不能为具有共同边线的面或者环指定多个半径。

若圆角类型选择【变量大小圆角】，则该部分变为【变半径参数】选项组，其中选项如下。

【附加的半径】：列举在【要圆角化的项目】选项组的【边线、面、特征和环】选择框中选择的边线顶点，并列举在图形区域中选择的控制点。

【设定所有】：应用当前的【半径】到【附加的半径】下的所有项目。

【设定未指定的】：应用当前的【半径】到【附加的半径】下所有未指定半径的项目。

【实例数】：设置边线上的控制点数。

变半径圆角特征的操作如下。

① 绘制或打开某一实体，以一个长方体为例。

② 在主菜单栏里选择【插入】|【特征】|【圆角】，或在特征工具栏里单击【圆角】按钮，会出

现【圆角】属性管理器。

③ 在【圆角类型】选项组中单击【变量大小圆角】按钮。

④ 在【要圆角化的项目】选项组中单击【边线、面、特征和环】按钮 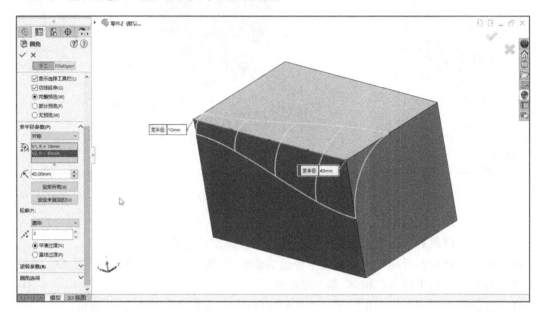，在图形区域选择模型正面的一条边线；在【变半径参数】选项组中单击【附加的半径】中的 V1，设置【半径】为 10 mm，单击【附加的半径】中的 V2，设置【半径】为 40 mm，再设置【实例数】为 3，如图 4-33 所示。

⑤ 单击【确定】按钮，生成变半径圆角特征。

图 4-33　设置变半径圆角特征

（4）【逆转参数】选项组

【距离】：在顶点处设置圆角逆转距离。

【逆转顶点】：在图形区域选择一个或者多个顶点。

【逆转距离】：以相应的距离数值列举边线数。

【设定所有】：应用当前的距离数值到【逆转距离】下的所有项目。

（5）【圆角选项】选项组

【通过面选择】：应用通过隐藏边线的面选择边线。

【保持特征】：如果应用一个大到可以覆盖特征的圆角半径，则保持切除或者凸台特征为可见。

【圆形角】：生成含圆形角的等半径圆角。

【扩展方式】：控制在单一闭合边线上圆角在与边线汇合时的方式。

【默认】：由应用程序选择保持边线或者保持曲面选项。

【保持边线】：模型边线保持不变，而圆角则进行调整。

【保持曲面】：圆角边线调整为连续和平滑，而模型边线更改以与圆角边线匹配。

3. 在生成圆角时一般应遵循的规则

① 在添加小圆角之前添加大圆角。当有多个圆角汇聚于一点时，先生成较大的圆角。

② 在生成圆角前先添加拔模。如果要生成多个圆角边线及拔模面的铸模零件，在大多数

情况下,应在添加圆角之前添加拔模特征。

③ 最后添加装饰用的圆角。在大多数其他几何体定位后尝试添加装饰圆角。越早添加装饰圆角,则系统需要花费越长的时间重建零件。

④ 如要加快零件重建速度,请使用单一圆角操作来处理需要相同半径圆角的多条边线。然而,如果改变此圆角半径,则在同一操作中生成的所有圆角都会改变。

4.3.2 倒角

倒角特征是在所选边线、面或者顶点上生成倾斜型状的特征,可用于在一个面的所有边线上、所选的多组面上、所选的边线或边线环上生成倒角。

倒角特征操作如下。

1. 添加简单倒角及实例

① 绘制或打开某一实体,以一个简单零件为例。

② 在主菜单栏里选择【插入】|【特征】|【倒角】,或在特征工具栏里圆角下方的下拉菜单中单击【倒角】按钮,会出现【倒角】属性管理器。

③ 在【要倒角化的项目】选项组中单击【边线、面、特征和环】按钮,选择模型的两条边线,设置【距离】为 10 mm,【角度】为 45°,如图 4-34 所示。

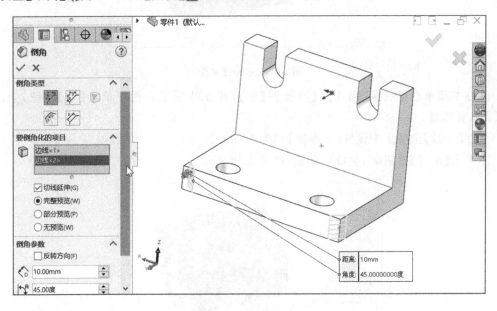

图 4-34 设置倒角特征

④ 单击【确定】按钮,生成倒角特征。

2.【倒角】属性管理器

在进行添加倒角操作时,【倒角】属性管理器里的不同选项组可以方便满足设计者不同的设计意图。

【倒角类型】选项组中的选项如下。

【角度距离】:通过设置角度和距离来生成倒角。

【距离-距离】：通过设置两个面的距离来生成倒角。

【顶点】：通过设置顶点来生成倒角。

4.3.3 筋

筋特征是通过一个或多个草图轮廓在现有零件之间添加材料而为实体添加薄壁支撑的命令，筋是机械零件中的肋条，一般起加强作用。

筋特征操作如下。

1. 绘制简单筋及实例

① 绘制或打开某一实体，以一个简单机箱为例。

② 选择上侧面切口平面作为草图绘制基准面，绘制草图，如图 4-35 所示。

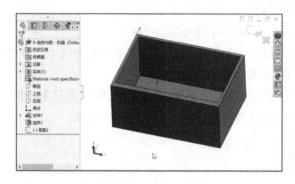

图 4-35　筋特征草图

③ 在主菜单栏里选择【插入】|【特征】|【筋】，或在特征工具栏里单击【筋】按钮，会出现【筋】属性管理器。

④ 在【参数】选项组中设置【筋厚度】为 10 mm。

⑤ 单击【确定】按钮，生成筋特征，如图 4-36 所示。

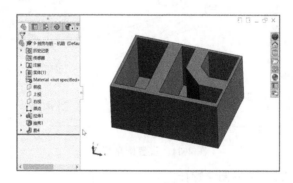

图 4-36　生成筋特征

2.【筋】属性管理器

在进行添加筋操作时，【筋】属性管理器里的不同选项组可以方便满足设计者不同的设计意图。

（1）【参数】选项组

【厚度】：在草图边缘添加筋的厚度。

【第一边】:只延伸草图轮廓到草图的一边。

【两侧】:均匀延伸草图轮廓到草图的两边。

【第二边】:只延伸草图轮廓到草图的另一边。

【筋厚度】:设置筋的厚度。

【拉伸方向】:设置筋的拉伸方向。

- 【平行于草图】按钮◇:平行于草图生成筋拉伸。

- 【垂直于草图】按钮◇:垂直于草图生成筋拉伸。

【反转材料方向】:更改拉伸的方向。

【拔模开/关】按钮:添加拔模特征到筋,可以设置拔模角度。

【向外拔模】:生成向外拔模角度。

【类型】:在【拉伸方向】中单击【垂直于草图】按钮◇时可用。

线性:生成与草图方向相垂直的筋。

自然:生成沿草图轮廓延伸方向的筋。

(2)【所选轮廓】选项组

用来列举生成筋特征的草图轮廓。

4.3.4　缩放比例

缩放比例特征是缩放零件或曲面模型的命令,可以相对于零件或曲面模型的重心、模型原点或坐标系来进行缩放。缩放比例特征仅缩放模型几何体,在数据输出、型腔等中使用,它不会缩放尺寸、草图或参考几何体。对于多实体零件,可选择缩放一个或多个模型的比例。

缩放比例特征操作如下。

1. 使用简单缩放比例特征及实例

① 绘制或打开某一实体,以一个简单机架为例,如图 4-37 所示。

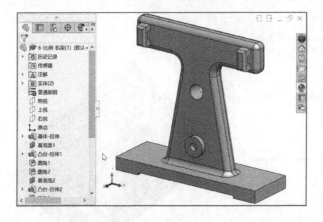

图 4-37　简单机架

② 在主菜单栏里选择【插入】|【特征】|【缩放比例】,或在特征工具栏里单击【缩放比例】按钮,会出现【缩放比例】属性管理器。

③ 在【比例参数】选项组中单击【要缩放比例的实体和曲面或图形实体】按钮,选择模型上的圆柱形凸台,修改【比例因子】为 2。

④ 单击【确定】按钮 ✓，完成圆柱形凸台的缩放，如图 4-38 所示。

图 4-38　完成凸台比例缩放

2.【缩放比例】属性管理器

在进行缩放比例操作时，【缩放比例】属性管理器里的不同选项组可以方便满足设计者不同的设计意图。

【比例参数】选项组中的选项如下。

【要缩放比例的实体和曲面或图形实体】按钮 ：指定要缩放哪些实体的比例。

【比例缩放点】：指定缩放模型比例时所绕的实体。

重心：沿其系统计算的重心调整模型比例。

原点：绕其原点调整模型比例。

坐标系：沿用户定义的坐标系调整模型比例。

【同一比例缩放】：在所有目录中应用相同的比例因子。取消选择此选项可为每个轴指定一个不同的比例因子。

【比例因子】：定义以每个方向相乘的因子。如果选定了同一比例缩放，输入一个比例因子在所有方向中应用。否则，为每个方向输入一个比例因子。

4.3.5　抽壳

抽去模型的内部材料而形成壳体的特征，称为抽壳。抽壳在抽壳所选的表面形成开口，在剩下的其他面上形成壳体。

抽壳特征的操作如下。

1. 简单实体抽壳及实例

① 绘制或打开某一三维实体，如图 4-39 所示。

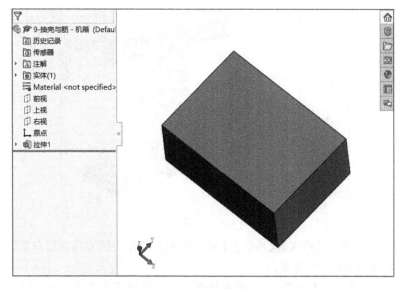

图 4-39　草图

② 在主菜单栏里选择【插入】|【特征】|【抽壳】,或在特征工具栏里单击【抽壳】按钮 ,会出现【抽壳】属性管理器,如图 4-40 所示。

③ 在【厚度】方框内输入需要的薄壁厚度。

④ 在【移除的面】方框内用鼠标选择要挖除的面。

⑤ 单击【确定】按钮 ✓ ,完成简单抽壳操作,如图 4-41 所示。

图 4-40　【抽壳】属性管理器

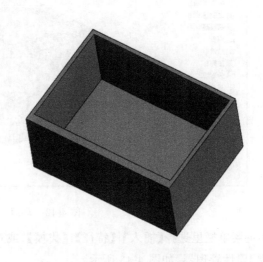

图 4-41　抽壳效果图

2.【抽壳】属性管理器

在进行抽壳操作时,【抽壳】属性管理器里的不同选项组可以方便满足设计者不同的设计意图。

(1)【参数】选项组

【厚度】 :指定抽壳形成的薄壁的厚度。

【移除的面】 :可以用鼠标选择要挖除的面。

【壳厚朝外】:勾选可以使原始草图向外生成薄壁特征。

【显示预览】:勾选可以预览效果图。

(2)【多厚度设定】选项组

【多厚度】 :用于在不同的表面生成不同的薄壁厚度。

【多厚度面】 :可以用鼠标选择要形成多厚度的面。

4.3.6　拔模斜度

拔模斜度是以指定的角度斜削模型中所选的面,其应用之一是使型腔零件更容易脱出模具。可以在现有的零件上插入拔模,或者在前面所述的拉伸特征中直接给出拔模角度进行拔模。

拔模特征的操作如下。

1. 简单实体拔模及实例

① 绘制或打开某一三维实体，如图 4-42 所示。

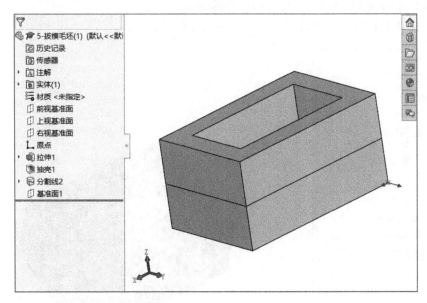

图 4-42　草图

② 在主菜单栏里选择【插入】|【特征】|【拔模】，或在特征工具栏里单击【拔模】按钮 ⬛，会出现【拔模】属性管理器，如图 4-43 所示。

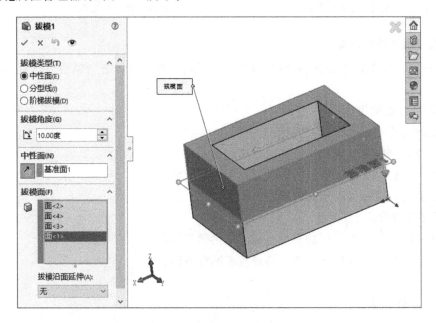

图 4-43　【拔模】属性管理器

③ 勾选【中性面】，在【拔模角度】方框内输入拔模角度。

④ 在【中性面】方框内选择一个面或者基准面。

⑤ 在【拔模面】方框内选择要拔模的面。

⑥ 单击【确定】按钮 ✓，完成简单拔模操作，如图 4-44 所示。

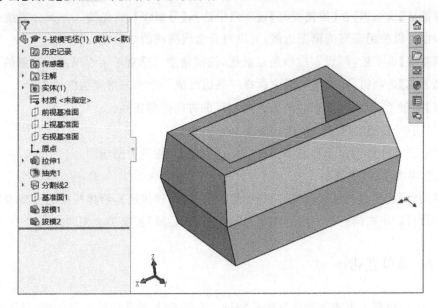

图 4-44　拔模效果图

2.【拔模】属性管理器

在进行拔模操作时，【拔模】属性管理器里的不同选项组可以方便满足设计者不同的设计意图。【拔模】属性管理器中包含【手工】和【DraftXpert】选项组。

在【DraftXpert】选项组中，只需选择拔模角度、中性面和拔模面，DraftXpert 将负责管理剩下的工作，可能包括自动重新排序相邻圆角之前的拔模特征，使用【添加】选项卡生成新的拔模特征，或使用【更改】选项卡修改拔模特征。

【手工】选项组包含【中性面】【分型线】【阶梯拔模】3 种拔模类型，具体内容如下。

（1）【中性面】拔模类型

【拔模类型】选项组：在【拔模类型】选项组中选择【中性面】，可以使用一中性面来决定生成模具的拔模方向，以生成以特定的角度斜削所选模型的面的特征。

【拔模角度】选项组 ：设定拔模角度数值，拔模角度是垂直于中性面进行测量的。

【中性面】选项组：选择一个面或基准面作为中性面。

【反向】按钮 ：沿与预览中显示的方向相反的方向倾斜拔模。

【拔模面】 ：在图形区域中选择要拔模的面。

【拔模沿面延伸】：将拔模面延伸到额外的面，在 SolidWorks 2020 中可以根据设计者的设计意图进行 5 种不同的拔模沿面延伸，如图 4-45 所示。

图 4-45　【拔模沿面延伸】下拉列表

无：拔模面不进行延伸。

沿切面：将拔模延伸到所有与所选面相切的面。

所有面：所有从中性面拉伸的面都进行拔模。

内部的面：所有与中性面相邻的面都进行拔模。

外部的面：所有与中性面相邻的外部面都进行拔模。

（2）【分型线】拔模类型

【拔模类型】选项组：在【拔模类型】选项组中选择【分型线】，首先插入一条分割线来分离要拔模的面，也可以使用现有的模型边线，可以对分型线周围的曲面进行拔模。

【拔模角度】选项组🔧：设定拔模角度数值，拔模角度是垂直于中性面进行测量的。

【拔模方向】选项组：在图形区域中选择一条边线或一个面来指定拔模的方向。

【反向】按钮↗：沿与预览中显示的方向相反的方向倾斜拔模。

【分型线】◆：在图形区域中选择分型线。

【拔模沿面延伸】：包含无和沿切面，内容与【中性面】拔模类型相同。

（3）【阶梯拔模】拔模类型

【拔模类型】选项组：在【拔模类型】选项组中选择【阶梯拔模】，阶梯拔模为分型线拔模的变异，其分型线可以不在同一平面内。其余选项组与【分型线】拔模类型相同。

4.3.7　简单直孔

钻孔用于在模型上生成各种类型的孔特征。在平面上放置孔并设定深度，并可通过以后标注尺寸来指定它的位置。分为简单直孔和异型孔向导两个工具。在 SolidWorks 2020 中，一般最好在设计阶段将近结束时生成孔，这样可以避免因疏忽而将材料添加到现有的孔内。本节介绍简单直孔，用于生成不需要其他参数的简单直孔。

简单直孔特征的操作如下。

1. 简单直孔及实例

在斜面上进行打孔，如图 4-46 所示。

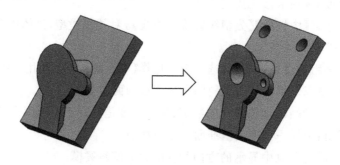

图 4-46　在斜面上进行打孔

① 绘制或打开图 4-46 所示的实体零件。

② 在主菜单栏里选择【插入】|【特征】|【简单直孔】，或在特征工具栏里单击【简单直孔】按钮◉，会出现【孔】属性管理器，如图 4-47 所示。

③ 选择打孔的位置，若不能完全定义孔的位置，可在打完孔后在设计树中右击孔特征，在弹出的快捷菜单中选择【编辑草图】按钮🖰，单击草图面板中的【智能尺寸】按钮✎对孔进行尺寸定位，还可以在草图中修改孔的直径尺寸，如图 4-48 所示。

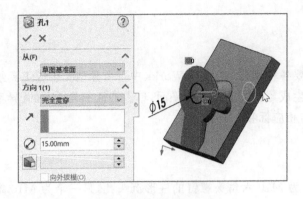

图 4-47　【孔】属性管理器

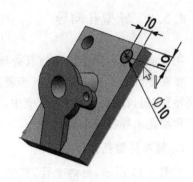

图 4-48　修改孔的直径

④ 选择起始条件和终止条件。

⑤ 在 ⊘ 中键入孔的直径。

⑥ 单击【确定】按钮 ✓,完成简单直孔操作。

⑦ 重复上述步骤可生成其余孔。

2.【孔】属性管理器

在进行简单直孔操作时,【孔】属性管理器里的不同选项组可以方便满足设计者不同的设计意图。

(1)【从】选项组

【草图基准面】:从草图所在的同一基准面开始生成简单直孔。

【曲面/面/基准面】:从这些实体之一开始生成简单直孔。

【顶点】:从所选择的顶点位置开始生成简单直孔。

【等距】:从与当前草图基准面等距的基准面开始生成简单直孔。

(2)【方向】选项组

【终止条件】包括如下选项。

给定深度:从草图基准面以指定的深度延伸特征。

完全贯穿:从草图基准面延伸特征直到贯穿所有现有的几何体。

成形到下一面:从草图基准面延伸特征到下一面以生成特征。

成形到一顶点:从草图基准面延伸特征到某一平面,这个平面平行于草图基准面,且穿越指定的顶点。

成形到一面:从草图基准面延伸特征到所选的曲面以生成特征。

到离指定面指定的距离:从草图基准面到某面的特定距离处生成特征。

【拉伸方向】:用于在除了垂直于草图轮廓以外的其他方向拉伸孔。

【深度】或者【等距距离】:设置深度数值。

【孔直径】:设置孔的直径。

【拔模开/关】:设置拔模角度。

4.3.8　异型孔向导

在机械制造中除了简单直孔外还需要各种型孔,在 SolidWorks 中可由异型孔生成工具绘制。要在零件上生成异型孔,其步骤是:生成零件并选择一个平面,单击特征工具栏上的【异型孔向导】按钮,在【孔定义】对话框中,单击相应标签。

异型孔向导特征的操作如下。

1. 简单异型孔向导及实例

如图 4-49 所示,打两个孔,其中一个为 M10 六角头螺钉的柱形沉头孔,另一个为 M10 螺纹孔。

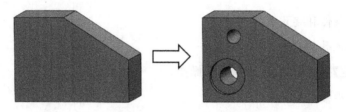

图 4-49　简单异型孔

① 绘制或打开图 4-49 所示的实体,选择要生成柱形沉头孔特征的平面。

② 在主菜单中选择【插入】|【特征】|【孔向导】,或在特征工具栏里单击【异型孔向导】按钮 ,会出现【孔规格】属性管理器,如图 4-50 所示。

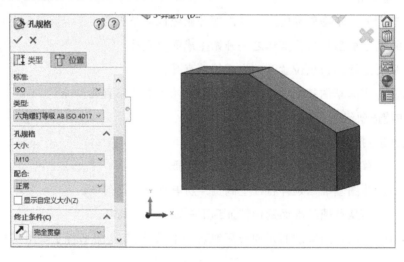

图 4-50　【孔规格】属性管理器

③ 在【孔类型】选项组中选择【柱形沉头孔】 ,对柱形沉头孔的参数进行设置。

④ 在【类型】选项卡 中设置好柱形沉头孔的参数后,单击【位置】选项卡 。

⑤ 用鼠标在绘图区选取孔的放置面,弹出草图面板,此时草图面板上的【点】按钮 处于被选中状态。

⑥ 用鼠标拖动孔中心到适当的位置,单击鼠标放置孔。

⑦ 单击草图面板中的【智能尺寸】按钮 对孔进行尺寸定位,如图 4-51 所示。

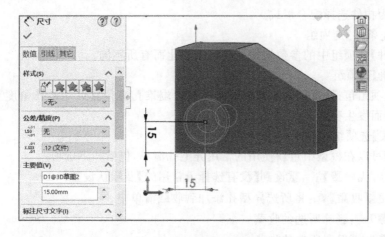

图 4-51　对孔进行尺寸定位

⑧ 单击【确定】按钮 ✓，完成 M10 六角头螺钉的柱形沉头孔的生成与定位。

⑨ 生成 M10 螺纹孔与生成 M10 六角头螺钉的柱形沉头孔步骤类似，只需在【类型】选项卡中进行直螺纹孔的设置，【选项】选项组中有【带螺纹标注】选项，可选择螺纹孔是否装饰螺纹线，如图 4-52 所示。

图 4-52　选择螺纹孔是否装饰螺纹线

2.【孔规格】属性管理器

【孔规格】属性管理器包括两个选项卡。

【类型】选项卡：设置孔类型参数。

【位置】选项卡：在平面或者非平面上点击放置异型孔的位置的点，使用尺寸和其他草图绘制工具可以编辑定位孔中心。

（1）【孔类型】选项组

【孔类型】选项组根据孔类型而有所不同，孔类型包括柱形沉头孔 、锥形沉头孔 、孔 、直螺纹孔 、锥形螺纹孔 、旧制孔 、柱孔槽口 、锥孔槽口 、槽口 。

【标准】：选择孔的标准，如【GB】或者【JIS】等。

【类型】：选择孔的类型。

【大小】：为螺纹件选择尺寸大小。

【配合】:为扣件选择配合形式。

（2）【终止条件】选项组

【终止条件】选项组中的参数根据孔类型的变化而有所不同。

（3）【选项】选项组

【选项】选项组包括【螺钉间隙】【近端锥孔】【近端锥孔直径】【近端锥孔角度】等选项,根据孔类型的不同而发生变化。

（4）【收藏】选项组

用于管理可以在模型中重新使用的常用异型孔清单,包括如下选项。

【应用默认/无收藏】：重设到【没有选择最常用的】及默认设置。

【添加或更新收藏】：将所选异型孔添加到收藏清单中。

【删除收藏】：删除所选的收藏。

【保存收藏】：保存所选的收藏。

【装入收藏】：载入收藏。

4.3.9 圆顶

选定的特征表面产生球形的特征,称为圆顶。

圆顶特征的操作如下。

1. 生成圆顶特征及实例

① 绘制或打开某一实体特征,选择要添加圆顶的平面为圆顶面,如图 4-53 所示。

图 4-53　选择圆顶面

② 在主菜单里选择【插入】|【特征】|【圆顶】,或在特征工具栏里单击【圆顶】按钮 🥚,会出现【圆顶】属性管理器,如图 4-54 所示。

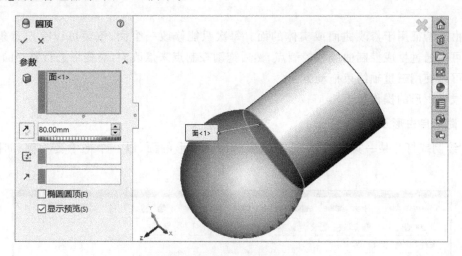

图 4-54　【圆顶】属性管理器

③ 在尺寸输入框内输入圆顶扩展的距离。

④ 单击【确定】按钮 ✓,完成简单圆顶操作。

2.【圆顶】属性管理器

在进行圆顶操作时,【圆顶】属性管理器里的不同选项组可以方便满足设计者不同的设计意图。【参数】选项组中的选项如下所示。

【到圆顶的面】🗊:选择一个或多个平面或非平面。

【反向】按钮 ⬁:生成向内凹陷的圆顶。

【约束点或草图】🗗:选择一包含点的草图来约束草图的形状以控制圆顶。

【方向】⬀:从图形区域选择一方向向量以垂直于面以外的方向拉伸圆顶。

【椭圆圆顶】:当生成圆顶的面为圆时,可通过勾选【椭圆圆顶】,在所选的表面上生成椭圆状的圆顶,如图 4-55 所示。

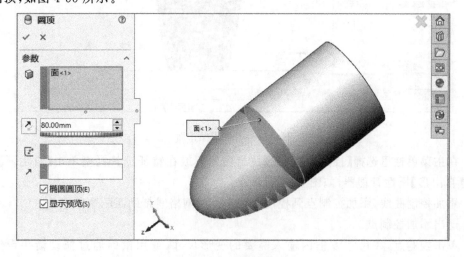

图 4-55　椭圆圆顶

4.3.10 自由形

自由形特征用于修改曲面或实体的面。每次只能修改一个面,该面可以有任意条边线。设计者可以通过生成控制曲线和控制点,然后拖动控制点来修改面,对变形进行直接的交互式控制。可以使用三重轴约束拖动方向。

生成自由形的操作如下。

1. 简单自由形及实例

① 绘制或打开某一实体特征,选择需要添加自由形的面,以一个把手套为例,如图 4-56 所示。

图 4-56　自由形操作面

② 在主菜单栏里选择【插入】|【特征】|【自由形】,或在特征工具栏里单击【自由形】按钮,会出现【自由形】属性管理器,如图 4-57 所示。

③ 添加控制曲线,添加控制点到控制曲线。使用网格线帮助匹配这些点。

④ 退出添加控制点。

⑤ 单击控制点,在尺寸方框内输入需要的变形尺寸,或用鼠标通过拖动箭头设定变形深度。

⑥ 单击【确定】按钮 ✔ ,完成自由形操作。

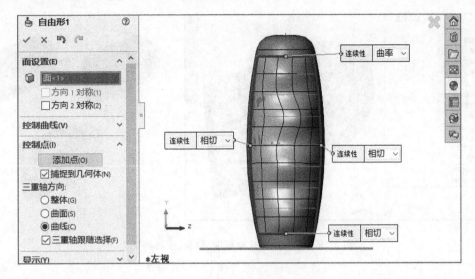

图 4-57　【自由形】属性管理器

2.【自由形】属性管理器

在进行自由形操作时,【自由形】属性管理器里的不同选项组可以方便满足设计者不同的设计意图。

(1)【面设置】选项组

【要变形的面】 🗊:选择要修改的面。

【方向 1 对称】【方向 2 对称】:关于对称面对称变形。

(2)【控制曲线】选项组

【控制类型】:选择点控制或多边形控制。

【坐标系】:可选择系统自然坐标系或用户自定义坐标系。

(3)【控制点】选项组

【添加点】:在控制曲线上添加控制点。

【三重轴方向】:设置三重轴的方向,控制自由形尺寸。

(4)【显示】选项组

加入透明度、斑马条纹、网格等来调整显示。不会影响模型本身的任何元素。

4.3.11　动态修改特征

动态修改特征用于动态移动、旋转和调整拉伸及旋转特征的大小。在多实体零件中,使用动态修改特征可以单独移动、缩放或旋转多实体零件文件中的每个实体。

动态修改特征的操作如下。

① 单击特征工具栏中的【Instant3D】按钮 🔊,开始动态修改特征操作。

② 在 FeatureManager 设计树或图形区域中单击实体特征,该特征将高亮显示。

③ 把光标分别放在表示要修改拉伸深度、移动、旋转的箭头上拖动,将分别形成动态修改特征效果,如图 4-58 所示。

④ 单击特征工具栏中的【Instant3D】按钮，退出动态修改特征。

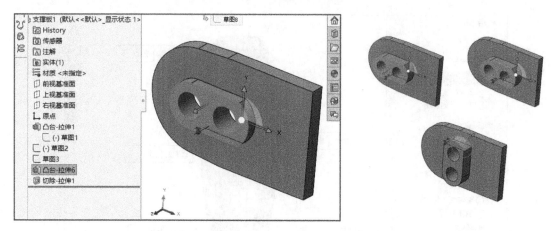

图 4-58　动态修改拉伸深度、移动、旋转特征

4.3.12　压缩/解除压缩

1. 压缩

使用压缩特征时，特征从模型中移除（但未删除）。特征从模型视图上消失并在 FeatureManager 设计树中显示为灰色。如果特征有子特征，那么子特征也被压缩。

在装配体文件中，也可以压缩属于装配体的特征，包括配合、装配特征孔和切除以及零部件阵列，其中草图和参考几何体也有可能属于装配体。这里对于属于个别装配体零部件的特征，不能控制其压缩状态。

压缩特征的操作如下。

① 绘制或打开表达某一实体特征的零件图，以一个曲柄为例。

② 在主菜单栏里选择【编辑】|【压缩】，然后选择【此配置】|【所有配置】（或【此配置】|【所选配置】），或在特征工具栏里单击【压缩】按钮，如图 4-59 所示。

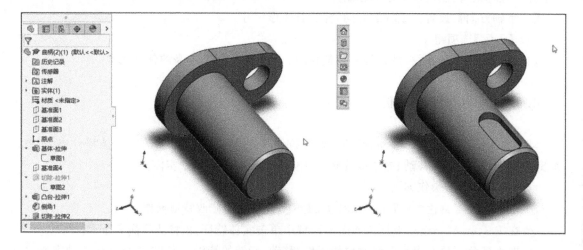

图 4-59　压缩有关特征的效果

2．解除压缩

解除压缩与压缩过程相反，其特征按钮是 ，顾名思义，它用于解除已经压缩的特征，使零件特征还原。

解除压缩特征的操作如下。

① 在 FeatureManager 设计树中，选择被压缩的特征。

② 单击特征工具栏上的【解除压缩】按钮，来解除压缩。

也可使用下列方法。

① 在 FeatureManager 设计树中，右击一个特征，然后选择【特征属性】。

② 在【特征属性】对话框中，清除压缩复选框，然后单击【确定】。

如要解除被压缩特征的压缩状态，使用 FeatureManager 设计树来选择该特征。

3．带从属关系解除压缩

在解除压缩过程中，还可以用带从属关系解除压缩的工具，解除压缩特征以及它的从属特征，其特征按钮是 。

带从属关系解除压缩特征的操作如下。

① 在 FeatureManager 设计树中选择被压缩的父特征。

② 单击特征工具栏上的【带从属关系解除压缩】按钮（在带有多个配置的零件中，只适用于当前配置），或在主菜单栏里选择【编辑】|【带从属关系解除压缩】，然后选择【此配置】|【所有配置】（或【此配置】|【所选配置】），所选特征及其所有从属特征都将回到模型中。

也可使用下列方法。

① 在 FeatureManager 设计树中选择子特征。

② 单击特征工具栏上的【带从属关系解除压缩】按钮，或在主菜单栏中单击【编辑】|【带从属关系解除压缩】，所选特征及其父特征都将回到模型中。

4.3.13　阵列/镜像

阵列和镜像是 SolidWorks 中提供的复制已有特征的重要工具。阵列是按线性或圆周方式，复制所选的源特征，以生成线性阵列、圆周阵列、曲线驱动的阵列，或者使用草图点或表格坐标生成阵列。镜像是沿面或基准面镜像生成一个特征（或多个特征）的复制。对于多实体零件，还可使用阵列或镜像特征来阵列或镜像同一文件中的多个实体。

1．阵列特征

（1）简单线性阵列及实例

线性阵列是沿一条或两条直线路径生成已选特征的多个实例。

① 绘制或打开某一三维实体，在实体上生成一个或多个将要用来阵列的特征。

② 在主菜单栏里选择【插入】|【阵列/镜像】|【线性阵列】，或在特征工具栏里单击【线性阵列】按钮 ，会出现【线性阵列】属性管理器，如图 4-60 所示。

③ 在阵列方向方框内选择已有草图边线、模型边线作为阵列的方向。

④ 在间距方框内输入阵列实例之间的间距。

⑤ 在实例数方框内输入阵列实例的数量。

⑥ 在阵列特征方框内选择要阵列的特征。

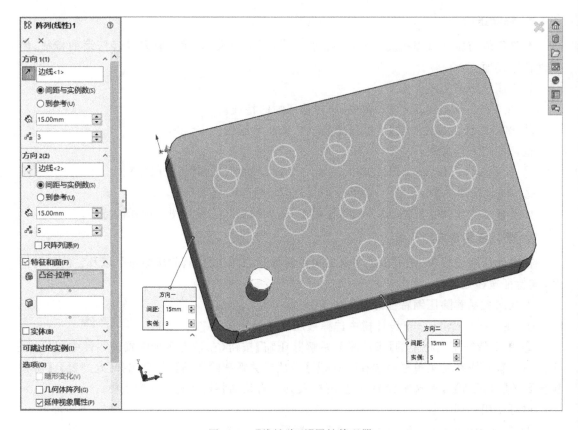

图 4-60 【线性阵列】属性管理器

⑦ 单击【确定】按钮 ✓ ,完成简单线性阵列操作。

线性阵列要注意的问题是:当使用特型特征来生成阵列时,所有阵列实例必须在相同的面上;阵列实例沿用原始特征的特征颜色,条件是阵列是以一个特征为基础生成的。

(2)【线性阵列】属性管理器

在进行线性阵列操作时,【线性阵列】属性管理器里的不同选项组可以方便满足设计者不同的设计意图。

1)【方向 1】选项组

【阵列方向】:可以用鼠标选择已有草图边线、实体边线作为阵列的方向。

【反向】按钮 ↗ :沿与预览中显示的方向相反的方向阵列实例。

【间距】 🔊 :可以从该输入框输入需要的阵列实例的间距。

【实例数】 ⬚ :可以从该输入框输入需要的阵列实例的数量。

【只阵列源】:通过只使用源特征而不复制方向 1 的阵列实例来在方向 2 中生成线性阵列。

2)【方向 2】选项组

选项同【方向 1】选项组,如果需要向两个方向阵列可以勾选此选项组。

3)【特征和面】选项组

【要阵列的特征】 🐷 :要想生成基于特征的阵列,在【要阵列的特征】下,在图形区域选择特征。

【要阵列的面】 ⬚ :要想生成基于构成特征的面的阵列,在【要阵列的面】下,在图形区域选择所有面。

4)【实体】选项组

要想生成基于多实体零件的阵列,在【要阵列的实体】下,在图形区域选择要阵列的实体。

5)【可跳过的实例】选项组

在图形区域选择想要跳过的每个阵列实例。阵列实例随同其坐标被列举在要跳过的实例框中;如要恢复阵列实例,再次选择阵列实例,或选择要跳过的实例框中的坐标然后按Delete 键。

6)【选项】选项组

【随形变化】:允许重复时执行阵列更改。

【几何体阵列】:仅想阵列特征的几何体(面和边线),而并非想阵列特征的每一实例。

【延伸视象属性】:将 SolidWorks 的颜色、纹理和装饰螺纹数据延伸给所有阵列实例。

(3) 简单圆周阵列及实例

圆周阵列是绕轴心以圆周阵列的方式,生成一个或多个特征的多个实例。可以对实体阵列,也可以对多实体零件,选择一个单独实体来生成圆周阵列。

① 绘制或打开某一三维实体,在实体特征上生成一个或多个将要用来阵列的特征。

② 新建一个草图,在草图上生成一个中心轴,此轴将作为圆周阵列的圆心位置。

③ 退出草图。

④ 在主菜单栏里选择【插入】|【阵列/镜像】|【圆周阵列】,或在特征工具栏里单击【圆周阵列】按钮,会出现【圆周阵列】属性管理器,如图 4-61 所示。

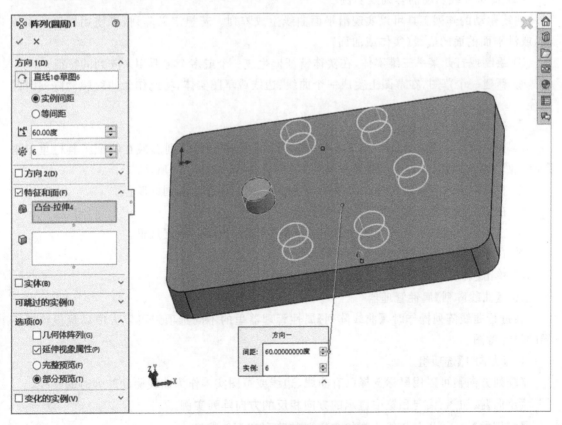

图 4-61　【圆周阵列】属性管理器

⑤ 在阵列轴方框内选择一个轴、模型边线或角度尺寸作为阵列轴。

⑥ 在角度方框内输入每个实例之间的角度，或者选择等间距复选框，总角度将默认为 $360°$。

⑦ 在实例数方框内输入需要的阵列实例的数量。

⑧ 在阵列特征方框内选择要阵列的特征。

⑨ 单击【确定】按钮 ✓，完成简单圆周阵列操作。

(4)【圆周阵列】属性管理器

在进行圆周阵列操作时，【圆周阵列】属性管理器里的不同选项组可以方便满足设计者不同的设计意图。

1)【方向 1】选项组

【阵列轴】：可以用鼠标选择一个轴、模型边线或角度尺寸作为阵列轴。

【反向】按钮 ⊙：沿与预览中显示的方向相反的方向阵列实例。

【角度】 ⬚：可以从该输入框输入需要的阵列实例之间的角度。

【实例数】 ❀：可以从该输入框输入需要的阵列实例的数量。

2)【方向 2】选项组

选项同【方向 1】选项组，如果需要向两个方向阵列可以勾选此选项组。

剩余选项组包含【特征和面】选项组、【实体】选项组、【可跳过的实例】选项组和【选项】选项组，其含义与【线性阵列】属性管理器相同。

(5) 简单曲线驱动的阵列及实例

曲线驱动的阵列工具可以实现沿平面曲线生成阵列。若想定义阵列，可使用任何草图线段，或沿平面的面的边线（实体或曲面）。

① 绘制或打开某一三维实体，在实体特征上生成一个或多个将要用来阵列的特征。

② 新建一个草图，在草图上生成一个曲线、边线或草图实体，将此作为曲线驱动阵列时的路径。

③ 退出草图。

④ 在主菜单栏里选择【插入】|【阵列/镜像】|【曲线驱动的阵列】，或在特征工具栏里单击【曲线驱动的阵列】按钮，会出现【曲线阵列】属性管理器，如图 4-62 所示。

⑤ 在阵列方向方框内选择已有曲线、边线或草图实体作为阵列的路径。

⑥ 在实例数方框内输入阵列实例的数量。

⑦ 在间距方框内输入每个实例之间的距离，或者选择等间距复选框。

⑧ 在阵列特征方框内选择要阵列的特征。

⑨ 单击【确定】按钮 ✓，完成简单曲线阵列操作。

(6)【曲线阵列】属性管理器

在进行曲线阵列操作时，【曲线阵列】属性管理器里的不同选项组可以方便满足设计者不同的设计意图。

1)【方向 1】选项组

【阵列方向】：可以用鼠标选择已有曲线、边线或草图实体作为曲线驱动阵列时的路径。

【反向】按钮 ⬚：沿与预览中显示的方向相反的方向阵列实例。

【实例数】 ⬚：可以从该输入框输入需要的阵列实例的数量。

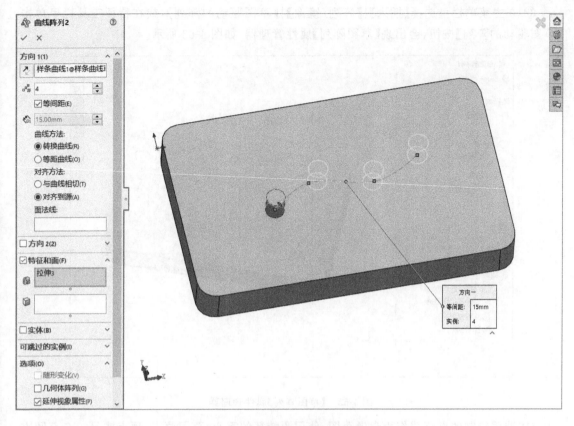

图 4-62　【曲线阵列】属性管理器

【间距】 :可以从该输入框输入需要的阵列实例的间距。

【曲线方法】:可改变作为阵列基础的参考曲线(边线、草图或曲线)的使用方式,以此定义要生成的阵列的方向。默认的方法是转换曲线,采用这种方法时,所阵列的特征将使用参考曲线的形状。若使用等距曲线,所阵列的特征从参考曲线等距阵列。

【对齐方法】:可将特征与源特征的原始对齐方向对齐。此外,也可以选择对齐那些与方向参考体相切的特征。

2)【方向 2】选项组

选项同【方向 1】选项组,如果需要向两个方向阵列可以勾选此选项组。

剩余选项组包含【特征和面】选项组、【实体】选项组、【可跳过的实例】选项组和【选项】选项组,其含义与【线性阵列】属性管理器相同。

(7) 简单草图驱动的阵列及实例

草图驱动的阵列是使用草图中的草图点可以指定特征阵列,也就是说,源特征在整个阵列扩散到草图中的每个点。可以对孔或其他特征实例使用由草图驱动的阵列。

① 绘制或打开某一三维实体。

② 在实体特征上打开一个草图。

③ 在模型上生成源特征。

④ 基于源特征,在主菜单栏里选择【工具】|【草图绘制实体】|【点】,或在草图工具栏里单击【点】按钮 ,然后添加多个草图点来代表要生成的阵列。

⑤ 退出草图。

⑥ 在主菜单栏里选择【插入】|【阵列/镜像】|【草图驱动的阵列】,或在特征工具栏里单击【草图驱动的阵列】按钮,会出现【草图阵列】属性管理器,如图 4-63 所示。

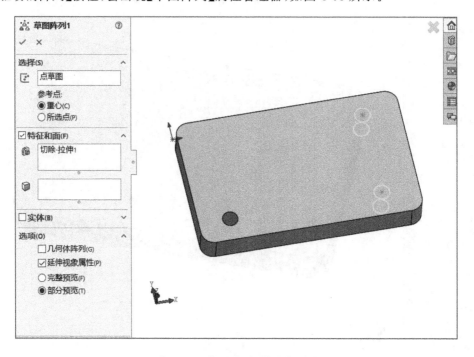

图 4-63　【草图阵列】属性管理器

⑦ 选用绘制的点草图作为参考草图,使用源特征的重心、草图原点、顶点或另一个草图点作为参考点。

⑧ 在阵列特征方框内选择要阵列的特征。

⑨ 单击【确定】按钮 ✓,完成简单草图阵列操作。

(8)【草图阵列】属性管理器

在进行草图阵列操作时,【草图阵列】属性管理器里的不同选项组可以方便满足设计者不同的设计意图。

【选择】选项组中的选项如下。

【参考草图】 :在 FeatureManager 设计树中选择草图用作阵列。

【参考点】:进行阵列时所需的位置点。

【重心】:根据源特征的类型决定重心。

【所选点】:在图形区域选择一个点作为参考点。

剩余选项组包含【特征和面】选项组、【实体】选项组和【选项】选项组,其含义与【线性阵列】属性管理器相同。

(9) 简单表格驱动的阵列及实例

表格驱动的阵列是使用 X-Y 坐标指定特征阵列。使用 X-Y 坐标的孔阵列是由表格驱动的阵列的常见应用,也可以由表格驱动其他源特征(如凸台)得到特征阵列。

① 绘制或打开某一三维实体。

② 在实体特征的面或基准面上打开一个草图,然后添加一个点为表格阵列识别参考点。

③ 关闭该草图。

④ 根据先前草图中的点建立坐标系。

⑤ 生成源特征。

⑥ 在主菜单栏里选择【插入】|【阵列/镜像】|【表格驱动的阵列】，或在特征工具栏里单击【表格驱动的阵列】按钮 ▦ ，会出现【由表格驱动的阵列】对话框，如图 4-64 所示。

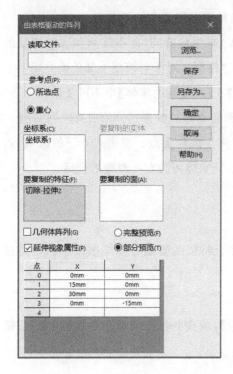
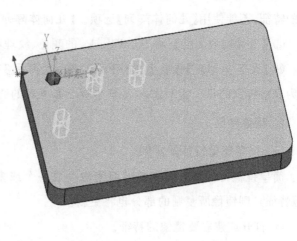

图 4-64 【由表格驱动的阵列】对话框

⑦ 在参考点方框内，选择重心来使用源特征的重心或选择所选点来使用另一个点作为参考点。

⑧ 在坐标系方框内，从 FeatureManager 设计树中选择已生成的坐标系。

⑨ 在要复制的特征方框内选择要阵列的特征。

⑩ 若要为由表格阵列的每个实例输入 X-Y 坐标，双击点 0 以下的区域。

⑪ 单击【确定】，完成简单表格阵列操作。

（10）【由表格驱动的阵列】对话框

在进行表格阵列操作时，【由表格驱动的阵列】对话框里的不同选项组可以方便满足设计者不同的设计意图。

①【读取文件】选项组：输入带 X-Y 坐标的阵列表或文字文件。

②【参考点】选项组：指定在放置阵列实例时 X-Y 坐标所适用的点。参考点的 X-Y 坐标在阵列表中显示为点 0。

所选点：将参考点设定到所选顶点或草图点。

重心：将参考点设定到源特征的重心。

③【坐标系】:设定用来生成表格阵列的坐标系,包括原点。从 FeatureManager 设计树中选择生成的坐标系。

④【要复制的特征】:根据特征生成阵列,可选择多个特征。

⑤【要复制的实体】:根据多实体零件生成阵列,选择要阵列的实体。

⑥【要复制的面】:根据构成特征的面生成阵列,选择图形区域中的所有面。

⑦【几何体阵列】:只使用特征的几何体(面和边线)来生成阵列,而不阵列和求解特征的每个实例。【几何体阵列】选项可加速阵列的生成和重建模型。对于与模型上其他面共用一个面的特征,不能使用【几何体阵列】选项。【几何体阵列】在【要复制的实体】中不可使用。

⑧【延伸视象属性】:将 SolidWorks 的颜色、纹理和装饰螺纹数据延伸给所有阵列实例。

⑨【X-Y 坐标表】选项组:使用 X-Y 坐标为阵列实例生成位置点。双击点 0 下的区域,以便为表格阵列的每个实例输入 X-Y 坐标。参考点的 X-Y 坐标将为点 0 对应的坐标。

2. 镜像特征

(1) 简单镜像特征及实例

简单镜像特征是沿面或基准面镜像生成一个或多个特征的复制。如果修改了原始特征(源特征),则镜像所复制的部分也将更新。

① 打开或建立要镜像的特征。

② 在主菜单栏里选择【插入】|【阵列/镜像】|【镜像】,或在特征工具栏里单击【镜像】按钮 ，会出现【镜像】属性管理器,如图 4-65 所示。

③ 在镜像面/基准面方框内选择一个面或基准面。

④ 在要镜像的特征方框内选择要镜像的特征。

⑤ 单击【确定】按钮 ，完成简单镜像操作。

(2)【镜像】属性管理器

在进行镜像操作时,【镜像】属性管理器里的不同选项组可以方便满足设计者不同的设计意图。

1)【镜像面/基准面】选项组

可以用鼠标选择已有的一个面或基准面作为镜像面。

2)【要镜像的特征】选项组

要想生成基于特征的镜像,在【要镜像的特征】下,在图形区域选择特征。

3)【要镜像的面】选项组

要想生成基于构成特征的面的镜像,在【要镜像的面】下,在图形区域选择需要镜像的面。

4)【要镜像的实体】选项组

要想生成基于多实体零件的镜像,在【要镜像的实体】下,在图形区域选择要镜像的实体。

5)【选项】选项组

【几何体阵列】:仅想镜像特征的几何体(面和边线),而并非想镜像特征的每一实例。

【延伸视象属性】:将 SolidWorks 的颜色、纹理和装饰螺纹数据延伸给所有镜像实例。

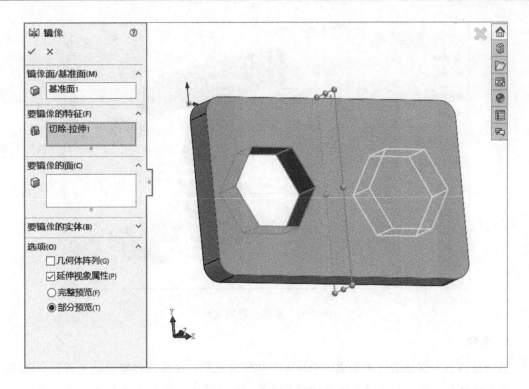

图 4-65 【镜像】属性管理器

4.3.14 分割/组合

1. 分割

使用分割工具可从一现有零件生成多个零件。可以生成单独的零件文件,并从新零件形成装配体。有了多实体零件,可使用分割零件来生成单独实体。通过创立单独零件,或通过创立单一零件,然后使用剪裁工具将单一零件分割成多个零件来生成分割零件。当生成单独的零件时,可选择显示实体、隐藏实体或消耗实体。

分割零件的过程如下。

① 在特征工具栏上,单击【分割】按钮 🐍 ,或在主菜单栏中选择【插入】|【特征】|【分割】,会出现【分割】属性管理器。

② 选择一个或多个剪裁曲面。可作为剪裁曲面的面有:参考基准面;平面模型面(面在各个方向无限延伸);草图(草图双向全部拉伸);参考曲面及空间模型面(这些曲面和面不延伸其边界,注意参考曲面及空间模型面上的内部孔在分割零件时会被闭合)。

③ 单击【切除零件】,此时分割线会出现在零件上,显示分割生成的不同实体。

④ 选择一个实体。

⑤ 输入新零件的名称后单击。

⑥ 单击【确定】按钮 ✓ ,如图 4-66 所示。

实体被分割后的结果如图 4-66 所示。被分割的实体可另存为一个零件。同样,可以实现分割零件为多实体零件。

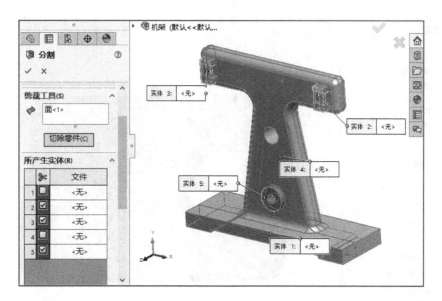

图 4-66 实体分割的设置

2. 组合

组合是将多个实体结合来生成一个单一实体零件或另一个多实体零件的工具。只能将同一个多实体零件文件中包含的各个实体进行组合,无法组合两个单独的零件。可以通过插入零件创建一个多实体零件,来将一个零件放置到另一个零件文件中,然后,就能够使用多实体零件上的组合。

（1）【组合】属性管理器

在进行组合操作时,【组合】属性管理器里的不同选项组可以方便满足设计者不同的设计意图。在主菜单栏里选择【插入】|【特征】|【组合】,或在特征工具栏里单击【组合】按钮 ,会出现【组合】属性管理器,如图 4-67 所示。

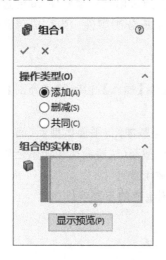

图 4-67 【组合】属性管理器

【添加】:将所有所选实体相结合以生成一个单一实体。

【共同】:移除除了重叠以外的所有材料。

【删减】:将重叠的材料从所选主实体中移除。

（2）简单组合操作实例

要使用【添加】或【共同】操作类型结合实体,步骤如下。

① 单击特征工具栏上的【组合】按钮 ,或在主菜单栏中单击【插入】|【特征】|【组合】,【组合】属性管理器将出现。

② 在【操作类型】下,单击【添加】或【共同】。

③ 在【组合的实体】下,在图形区域中选择实体,或从 FeatureManager 设计树的实体文件夹中选择实体。

④ 单击【显示预览】观察特征的改变。

⑤ 单击【确定】按钮 。

要使用【删减】操作类型结合实体,步骤如下。

① 单击特征工具栏上的【组合】按钮 ，或在主菜单栏中单击【插入】|【特征】|【组合】,【组合】属性管理器将出现。

② 在【操作类型】下,单击【删减】。

③ 在【主要实体】下,在图形区域中选择要保留的实体,或从 FeatureManager 设计树的实体文件夹中选择实体。

④ 在【要减除的实体】下,选择想移除其材料的实体。

⑤ 单击【显示预览】观察特征的改变。

⑥ 单击【确定】按钮 。

图 4-68 展示了按添加、共同、删减方式组合两个实体的方法和结果。

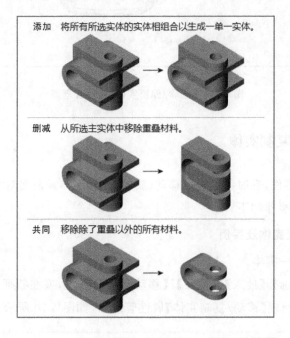

图 4-68 按添加、共同、删减方式组合两个实体

4.3.15 删除/保留实体

利用删除/保留实体工具,可将实体删除或保留。

删除/保留实体的操作如下。

① 绘制或打开某一实体。

② 在主菜单栏里选择【插入】|【特征】|【删除/保留实体】,或在特征工具栏里单击【删除/保留实体】按钮 ,会出现【删除/保留实体】属性管理器,如图 4-69 所示。

③ 在属性管理器的【类型】选项里选择删除实体或保留实体。

④ 在图形区域选择需要删除或保留的实体。

⑤ 单击【确定】按钮 ,完成删除/保留实体操作。

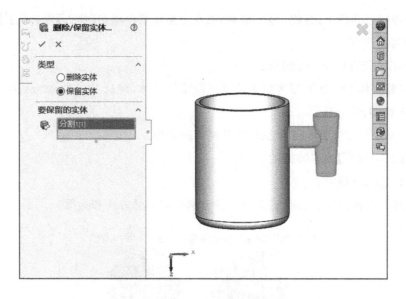

图 4-69　【删除/保留实体】属性管理器

4.3.16　移动/复制实体

由多实体构成的零件,有时可以通过移动、旋转、复制实体或曲面对零件进行编辑。
移动/复制实体的操作如下。

1. 简单移动/复制实体及实例

① 绘制或打开某一实体。

② 在主菜单栏里选择【插入】|【特征】|【移动/复制实体】,或在特征工具栏里单击【移动/复制实体】按钮，会出现【移动/复制实体】属性管理器,如图 4-70 所示。

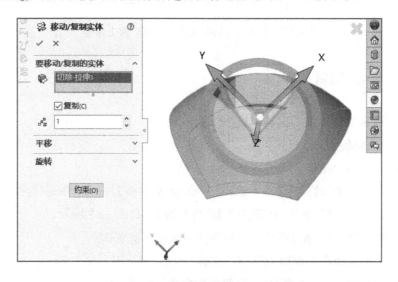

图 4-70　【移动/复制实体】属性管理器

③ 在尺寸方框内输入移动距离/旋转角度,或用鼠标通过拖动箭头设定移动距离/旋转角度。

④ 单击【确定】按钮 ✔ ,完成移动/复制实体操作。

2.【移动/复制实体】属性管理器

在进行移动/复制实体操作时,【移动/复制实体】属性管理器里的不同选项组可以方便满足设计者不同的设计意图。

(1)【要移动/复制的实体】选项组

【要移动/复制的实体和曲面或图形实体】 ● :在图形区域中选择要移动、复制或旋转的实体。选定的实体作为单一的实体一起移动。

【复制】:勾选复制实体,在【份数】中输入需要复制的数量。

(2)【平移】选项组

【平移参考体】 ● :在图形区域中选择一边线来定义平移方向,或在图形区域中选择顶点,输入【距离】 ● 或单击【到顶点】 ▪ 。

【Delta X】 ΔX 、【Delta Y】 ΔY 、【Delta Z】 ΔZ :设定数值以重新定位实体。

(3)【旋转】选项组

【旋转参考体】 ● :在图形区域中选择一边线或顶点来定义旋转方向。

【X 旋转原点】 ● 、【Y 旋转原点】 ● 、【Z 旋转原点】 ● :为旋转原点(实体旋转所绕的点)的坐标设定数值。默认值为所选实体的质量中心的坐标。

【X 旋转角度】 ● 、【Y 旋转角度】 ● 、【Z 旋转角度】 ● :设定绕 X、Y、Z 轴旋转的角度的值。

(4)【配合设定】选项组

【要配合的实体】 ● :选择两个实体(面、边线、基准面等)配合在一起。

选择配合类型,在 SolidWorks 2020 中可以根据设计者的设计意图采用 7 种不同的实体配合形式,如图 4-71 所示。

【重合】 ✖ :将所选面、边线及基准面定位,这样它们共享同一个基准面。

【平行】 ◥ :放置所选项,这样它们彼此间保持等间距。

【垂直】 ⊥ :将所选实体以垂直方式放置。

【相切】 ◔ :将所选项以彼此间相切方式放置。

【同心】 ◎ :将所选项以共享同一中心线方式放置。

【距离】 ⊢ :将所选项以彼此间保持指定的距离方式放置。

【角度】 ◢ :将所选项以彼此间保持指定的角度方式放置。单击同向对齐 ▦ 或反向对齐 ▦ ,以所选面的法向量或轴向量指向相同或相反方向来放置实体。

图 4-71　移动/复制实体配合选项

以一手抓球为例,勾选【复制】复选框,设置复制数量为
1,选择圆弧曲面中心点为旋转参考体,通过两次复制、旋转操作,得到图 4-72 所示的实体。

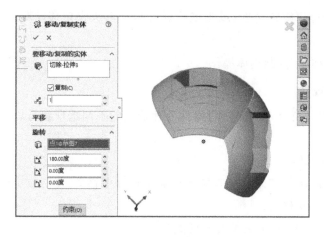

图 4-72 实体的旋转、复制

4.3.17 输入几何体

利用输入几何体工具，可以将曲面、实体、草图、曲线及图形模型（仅对于 CATIA CGR、STL 或 VRML 文件）从 ACIS、CATIA CGR、IGES、Parasolid、STEP、STL、VDAFS 或 VRML 文件输入零件文件中作为参考几何体。

输入几何体的操作如下。

图 4-73 输入几何体生成的焊接件

① 在主菜单栏里选择【插入】|【特征】|【输入几何体】，或在特征工具栏里单击【输入几何体】按钮，会出现打开对话框。

② 浏览到所需的文件，然后单击打开。

在输入几何体过程中，对于 ACIS、IGES、STEP、STL、VDAFS 或 VRML 文件，可单击选项来设定输入选项。

特征会使用输入文件中的坐标值，相对于原点放置。图 4-73 所示是在实体 2 基础上采用输入几何体的方式输入实体 1 而生成的焊接件。输入的几何体还可以进行动态特征修改，图中的圆柱实体已经修改了位置。

4.4 曲　　面

曲面建模在产品外观设计中是非常重要的工具。本节介绍用 SolidWorks 2020 进行曲面建模的方法。与实体和参数化设计一样，SolidWorks 也具有强大的曲面建模功能。

在 SolidWorks 2020 中，曲面特征工具如图 4-74 所示。利用这些工具，可方便地实现曲面的建模、编辑、修改和各种特征造型。以下在概述的基础上，将分别介绍各曲面特征工具的使用方法。

图 4-74 曲面特征工具

4.4.1　曲面概述

曲面是一种可用来生成实体特征的几何体。

在 SolidWorks 2020 中,可以使用以下方法生成曲面:从草图或基准面上的一组闭环边线插入一个平面;从草图拉伸曲面、旋转曲面、扫描曲面或放样曲面;从现有的面或曲面等距生成曲面;输入文件;生成中面等。

而修改曲面的方法通常有:延伸曲面、剪裁已有曲面、解除剪裁曲面、圆角曲面、使用填充曲面来修补曲面、移动/复制曲面、删除和修补面等。

可以用下列方法使用曲面:选取曲面边线和顶点作为扫描的引导线和路径;通过加厚曲面来生成一个实体或切除特征;用成形到某一面或到离指定面指定的距离终止条件,来拉伸实体或切除特征;通过加厚已经缝合成实体的曲面来生成实体特征;用曲面替换面;等等。

下面将分别讨论以上各种曲面生成、修改和应用的方法。

4.4.2　拉伸曲面

用一条已有的直线或曲线拉伸出一个曲面的曲面生成方法,称为拉伸曲面。

拉伸曲面的操作如下。

1. 简单拉伸曲面及实例

① 绘制或打开某一曲面轮廓,以一样条曲线为例,如图 4-75 所示。

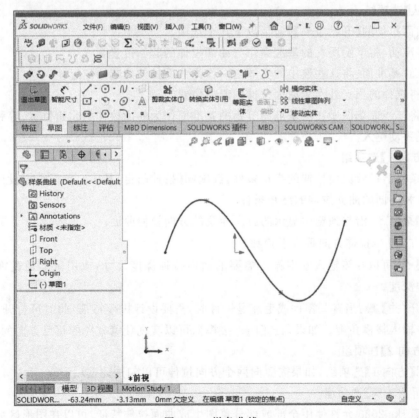

图 4-75　样条曲线

② 在主菜单栏里选择【插入】|【曲面】|【拉伸曲面】,或在曲面工具栏上单击【拉伸曲面】按钮 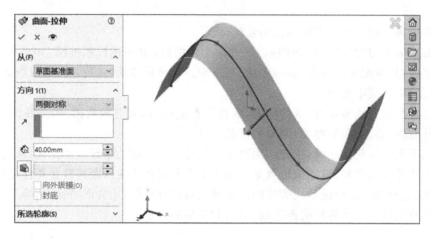,会出现【曲面拉伸】属性管理器,如图 4-76 所示。

图 4-76　从绘制的样条曲线拉伸出曲面

③ 在尺寸方框内输入需要的拉伸深度尺寸,或用鼠标通过拖动箭头设定拉伸深度。

④ 单击【确定】按钮 ✓ ,完成简单拉伸曲面操作。

2. 【曲面拉伸】属性管理器

在进行曲面拉伸操作时,【曲面拉伸】属性管理器里的不同选项组可以方便满足设计者不同的设计意图。

(1)【从】选项组

设置曲面拉伸的【开始条件】,包括以下几个选项。

草图基准面:将草图所在的基准面作为曲面拉伸的起始位置。

曲面/面/基准面:将这些选中的实体之一作为曲面拉伸的起始位置。

顶点:将选择的顶点处作为曲面拉伸的起始位置。

等距:将与当前草图所在的基准面等距的基准面作为曲面拉伸的起始位置,等距的距离值在输入框里手动键入。

(2)【方向 1】选项组

【终止条件】:设置曲面拉伸的终止条件,选项同【拉伸凸台/基体】,可以根据设计者的设计意图采用 6 种不同的曲面拉伸的终止条件。

【反向】按钮 :沿与预览中显示的方向相反的方向拉伸曲面。

【拉伸方向】 :拉伸方向垂直于轮廓。

【深度】 :可以在该输入框中输入需要的曲面拉伸深度尺寸,或用鼠标通过拖动箭头设定曲面拉伸深度。

【拔模开/关】 :当有些零件或毛坯是铸件时,需要设计拔模特征,此时可打开该开关,并在输入框中输入拔模角度。如果勾选【向外拔模】,可以实现预览方向的相反方向的拔模。

(3)【方向 2】选项组

选项同【方向 1】选项组,如果需要向两个方向拉伸可以勾选此选项组。

(4)【所选轮廓】选项组

SolidWorks 2020 允许使用全部或部分草图生成曲面拉伸特征,可以在图形区域中选择草图轮廓和模型边线。

　　注意在拉伸中可以通过控制草图中的红点实现曲面形状的动态调节。图 4-77 所示是动态调节同一条样条曲线草图,得到的不同曲面形状。

图 4-77　动态调节同一条样条曲线草图

4.4.3　旋转曲面

　　旋转曲面是利用一条中心线,将一条直线或曲线旋转成一个曲面的工具。可以从交叉或非交叉的草图中选择不同的草图用所选轮廓生成旋转曲面。

　　旋转曲面的操作如下。

1. 简单旋转曲面及实例

① 绘制或者打开一个或者多个轮廓以及其将绕着旋转的中心线,如图 4-78 所示。

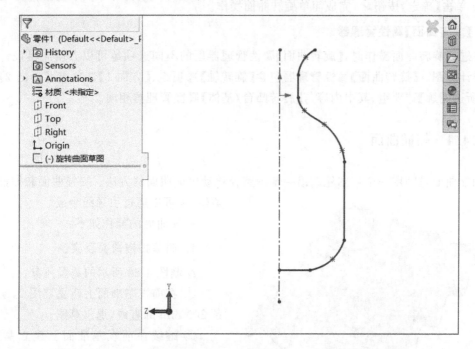

图 4-78　旋转曲面草图

② 在主菜单栏里选择【插入】|【曲面】|【旋转曲面】,或在曲面工具栏里单击【旋转曲面】按钮 ,会出现【旋转曲面】属性管理器,如图 4-79 所示。

③ 在旋转轴方框内选择轮廓将绕着旋转的中心线。

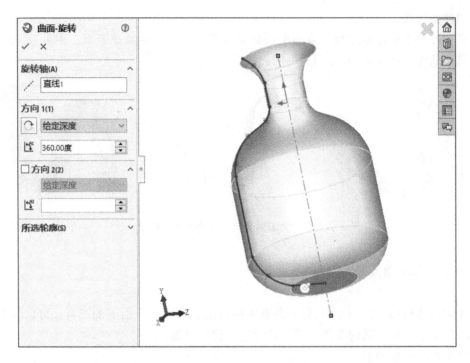

图 4-79 【旋转曲面】属性管理器

④ 在角度方框内输入需要的旋转角度,或用鼠标通过拖动箭头设定旋转角度。

⑤ 单击【确定】按钮 ✓,完成简单旋转曲面操作。

2.【旋转曲面】属性管理器

在进行旋转曲面操作时,【旋转曲面】属性管理器里的不同选项组可以方便满足设计者不同的设计意图。【旋转曲面】属性管理器包含【旋转轴】选项组、【方向 1】选项组、【方向 2】选项组和【所选轮廓】选项组,其中内容与【旋转凸台/基体】属性管理器相同。

4.4.4 扫描曲面

扫描曲面是利用一个草图轮廓沿一草图路径移动生成曲面的方法。扫描曲面和扫描特征类似,也可以通过引导线生成。

扫描曲面的操作如下。

1. 简单扫描曲面及实例

绘制图 4-80 所示的鸡蛋托盘。

① 在前视基准面上建立草图 1,绘制一条 200 mm 的直线,退出草图。

② 继续在前视基准面上建立草图 2,绘制一条 20 mm 的直线,设置该直线中点与草图 1 中的直线端点重合,如图 4-81 所示。

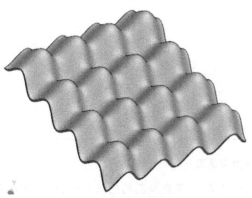

图 4-80 鸡蛋托盘

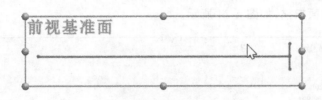

图 4-81　草图

③ 在主菜单栏里选择【插入】|【曲面】|【扫描曲面】，或在曲面工具栏里单击【扫描曲面】按钮 ，会出现【扫描曲面】属性管理器，如图 4-82 所示。

④ 选择"草图 2"为轮廓，"草图 1"为路径。

⑤ 在【选项】选项组中进行设置，如图 4-82 所示。

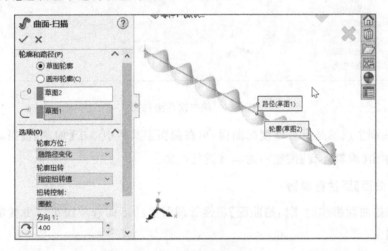

图 4-82　扫描曲面设置

⑥ 单击【确定】按钮 ，完成扫描操作。

⑦ 在前视基准面上建立草图 3，单击【转换实体引用】按钮 ，选择扫描曲面的一条边线，单击【确定】按钮 。单击【隐藏】按钮 隐藏第一次扫描得到的曲面。

⑧ 在右视基准面上建立草图 4，使用 Ctrl＋C 复制草图 3 并粘贴到草图 4 中，设置草图 4 中曲线端点与草图 3 中曲线穿透，如图 4-83 所示。

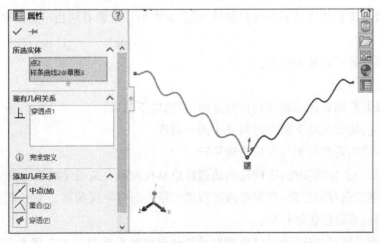

图 4-83　草图

⑨ 再次进行曲面扫描，如图 4-84 所示。

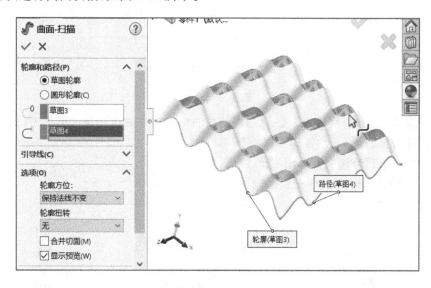

图 4-84　第二次曲面扫描

⑩ 扫描曲面生成的是没有厚度的曲面，可在曲面工具栏中单击【加厚】按钮 设置厚度。

⑪ 最后单击【编辑外观】按钮 对实体进行渲染。

2.【扫描曲面】属性管理器

在进行扫描曲面操作时，【扫描曲面】属性管理器里的不同选项组可以方便满足设计者不同的设计意图。

(1)【轮廓和路径】选项组

【轮廓】 ：设置扫描曲面的草图轮廓，扫描曲面的轮廓可以是开环的，也可以是闭环的。

【路径】 ：设置轮廓扫描的路径。

(2)【引导线】选项组

【引导线】 ：在轮廓沿路径扫描时加以引导。

【上移】 、【下移】 ：调整引导线的顺序。

【合并平滑的面】：改进带引导线扫描的性能，并在引导线或者路径不是曲率连续的所有点处分割扫描。

【显示截面】：显示扫描的截面。

(3)【选项】选项组

【轮廓方位】：控制轮廓沿路径扫描的方向，包括以下选项。

随路径变化：轮廓相对于路径时刻处于同一角度。

保持法向不变：轮廓时刻与开始轮廓平行。

随路径和第一引导线变化：中间轮廓的扭转由路径到第一条引导线的向量决定。

随第一和第二引导线变化：中间轮廓的扭转由第一条引导线到第二条引导线的向量决定。

沿路径扭转：沿路径扭转轮廓。

以法向不变沿路径扭曲：通过将轮廓在沿路径扭曲时保持与开始轮廓平行而沿路径扭转

轮廓。

【轮廓扭转】:路径上出现少许波动和不均匀波动使轮廓不能对齐时,可以将轮廓稳定下来。

【合并切面】:在扫描曲面时,如果扫描轮廓具有相切线段,可以使所产生的扫描中的相应曲面相切。

【显示预览】:以上色方式显示扫描结果的预览。

(4)【起始处/结束处相切】选项组

【起始处相切类型】:其选项包括如下内容。

无:不应用相切。

路径相切:垂直于起始路径而生成扫描。

【结束处相切类型】:与【起始处相切类型】的选项相同,在此不做赘述。

4.4.5　放样曲面

放样曲面是以两个或多个草图轮廓为基础来建立曲面的曲面生成工具。

生成放样曲面的操作如下。

1. 简单放样曲面及实例

① 选择前视基准面,绘制一条样条曲线(草图 1)。

② 定义到前视基准面距离为 30 mm 的基准面 1,绘制一条样条曲线(草图 2)。

③ 定义到前视基准面反转等距,距离为 80 mm 的基准面 2,绘制直线段(草图 3)。

④ 关闭草图。

⑤ 在主菜单栏里选择【插入】|【曲面】|【放样曲面】,或在曲面工具栏里单击【放样曲面】按钮 ,在属性管理器的【轮廓】选项组中依次选择所作的草图 2、草图 1、草图 3,单击【确定】,将得到图 4-85 所示的多轮廓实体。

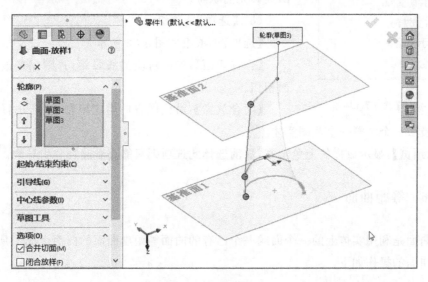

图 4-85　**多轮廓实体**

2.【放样曲面】属性管理器

（1）【轮廓】选项组

【轮廓】：用来生成放样的轮廓，可以选择要放样的草图轮廓、面或者边线。

【上移】、【下移】：调整轮廓的顺序。

（2）【起始/结束约束】选项组

【起始约束】【结束约束】：应用约束以控制起始和结束轮廓的相切，包括如下选项。

默认（在最少有 3 个轮廓时可供使用）：近似在第一个和最后一个轮廓之间刻画抛物线。该抛物线中的相切驱动放样曲面，在未指定匹配条件时，所产生的放样曲面更具可预测性、更自然。

无：不应用相切约束（即曲率为零）。

方向向量：根据所选的方向向量应用相切约束。

垂直于轮廓：应用在垂直于起始或者结束轮廓处的相切约束。

（3）【引导线】选项组

【引导线】：选择引导线来控制放样曲面。

【上移】、【下移】：调整引导线的顺序。

【引导线相切类型】：控制放样与引导线相遇处的相切。

（4）【中心线参数】选项组

【中心线】：使用中心线引导放样形状（中心线和引导线可以是一条曲线）。

【截面数】：在轮廓之间并围绕中心线添加截面。

（5）【草图工具】选项组

【拖动草图】：激活拖动模式，编辑放样特征时，可以从任何已经为放样定义了轮廓线的 3D 草图中拖曳 3D 草图线段、点或者基准面，3D 草图在拖曳时自动更新。

【撤销草图拖动】：撤销先前的草图拖曳，并将预览返回到其先前状态。

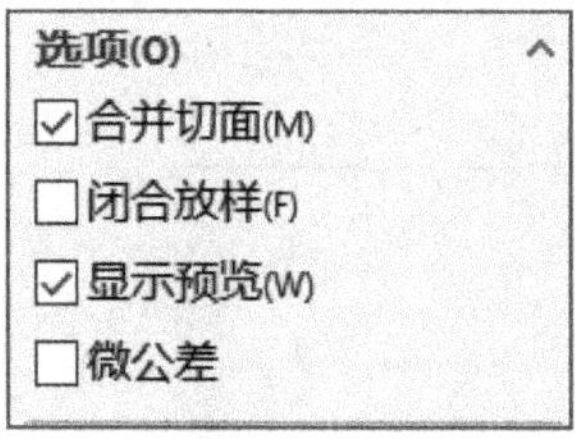

（6）【选项】选项组

【选项】选项组如图 4-86 所示。

【合并切面】：如果对应的线段相切，则保持放样中的曲面相切。

图 4-86 【选项】选项组

【闭合放样】：沿放样方向生成闭合实体，选择此选项会自动连接最后一个和第一个草图实体。

【显示预览】：显示放样的上色预览，取消选择此选项则只能查看路径和引导线。

4.4.6 等距曲面

等距曲面是利用实体上的一个面或一个已有的曲面等距出曲面的曲面生成工具。

等距曲面的操作如下。

1. 简单等距曲面及实例

① 绘制或者打开一个实体面或曲面,如图 4-87 所示。

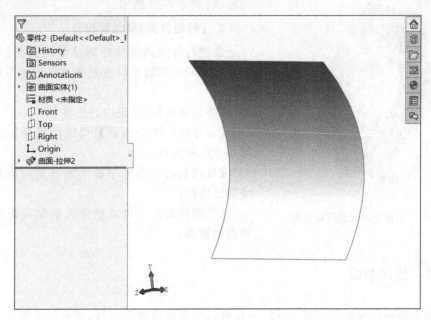

图 4-87　曲面

② 在主菜单栏里选择【插入】|【曲面】|【等距曲面】,或在曲面工具栏里单击【等距曲面】按钮 ,会出现【等距曲面】属性管理器,如图 4-88 所示。

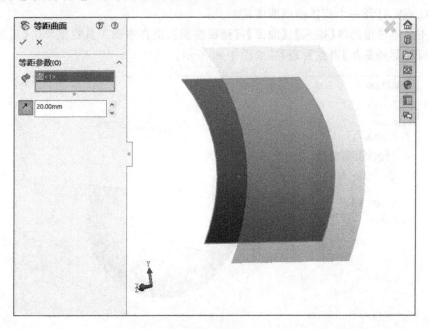

图 4-88　【等距曲面】属性管理器

③ 在【要等距的曲面或面】方框内选择曲面。

④ 在【等距距离】方框内输入需要等距的距离。

⑤ 单击【确定】按钮 ✓，完成简单等距曲面操作。

同样地，对实体上的面，也可以作出各个面的等距曲面，如图 4-89 所示。

2.【等距曲面】属性管理器

在进行等距曲面操作时，【等距曲面】属性管理器里的不同选项组可以方便满足设计者不同的设计意图。

【等距参数】选项组中的选项如下。

【要等距的曲面或面】：可以用鼠标选择一个面或一个已有的曲面。

【反转】：沿与预览中显示的方向相反的方向生成等距曲面。

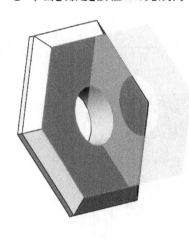

图 4-89 实体上的面的等距曲面

【等距距离】：可以从该输入框输入需要的等距曲面的距离。

4.4.7 延展曲面

延展曲面是通过延展分型线、边线、一组相邻的内张或外张边线，并平行于所选基准面来生成曲面的曲面生成工具。延展曲面可用于边线、分型线或平面和空间曲线。

延展曲面的操作如下。

1. 简单延展曲面及实例

① 绘制或者打开一个实体面或曲面。

② 在主菜单栏里选择【插入】|【曲面】|【延展曲面】，或在曲面工具栏里单击【延展曲面】按钮 ◉，会出现【延展曲面】属性管理器，如图 4-90 所示。

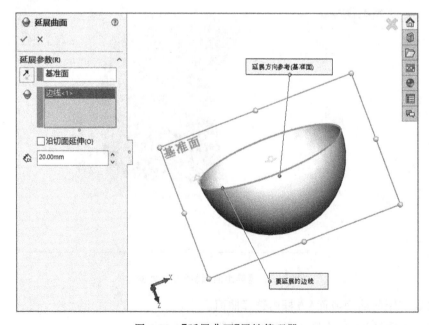

图 4-90 【延展曲面】属性管理器

③ 在【延展方向参考】方框内选择一个与延展曲面方向平行的面或者基准面。

④ 在【要延展的边线】方框内选择要延展的一条边线或一组连续边线。

⑤ 在【延展距离】方框内输入延展曲面的宽度。

⑥ 单击【确定】按钮 ✓ ，完成简单延展曲面操作，如图 4-91 所示。

2.【延展曲面】属性管理器

在进行延展曲面操作时，【延展曲面】属性管理器里的不同选项组可以方便满足设计者不同的设计意图。

【延展参数】选项组中的选项如下。

【延展方向参考】：可以用鼠标选择一个与想使曲面延展的方向平行的面或基准面。

【反转】：沿与预览中显示的方向相反的方向延展曲面。

【要延展的边线】：可以用鼠标选择一条边线或者一组连续边线。

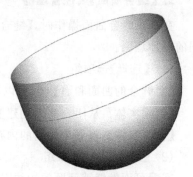

图 4-91　延展曲面结果

【沿切面延伸】：使曲面沿模型中的相切面继续延展。

【延展距离】：可以从该输入框输入需要的延展距离。

4.4.8　缝合曲面

使用缝合曲面功能将两个或多个曲面组合成一个曲面。曲面的边线必须相邻并且不重叠，但不必处于同一基准面上。对于缝合曲面，可以选择整个曲面实体。缝合曲面不吸收用于生成它们的曲面。

缝合曲面的操作如下。

1. 简单缝合曲面及实例

① 绘制或者打开两个或多个实体面和曲面。

② 在主菜单栏里选择【插入】|【曲面】|【缝合曲面】，或在曲面工具栏里单击【缝合曲面】按钮 ，会出现【缝合曲面】属性管理器，如图 4-92 所示。

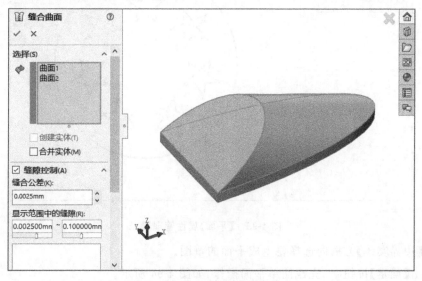

图 4-92　【缝合曲面】属性管理器

③ 在【要缝合的曲面和面】方框内选择需缝合的面和曲面。

④ 单击【确定】按钮 ✓ ,完成简单缝合曲面操作。

缝合后的曲面外观没有任何变化,但是多个曲面已经可以作为一个实体来选择和操作。

2.【缝合曲面】属性管理器

在进行缝合曲面操作时,【缝合曲面】属性管理器里的不同选项组可以方便满足设计者不同的设计意图。

(1)【选择】选项组

【要缝合的曲面和面】 ◈ :可以用鼠标选择已有的两个或多个曲面。

【创建实体】:从闭合曲面创建实体模型。

【合并实体】:将面与相同的内在几何体进行合并。

(2)【缝隙控制】选项组

查看可引发缝隙问题的边线对组,并查看或编辑【缝合公差】或【显示范围中的缝隙】。

4.4.9 平面

平面指在一非相交、单一轮廓的闭环草图或一组闭合边线上生成一个平面。

平面的操作如下。

1. 简单平面及实例

① 绘制或打开一个非相交、单一轮廓的闭环草图。

② 在主菜单栏里选择【插入】|【曲面】|【平面区域】,或在曲面工具栏里单击【平面】按钮 ▦ ,会出现【平面】属性管理器,如图 4-93 所示。

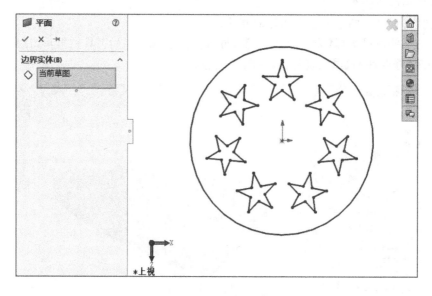

图 4-93 【平面】属性管理器

③ 在【边界实体】方框内选择要生成平面的草图。

④ 单击【确定】按钮 ✓ ,完成简单平面操作,如图 4-94 所示。

图 4-94　生成平面

　　同样地,对于三维实体上的一组闭合边线,也可以生成一个平面,以一个水壶壶身为例,如图 4-95 所示。

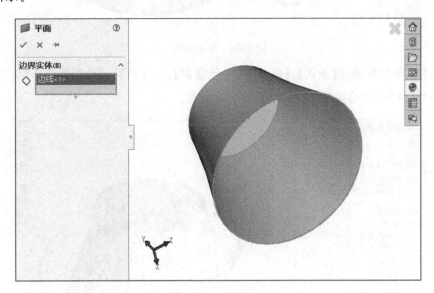

图 4-95　由闭合边线生成平面

2.【平面】属性管理器

　　在进行平面操作时,【平面】属性管理器里的【边界实体】选项组可以方便满足设计者不同的设计意图。

　　【边界实体】选项组 ◇ :可以用鼠标选择一非相交、单一轮廓的闭环草图,一组闭合边线,多条共有平面分型线或一对平面实体,如曲线或边线。

4.4.10　延伸曲面

　　延伸曲面是通过选择一条或多条边线,或选择一个面来延伸曲面的工具。
　　延伸曲面的操作如下。

1. 简单延伸曲面及实例

① 绘制或者打开某一实体面,以一个水壶壶嘴为例,如图 4-96 所示。

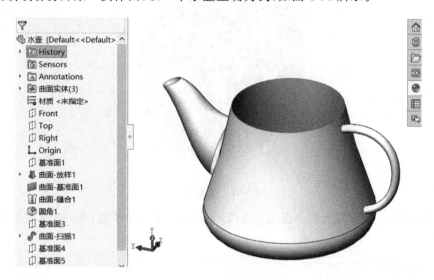

图 4-96 水壶壶嘴

② 在主菜单栏里选择【插入】|【曲面】|【延伸曲面】,或在曲面工具栏里单击【延伸曲面】按钮 ,会出现【延伸曲面】属性管理器,如图 4-97 所示。

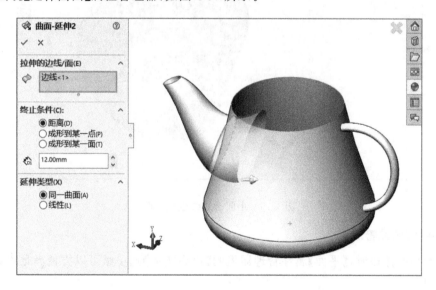

图 4-97 【延伸曲面】属性管理器

③ 在【拉伸的边线/面】方框内选择要延伸的一条或多条边线。

④ 在【距离】方框内输入需要的延伸距离,或用鼠标通过拖动箭头设定延伸距离。

⑤ 单击【确定】按钮 ,完成简单延伸曲面操作。

2.【延伸曲面】属性管理器

在进行延伸曲面操作时,【延伸曲面】属性管理器里的不同选项组可以方便满足设计者不同的设计意图。

(1)【拉伸的边线/面】选项组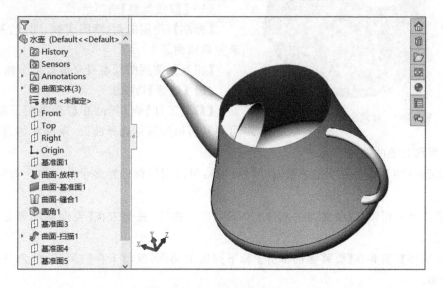

可以用鼠标选择延伸的一条或多条边线,或选择一个面。

(2)【终止条件】选项组

【距离】:按在【距离】 中所指定的数值延伸曲面。

【成形到某一点】:将曲面延伸到为【顶点】 在图形区域中所选择的点或顶点。

【成形到某一面】:将曲面延伸到为【曲面/面】 在图形区域中所选择的曲面或面。

(3)【延伸类型】选项组

【同一曲面】:沿曲面的几何体延伸曲面。

【线性】:沿边线相切于原有曲面来延伸曲面。

4.4.11　剪裁曲面

可以使用曲面、基准面、草图等作为剪裁工具,在曲面相交处剪裁其他曲面。也可以将曲面和其他曲面联合使用作为相互的剪裁工具。

剪裁曲面的操作如下。

1. 简单剪裁曲面及实例

① 绘制或者打开某一实体面,以一个延伸后的水壶壶嘴为例,如图 4-98 所示。

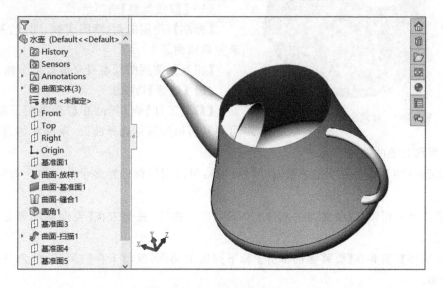

图 4-98　延伸后的水壶壶嘴

② 在主菜单栏里选择【插入】|【曲面】|【剪裁曲面】,或在曲面工具栏里单击【剪裁曲面】按钮 ,会出现【剪裁曲面】属性管理器,如图 4-99 所示。

③ 在【剪裁工具】方框内选择一曲面、基准面或草图为剪裁工具。

④ 在【保留的部分】方框内选择一曲面作为保留部分。

⑤ 单击【确定】按钮 ,完成简单剪裁曲面操作,如图 4-100 所示。

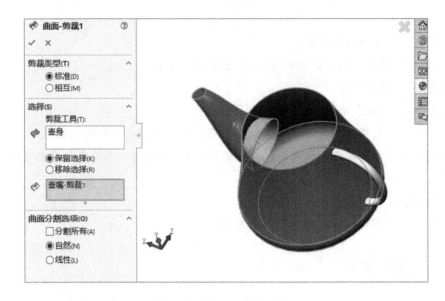

图 4-99 【剪裁曲面】属性管理器

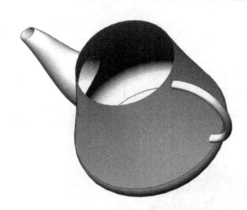

图 4-100 剪裁曲面成果图

2.【剪裁曲面】属性管理器

在进行剪裁曲面操作时,【剪裁曲面】属性管理器里的不同选项组可以方便满足设计者不同的设计意图。

(1)【剪裁类型】选项组

【标准】:使用曲面、草图实体、曲线、基准面等来剪裁曲面。

【相互】:使用曲面本身来剪裁多个曲面。

(2)【选择】选项组

【剪裁工具】✦(标准在剪裁类型下被选中时可用):可以用鼠标选择曲面、草图实体、曲线或基准面作为剪裁其他曲面的工具。

【曲面】✦(相互在剪裁类型下被选中时可用):可以用鼠标选择多个曲面以让剪裁曲面来剪裁自身。

【保留选择】:保留在【要保留的部分】✦下列出的曲面,丢弃未在【要保留的部分】下列出的交叉曲面。

【移除选择】:丢弃在【要移除的部分】✦下列出的曲面,保留未在【要移除的部分】下列出的交叉曲面。

(3)【曲面分割选项】选项组

【自然】:边界从剪裁工具的端部延伸相切。

【线性】:边界从剪裁工具端点延伸到最近的边线上。

4.4.12 填充曲面

填充曲面特征是在现有模型边线、草图或曲线定义的边界内,构成带任何边数的曲面修补。可使用此特征来建造一填充模型中缝隙的曲面。填充曲面一般应用在以下一种或多种情况中：零件没有正确输入进 SolidWorks(有丢失的面)；用作核心和型腔模具设计的零件中的孔需要填充；需要为工业设计应用建造曲面等。

填充曲面的操作如下。

1. 简单填充曲面及实例

① 绘制或者打开某一三维实体，以一个旋转轴槽口为例。

② 在主菜单栏里选择【插入】|【曲面】|【填充】，或在曲面工具栏里单击【填充曲面】按钮 ，会出现【填充曲面】属性管理器，如图 4-101 所示。

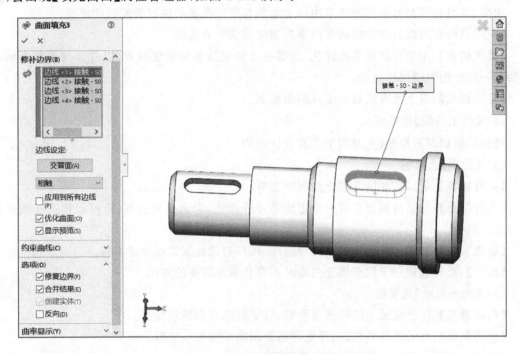

图 4-101　【填充曲面】属性管理器

③ 在【修补边界】方框内选择需要填充的模型边线。

④ 勾选【合并结果】。

⑤ 单击【确定】按钮 ，完成简单填充曲面操作，如图 4-102 所示。

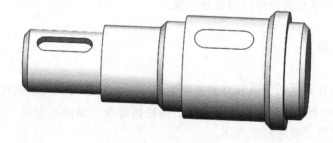

图 4-102　填充曲面效果

2. 【填充曲面】属性管理器

在进行填充曲面操作时，【填充曲面】属性管理器里的不同选项组可以方便满足设计者不同的设计意图。

(1)【修补边界】选项组

【修补边界】 ：定义所应用的修补边线。可使用曲面或实体边线，也可使用 2D 或 3D 草图作为修补的边界，也支持组合曲线。

【交替面】：可为修补的曲率控制反转边界面。交替面只在实体模型上生成修补时使用。

【曲率控制】：可在同一修补中应用不同的曲率控制类型，如下所示。

接触：在所选边界内创建曲面。

相切：在所选边界内创建曲面，但保持修补边线的相切。

曲率：在与相邻曲面交界的边界边线上生成与所选曲面的曲率相配套的曲面。

【应用到所有边线】：能将相同的曲率控制应用到所有边线。

【优化曲面】：用于对曲面进行优化，其潜在优势包括加快重建速度，以及当与模型中的其他特征一起使用时增强稳定性。

【显示预览】：以上色方式显示填充曲面预览。

(2)【约束曲线】选项组

给修补添加斜面控制，主要用于工业设计应用。

(3)【选项】选项组

【修复边界】：可以自动修复填充曲面的边界。

【合并结果】：如果边界至少有一个边线是开环薄边，勾选此复选框，则可以用边线所属的曲面进行缝合。

【创建实体】：如果边界实体都是开环边线，可以勾选此复选框生成实体。

【反向】：此复选框用于纠正填充曲面时不符合填充需要的方向。

(4)【曲率显示】选项组

【网格预览】：在已选面上应用预览网格，以更好地直观显示曲面。

【斑马条纹】：显示斑马条纹，以便更容易看到曲面褶皱或缺陷。

【曲率检查梳形图】：激活曲率检查梳形图显示。

【方向 1】：切换沿方向 1 的曲率检查梳形图显示。

【方向 2】：切换沿方向 2 的曲率检查梳形图显示。

【比例】：调整曲率检查梳形图的大小。

【密度】：调整曲率检查梳形图的显示行数。

4.4.13 中面

中面工具可以在合适的所选双对面之间生成中面。合适的双对面应彼此等距，且属于同一实体。例如，两个平行的基准面或两个同心圆柱面即为合适的双对面。中面工具对在有限元素造型中生成二维元素网格很有用。

中面工具可生成以下任何中面：单个，从图形区域选择单对等距面；多个，从图形区域选择多对等距面；所有，单击查找双对面让系统选择模型上所有合适的等距面。与任何在 SolidWorks 中生成的曲面相同，以此方法生成的曲面包括所有的相同属性。

生成中面的操作如下。

1. 中面生成实例

① 打开或绘制图 4-103 所示的实体。

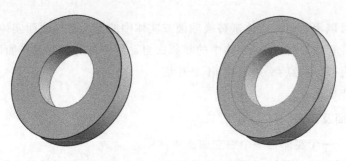

图 4-103　打开或绘制实体

② 在主菜单栏里选择【插入】|【曲面】|【中面】,或在曲面工具栏里单击【中面】按钮 ,会出现【中面】属性管理器,如图 4-104 所示。

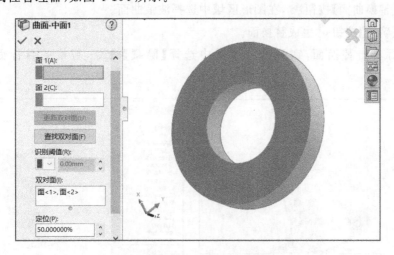

图 4-104　【中面】属性管理器

③ 在【选择】选项组中,单击【面 1】选择框,在图形区域中选择实体的内圆柱面。单击【面 2】选择框,在图形区域中选择实体的外圆柱面,设置【定位】为 50％。

④ 单击【确定】按钮 生成中面。

2.【中面】属性管理器

(1)【选择】选项组

【面 1】:选择生成中间面的其中一个面。

【面 2】:选择生成中间面的另一个面。

【查找双对面】:系统自动查找模型中合适的双对面。

【识别阈值】:当使用【查找双对面】时,指定一识别阈值来过滤结果,由【阈值运算符】和【阈值厚度】两部分组成,【阈值运算符】为数学操作符,【阈值厚度】为壁厚度数值。

【定位】:设置生成中间面的位置。系统默认的位置为从【面 1】开始的 50％位置。

(2)【选项】选项组

【缝合曲面】:将中间面和邻近面缝合,若取消选择此选项,则保留单个曲面。

4.4.14 替换面

替换面工具可以用新曲面实体来替换曲面或实体中的面。替换曲面实体不必与旧的面具有相同的边界。当替换面时,原来实体中的相邻面自动延伸并剪裁到替换曲面实体,实现新的面剪裁。替换面有以下特点:必须相连、不必相切。

替换面的操作如下。

1. 简单替换面及实例

① 绘制或打开一个实体与一个独立曲面零件图。

② 在主菜单栏里选择【插入】|【曲面】|【替换】,或在曲面工具栏里单击【替换面】按钮 ,会出现【替换面】属性管理器。

③ 单击【替换的目标面】按钮 ,在图形区域中选择实体圆柱的上表面。

④ 单击【替换曲面】按钮 ,在图形区域中选择波浪曲面。

⑤ 单击【确定】按钮 ✓ 生成替换面。

⑥ 用鼠标右击替换面,在弹出的菜单中选择【隐藏】命令,替换的目标面被隐藏,如图 4-105 所示。

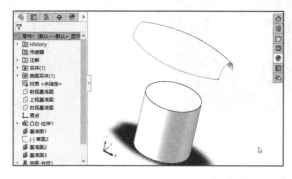 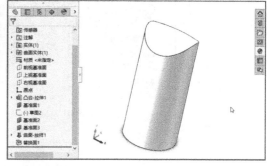

图 4-105　目标面被隐藏

还可以用曲面实体替换一组以上相连的面,方法与上述方法类似。

2.【替换面】属性管理器

【替换面】属性管理器如图 4-106 所示。

①【替换的目标面】 :在图形区域中选择曲面、草图实体、曲线或者基准面作为要替换的面。

②【替换曲面】 :选择替换曲面实体。

图 4-106　【替换面】属性管理器

4.4.15 删除面

删除面是从实体中删除面以创建曲面,或从曲面实体中删除面的命令,可用于从曲面实体或实体中删除一个面,并自动对它进行修补,或从实体中删除一个或多个面来生成曲面。

删除面的操作如下。

1. 简单删除面操作及实例

① 绘制或打开某一实体，以一个简单天线罩为例，如图 4-107 所示。

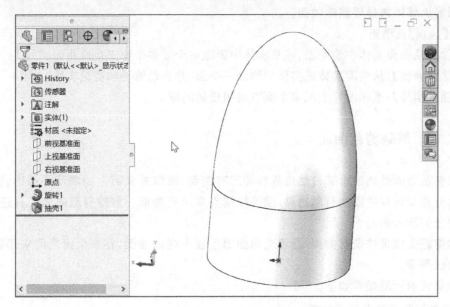

图 4-107　天线罩模型图

② 在主菜单栏里选择【插入】|【面】|【删除】，或在曲面工具栏里单击【删除面】按钮，会出现【删除面】属性管理器。

③ 在【选择】选项组中单击【要删除的面】按钮 ，选择模型上侧曲面。

④ 在【选项】选项组中，单击【删除】。

⑤ 单击【确定】按钮 ，模型上侧曲面被删除，如图 4-108 所示。

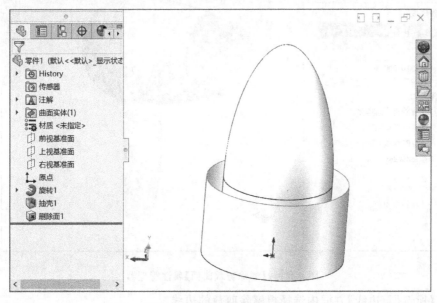

图 4-108　删除模型上侧曲面

2.【删除面】属性管理器

在删除面时,【删除面】属性管理器里的不同选项组可以帮助设计者实现不同的设计意图。

(1)【选择】选项组

在图形区域中选择要删除的面。

(2)【选项】选项组

【删除】:从曲面实体中删除面,或从实体中删除一个或多个面来生成曲面。

【删除并修复】:从曲面实体或实体中删除一个面,并自动修补和剪裁实体。

【删除并填补】:删除面并生成单个面以封闭任何间隙。

4.4.16 解除剪裁曲面

解除剪裁曲面是通过沿其自然边界延伸现有曲面,来修补曲面上的洞及外部边线。还可按所给百分比来延伸曲面的自然边界,或连接端点来填充曲面。解除剪裁曲面工具还可用于所生成的任何输入曲面。

解除剪裁曲面延伸现有曲面,而填充曲面则生成不同的曲面,在多个面之间应用修补,使用约束曲线等等。

解除剪裁曲面的操作如下。

1. 简单解除剪裁曲面及实例

① 绘制或打开一个经过裁剪的实体面或者曲面,以一个吹风机模型为例。

② 在主菜单栏里选择【插入】|【曲面】|【解除剪裁曲面】,或在曲面工具栏里单击【解除剪裁曲面】按钮 ,会出现【解除剪裁曲面】属性管理器,如图 4-109 所示。

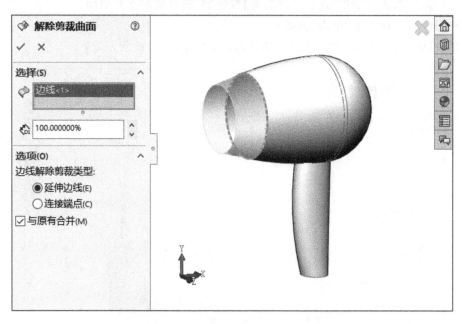

图 4-109 【解除剪裁曲面】属性管理器

③ 在【所选面/边线】方框内选择想解除剪裁的边线。

④ 在【距离】方框内输入曲面延伸到其自然边界的百分比。

⑤ 单击【确定】按钮 ✓ ,完成简单解除剪裁曲面操作。

2.【解除剪裁曲面】属性管理器

在进行解除剪裁曲面操作时,【解除剪裁曲面】属性管理器里的不同选项组可以方便满足设计者不同的设计意图。

(1)【选择】选项组

【所选面/边线】:可以用鼠标选择想解除剪裁的边线。

【距离】:可以从该输入框输入曲面延伸到其自然边界的百分比。

(2)【选项】选项组

【边线解除剪裁类型】:在该选项下,可接受默认的【延伸边线】为边线解除剪裁类型,将所有边线延伸到其自然边界。或者选择两条边线然后选择【连接端点】。想生成与原有曲面合并的曲面延伸,选择【与原有合并】复选框(默认)。

【与原有合并】:取消选择则生成新的、单独的曲面实体。

4.5　常用机械零件三维设计

机械行业的机械装置中包含多种零件,其主要结构类型包括轴类、盘类、轮类、箱体类、标准件类等。本节主要研究常用机械零件的建模思路及其建模过程。

4.5.1　零件建模规划

在对零件建模时,根据零件的结构把零件分解成若干个特征,并确定特征之间组合形式与相对位置及其构造方法的过程称为零件规划,在进行零件建模时,需要对零件进行特征分解和特征关联。

1. 特征分解

在基于特征的零件设计系统中,特征的组成及其相互关系是系统的核心部分,直接影响着几何建模的难易程度和设计与制造信息在企业内各应用环节间交换与共享的方便程度。

特征的组合形式通常有叠加和挖切。其分解原则可总结如下。

① 特征应有利于提高建模效率,增加建模稳定性。

② 应仔细分析零件,简单、合理、有效地建立草图;严格按机械制图原则绘制草图。

③ 合理应用尺寸驱动、几何关系,方便日后修改与零件产品系列化。

④ 圆角、倒角等图素尽量用相应的辅助特征实现,而不在草图中完成。

⑤ 为了观察方便和简化工程图生成时的操作,需要按照观察角度合理地选择基体特征草图平面。

2. 特征关联

如果一个特征的建立参照了其他特征的元素,则该特征称为子特征,被参照特征称为该特征的父特征,父特征与子特征之间形成父子关系,也叫特征关联。在特征管理树中,子特征肯定位于父特征之后。删除父特征会同时删除子特征,而删除子特征不会影响父特征。

特征关联方式有几种类型：草图约束关联、特征拓扑关联和特征时序关联。

① 草图约束关联。指定义草图时借用已有特征的平面作为草图平面，草图图线与父特征的边线建立了相切、等距等几何关联关系或距离、角度等尺寸关联关系。

② 特征拓扑关联。拓扑关系指的是几何实体在空间中的相互位置关系，如孔对于实体模型的贯穿关系等。对于拉伸特征而言，拓扑关系主要体现在特征定义的终止条件中，如完全贯穿、到离指定面指定的距离等终止条件决定了特征之间的拓扑关系。

③ 特征时序关联。时序关系指的是特征建立的先后次序。建立多个特征组成的零件时，应该按照特征的重要性和尺寸大小进行建模。先建立构成零件基本形态的主要特征和较大尺寸的特征，然后再添加辅助的圆角、倒角等特征。

4.5.2 轴类零件设计

在机械机构中，轴类零件起传递动力和支承的作用，分为轴、花键轴、齿轮轴等，轴的结构多采用阶梯形，一般在轴上都有键槽。当轴上装配的齿轮较小时，可以将小齿轮与轴设计在一起，构成齿轮轴，当轴上装配的齿轮尺寸较大时，应做成装配结构，分别设计齿轮和轴。当轴传递的扭矩较大时，常常将轴设计成花键轴。

轴类零件的零件图   轴类零件例子的三维模型

1. 基本流程

在对轴类零件的主体进行实体造型时，可以分为 3 种思路，第一种思路可以体现加工仿真思想，其建模过程是：拉伸凸台获得棒料，对棒料进行反侧拉伸切除获得零件的各个部位，具体如表 4-1 所示。

表 4-1 利用加工仿真思想获得零件的步骤

序号	步骤	效果图
1	在右视基准面上绘制直径为 90 mm 的圆，进行给定深度为 150 mm 的凸台拉伸	
2	在右端面绘制直径为 65 mm 的圆，进行给定深度为 100 mm 的反侧拉伸切除	

序号	步骤	效果图
3	重复步骤 2 再进行两次反侧拉伸切除,得到轴类零件主体	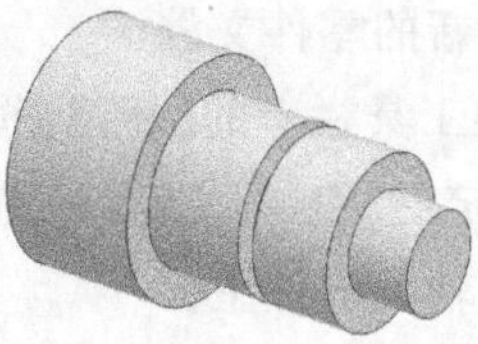

第二种思路是利用分解零件的思想,其建模过程是:拉伸凸台获得零件的一部分,以凸台顶面为基准面绘制草图再进行凸台拉伸,依次类推获得零件的各个部位,具体如表 4-2 所示。

表 4-2　利用分解零件思想获得零件的步骤

序号	步骤	效果图
1	在右视基准面上绘制直径为 90 mm 的圆,进行给定深度为 50 mm 的凸台拉伸	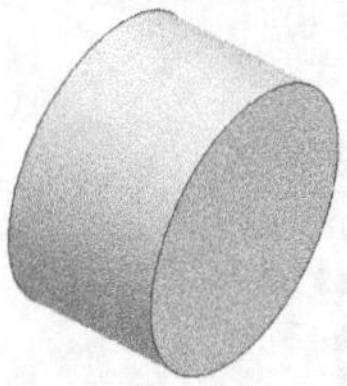
2	在所得实体右端面绘制直径为 65 mm 的圆,进行给定深度为 40 mm 的凸台拉伸	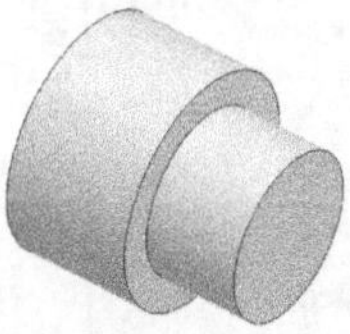
3	重复步骤 2 再进行两次凸台拉伸,得到轴类零件主体	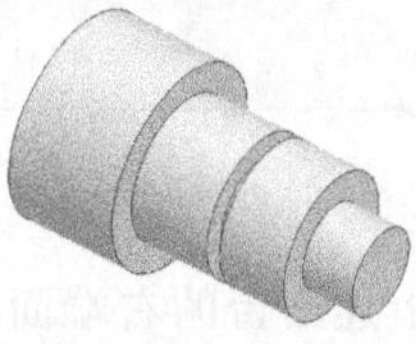

第三种思路是利用轴的对称性,其建模过程是:绘制 1/2 轮廓,该轮廓绕其中心线进行旋转生成轴体,具体如表 4-3 所示。

表 4-3　利用轴的对称性获得零件的步骤

序号	步骤	效果图
1	在右视基准面上绘制以下草图,绕中心线进行旋转凸台 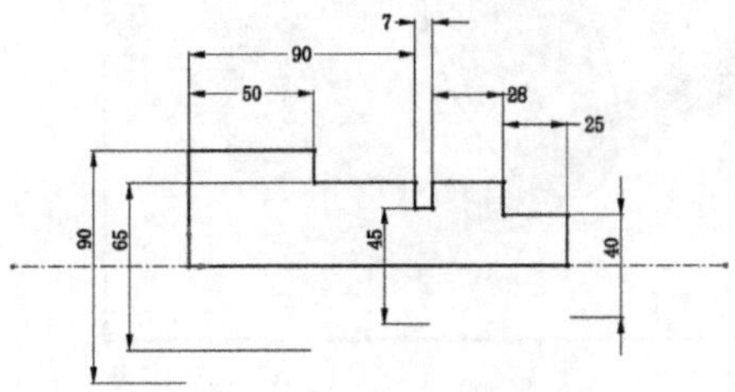	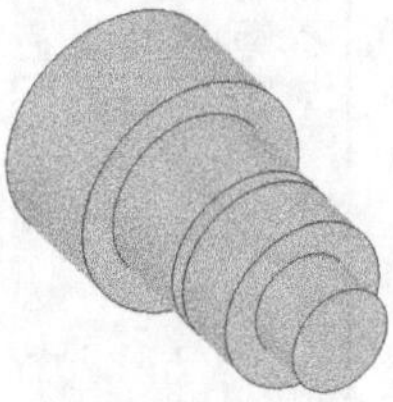

2. 操作步骤

轴类零件的造型过程如下。

（1）生成新的零件文档

单击标准工具栏上的【新建】按钮 🗋，弹出【新建 SolidWorks 文件】对话框。单击【零件】，然后单击【确定】按钮 ✓，新零件窗口将出现。

（2）绘制轴类零件主体

① 选择右视基准面为草图绘制平面，建立草图 1，绘制以原点为圆心，直径为 24 mm 的圆。单击特征工具栏中的【拉伸凸台/基体】按钮 📦，在【方向】选项组中设置【深度】为34 mm，如图 4-110 所示，单击【确定】按钮 ✓，生成轴类零件主体的第一部分。

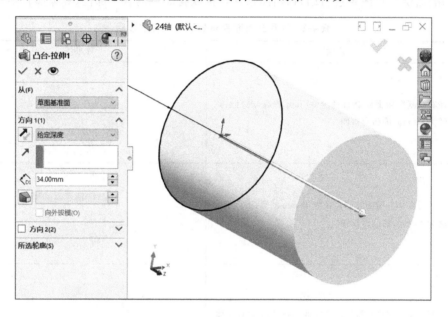

图 4-110　编辑第一步凸台拉伸特征

② 选择上述凸台的右端面作为草图绘制基准面，单击【视图定向】按钮 ✏，选择【正视于】，使绘图平面转为正视方向。绘制直径为 28 mm 的圆，进行凸台拉伸，拉伸深度为 24 mm，如图 4-111所示，生成轴类零件主体的第二部分。

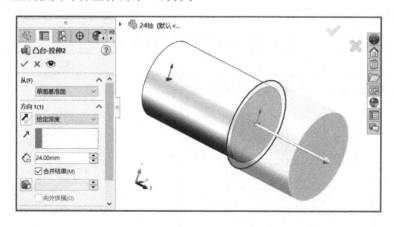

图 4-111　编辑第二步凸台拉伸特征

③ 而后分别进行直径为 30 mm、拉伸深度为 14 mm，直径为 27 mm、拉伸深度为 2 mm，直径为 36 mm、拉伸深度为 13 mm，直径为 32 mm、拉伸深度为 25 mm，直径为 30 mm、拉伸深度为 28 mm 的凸台拉伸，每次凸台拉伸的草图绘制基准面均为上一次凸台拉伸命令得到的实体的右端面。最终得到轴类零件主体如图 4-112 所示。

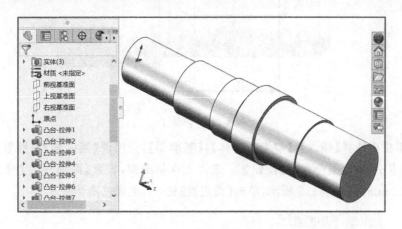

图 4-112　轴类零件主体

（3）添加倒角及圆角

① 单击特征工具栏中【圆角】下方的倒三角，在弹出的下拉菜单中单击【倒角】，选择要进行倒角的边线，在【倒角参数】选项组中设置【距离】 $\diamondsuit$ 为 2 mm，设置【角度】 $\sqsupset$ 为 45°，如图 4-113 所示，单击【确定】按钮 $\checkmark$ ，生成倒角 1。

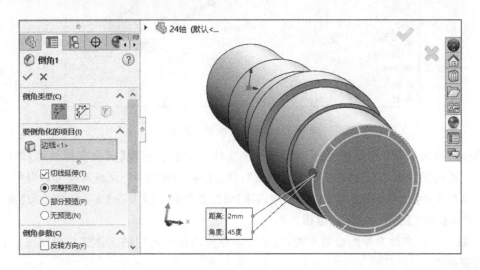

图 4-113　编辑倒角特征

② 其他倒角特征及圆角特征的操作步骤类似。

（4）绘制键槽

① 选择上视基准面，在第一步拉伸凸台获得的实体部位绘制图 4-114 所示的草图 1，然后单击【退出草图】。

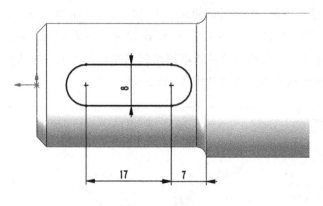

图 4-114　草图 1

在主菜单栏里选择【插入】|【参考几何体】|【基准面】,会出现【基准面】属性管理器,在【第一参考】选项卡中单击【第一参考】按钮 ,选择上视基准面,设置【两面夹角】 为 0°,【偏移距离】 为 12 mm,如图 4-115 所示,单击【确定】按钮 ✓,生成基准面 1。

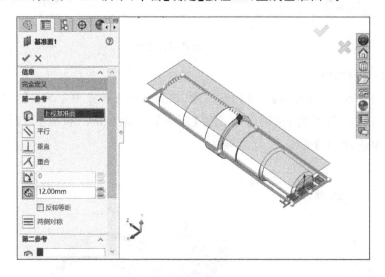

图 4-115　编辑基准面 1 特征

选择基准面 1 为草图绘制平面,单击【转换实体引用】,会出现【转换实体引用】属性管理器,单击【要转换的实体】选择框,选择"草图 1",单击【确定】按钮 ✓,完成转换实体引用。单击特征工具栏中的【拉伸切除】,会出现【拉伸切除】属性管理器,在【方向】选项组中设置【深度】为 4 mm,单击【确定】按钮 ✓,生成键槽 1。

② 以上视基准面为草图绘制平面,在第六步拉伸凸台所得到的实体部位绘制图 4-116 所示的键槽草图。

在主菜单栏里选择【插入】|【参考几何体】|【基准面】,会出现【基准面】属性管理器,在【第一参考】选项卡中单击【第一参考】按钮 ,选择上视基准面,设置【两面夹角】 为 0°,【偏移距离】 为 16 mm,单击【确定】按钮 ✓,生成基准面 2。

选择基准面 2 为草图绘制平面,利用【转换实体引用】命令将草图 2 转换至基准面 2。单击特征工具栏中的【拉伸切除】,在【方向】选项组中设置【深度】为 5 mm,单击【确定】按钮 ✓,生成键槽 2。最终完成阶梯轴建模,如图 4-117 所示。

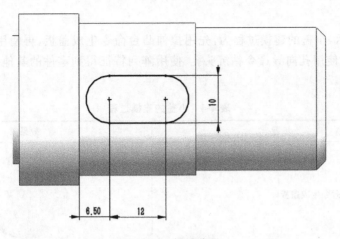

图 4-116　键槽草图

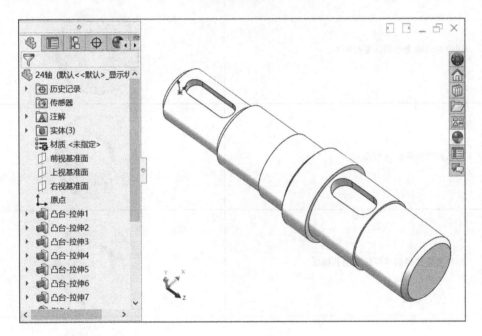

图 4-117　阶梯轴

4.5.3　盘类零件设计

盘类零件通常是指机械机构中的盖、环、套类零件,如分度盘、分定价环、垫圈、垫片、轴套、薄壁套。

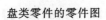

盘类零件的零件图

盘类零件例子的三维模型

1. 基本流程

如表 4-4 所示,小盖的建模过程为:先用拉伸凸台命令生成盖板,再使用拉伸切除命令切除盖板中心,然后使用孔向导命令钻沉头孔,使用阵列特征得到零件的其他孔特征,最后生成倒角特征。

表 4-4　小盖的建模过程

序号	步骤	效果图
1	用拉伸凸台命令生成盖板	
2	用拉伸切除命令切除盖板中心	
3	用孔向导命令钻沉头孔	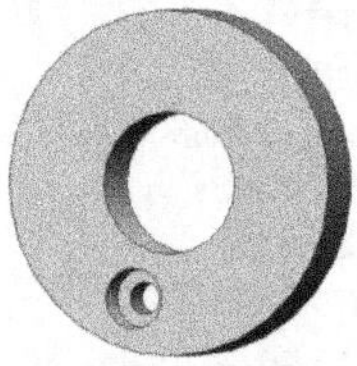
4	用阵列特征得到零件的其他孔特征	
5	生成倒角特征	

2. 操作步骤

(1) 生成新的零件文档

单击标准工具栏上的【新建】按钮 ,弹出【新建 SolidWorks 文件】对话框,单击【零件】,然后单击【确定】按钮 ,新零件窗口将出现。

(2) 生成盖板

① 绘制草图。选择右视基准面为草图绘制平面,单击【视图定向】按钮 ,选择【正视于】,使绘图平面转为正视方向。建立草图 1,绘制以原点为圆心、直径为 34 mm 的圆。

② 拉伸盖板。单击特征工具栏上的【拉伸凸台/基体】按钮 🐝，在【凸台-拉伸】属性管理器中设定【深度】🖳 为 7 mm，如图 4-118 所示，单击【确定】按钮 ✓，则生成盖板。

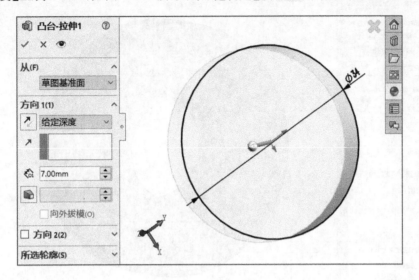

图 4-118　拉伸盖板

（3）切除中心圆孔

① 绘制草图。选择盖前面，单击【视图定向】按钮 🗝，选择【正视于】，使绘图平面转为正视方向。建立草图 2，绘制以原点为圆心、直径为 14 mm 的圆。

② 切除中心圆孔。单击特征工具栏上的【拉伸切除】按钮 🗔，在【切除-拉伸】属性管理器中，【终止条件】选择【完全贯穿】，如图 4-119 所示，单击【确定】按钮 ✓，则切除中心圆孔。

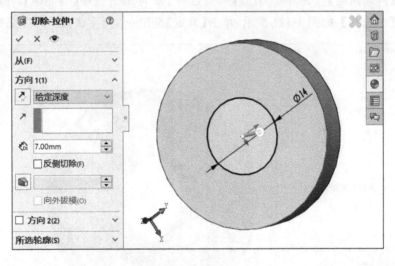

图 4-119　切除中心圆孔

（4）钻沉头孔

选择盖前面，建立草图 3，绘制以原点为圆心、直径为 24 mm 的沉头孔定位圆，选中【作为构造线】复选框。在主菜单栏里选择【插入】|【特征】|【孔向导】，在【孔规格】属性管理器中选择【孔类型】为柱形沉头孔，【标准】为 GB，【类型】为开槽圆柱头螺钉，【大小】为 M3，【终止条件】选择完全贯穿，位置捕捉圆下侧的定位原点，如图 4-120 所示，单击【确定】按钮 ✓，则生成沉头孔。

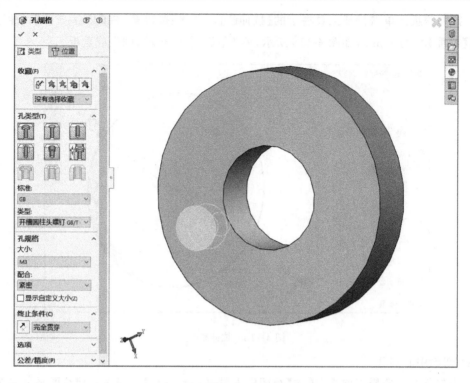

图 4-120　钻沉头孔

（5）圆周阵列沉头孔

在特征工具栏中单击【圆周阵列】按钮 ，在【圆周阵列】属性管理器中，【阵列方向】选择圆柱面，设定【阵列角度】 为 360°，设定【阵列数目】 为 3，并选中【等间距】，在【要阵列的特征】 中选择【沉头孔】，如图 4-121 所示，单击【确定】按钮 ，则生成圆周阵列沉头孔。

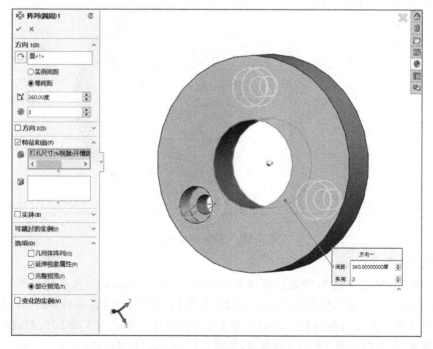

图 4-121　沉头孔阵列设置

（6）倒角

在特征工具栏中单击【倒角】按钮，在【倒角】属性管理器中，【倒角类型】选择【距离-距离】，【边线、面和环】选择倒角边线，设定【距离】为 1.5 mm，如图 4-122 所示，单击【确定】按钮 ✓。以同样的方法设定另一条倒角边线的【距离】为 0.5 mm。完成小盖造型。

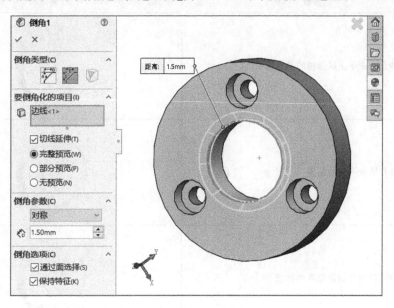

图 4-122　倒角设置

4.5.4　齿轮类零件设计

在机械机构中，常常用齿轮把一根轴的转动传递给另一根轴。齿轮的种类很多，根据其传动情况可分为用于两平行轴的机构传递圆柱齿轮、用于两相交轴的机构传递锥齿轮、用于两交叉轴的机构传递蜗轮蜗杆。

在 SolidWorks 中可以采用直接造型法或由 toolbox、geartrix、fntgear、rfswapi 等插件生成齿轮。常见的圆柱齿轮分为直齿轮和斜齿轮两种，下面以直齿轮为例说明圆柱齿轮的设计方法。

齿轮类零件的零件图　　　　齿轮类零件例子的三维模型

1. 基本流程

设计直齿轮时，要先确定模数和齿数，其他各部分尺寸都可由模数和齿数计算出来。已知齿轮模数为 2，齿数为 55，齿轮宽度为 26 mm。计算得到分度圆直径为 110 mm，齿顶圆直径为 114 mm，齿根圆直径为 105 mm。如表 4-5 所示，直齿轮的建模过程为：先用拉伸凸台命令生成齿轮的基体特征，再使用拉伸切除命令切除辐板、轴孔和键槽，根据齿轮的齿数和模数计算所需的齿轮零件相关尺寸,然后使用拉伸切除命令切除齿槽,再对单个齿槽进行圆周阵列,最后生成倒角特征。

表 4-5　直齿轮的建模过程

序号	步骤	效果图
1	用拉伸凸台命令生成齿轮的基体特征	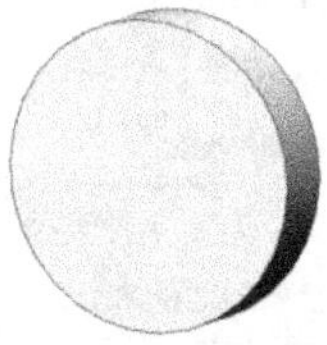
2	用拉伸切除命令切除辐板	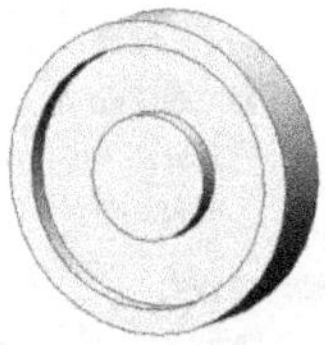
3	用拉伸切除命令切除轴孔和键槽	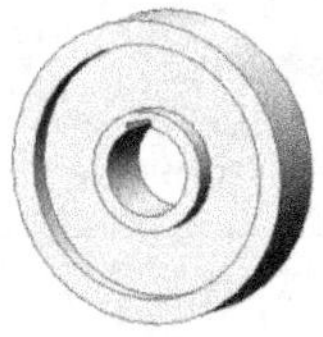
4	用拉伸切除命令切除齿槽	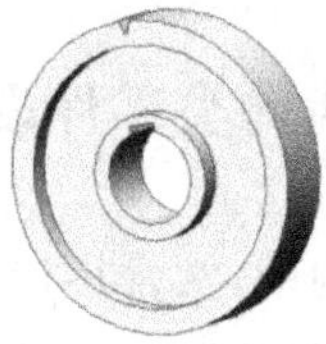
5	对单个齿槽进行圆周阵列	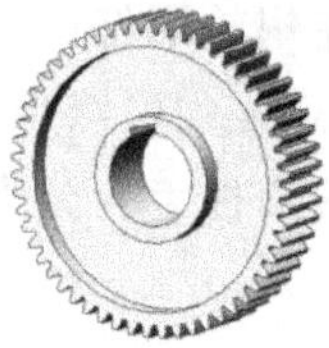
6	生成倒角特征	

2. 操作步骤

（1）生成新的零件文档

单击标准工具栏上的【新建】按钮 ⬜ ,弹出【新建 SolidWorks 文件】对话框,单击【零件】,然后单击【确定】按钮 ✓ ,新零件窗口将出现。

（2）生成轮坯

① 绘制草图。选择上视基准面为草图绘制平面，单击【视图定向】按钮，选择【正视于】命令，使绘图平面转为正视方向。建立草图 1，绘制以原点为圆心、直径为 114 mm 的圆。

② 拉伸轮坯。单击特征工具栏上的【拉伸凸台/基体】按钮，在【凸台-拉伸】属性管理器中设定【深度】为 26 mm，如图 4-123 所示，单击【确定】按钮，则生成齿轮轮坯。

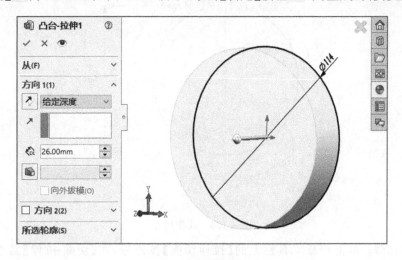

图 4-123　拉伸轮坯

（3）切除辐板

① 绘制草图。选择齿轮前面，单击【视图定向】按钮，选择【正视于】，使绘图平面转为正视方向。建立草图 2，绘制以原点为圆心、直径为 96 mm 和直径为 46 mm 的圆。

② 切除辐板。单击特征工具栏上的【拉伸切除】按钮，在【切除-拉伸】属性管理器中，【终止条件】选择【给定深度】，设定【深度】为 8.5 mm，如图 4-124 所示，单击【确定】按钮，则切除辐板。

齿轮后面的辐板以同样的方法切除。

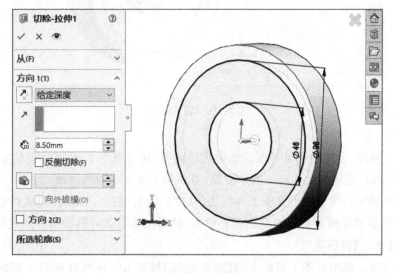

图 4-124　切除辐板

（4）切除孔槽

① 绘制草图。选择齿轮前面，建立草图3，绘制图4-125所示的草图。

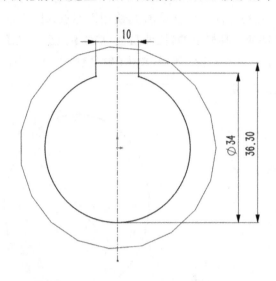

图 4-125　孔槽尺寸

② 切除孔槽。单击特征工具栏上的【拉伸切除】按钮⚟，在【切除-拉伸】属性管理器中，【终止条件】选择【完全贯穿】，如图4-126所示，单击【确定】按钮✓，则切除孔槽。

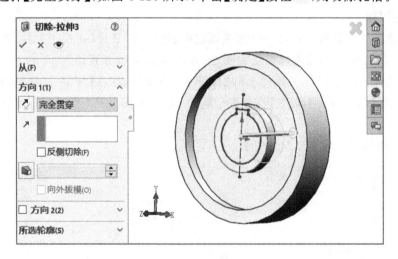

图 4-126　切除孔槽

（5）切除齿槽

① 绘制齿根圆、分度圆和齿顶圆。选择齿轮前面，建立草图4，绘制以原点为圆心，直径为105 mm的齿根圆、直径为110 mm的分度圆、直径为114 mm的齿顶圆。

② 绘制齿形中心线。单击草图工具栏上的【中心线】按钮✎，在【线条】属性管理器中选择【竖直】，将指针移到草图原点处捕捉原点并单击，然后沿垂直方向移动指针到齿顶圆外侧时再次单击，单击【确定】按钮✓。

③ 绘制齿槽。单击草图工具栏上的【样条曲线】按钮∿，将指针移到齿顶圆处捕捉到交点后单击，将指针移到分度圆处捕捉到交点后单击，将指针移到齿根圆处捕捉到交点后双击，

完成样条曲线绘制。单击【智能尺寸】按钮 ,分别将中心线和样条曲线与齿顶圆、分度圆、齿根圆交点的距离标注为 2.5 mm、1.5 mm、0.75 mm。另一侧以同样的方法绘制。

④ 剪裁多余实体。单击草图工具栏上的【剪裁实体】按钮 ,剪裁掉多余的部分,得到图 4-127 所示的齿槽轮廓。

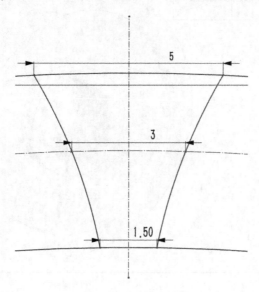

图 4-127　齿槽轮廓

⑤ 切除齿槽。单击特征工具栏上的【拉伸切除】按钮 ,在【切除-拉伸】属性管理器中,【终止条件】选择【完全贯穿】,如图 4-128 所示,单击【确定】按钮 ,则切除齿槽。

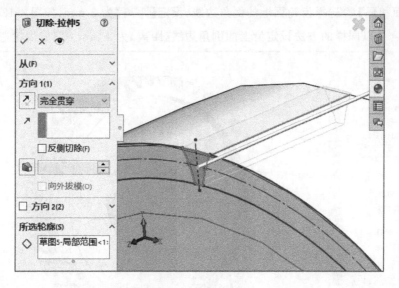

图 4-128　切除齿槽

（6）阵列齿槽

在特征工具栏中单击【圆周阵列】按钮 ,在【圆周阵列】属性管理器中,【阵列方向】选择圆柱面,设定【阵列角度】 为 360°,设定【阵列数目】 为 55,并选中【等间距】,在【要阵列的特征】中选择【齿槽】,如图 4-129 所示,单击【确定】按钮 ,则生成齿槽阵列。

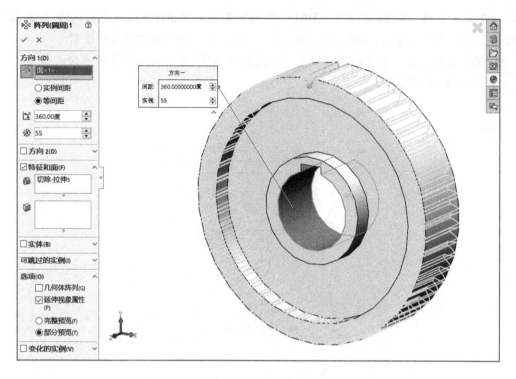

图 4-129　阵列齿槽

（7）倒角

在特征工具栏中单击【倒角】按钮 ，在【倒角】属性管理器中，【倒角类型】选择【距离-距离】，【边线、面和环】 选择齿轮面上的倒角边线，设定【距离】为 2 mm，如图 4-130 所示，单击【确定】按钮 。以同样的方法设定齿上的倒角边线【距离】为 1 mm。完成齿轮造型。

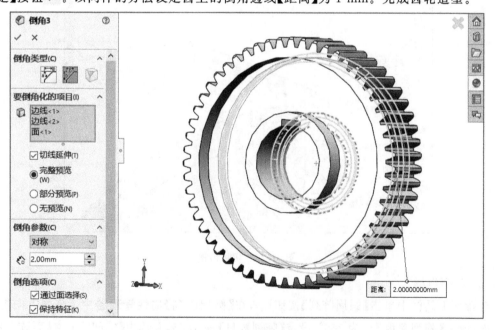

图 4-130　倒角设置

4.5.5　带螺旋线类零件设计

螺旋弹簧常用于机械中的平衡机构,在汽车、机床、电器等工业生产中广泛应用。螺旋弹簧是用弹簧钢丝绕制成的螺旋状弹簧,弹簧钢丝的断面有圆形和矩形等,以圆形断面最为常用。螺旋弹簧类型较多,按外形可分为普通圆柱螺旋弹簧和变径螺旋弹簧。圆柱形螺旋弹簧结构简单、制造方便、应用最广,可作压缩弹簧、拉伸弹簧和扭转弹簧;变径螺旋弹簧有圆锥螺旋弹簧、蜗卷螺旋弹簧和中凹形螺旋弹簧等。下面通过绘制压缩弹簧和蜗杆来学习这类零件的建模。

1. 压缩弹簧

螺旋弹簧是由簧条圆绕一条螺旋线扫描而成的。

压缩弹簧的建模过程如表 4-6 所示。

表 4-6　压缩弹簧的建模过程

序号	步骤	效果图
1	绘制两个草图(螺旋线和簧条圆)	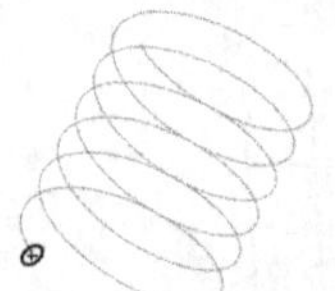
2	将簧条圆沿螺旋线扫描创建弹簧基体	
3	拉伸切除特征创建支承圈	

操作过程如下:

① 生成新的零件文档,选择前视基准面为草图绘制平面,绘制以原点为圆心、直径为 50 mm 的圆,然后选择【插入】|【曲线】|【螺旋线/涡状线】,按图 4-131 所示进行设置,生成螺旋线。

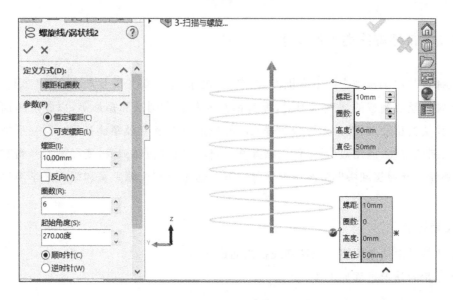

图 4-131　生成螺旋线

图 4-132　建立基准面 1

② 平行于右视基准面且通过螺旋线的端点建立基准面 1,选择基准面 1 为草图绘制平面,单击【视图定向】按钮 ,选择【正视于】 ,使绘图平面转为正视方向,建立草图 2,以螺旋线端点为圆心画一个圆,如图 4-132 所示。

③ 单击特征工具栏里的【扫描】按钮 ,以草图 2 为【轮廓】 ,螺旋线为【路径】 进行扫描,如图 4-133 所示。

④ 以前视基准面为草图绘制平面,建立草图 3,绘制一个直径大于螺旋线直径的圆,进行拉伸切除。平行于前视基准面且距离为 60 mm 建立基准面 2,再次进行拉伸切除,完成压缩弹簧的造型,如图 4-134 所示。

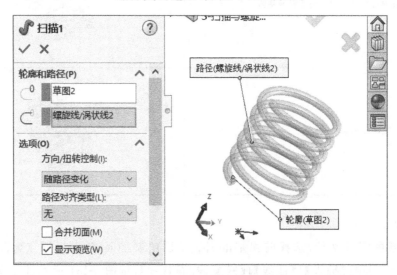

图 4-133　扫描形成弹簧毛坯

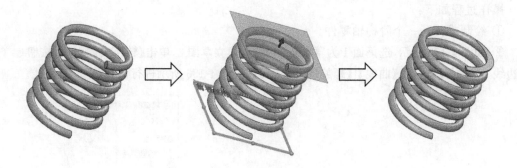

图 4-134 压缩弹簧

2. 蜗杆

蜗杆的螺旋可以由一个梯形绕一阶梯轴的螺旋线扫描而成,绘制螺旋线基圆时,通过使用转换实体引用转换阶梯轴最大直径处的边线,由此蜗杆的螺旋齿位置可随轴的直径变化而变化。

绘制蜗杆需要信息

蜗杆的三维模型

蜗杆的建模过程如表 4-7 所示。

表 4-7 蜗杆的建模过程

序号	步骤	效果图
1	绘制或打开一个阶梯轴	
2	绘制两个草图(螺旋线和扫描轮廓)	
3	将扫描轮廓沿螺旋线扫描创建蜗杆的螺旋齿	
4	生成键槽和倒角	

操作过程如下：

① 绘制或打开一个阶梯轴零件。

② 如图 4-135 所示，选择面 1 为草图绘制平面，建立草图 2，单击【转换实体引用】按钮 ⬚，选择边线 1。选择【插入】|【曲线】|【螺旋线/涡状线】，按图 4-136 所示进行设置，生成螺旋线。

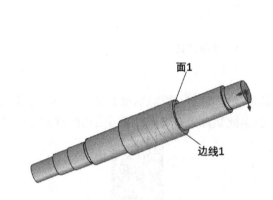

图 4-135　选择面 1 为草图绘制平面　　　图 4-136　生成螺旋线

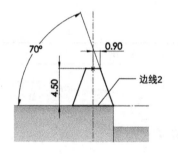

图 4-137　蜗杆螺旋齿的断面轮廓

③ 以通过轴的中心线且与螺旋线端点重合的基准面为草图绘制平面，建立草图 3，绘制图 4-137 所示的蜗杆螺旋齿的断面轮廓（边线 2 通过【转换实体引用】得到）。

④ 单击特征工具栏中的【扫描】按钮 🐛，以草图 3 为【轮廓】 ⬦，螺旋线为【路径】 ⌒ 进行扫描，生成蜗杆的螺旋齿，如图 4-138 所示。

⑤ 单击【确定】按钮 ✓，最后生成蜗杆的键槽和倒角。

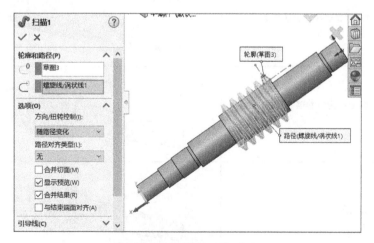

图 4-138　生成蜗杆的螺旋齿

4.5.6 壳体类零件设计

轴承座的零件图

壳体类零件是机械的基础件之一,保持各轴、套及齿轮等零件在空间中的位置关系,使其协调运动、支撑各零件、储存润滑剂等。下面以轴承座为例,叙述壳体类零件的建模过程。

1. 基本流程

如表 4-8 所示,轴承座的建模过程为:先用拉伸凸台命令生成轴承座支 轴承座的三维模型撑板、轴承座底座和轴承座圆柱凸台,再使用拉伸切除命令切除轴承座圆柱凸台孔,然后生成筋,最后生成圆角特征。

表 4-8 轴承座的建模过程

序号	步骤	效果图
1	用拉伸凸台命令生成轴承座支撑板	
2	用拉伸凸台命令生成轴承座底座	
3	用拉伸凸台命令生成轴承座圆柱凸台	
4	用拉伸切除命令切除轴承座圆柱凸台孔	
5	用筋命令生成筋	
6	生成圆角特征	

2. 操作步骤

（1）生成新的零件文档

单击标准工具栏上的【新建】按钮，弹出【新建 SolidWorks 文件】对话框，单击【零件】，然后单击【确定】按钮，新零件窗口将出现。

（2）生成轴承座支撑板

① 绘制草图。选择前视基准面为草图绘制平面，单击【视图定向】按钮，选择【正视于】，使绘图平面转为正视方向。建立草图 1，绘制图 4-139 所示的草图。

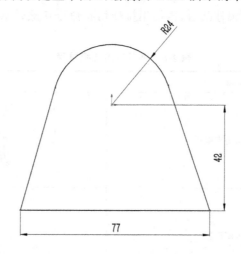

图 4-139　轴承座支撑板草图

② 拉伸轴承座支撑板。单击特征工具栏上的【拉伸凸台/基体】按钮，在【拉伸】属性管理器中设定【深度】为 10 mm，如图 4-140 所示，单击【确定】按钮，则生成轴承座支撑板。

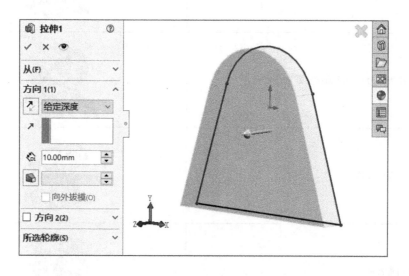

图 4-140　拉伸轴承座支撑板

（3）生成轴承座底座

① 绘制草图。选择前视基准面为草图绘制平面。建立草图 2，选中轴承座支撑板的底边，单击草图工具栏上的【转换实体引用】按钮 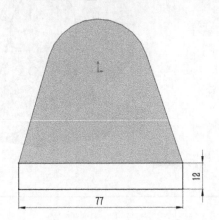，再绘制图 4-141 所示的草图。

图 4-141　轴承座底座草图

② 拉伸轴承座底座。单击特征工具栏上的【拉伸凸台/基体】按钮 ，在【拉伸】属性管理器中设定【深度】 为 50 mm，如图 4-142 所示，单击【确定】按钮 ，则生成轴承座底座。

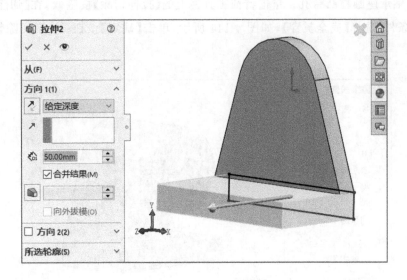

图 4-142　拉伸轴承座底座

（4）生成轴承座圆柱凸台

① 绘制草图。选择轴承座支撑板前面，单击【视图定向】按钮 ，选择【正视于】 ，使绘图平面转为正视方向。建立草图 3，绘制以原点为圆心、直径为 48 mm 的圆。

② 拉伸轴承座圆柱凸台。单击特征工具栏上的【拉伸凸台/基体】按钮 ，在【拉伸】属性管理器中设定【深度】 为 50 mm，如图 4-143 所示，单击【确定】按钮 ，则生成轴承座圆柱凸台。

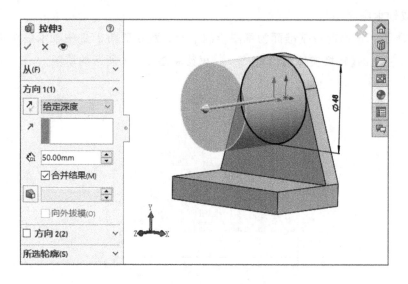

图 4-143　拉伸轴承座圆柱凸台

（5）切除轴承座圆柱凸台孔

① 绘制草图。选择轴承座圆柱凸台前面,单击【视图定向】按钮 🖉,选择【正视于】↥,使绘图平面转为正视方向。建立草图 4,绘制以原点为圆心、直径为 30 mm 的圆。

② 切除轴承座圆柱凸台孔。单击特征工具栏上的【拉伸切除】按钮 🖾,在【切除】属性管理器中,【终止条件】选择【完全贯穿】,如图 4-144 所示,单击【确定】按钮 ✓,则切除轴承座圆柱凸台孔。

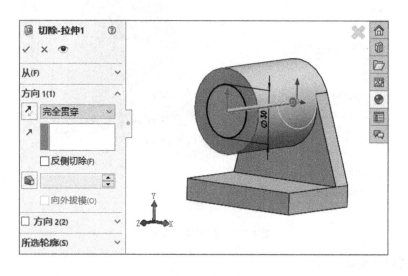

图 4-144　切除轴承座圆柱凸台孔

（6）生成筋

① 绘制草图。选择右视基准面为草图绘制平面,建立草图 5,单击特征工具栏上的【直线】按钮 ╱,捕捉轴承座底座左上顶点和轴承座圆柱凸台下面边线。

② 生成筋。单击特征工具栏上的【筋】按钮,在【筋】属性管理器中选择【厚度】为【两侧】,

设定【筋厚度】为 10 mm，选择【拉伸方向】为平行于草图，如图 4-145 所示，单击【确定】按钮，则生成筋。

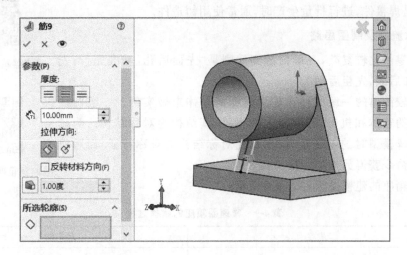

图 4-145　生成筋

（7）生成圆角

在特征工具栏中单击【圆角】按钮 ，在【圆角】属性管理器中，【边线、面、特征和环】 选择轴承座底座上的圆角边线，设定【半径】 为 10 mm，如图 4-146 所示，单击【确定】按钮 ，完成轴承座建模。

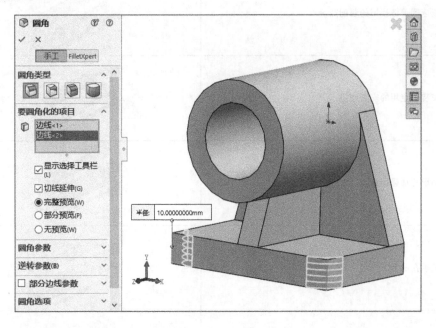

图 4-146　生成圆角

4.5.7　箱体类零件设计

下面以一个减速器箱座为例介绍箱体类零件的建模。减速器箱座用以支持和固定轴系零

件,是保证传动件啮合精度、良好润滑及轴系可靠密封的重要零件,其质量占减速器总质量的
30%～50%,所以箱体的结构设计必须重视。减速器箱座可以是铸造
件,也可以是焊接件,进行批量生产时,通常使用铸造件。

减速器箱座的零件图

1. 基本流程及制图思路

箱体类零件比较复杂,一般的造型原则是"先面后孔,基准先行;先
主后次,先加后减,先粗后细"。

选用比较简单的一级圆柱齿轮减速器的箱体来做实例。一级圆柱
齿轮减速器的箱体和机盖,除部分孔特征外,其结构为对称结构。为减
少在创建机座模型时的工作量,应先建立对称结构的对称特征,而后使
用镜像复制命令获得另外的特征。

减速器箱座的三维模型

减速器箱座的建模过程如表 4-9 所示。

表 4-9　减速器箱座的建模过程

序号	步骤	效果图
1	容纳齿轮和润滑油的齿轮腔	
2	减速器盖链接用的装配凸缘	
3	安装固定用的安装底座	
4	轴承孔加强凸缘	
5	轴承孔凸台	
6	加强筋	

序号	步骤	效果图
7	密封防尘用的轴承端盖安装孔	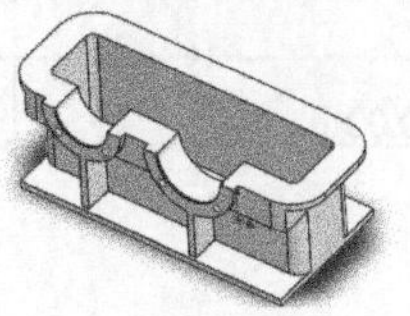
8	上箱盖的装配孔与底座安装孔	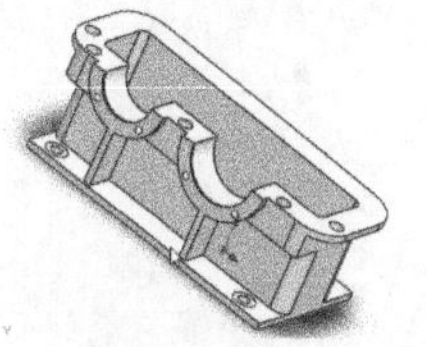
9	镜像得到对称部分结构	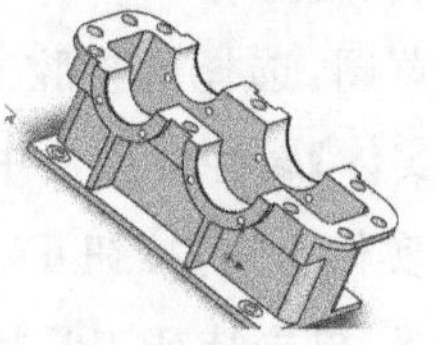
10	泄油孔	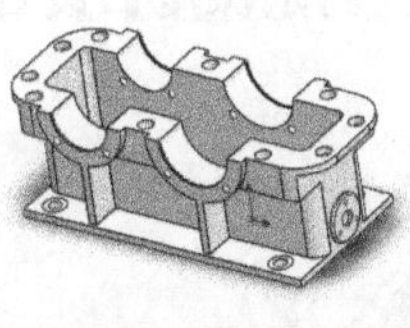

2. 操作步骤

(1) 新建一个零件文档

单击标准工具栏上的【新建】按钮 □,弹出【新建 SolidWorks 文件】对话框,单击【零件】,然后单击【确定】按钮,新零件窗口将出现。

(2) 生成齿轮腔

① 生成基体:在打开的设计树中选择上视基准面为草图绘制平面。单击草图工具栏上的【矩形】按钮 □,绘制矩形。按 Ctrl 键,右击矩形右边线,选择快捷菜单中的【选择中点】,单击草图原点,添加【水平】关系。单击工具栏中的【智能尺寸】按钮 ✧,标注尺寸。单击特征工具栏中的【拉伸凸台/基体】按钮 ◙,在【拉伸】属性管理器中设置拉伸终止条件为【给定深度】,设置深度值为 300 mm,单击【确定】按钮 ✓,生成齿轮腔基体。

② 生成圆角:单击特征工具栏中的【圆角】按钮 ◎,选择齿轮腔基体的 4 条竖线,在【圆角】属性管理器中设置圆角半径为 40 mm,并单击【确定】按钮 ✓。

③ 抽壳体:单击特征工具栏中的【抽壳】按钮 ◙,会出现【抽壳】属性管理器,在【厚度】输入框中输入抽壳的厚度值为 20 mm,选择上表面为抽空面,保持其他选项为系统默认值,单击【确定】按钮 ✓,生成下箱体的腔体,如图 4-147 所示。

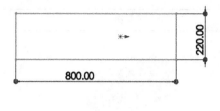

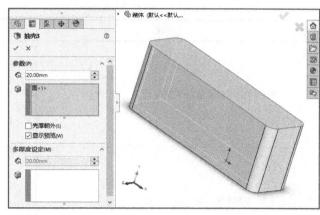

图 4-147　齿轮腔草图及效果图

（3）生成装配凸缘

① 绘制草图：选择齿轮腔上端面为草图绘制平面，单击草图工具栏中的【等距实体】按钮 ，在【等距实体】属性管理器中设置等距距离为 60 mm，单击【确定】按钮 。单击草图工具栏中的【转换实体引用】按钮 ，单击齿轮腔内腔底面，单击【确定】按钮 。

② 拉凸缘：单击特征工具栏中的【拉伸凸台/基体】按钮 ，会出现【拉伸】属性管理器，设置终止条件为【给定深度】，设置向下深度值为 20 mm，单击【确定】按钮 ，如图 4-148 所示。

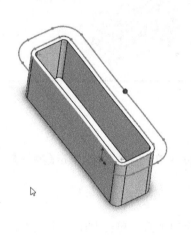

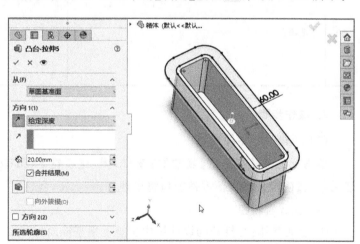

图 4-148　装配凸缘草图及效果图

（4）生成安装底座

① 视图定向：单击【旋转视图】按钮 ，选择前面所完成的箱体底面为草图绘制平面，单击【视图定向】按钮 ，选择【正视于】 ，使绘图平面转为正视方向。

② 绘制草图：单击草图工具栏上的【矩形】按钮 ，绘制矩形。按 Ctrl 键，右击矩形右边线，选择快捷菜单中的【选择中点】，单击草图原点，添加【水平】关系。按 Ctrl 键，矩形左右边线与箱体底面对应左右边线分别添加【共线】关系。单击工具栏中的【智能尺寸】按钮 ，标注矩形宽度为 400 mm。

③ 拉底座:单击特征工具栏中的【拉伸凸台/基体】按钮 🗔,在【拉伸】属性管理器中设置拉伸终止条件为【给定深度】,设置向上深度值为 20 mm,单击【确定】按钮 ✓,生成安装底座,如图 4-149 所示,在特征树中单击该特征。

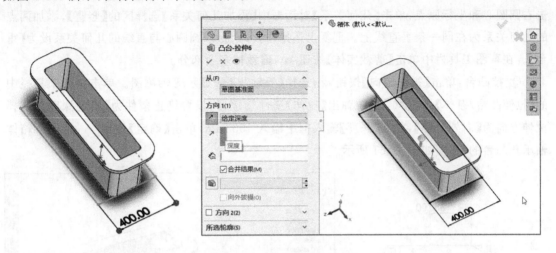

图 4-149　安装底座草图及效果图

(5)生成轴承孔加强凸缘

① 视图定向:选择下箱体装配凸缘上表面为草图绘制平面,单击【视图定向】按钮 ✍,选择【正视于】 ↧,使绘图平面转为正视方向。

② 绘制草图:单击草图工具栏中的【转换实体引用】按钮 ⬡,选中箱体底座上面和装配凸缘上表面前面边线,单击【确定】按钮 ✓,将其转换为草图线。单击草图工具栏中的【剪裁实体】按钮 ⬛,剪裁掉多余部分。

③ 拉凸缘:单击特征工具栏中的【拉伸凸台/基体】按钮 🗔,在【拉伸】属性管理器中设置终止条件为【给定深度】,选择拉伸方向为【向下拉伸】,设置深度值为 90 mm,单击【确定】按钮 ✓,完成轴承孔加强凸缘的创建,如图 4-150 所示。

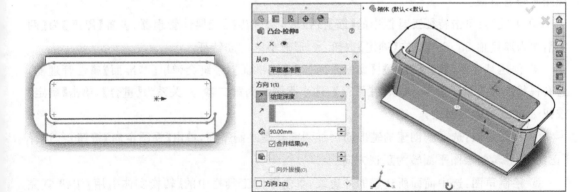

图 4-150　轴承孔加强凸缘草图及效果图

(6)生成轴承孔凸台

① 视图定向:选择下箱体壳体外侧前面为草图绘制平面,单击【视图定向】按钮 ✍,选择

【正视于】⬙，使绘图平面转为正视方向。

② 绘制草图：选中箱体上轮廓线，单击草图工具栏中的【转换实体引用】按钮 ⬚，绘制一条与轮廓线重合的直线。单击草图工具栏中的【圆】按钮 ⊙，分别绘制两个圆。按 Ctrl 键，并单击右圆圆心和坐标原点，单击【几何关系】对话框中【添加几何关系】选择区的【竖直】，添加两点的几何关系为在同一条垂直线上。重复上述操作，分别将两圆圆心与直线的几何关系设为【重合】。在草图工具栏中单击【剪裁实体】按钮 ⬥，剪裁掉多余部分。

③ 拉凸台：单击【视图定向】按钮 ⬦，选择【等轴测】⬚ 显示等轴测图。单击特征工具栏中的【拉伸凸台/基体】按钮 ⬚，系统弹出【拉伸】属性管理器，设置终止条件为【给定深度】，选择拉伸方向为【向外拉伸】，并在【深度】输入框中输入 100 mm，单击【确定】按钮 ✓，完成下箱体轴承孔凸台的创建，如图 4-151 所示。

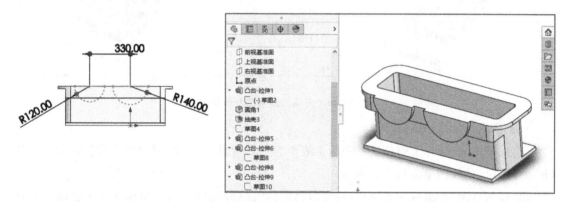

图 4-151　轴承孔凸台草图及效果图

（7）生成加强筋

① 视图定向：选择右视基准面为草图绘制平面，单击【视图定向】按钮 ⬦，选择【正视于】⬙，使绘图平面转为正视方向。

② 绘制草图：单击草图工具栏中的【直线】按钮 ✎，捕捉凸台圆最下面的点和底座上面边线绘制竖直直线。

③ 生成筋：单击特征工具栏中的【筋】按钮 ⬚，会弹出【筋】属性管理器，设置【厚度】为【两侧】，输入厚度值 20 mm，单击【确定】按钮 ✓，形成最终的筋特征。

④ 创建基准面：选择【插入】|【参考几何体】|【基准面】，系统会弹出【基准面】属性管理器，选右视基准面为第一参考，关系为【平行】，选小圆圆心为第二参考，关系为【重合】，单击【确定】按钮 ✓ 完成基准面创建。

⑤ 视图定向：选择新创建的基准面为加强筋草图绘制平面，单击【视图定向】按钮 ⬦，选择【正视于】⬙，使绘图平面转为正视方向。

⑥ 绘制草图：选中前面所建筋的外边线，单击草图工具栏中的【转换实体引用】按钮 ⬚ 完成筋草图线的转换。

⑦ 生成筋：单击特征工具栏中的【筋】按钮 ⬚，在出现的【筋】属性管理器中设置【厚度】为【两侧】，输入厚度值 20 mm，并选中【反转材料方向】复选框，单击【确定】按钮 ✓，完成小圆下的加强筋创建，如图 4-152 所示。

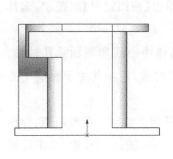
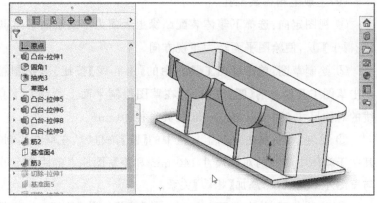

图 4-152 轴承孔凸台加强筋草图及效果图

（8）生成轴承安装孔和端盖安装孔

① 视图定向：选择轴承安装孔凸台外表面为草图绘制平面，单击【视图定向】按钮 ✐，选择【正视于】↓，使绘图平面转为正视方向。

② 绘制草图：单击草图工具栏中的【圆】按钮 ⊙，分别以两个轴承安装孔凸台的圆心为圆心画直径为 160 mm 和 200 mm 的圆，单击【确定】按钮 ✓。

③ 绘制草图：单击草图工具栏中的【圆】按钮 ⊙，分别以两个轴承安装孔凸台的圆心为圆心画直径为 200 mm 和 240 mm 的圆。在弹出的【圆】属性管理器中，选择【作为构造线】复选框。

④ 绘制草图：单击草图工具栏中的【中心线】按钮 ✐，绘制一条过大轴承安装孔圆心的垂直中心线，再过大轴承安装孔圆心绘制另一条中心线与垂直中心线呈 45°并与直径为 240 mm 的圆重合。

⑤ 绘制草图：单击草图工具栏中的【圆】按钮 ⊙，绘制端盖安装孔并标注。

⑥ 绘制草图：单击草图工具栏中的【添加几何关系】按钮，将安装孔圆心与 45°中心线端点的几何关系设为【合并】。

⑦ 绘制草图：单击【镜像实体】按钮 ▷◁，在图形区域中单击安装孔，在【镜像】属性管理器中单击【镜像点】下的空框，再在图形区域中单击垂直中心线，单击【确定】按钮 ✓，完成安装孔镜像。重复上述操作，完成小圆的安装孔草图绘制。

⑧ 切除孔：单击特征工具栏中的【拉伸切除】按钮，在【拉伸切除】属性管理器中设置切除方式为【成形到下一个面】，单击【确定】按钮 ✓，完成实体拉伸切除的创建，如图 4-153 所示。

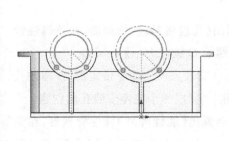
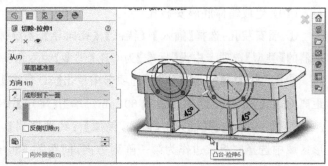

图 4-153 轴承安装孔和端盖安装孔草图及效果图

（9）生成上箱盖装配孔

① 视图定向：选择下箱体装配凸缘上表面为草图绘制平面，单击【视图定向】按钮 🖉 ，选择【正视于】 ↥ ，使绘图平面转为正视方向。

② 绘制草图：单击草图工具栏中的【中心线】按钮 ✎ ，绘制箱体中心线和两轴承孔轴线。单击草图工具栏中的【圆】按钮 ⊙ ，在草图绘制平面上绘制左下角的圆，标注其关于相应中心线的对称尺寸 280 mm、320 mm 及其直径 40 mm。

③ 绘制草图：单击草图工具栏中的【圆】按钮 ⊙ ，在草图绘制平面上绘制最左侧的圆，标注其关于箱体中心线的对称尺寸 140 mm 和距草图原点的距离 550 mm，按住 Ctrl 键，单击此圆与草图左下角的圆，添加【相等】关系。

④ 绘制草图：单击草图工具栏中的【镜像实体】按钮 ⺊⺊ ，在图形区域中单击左下角的圆，在【镜像】属性管理器中单击【镜像点】下的空框，再在图形区域中单击左轴承孔轴线，单击【确定】按钮 ✓ 完成中间圆镜像。重复上述步骤镜像右下角的圆。

⑤ 绘制草图：单击草图工具栏中的【圆】按钮 ⊙ ，在草图绘制平面上绘制最右侧的圆，按住 Ctrl 键，单击该圆与直径为 40 mm 的圆，添加【相等】关系；再单击该圆圆心与最左侧圆圆心，添加【水平】关系。标注其与最左侧圆的距离 860 mm。

⑥ 切除孔：单击【视图定向】按钮 🖉 ，选择【等轴测】按钮 🄴 显示等轴测图。单击特征工具栏中的【拉伸切除】按钮 🄺 ，在【拉伸切除】属性管理器中设置终止条件为【成形到下一面】，单击【确定】按钮 ✓ ，完成实体拉伸切除的创建，如图 4-154 所示。

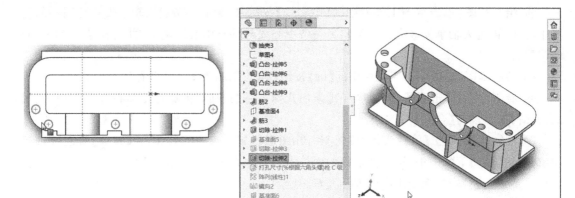

图 4-154　上箱盖装配孔草图及效果图

（10）生成箱体底座安装孔

① 插安装孔：选择【插入】|【特征】|【孔向导】，系统弹出【孔规格】属性管理器，在该属性管理器的【类型】选项卡中设【标准】为 GB，【类型】为六角头螺栓 C 级，【大小】为 M30。

② 绘制 3D 草图：在【位置】选项卡中单击【3D 草图】，在安装底座上面单击定位，并标注孔距离前边线 45 mm，距离右边线 60 mm。单击【确定】按钮 ✓ 完成一个底座安装孔的创建。

③ 阵列孔：选择【插入】|【阵列/镜像】|【线性阵列】，会弹出【线性阵列】属性管理器，在图形区域中选择底板长边作为第一阵列方向，间距为 650 mm，数量为 2，阵列的特征为"孔 1"。单击【确定】按钮 ✓ ，完成实体特征的创建，如图 4-155 所示。

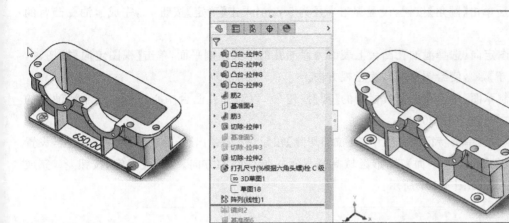

图 4-155　箱体底座安装孔草图及效果图

（11）镜像特征

选择【插入】|【阵列/镜像】|【镜像】，会弹出【镜像】属性管理器，在特征树中选择前视基准面为镜像基准面，单击特征树中的"底座"特征之后的第一个特征，然后按住 Shift 键，单击特征树中的最后一个特征，从而选中要镜像的全部特征，单击【确定】按钮 ✓，完成实体镜像特征的创建，如图 4-156 所示。

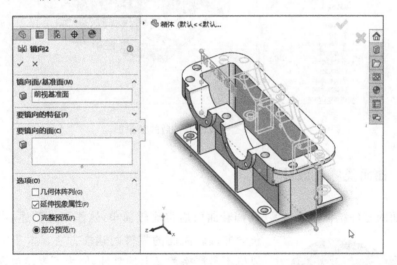

图 4-156　镜像特征效果图

（12）生成泄油孔

① 视图定向：选择下箱体右侧面为草图绘制平面，单击【视图定向】按钮 ❖，选择【正视于】⬦，使绘图平面转为正视方向。

② 绘制草图：单击草图工具栏中的【圆】按钮 ⊙，绘制泄油孔凸台的草图，按住 Ctrl 键，单击草图原点和圆心，添加【竖直】关系。标注圆心与草图原点的距离 90 mm 和圆的直径40 mm。

③ 拉基底：单击特征工具栏中的【拉伸凸台/基体】按钮 ⬚，会出现【拉伸】属性管理器，设置终止条件为【给定深度】，选择拉伸方向为【向外拉伸】，并在【深度】输入框中输入凸台深度值

10 mm,然后单击【圆角】按钮,设置圆角半径为 5 mm,单击【确定】按钮 ✓,完成泄油孔凸台的创建。

④ 视图定向:选择泄油孔凸台上表面为泄油孔的草图绘制平面,单击【视图定向】按钮 ✎,选择【正视于】⚓,使绘图平面转为正视方向。

⑤ 绘制草图:单击草图工具栏中的【圆】按钮 ⊙,以泄油孔凸台中心为圆心绘制泄油孔的草图轮廓,并标注直径 30 mm。

⑥ 切除孔:单击特征工具栏中的【拉伸切除】按钮 ▣,会弹出【拉伸切除】属性管理器,设置终止条件为【成形到下一面】,图形区域高亮显示拉伸切除的方向。单击【确定】按钮 ✓,完成泄油孔的创建,如图 4-157 所示。

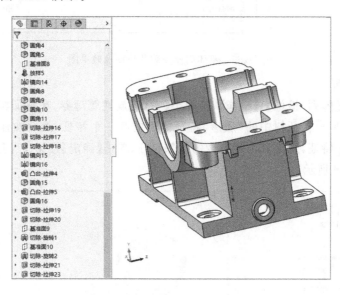

图 4-157　生成泄油孔后的效果图

4.5.8　曲面类零件设计

包含曲面的零件统称曲面类零件,回转曲面通常比较简单,这里不做赘述,本节主要讨论

图 4-158　电吹风机

包含非回转曲面的零件的建模方法。本节中的举例电吹风机不是严格意义上的零件,但为了表述包含曲面的零件的建模方法,此处按零件处理。

绘制图 4-158 所示的电吹风机。

1. 生成主体部分

① 在前视基准面上建立草图 1,绘制一个主壳体的轮廓线,具体尺寸如图 4-159 所示。

② 在主菜单栏里选择【插入】|【曲面】|【曲面旋转】,会出现【曲面旋转】属性管理器。在【旋转轴】方框中选择中心线,旋转角度为 360°,单击【确定】按钮 ✓,生成曲面特征,如图 4-159 所示。

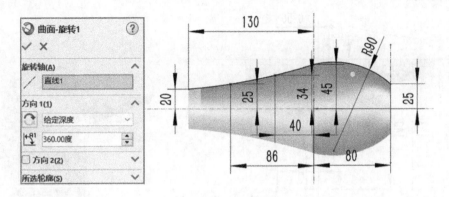

图 4-159　旋转主体

③ 在主菜单栏里选择【插入】|【曲面】|【平面区域】 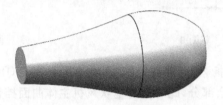，将主体封口，如图 4-160 所示。

图 4-160　将主体封口

2. 生成手把部分

① 将上视基准面向下偏移 160 mm，形成基准面 1，在基准面 1 上建立草图 2，并在主菜单栏里选择【插入】|【曲面】|【拉伸曲面】，使手把与主体曲面部分相交，如图 4-161 所示。

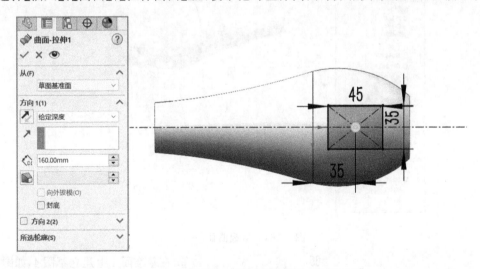

图 4-161　拉伸手把曲面

② 在前视基准面上建立草图 3，绘制样条曲线 ，并在主菜单栏中选择【工具】|【草图工具】|【复制】，在样条曲线最高点建立一条长 32 mm 的水平线并复制出另外一条样条曲线，如图 4-162 所示，然后退出草图。

③ 在主菜单栏里选择【插入】|【曲面】|【拉伸曲面】，选择对称拉伸，长度为 160 mm，使其与手把主体相交，如图 4-163 所示。单击【确定】按钮 ，完成曲面创建操作。

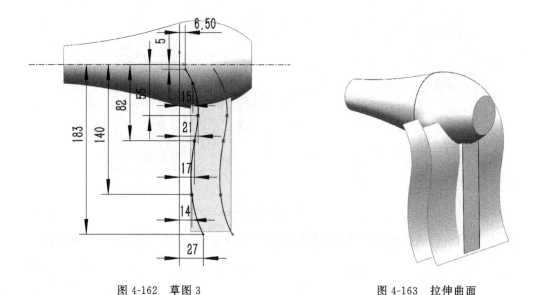

图 4-162 草图 3

图 4-163 拉伸曲面

④ 在主菜单栏里选择【插入】|【曲面】|【剪裁曲面】,选择第①步和第③步所拉伸的曲面,选择相互剪裁,移除外部多余部分,此时如若电吹风机主体曲面挡住部分曲面可在模型树中将其隐藏 ◎ 。剪裁完成后如图 4-164 所示。

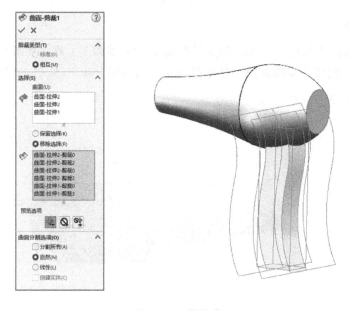

图 4-164 剪裁曲面(一)

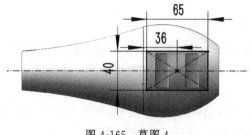

图 4-165 草图 4

⑤ 在基准面 1 上建立草图 4,如图 4-165 所示,然后选择【插入】|【曲面】|【平面区域】,单击【确定】按钮 ✓ ,完成曲面创建操作。

⑥ 在曲面工具栏里单击【剪裁曲面】按钮 ◈ ,会出现【剪裁曲面】属性管理器,按图 4-166 进行设置,单击【确定】按钮 ✓ ,

完成剪裁曲面操作。

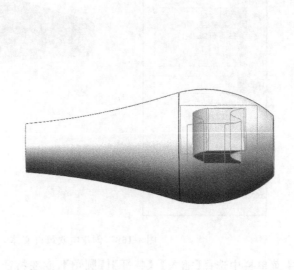

图 4-166　剪裁曲面(二)

3. 电吹风机结构设计

① 在曲面工具栏里单击【剪裁曲面】按钮，会出现【剪裁曲面】属性管理器，按图 4-167 进行设置，单击【确定】按钮 ✓，完成剪裁曲面操作。这样电吹风机整体造型已经完成。

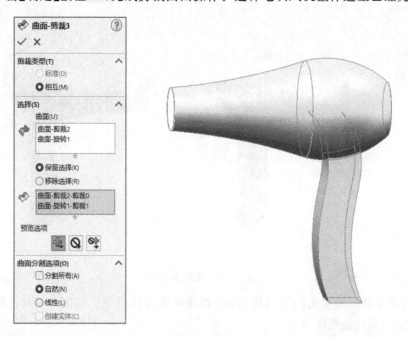

图 4-167　剪裁曲面(三)

② 在主菜单栏中选择【插入】|【曲面】|【缝合曲面】，将所有曲面按住 Ctrl 键选中，或在模型树中选中曲面实体中的所有部分进行缝合并创建实体，如图 4-168 所示。

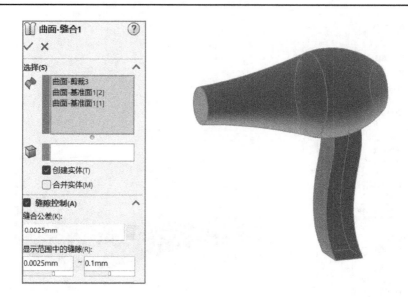

图 4-168　创建电吹风机实体

③ 在主菜单栏中选择【插入】|【特征】|【圆角】,或在特征工具栏里单击【圆角】按钮 ,在【要圆角化的项目】中选择需要倒圆角的边线,在【圆角参数】中依次输入 8 mm 与 5 mm,单击【确定】按钮 ✓,如图 4-169 所示。

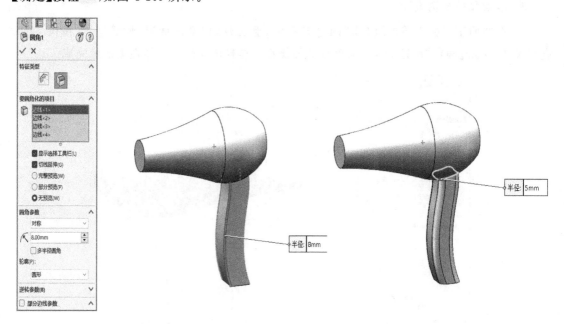

图 4-169　倒圆角(一)

④ 在特征工具栏里单击【抽壳】按钮,创建电吹风机外壳。按图 4-170 进行设置,单击【确定】按钮 ✓,完成抽壳操作。

⑤ 在主菜单栏里选择【插入】|【参考几何体】|【基准面】,选择外表面偏移 2 mm,如图 4-171所示,单击【确定】按钮 ✓,创建参考面。

⑥ 在刚创建的基准面 2 上绘制图 4-172 所示的两个圆,形成圆环截面,并在特征工具栏里单击【拉伸凸台/基体】按钮,设置深度为 2 mm,单击【确定】按钮 ✓,生成凸台。

图 4-170　电吹风机外壳

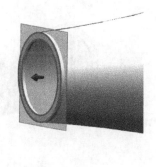

图 4-171　创建参考面

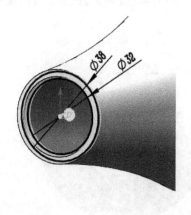

图 4-172　拉伸凸台

⑦ 在刚创建的凸台表面上绘制图 4-173 所示的草图,并在特征工具栏里单击【拉伸凸台/基体】按钮▣,设置深度为 2 mm,单击【确定】按钮 ✓,生成出风口特征。

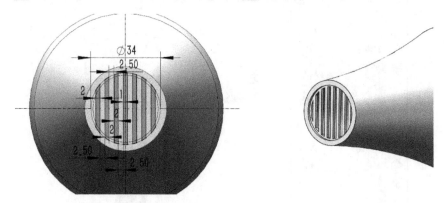

图 4-173　拉伸出风口

⑧ 在主菜单栏中选择【插入】|【特征】|【圆角】,或在特征工具栏里单击【圆角】按钮 ▣,在【要圆角化的项目】中选择需要倒圆角的边线,在【圆角参数】中依次输入 3 mm 与 0.5 mm,单击【确定】按钮 ✓,如图 4-174 所示。

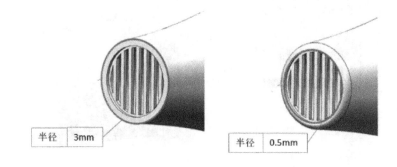

图 4-174　倒圆角(二)

⑨ 在电吹风机背面绘制图 4-175 所示的草图,并在特征工具栏里单击【拉伸切除】按钮▣,设置深度为 10 mm,单击【确定】按钮 ✓,生成特征。

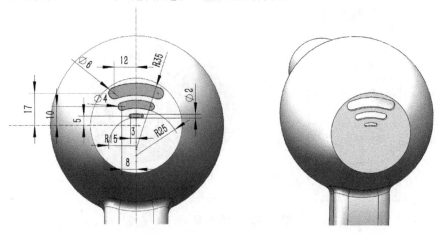

图 4-175　背面拉伸切除

⑩ 在特征工具栏中选择【线性阵列】下拉菜单中的【圆周阵列】💠，在【方向】中选择圆周阵列的方向，选择上一步所拉伸切除的特征，并设置阵列数量与角度参数，单击【确定】按钮 ✓，然后将外边线倒圆角，圆角半径为 2 mm，生成图 4-176 所示的散热孔特征。

图 4-176　散热孔特征

⑪ 在右视基准面上绘制图 4-177 所示的草图，并在特征工具栏里单击【拉伸凸台/基体】按钮🔲，设置终止条件为【成形到下一面】，单击【确定】按钮 ✓，生成按钮特征。

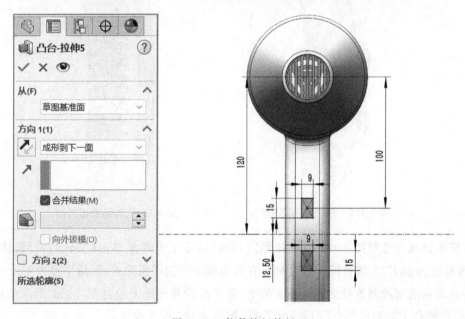

图 4-177　拉伸按钮特征

⑫ 在第⑪步中所创建的按钮特征的侧面绘制图 4-178 所示的草图,并在特征工具栏里单击【拉伸切除】按钮⬛,设置深度为 15 mm,单击【确定】按钮✓,生成特征。然后将长与宽分别倒圆角,圆角半径分别为 1.5 mm 与 5 mm,如图 4-178 所示。

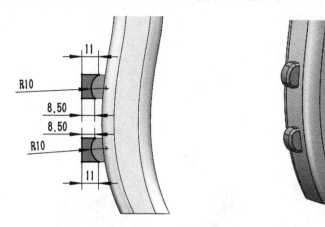

图 4-178　拉伸切除按钮特征与倒圆角

⑬ 在手把的侧面绘制图 4-179 所示的草图:单击【转换实体引用】按钮⬜,选择如图所示边线,单击【确定】按钮✓,生成样条曲线,然后在草图工具栏中选择线段命令将样条曲线等分为 20 段,从第 6 个点开始至第 16 个点绘制图 4-179 所示的圆。

⑭ 在特征工具栏里单击【拉伸切除】按钮⬛,设置深度为 45 mm,如图 4-180 所示,单击【确定】按钮✓,生成特征。然后对所拉伸切除的特征进行倒圆角操作,圆角半径为 1 mm。

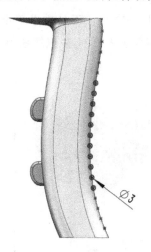

图 4-179　手把侧面草图　　　　图 4-180　切除手把背面

⑮ 在手把底部绘制图 4-181 所示的草图,并在特征工具栏里单击【旋转凸台/基体】按钮🌀,旋转角度为 360°,生成特征。然后对所有的边线进行倒圆角操作,圆角半径为 1 mm。

⑯ 在基座底部绘制直径为 4.5 mm 的圆,并在前视基准面上绘制图 4-182 所示的样条曲线。然后在特征工具栏里单击【扫描】按钮🌀,按图 4-182 进行设置。

⑰ 电吹风机整体造型如图 4-183 所示。

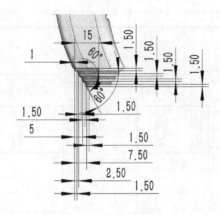

图 4-181 底部特征

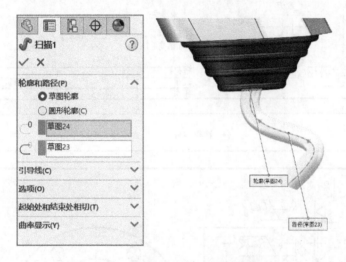

图 4-182 扫描电线特征

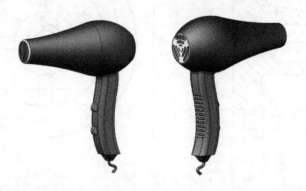

图 4-183 电吹风机整体造型

4.6 实 践 训 练

根据图 4-184 所示的工程图或示意图,按尺寸建立三维零件模型。

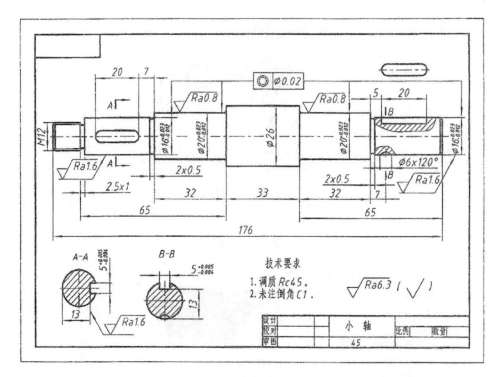

（a）轴类零件

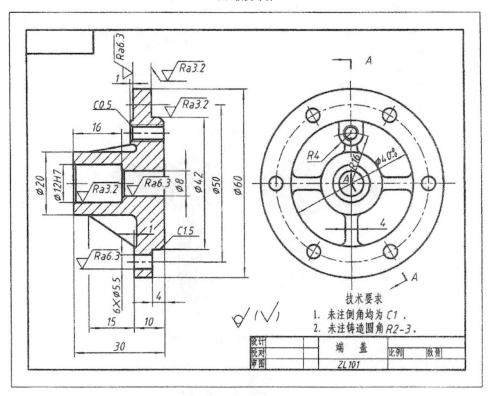

（b）盘类零件

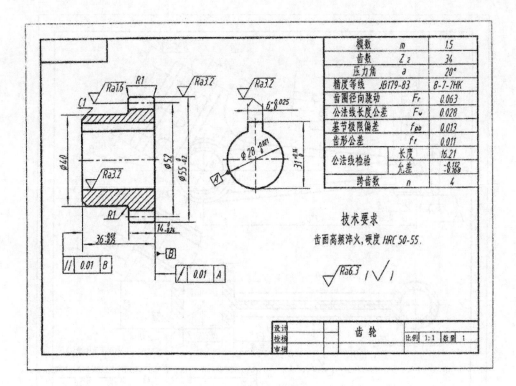

模数	m	1.5
齿数	Z	z	34
压力角	a	20°
精度等级	JB179-83	8-7-7HK
齿圈径向跳动	F_r	0.063
公法线长度公差	F_w	0.028
基节极限偏差	f_{pb}	0.013
齿形公差	f_f	0.011
公法线检验	长度	16.21
	允差	-8.168
跨齿数	n	4

技术要求

齿面高频淬火,硬度 HRC 50-55.

(c) 齿轮类零件

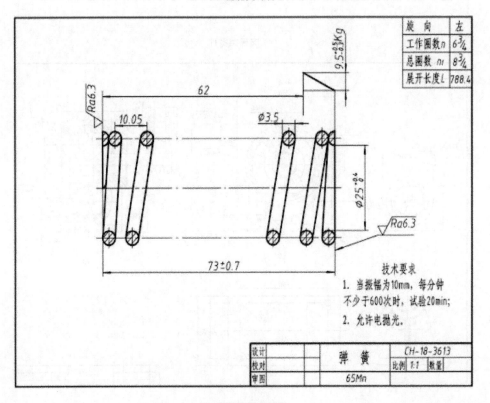

旋 向	左
工作圈数 n	$6\frac{3}{4}$
总圈数 n_1	$8\frac{3}{4}$
展开长度 L	788.4

技术要求

1. 当振幅为10mm,每分钟
   不少于600次时,试验20min;
2. 允许电抛光。

弹 簧 CH-18-3613

65Mn

(d) 带螺旋线类零件

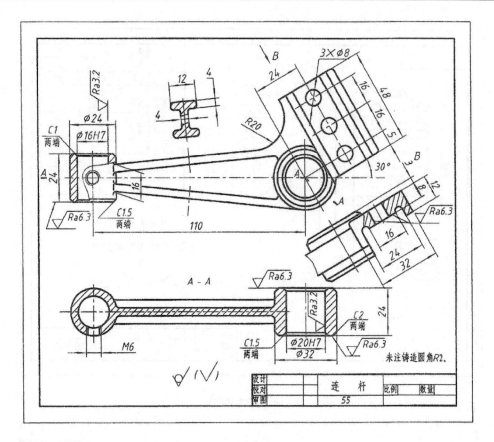

（e）支架类零件

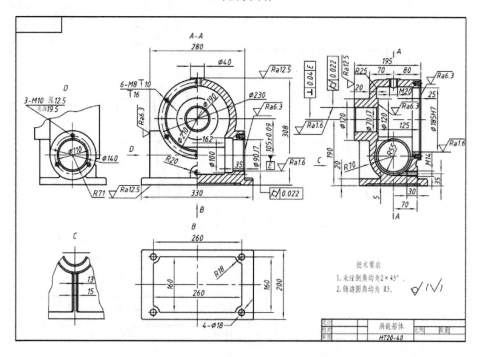

（f）箱体类零件

（g）风扇示意图

图 4-184　工程图或示意图

第5章 装配体三维模型设计

5.1 三维装配体设计基础

传统的机械制造方法是在零件加工完成后,根据装配图将零件组装成一个部件或机器,利用 SolidWorks 2020 辅助机械设计时,在零件设计完成后,可根据零件之间的装配关系,通过设置零件之间的位置约束关系(包括重合、平行、垂直、相切、同轴心等标准配合;对称、宽度、轮廓中心等高级配合;凸轮、槽口、铰链、齿轮、螺旋、万向节等机械配合),进行虚拟装配。

可以把一个大型的零件装配模型看作由多个子装配体组成,因而在创建大型的零件装配模型时,可先创建各个子装配体,再将各个子装配体按照它们之间的相互位置关系进行装配,最终形成一个大型的零件装配模型。

5.1.1 装配体工具栏

编辑装配体时,在不特别指定的情况下,SolidWorks 2020 会在绘图区顶部显示图 5-1 所示的装配体工具栏。

图 5-1 装配体工具栏

SolidWorks 2020 系统提供了许多装配体命令按钮,为了使界面简洁,并非所有的装配体命令按钮都被包含在默认的装配体工具栏中,但用户可通过自定义工具栏来新增或移除图标(如 2.2.3 节所述),以便满足自己的需要。

插入零部件	新零件	新建装配体
随配合复制	线性零部件阵列	圆形零部件阵列
阵列驱动零部件阵列	草图驱动零部件阵列	曲线驱动零部件阵列
镜像零部件	链零部件阵列	大型装配体设置
显示隐藏的零部件	隐藏/显示零部件	更改透明度
改变压缩状态	编辑零部件	无外部参考

▨ 智能扣件	▨ 制作智能零部件	▨ 配合
▨ 零部件预览窗口	▨ 移动零部件	▨ 旋转零部件
▨ 替换零部件	▨ 替换配合实体	▨ 爆炸视图
▨ 爆炸直线草图	▨ 模型断开视图	▨ 干涉检查
▨ 间隙验证	▨ 孔补齐	▨ 性能评估(装配体)
▨ 装配体透明度	▨ 皮带/链	▨ 新建运动算例
▨ 选择性打开	▨ 以轻化选择性打开	▨ 设定所有为还原模式
▨ 设定所有为轻化模式	▨ 以轻化模式打开	▨ 更新 SpeedPak 子装配体
▨ 柔性或刚性	▨ SmartMates	▨ 动态参考可视化(父级)
▨ 动态参考可视化(子级)	▨ 配合控制器	▨ 临时固定/组合
▨ 插入/编辑智能爆炸直线	▨ 顶层透明度	▨ 使零件为柔性
▨ 将零部件设置为还原零部件	▨ 将零部件设置为轻化零部件	

5.1.2　两种装配体设计方法

SolidWorks 支持自下而上和自上而下两种装配体设计方法。

① 自下而上设计方法是一种归纳设计方法。在装配造型之前,首先独立设计所有零部件,然后将零部件插入装配体,最后根据零件的配合关系,将其组装在一起。与自上而下设计方法相比,零部件的相互关系及装配行为更为简单。使用该方法,设计人员可专注于单个零件的设计。

② 自上而下设计方法是一种演绎设计方法。该方法从装配体中开始设计工作,先对产品进行整体描述,然后将产品分解成各个零部件,再按顺序将这些零部件分解成更小的零部件,直到分解成最底层的零件。与自下而上设计方法不同之处是,该方法用一个零件的几何体来帮助定义另一个零件,即生成组装零件后才添加加工特征。自上而下设计方法让设计人员专注于机器所完成的功能。

设计者根据自己的设计意图,可以选择其中的一种设计方法,也可以在一个装配体中,根据设计内容的需要同时使用两种设计方法。

5.1.3　配合操作

配合是在装配体零部件之间生成几何关系。当添加配合时,定义零部件线性或旋转运动所允许的方向,可在其自由度之内移动零部件,从而直观地显示装配体的行为。

单击装配体工具栏中的【配合】按钮▨,或者在主菜单栏里选择【插入】|【配合】,会弹出【配合】属性管理器,如图 5-2 所示。下面介绍各个选项的具体说明。

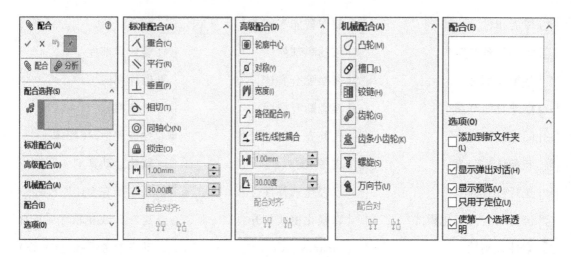

图 5-2 【配合】属性管理器

1.【配合选择】选项组

【要配合的实体】：选择要配合在一起的实体。

【多配合模式】：以单一操作将多个零部件与同一普通参考进行配合。

2.【标准配合】选项组

【重合】：面与面、面与直线（轴）、直线与直线（轴）、点与面、点与直线之间重合。

【平行】：面与面、面与直线（轴）、直线与直线（轴）、曲线与曲线之间平行。

【垂直】：面与面、直线（轴）与面之间垂直。

【相切】：将所选实体以彼此间相切的方式放置。

【同轴心】：圆柱与圆柱、圆柱与圆锥、圆形与圆弧边线之间具有相同的轴。

【锁定】：始终保持两个实体之间的相对位置和方向。

【距离】：将所选实体以指定的距离而放置。

【角度】：将所选实体以指定的角度而放置。

3.【高级配合】选项组

【轮廓中心】：将矩形和圆形轮廓互相中心对齐，并完全定义组件。

【对称】：使两个相同实体绕基准面或平面对称。

【宽度】：令标签置中于凹槽宽度内。

【路径配合】：将零部件上所选的点约束到路径。

【线性/线性耦合】：在一个零部件的平移和另一个零部件的平移之间建立几何关系。

【限制距离】：限制零部件在距离配合的一定数值范围内移动。

【限制角度】：限制零部件在角度配合的一定数值范围内移动。

4.【机械配合】选项组

【凸轮】：使圆柱、基准面或点与一系列相切的拉伸面重合或相切。

【槽口】：使滑块在槽口中滑动。

【铰链】：将两个零部件之间的移动限制在一定的旋转范围内。

【齿轮】：使两个零部件绕所选轴彼此相对而旋转。

【齿条小齿轮】：一个零件(齿条)的线性平移引起另一个零件(齿轮)的周转。

【螺旋】：将两个零部件约束为同心,并在一个零部件的旋转和另一个零部件的平移之间添加纵倾几何关系。

【万向节】：一个零部件(输出轴)绕自身轴的旋转是由另一个零部件(输入轴)绕其轴的旋转驱动的。

5.【配合】选项窗口

【配合】选择窗口包含属性管理器打开时添加的所有配合和正在编辑的所有配合。

6.【选项】选项组

【添加到新文件夹】:勾选该选项后,新的配合会出现在 FeatureManager 设计树的配合文件夹中。

【显示弹出对话】:勾选该选项后,当添加标准配合时会出现配合弹出工具栏。

【显示预览】:勾选该选项后,在为有效配合选择了足够对象后便会出现配合预览。

【只用于定位】:勾选该选项后,零部件会移至配合指定的位置,但不会将配合添加到特征管理器设计树中。

5.1.4　装配特征管理器

装配特征管理器呈图 5-3 所示的树状,也叫装配特征管理树。在装配特征管理器中,显示了以下项目的名称:最高层装配体(特征管理器中的第一个项目);装配体基准面和原点;光源和注解资料夹;零部件、独立零件和子装配体;配合组及装配关系;装配体特征(装配后的钻孔、切除)和零部件复制阵列;在装配图关联中建立的零件特征。

可以通过单击零部件名称旁的 ▶ 号展开或折叠各零部件,查看其中细节。如要折叠所有项目,在特征管理器最上方装配体的右击菜单中选择【折叠项目】。

在装配特征管理器中出现了许多新的图标,充分认识这些图标将有助于本章内容的学习,各图标含义如下。

图 5-3　装配特征管理器

图标		图标		图标	
块		Σ	方程式		设计活页夹
	材料		注释		默认基准面
	实体	∟	原点		配合参考
	表格		系列零件设计表		收藏
	传感器		选择集		历史记录
	标注		eDrawing 标注		打开工程图
	顶层透明度		配合		放大所选范围
	外观		在当前位置打开零件		编辑零件

🔄	更改透明度	📇	压缩	📑	查看配合
📋	零部件属性	🖼	零部件预览窗口	📝	配置零部件
🔀	使之独立	💞	随配合复制	📑	替换配合实体
🔁	重装	🔧	替换零部件	🖼	光源

5.1.5　装配操作步骤

进行零件装配时,必须合理选取第一个装配零件。该零件应满足如下两个条件:该零件是整个装配体模型中最为关键的零件;用户在以后的工作中不会删除该零件。

通常零件的装配步骤如下:

① 创建一个装配体文件(.sldasm),进入零件装配模式。

② 调入第一个零件模型。在默认情况下,装配体中的第一个零件是固定的,但是用户可以随时将其解除固定。

③ 调入其他与装配体有关的零件模型或子装配体。

④ 分析并建立零件之间的装配关系。

⑤ 检查零部件之间的干涉关系。

⑥ 全部零件装配完毕后,将装配体模型保存。

注意:当用户将第一个零部件(单个零件或子装配体)放入装配体中时,该零部件文件会与装配体文件形成链接。零部件出现在装配体中,但是零部件的数据还保持在源零部件文件中。对零部件文件所作的任何改变都会更新装配体。

5.1.6　SmartMates 操作

在 SolidWorks 2020 中,可以使用 SmartMates 自动创建配合关系。自动配合操作如表 5-1 所示。

表 5-1　自动配合操作

配合实体	配合类型	鼠标指针	图例
两个线性棱边	重合	▹□	
两个平面	重合	▹◿	

续　表

配合实体	配合类型	鼠标指针	图例
两个顶点	重合		
两个锥面或两根轴线或一个锥面与一根轴线	同轴		
两个圆形棱边（圆并不需要完整）	同轴		

SmartMates 一般有两种使用方法，包括拖拽法和使用 SmartMates 命令。

1. 拖拽法

① 打开某一装配体文件。

② 选择要配合的零部件并进行拖动。

③ 按 Alt 键。

④ 将零件拖拽到装配体图形区域中已有几何模型适当的模型棱边、临时轴、模型面或模型顶点位置时，鼠标指针的形状会改变。

⑤ 如果预览显示的对正状态需要反转，则按 Tab 键切换对齐状态。

⑥ 放开鼠标左键。

⑦ 单击配合弹出式工具栏中的 ✓ 按钮，完成简单 SmartMates 操作。

若在拖动零件过程中，暂时不想使用 SmartMates 的推断功能，则可以按下 Alt 键，随时按下 Alt 键都可以恢复 SmartMates 的推断功能。

2. SmartMates 命令

① 打开某一装配体文件。

② 在装配体工具栏里单击【SmartMates】按钮 ✍，会出现【SmartMates】属性管理器，如图 5-4 所示。

③ 双击要配合的零部件，鼠标指针会呈现为 ✎ 状态。

④ 将鼠标指针移动到装配体图形区域中已有几何模型适当的模型棱边、临时轴、模型面或模型顶点位置时，按住鼠标左键时鼠标指针的形状会改变。

⑤ 放开鼠标左键。

⑥ 然后单击 ✓ 按钮，将完成简单 SmartMates 操作。

图 5-4 【SmartMates】属性管理器

5.2　自下而上建立装配体

自下而上设计方法是比较传统的方法。首先设计并创建零件，然后将零件插入装配体，再使用配合来定位零件。如果想更改零件，必须单独编辑零件，更改后的零件在装配体中可见。

5.2.1　零部件的添加

在 SolidWorks 2020 中，可以很方便地向装配体文件中加入已有零部件，也可以在装配体文件中加入新的空白零部件，并且可以对已加入装配体中的零部件进行各种操作。

在 SolidWorks 2020 中，加入的第一个零部件在默认情况下是固定的，后面加入的其他零部件将装配到它上面，也就是说，第一个零部件是其他零部件装配的基础和参考，因此，要仔细考虑将哪一个作为加入装配体的第一个零部件，在一般情况下，第一个零部件应该是该产品的机架或壳体之类的零件。

SolidWorks 2020 提供了多种将零部件添加到新的或现有的装配体中的方法，下面介绍几种常用的方法。

1. 通过插入零部件命令添加零部件或子装配体

操作步骤如下：

① 打开或新建一个装配体文件。

② 在主菜单栏里选择【插入】|【零部件】|【现有零部件/装配体】，或在装配体工具栏里单击【插入零部件】按钮，会出现【插入零部件】属性管理器，如图 5-5 所示。

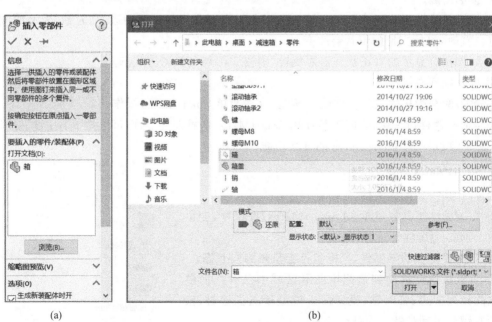

　　　　　　(a)　　　　　　　　　　　　　　　　　　　(b)

图 5-5　【插入零部件】属性管理器和【打开】对话框

③ 在【插入零部件】属性管理器中可以选择已打开的零件或者单击【浏览】按钮调出【打开】对话框。

④ 在【打开】对话框中浏览包含需要插入装配体的零部件文件的文件夹,然后选择要装配的文件,如选择表示减速器箱体的文件"箱",单击【打开】按钮。

⑤ 在装配体窗口的图形区域中,单击要放置零部件的位置,完成零部件的添加,如图 5-6 所示。

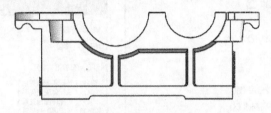

图 5-6　减速器箱体

2. 使用资源管理器添加零部件或子装配体

操作步骤如下:

① 打开或新建一个装配体文件。

② 打开资源管理器(如果尚未运行)。

③ 浏览到包含所需零部件的文件夹。

④ 使 SolidWorks 2020 页面和资源管理器同时可见。

⑤ 从【资源管理器】窗口中拖动文件按钮将其放置在装配体窗口的图形区域,完成零部件的添加。

3. 使用 Internet Explorer 从网络中添加零部件

操作步骤如下:

① 打开 Internet Explorer。

② 在 Internet Explorer 中浏览到包含 SolidWorks 零部件文件超文本链接的位置。

③ 在 Internet Explorer 窗口中拖动超文本链接。

④ 此时会弹出【另存为】对话框。

⑤ 浏览到希望保存零部件的文件夹,如果需要可建立新文件夹。

⑥ 单击【保存】按钮,即可将零部件文件保存到本地硬盘中,完成零部件的添加。

4. 使用设计库添加零部件

① 打开或新建一个装配体文件。

② 单击任务窗格中的【设计库】按钮⬜,然后单击⬚ Toolbox 按钮。

③ 在设计库中浏览到所需零部件。

④ 拖动零部件将其放置在装配体窗口的图形区域,将出现【配置零部件】属性管理器。

⑤ 在【配置零部件】属性管理器中对零部件进行设置,然后单击【确定】按钮✔,完成零部件的添加。

5.2.2　零部件的删除

当发现错误地插入了某个零部件之后,就需将其从装配图中删除。

删除零部件的操作如下：

① 打开某一装配体文件。

② 在 FeatureManager 设计树或图形区域中单击零部件。

③ 按 Delete 键，或在主菜单栏中选择【编辑】|【删除】，或右击，在弹出的快捷菜单中选择【删除】，此时会弹出【确认删除】对话框，如图 5-7 所示。

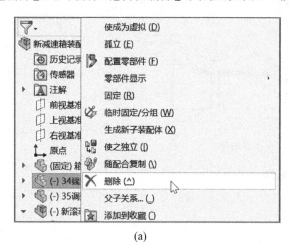
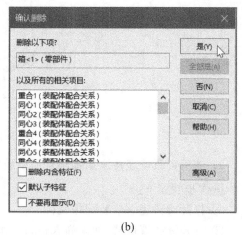

(a)   (b)

图 5-7   删除零部件

④ 单击【是】按钮确认删除，完成此零部件及其所有相关项目（配合、零部件阵列、爆炸步骤等）的删除。

5.2.3 零部件的替换

在进行新产品研发时，装配体及其零部件在设计周期中常常需要进行多次修改。SolidWorks 2020 支持并行工程，对于大型的工程设计，常常有多人同时进行研发设计，从而导致各个部分是由不同的设计人员完成的。因此，为了方便协作设计的各方随时了解其他设计人员的进展情况，应对装配图及时进行更新。SolidWorks 2020 提供了替换零部件概念。这种方法基于原零部件与替换零部件之间的差别，配合和关联特征可以完全不受影响。

替换零部件的操作如下：

① 打开某一装配体文件。

② 在 FeatureManager 设计树或图形区域中单击零部件。

③ 在主菜单栏里选择【文件】|【替换】，或在装配体工具栏中单击【替换零部件】按钮 ，或右击，在弹出的快捷菜单中选择【替换零部件】，会出现【替换】属性管理器，如图 5-8 所示。

④ 在【要替换的零部件】 方框内选择准备被替换的零部件。

⑤ 单击【预览】按钮，在弹出的【打开】对话框中选择替换的零部件。

⑥ 选择【匹配名称】，系统会尝试将旧零部件的配置与替换零部件的配置进行匹配。

⑦ 勾选【重新附加配合】，系统将现有配合重新附加到替换零部件中。

⑧ 然后单击按钮 ，将完成简单零部件的替换操作。

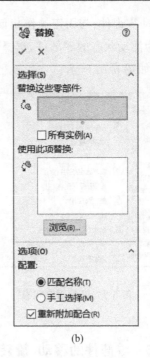

(a)　　　　　　　　　　　　(b)

图 5-8　替换零部件

5.3　定位零部件

5.3.1　零部件的固定

每一个加入装配体中的零部件在未定义前都有 6 个自由度，可以使用【固定】或【配合】来消除自由度。所谓固定，就是说该零部件的位置相对于装配图的原点是固定不动的。

一般来说，只有至少一个零部件固定后，装配图中的零部件才能完全定义。这对检查装配关系及实现动态仿真是必不可少的。在 SolidWorks 2020 装配体中，允许有多个固定零部件，但除非出于特殊原因，建议不要轻易采用多固定零部件的方式生成装配体。

一般而言，机器的机架、壳体之类的零部件可以是固定的。根据系统预设，第一个加入装配图中的零部件将被自动设为固定状态。在装配图中，零部件的固定与浮动两种状态是可以相互切换的。

固定/浮动零部件的操作如下：

① 打开某一装配体文件。

② 固定与浮动操作。

a. 固定零部件：在 FeatureManager 设计树或图形区域中，用鼠标右击要设为固定状态的零部件，选择快捷菜单中的【固定】选项，即可把浮动状态的零部件设为固定状态，如图 5-9 所示。

b. 浮动零部件：与固定操作相似，只需在 FeatureManager 设计树或图形区域中，用鼠标右击要设为浮动状态的零部件，选择快捷菜单中的【浮动】选项，即可把固定状态的零部件设为浮动状态，如图 5-10 所示。

图 5-9　设为固定状态

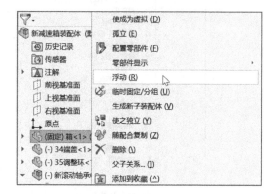

图 5-10　设为浮动状态

5.3.2　零部件的移动/旋转

当零部件加入装配图中后，便可以通过拖动来移动、旋转其位置，以这种方式来粗略放置零部件，为下步的装配做准备，避免在装配时出现不可预见的移动和与预想不同的装配关系。一个零部件刚被加入装配图文件时，如其处于浮动状态，则其在 6 个自由度上都可自由移动与旋转。

当加入装配关系后，就限制了零部件的部分自由度，此后仅能在允许的自由度范围内移动或旋转零部件，无法移动或旋转一个位置已固定或已完全定义的零部件。

子装配体中的零件或部件不能单独运动，整个子装配体是作为一个整体来运动的。

在 FeatureManager 设计树中，零部件前面的 (-) 符号表示该零部件可被移动或旋转。

移动/旋转零部件的操作如下。

1. 移动零部件

① 打开某一装配体文件。

② 在 FeatureManager 设计树或图形区域中选择一个或多个零部件（按住 Ctrl 键可以一次选取多个零部件）。

③ 在主菜单栏中单击【工具】|【零部件】|【移动】，或者单击装配体工具栏中的【移动零部件】按钮，会出现【移动零部件】属性管理器，如图 5-11 所示。

④ 在【移动】选项组中单击图标右侧的下拉菜单，在其中选择移动方式。

- 自由拖动：沿任意方向拖动零部件。
- 沿装配体 XYZ：沿装配体的 X、Y 或 Z 方向拖动零部件。图形区域中会显示坐标系以帮助确定移动方向。
- 沿实体：在【移动】选项组中单击【所选项目】选择框，选择实体并沿该实体拖动零部件。如果实体是一条直线、边线或轴,则所移动的零部件具有一个自由度;如果实体是一个基准面或平面,则所移动的零部件具有两个自由度。

- 由 Delta XYZ:在【移动】选项组中分别设置【Delta X】△X、【Delta Y】△Y 和【Delta Z】△Z 的值,单击【应用】按钮,则零部件就会按照指定的数值沿 X 轴、Y 轴和 Z 轴移动。
- 到 XYZ 位置:在图形区域中选择欲移动零部件的一点,在【移动】选项组中分别设置【X 坐标】°x、【Y 坐标】°y 和【Z 坐标】°z 的值,单击【应用】按钮,该点会移动到指定坐标处,如果选择的项目不是顶点或点,则零部件的原点会移动到指定坐标处。

⑤ 单击【确定】按钮 ✓,完成零部件的移动。

图 5-11　【移动零部件】属性管理器

2. 旋转零部件

① 打开某一装配体文件。

② 在 FeatureManager 设计树或图形区域中选择一个或多个零部件。

③ 在主菜单栏中单击【工具】|【零部件】|【旋转】,或者单击装配体工具栏中的【移动零部件】按钮 下方的倒三角,在下拉菜单中单击【旋转零部件】按钮 ,会出现【旋转零部件】属性管理器,如图 5-12 所示。

④ 在【旋转】选项组中单击图标 右侧的下拉菜单,在其中选择旋转方式。

- 自由拖动:沿任意方向旋转零部件。
- 对于实体:选择一条直线、边线或轴,围绕所选实体旋转零部件。
- 由 Delta XYZ:在【旋转】选项组中分别设置【Delta X】△X、【Delta Y】△Y 和【Delta Z】△Z 的值,则零部件会按照指定的角度分别绕 X 轴、Y 轴和 Z 轴旋转。

⑤ 单击【确定】按钮 ✓,完成零部件的旋转。

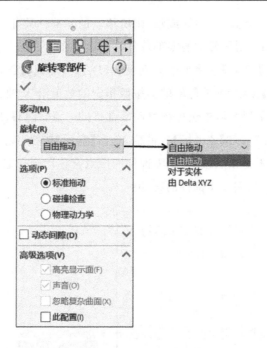

图 5-12 【旋转零部件】属性管理器

5.3.3 添加配合关系

使用配合关系,可相对于其他零部件来精确地定位零部件,还可定义零部件如何相对于其他零部件移动和旋转。只有添加了完整的配合关系,才算完成了装配体模型。

图 5-13 【配合】属性管理器

零部件添加配合关系的操作如下:

① 打开某一装配体文件。

② 在主菜单栏中单击【插入】|【配合】,或单击装配体工具栏中的【配合】按钮 ✎,此时会弹出图 5-13 所示的【配合】属性管理器。

③ 在 FeatureManager 设计树或图形区域中单击零部件,选择零部件上要配合的实体,所选实体会显示在【配合选择】|【要配合的实体】列表框 ✎ 中,如图 5-13 所示。

④ 系统会根据所选的实体列出有效的配合类型。单击对应的配合类型按钮,选择配合类型。

⑤ 选择所需的对齐条件。

【同向对齐】:以所选面的法向或轴向的相同方向来放置零部件。

【反向对齐】:以所选面的法向或轴向的相反方向来放置零部件。

⑥ 图形区域中的零部件将根据指定的配合关系移动,如果

配合不正确,单击【撤销】按钮 ,然后根据需要修改选项。

⑦ 单击【确定】按钮 ✓,应用配合关系。

当在装配体中建立配合关系后,配合关系会在 FeatureManager 设计树中显示。

5.3.4　删除配合关系

如果装配体中的某个配合关系有错误,用户可以随时将它从装配体中删除。

删除配合关系的操作如下:

① 打开某一装配体文件。

② 在 FeatureManager 设计树或图形区域中右击零部件。

③ 在弹出的快捷菜单中选择【查看配合】,会弹出与该零部件有关的配合关系对话框,右击要删除的配合关系。

④ 在弹出的快捷菜单中选择【删除】,或按 Delete 键,会弹出【确认删除】对话框,如图 5-14 所示。

⑤ 单击【是】按钮确认删除。

图 5-14　【确认删除】对话框

5.3.5　修改配合关系

用户可以像重新定义特征一样,对已经存在的配合关系进行修改。

修改配合关系的操作如下:

① 打开某一装配体文件。

② 在 FeatureManager 设计树或图形区域中右击零部件。

③ 在弹出的快捷菜单中选择【查看配合】,会弹出与该零部件有关的配合关系对话框,右击要修改的配合关系。

④ 在弹出的快捷菜单中选择【编辑特征】,会弹出【配合】属性管理器。

⑤ 在弹出的属性管理器中改变所需选项。如果要替换配合实体,在【要配合的实体】列表框 中删除原来的实体后,重新选择实体。

⑥ 单击【确定】按钮 ✓,将完成修改配合关系操作。

5.4　子装配体

一个装配体可以包含若干零部件和子装配体,对于大型机器,常常把装配后完成某一局部功能的零部件作为组合来管理,当装配体是另一个装配体的零部件时,称它为子装配体。设计者可以多层嵌套子装配体,以反映设计者设计的层次关系。

5.4.1　创建子装配体

创建子装配体的方法有 3 种。

方法 1:在一个单独的装配体文件中独立进行装配,然后将这一装配体作为子装配体插入高一级的装配体文件中。

以减速器中的从动轮系子装配体为例(练习之前,请扫描二维码,将"从动轮系部件"文件夹下的 SolidWorks 零件文件拷入练习文件夹)。

操作如下:

① 新建一个装配体文件,取名为"从动轮系",并保存。

② 插入零件"轴"作为第一个零件,调整视角到图 5-15 所示的位置。

"从动轮系部件"
文件夹

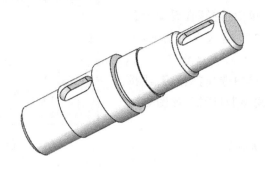

图 5-15　插入轴

③ 插入零件"键",并调整到图 5-16(a)所示的位置,添加图中 A、B 两圆柱面的【同轴心】配合,C、F 两平面的【重合】配合,D、E 两平面的【重合】配合。完成后如图 5-16(b)所示。

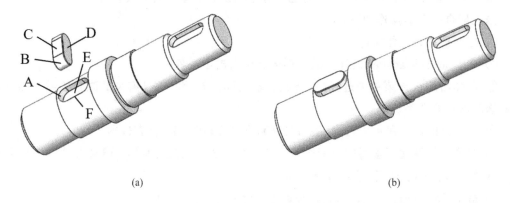

(a)　　　　　　　　　　　　　　　　　　　　(b)

图 5-16　装配键

④ 插入零件"齿轮",并调整到图 5-17(a)所示的位置,添加图中 C、F 两圆柱面的【同轴心】配合,A、E 两平面的【重合】配合,B、D 两平面的【重合】配合。完成后如图 5-17(b)所示。

⑤ 插入零件"套筒",并调整到图 5-18(a)所示的位置,添加图中 A、B 两圆柱面的【同轴心】配合及 C、D 两平面的【重合】配合。完成后如图 5-18(b)所示。

⑥ 然后依次插入两个"滚动轴承 6206 GB/T 276-1994"、"35 调整环"、"23 端盖"、"34 端盖",按上述套筒的配合方法依次进行配合,完成从动轮系子装配体的装配,如图 5-19 所示。

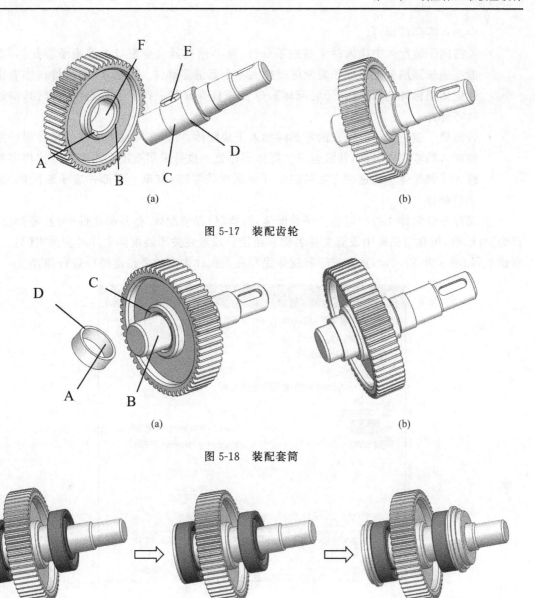

图 5-17　装配齿轮

图 5-18　装配套筒

图 5-19　从动轮系子装配体的装配

方法 2：在编辑顶层装配体时，在装配体的任意层次插入新的空子装配体，然后，再用不同的方法向其中添加零部件。步骤如下：

① 在 FeatureManager 设计树中右击顶层装配体图标或一个已存在的子装配体图标，然后选择【插入新的子装配体】，也可先选择一个装配体图标，再单击主菜单栏里的【插入】|【零部件】|【新装配体】。

② 向子装配体中加入零部件。在特征管理器的设计树中右击要编辑的子装配体图标，并选择【编辑子装配体】，或者单击要编辑的子装配体图标，在装配体工具栏中单击【编辑零部件】按钮，子装配体进入编辑状态。

- 若需加入一个已有零部件（但装配图中尚没有）到子装配体，则可在特征管理器的设计树中右击子装配体图标，并选择【编辑子装配体】，然后用 5.2 节所述的任意方法向其中加入零部件即可。

- 若需向子装配体中插入一个新的零部件,就必须在其自身窗口中编辑子装配体,而不能在编辑顶层装配体或子装配体时插入一个新的零部件。方法是:在设计树中右击子装配体图标并选择【打开子装配体】,以在其自身窗口中打开子装配体,再向其中加入新零部件。
- 若需将一装配体中已存在的零部件加入子装配体,可以在特征管理器的设计树中拖动欲加入的零部件名称,并放至子装配体图标处。也可采用重组零部件的方法将零部件移入子装配体。用这种方法可以从任意层次将零部件(单个零部件或子装配体)移入子装配体。

③ 保存子装配体文件。可右击子装配体,选择【保存装配体(在外部文件中)】,将弹出【另存为】对话框,可在对话框中设置文件名称和路径。或者在关闭装配体文件时会弹出【另存为】对话框,如图 5-20 所示,可选择把子装配体保存在装配体内部或者指定路径进行保存。

图 5-20 【另存为】对话框

方法 3:可以选择一组已存在于装配图中的零部件来直接产生子装配体。这种方法最为简单,只需一步就可产生子装配体(练习之前,请扫描二维码,将"从动轮系部件"文件夹下的SolidWorks 零件和装配体文件拷入练习文件夹)。

实例简介:本实例为一个单级圆柱齿轮减速器,对于其中的"从动轮系部件",在生产实际中,一般将齿轮、轴及键的连接视为一个整体,本实例就是利用第 3 种方法产生一个隶属于"从动轮系部件"的齿轮、轴及键连接的 **"从动轮系部件"** 子装配体。 **文件夹**

① 打开"从动轮系"装配体文件,在特征管理器的设计树中单击"从动轮系"前的按钮 ▶ ,将其展开。

② 按住 Ctrl 键,在设计树中选择"轴""齿轮""键"。

③ 在蓝色区域中右击鼠标,选择快捷菜单中的【生成新子装配体】选项,如图 5-21 所示。

④ SolidWorks 2020 将在原位置产生子装配体,同时这三者之间的装配关系也将移到子装配体的"配合组 1"下面,如图 5-22 所示。

图 5-21　选择【生成新子装配体】选项　　　图 5-22　产生子装配体

请注意比较图 5-21 和图 5-22 中的设计树。

⑤ 保存子装配体文件。

5.4.2　重组子装配体

可以在装配体层次关系中上下移动所选的零部件,或将这些零部件移动到另一个子装配体中,通过调整零部件所在位置来重新组织装配体的层次结构。一般有两种方法可用。

方法 1:在 FeatureManager 设计树中拖放零部件。

在 FeatureManager 设计树中,拖动零部件的图标至目标装配体(可以是顶层装配体,也可以是任一层次的装配体)放开即可。

拖放法也可用于改变零部件在装配图中的位置,缺省情况下,设计树中零部件的顺序是以它们加入装配图中的顺序排列的,在生成装配图的工程图材料清单时,也是按此顺序生成的,故可通过调整装配图中零部件的顺序来控制工程图的材料清单。在使用拖放法时,可以按住 Alt 键来实现从排序操作到重组操作的切换。

下面用实例来具体说明生成子装配体及用拖放法重组零部件的有关操作(练习之前,请扫描二维码,将"减速器"文件夹下的 SolidWorks 零件和装配体文件拷入练习文件夹)。

"减速器"文件夹

实例简介:本实例为上述单级圆柱齿轮减速器的通气机构,在装配时,"箱盖""通气塞""小盖"及"垫片"为一个子装配体("箱盖")。此外还有 4 个"M3 螺钉"和 1 个"M10 螺母"需要用来固定通气机构,因此需重组零部件,操作如下:

① 打开"减速器"装配体文件。

② 在 FeatureManager 设计树或图形区域中选中除上述零部件之外的所有部件,右击鼠

标,出现图 5-23 所示界面,选择【压缩】↓♥,将它们进行压缩。

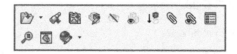

图 5-23　压缩零部件

③ 如图 5-24 所示,在主菜单栏里选择【插入】|【零部件】|【新装配体】,在 FeatureManager 设计树的最后将出现新的装配体。

图 5-24　插入子装配体

④ 右击新建的子装配体,在弹出的快捷菜单中选择【重命名树项目】,取名为"通气机构装配线"。

⑤ 在 FeatureManager 设计树中选择 4 个"M3 螺钉"和 1 个"M10 螺母",将其拖动至"通气机构装配线"上,放开鼠标,这 5 个零部件在 FeatureManager 设计树中移到了子装配体下,如图 5-25 所示。

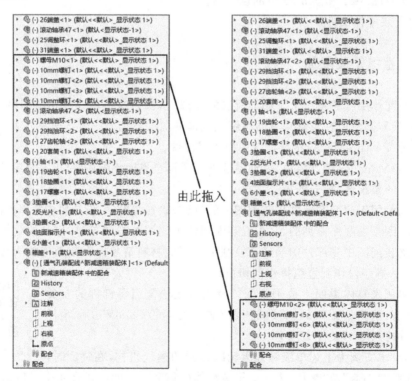

图 5-25　拖放法

⑥ 在 FeatureManager 设计树中单击"箱盖"前的下拉图标 ▶,将其展开。

⑦ 在其中选择"通气塞""小盖"及"垫片",将其拖动至"通气机构装配线"上,放开鼠标,这

3 个零部件移到了子装配体下,同时,"箱盖"子装配体下的"通气塞""小盖"及"垫片"被删除,完成利用拖放法重组子装配体。

　　⑧ 右击 FeatureManager 设计树中的"通气机构装配线",选择【编辑子装配体】,这时"通气机构装配线"及其下的基准面、配合组用蓝字显示。至此完成了"通气机构装配线"子装配体的重组,如图 5-26 所示。

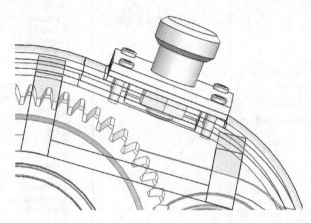

图 5-26　"通气机构装配线"子装配体

　　如果一个子装配体中的最后一个零部件被移走了,则空的子装配体仍将被留在设计树中。

　　方法 2:利用【重新组织零部件】命令。

　　在主菜单栏里选择【工具】|【重新组织零部件】,在出现的【编辑装配体结构】对话框中进行编辑即可。

　　下面用上述实例中的"通气塞""小盖"及"垫片"来具体说明用【重新组织零部件】命令重组子装配体的有关操作。

　　① 在 FeatureManager 设计树中单击"箱盖"前的下拉图标 ▶,将其展开。

　　② 在主菜单栏里选择【工具】|【重新组织零部件】,将出现【编辑装配体结构】对话框,如图 5-27 所示。

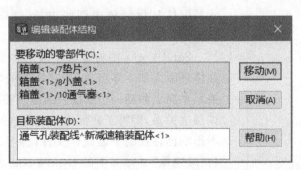

图 5-27　【编辑装配体结构】对话框

　　③ 在【要移动的零部件】方框内选择 FeatureManager 设计树中"箱盖"下的"通气塞""小盖"及"垫片"。

　　④ 在【目标装配体】方框内选择 FeatureManager 设计树中的"通气机构装配线"。

　　⑤ 然后单击【移动】,所选的零件已移入"通气机构装配线",同时,"箱盖"子装配体下的"通气塞""小盖"及"垫片"被删除,如图 5-28 所示,完成利用【重新组织零部件】命令重组子装配体。

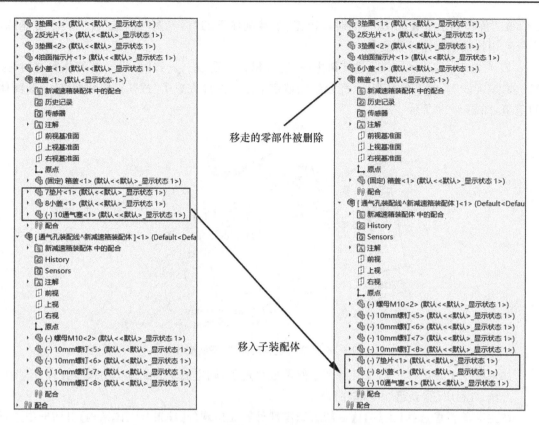

移走的零部件被删除

移入子装配体

图 5-28　使用【重新组织零部件】命令的结果

图 5-29　弹出的快捷菜单

5.4.3　解散子装配体

前面已说过，当子装配体重组后，即便是只剩下一个空的子装配体，其名称仍留在设计树中。若要重组后，将空的子装配体从设计树中彻底去掉，则需用到解散子装配体操作。

SolidWorks 中的解散子装配体操作就是将一个子装配体还原为单个零部件，使其所有的零部件在装配体层次关系中向上移动一个层次。解散子装配体操作只影响装配体层次关系，即将子装配体从装配图的设计树中删除，但并不影响已存盘的子装配体文件（练习之前，请扫描二维码，将"减速器"文件夹下的 SolidWorks 零件和装配体文件拷入练习文件夹）。

下面用实例来具体说明解散上述"减速器"的"箱盖"子装配体的有关操作。

① 右击 FeatureManager 设计树中想要解散的"箱盖"子装配体，如图 5-29 所示，在弹出的快捷菜单中选择【解散子装配体】。

② "箱盖"子装配体被从 FeatureManager 设计树中删除,其所属零部件成为其直属父装配体"减速器"的零部件。原有子装配体的装配关系也被移到父装配体"减速器"的配合中,如图 5-30 所示。

"减速器"文件夹

③ 注意到在 FeatureManager 设计树中,"箱盖"前有固定标志,这是因为在子装配体中,"箱盖"是固定的,这里可右击鼠标,在弹出的快捷菜单中将其改为浮动状态。

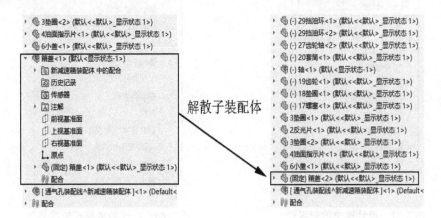

图 5-30　解散子装配体

5.5　自上而下建立装配体

5.5.1　自上而下装配设计基础

在自上而下装配设计中,零件的一个或多个特征由装配体中的某项定义,如布局草图或另一个零件的几何体。设计意图来自装配体并下移到零件中,因此称为"自上而下"。

可以在关联装配体中生成一个新零件,也可以在关联装配体中生成新的子装配体。在装配体中生成零件的操作步骤如下:

① 新建一个装配体文件。

② 单击装配体工具栏中的【新零件】按钮🗔,或在主菜单栏里选择【插入】|【零部件】|【新零件】,在 FeatureManager 设计树中添加一个新的零件,并进入该零件的编辑状态,在设计树中该零件的名称呈蓝色(代表是激活状态),如图 5-31 所示。

③ 在此环境中可以参考装配环境中的草图或进行零件设计。

④ 绘制完零件后,在设计树中的新建零件上右击,将弹出图 5-32 所示的快捷菜单,单击【编辑装配体】,返回到装配环境。

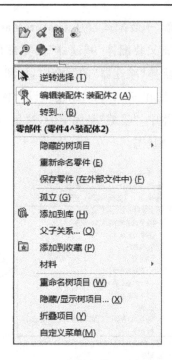

图 5-31　设计树中的新零件　　　　图 5-32　零件编辑模式快捷菜单

5.5.2　使用布局草图进行自上而下设计

可以利用布局草图,自上而下地进行装配体设计。可以绘制一个或多个草图,用草图显示每个装配体的零部件的位置。然后,可以在生成零部件之前建立和修改设计图。另外,可以随时使用布局草图在装配体中做出变更。这种方法尤其适用于零部件相互之间有位置要求的装配体的设计。

使用布局草图设计装配体最大的好处就是,如果更改了布局草图,则装配体及其零部件都会自动随之更新。仅需改变一处即可快速地完成修改。

1. 自上而下建立装配体的步骤

① 建立一个布局草图,其中以不同的草图实体代表装配体中的零部件。按照整体设计思路,指定每个零部件的暂定位置。

② 建构每个零部件时可参考布局草图中的几何体。用布局草图来定义零部件的尺寸、形状以及它在装配体中的位置,确保每个零部件都参考了此布局草图。

2. 自上而下建立装配体的过程及实例

下面通过圆锥滚子轴承实例,介绍自上而下建立装配体的过程。

圆锥滚子轴承的形体分析:圆锥滚子轴承由内圈、外圈、滚动体组成。内圈和外圈可看作有滚道的薄壁筒,滚动体为圆锥滚子(本实例只是为了说明布局草图问题,故对圆锥滚子轴承做了很多简化,真实的圆锥滚子轴承还应有保持架等零件,草图中的几何关系也比较复杂)。

具体操作如下:

① 新建一个装配体文件,取名为"圆锥滚子轴承"并存盘。

② 选择前视基准面为草图绘制平面,单击【视图定向】按钮 ✏,选择【正视于】⬆,使绘图平

面转为正视方向。建立草图 1,绘制图 5-33 所示的草图。

③ 添加下列几何关系:E、F、G、H 4 根线的平行关系,O、B、C、M、N 5 根线的平行关系,I、J 的平行关系,I、A 的共线关系,J、D 的共线关系,H、K 的相等关系,A、L 的垂直关系,D、L 的垂直关系。

④ 单击【退出草图】按钮█,结束草图绘制。

⑤ 在主菜单栏里选择【插入】|【零部件】|【新零件】,在 FeatureManager 设计树中将出现新的零件。

⑥ 右击新建的零件,在弹出的快捷菜单中选择【重命名树项目】,取名为"外圈"。

⑦ 右击 FeatureManager 设计树中的"外圈",选择【编辑零件】。

⑧ 选择"外圈"零件中的前视基准面为草图绘制平面,单击草图工具栏上的【转换实体引用】按钮█和【剪裁】按钮█,绘制图 5-34(a)所示的草图。

⑨ 单击特征工具栏上的【旋转凸台/基体】按钮█,生成轴承外圈。

⑩ 单击【退出编辑零件】按钮█,退出零件编辑状态。

⑪ 按照同样的方法生成轴承内圈及滚动体,其草图分别如图 5-34(b)和图 5-34(c)所示。

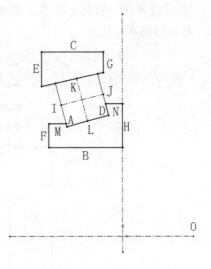

图 5-33　绘制布局草图

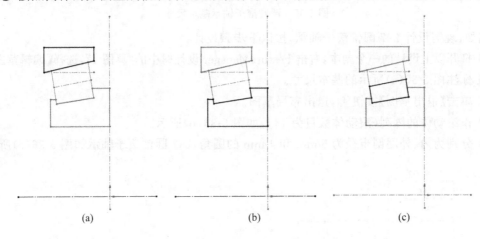

(a)　　　　　　　　　　　(b)　　　　　　　　　　　(c)

图 5-34　生成外圈、内圈及滚动体的草图

⑫ 存盘退出,至此完成了圆锥滚子轴承的基本结构设计。

⑬ 在圆锥滚子轴承基本结构的基础上阵列滚动体,并对内、外圈作局部修饰(如圆角处理)后,即可得到圆锥滚子轴承装配体。

在传统的设计方法中,每更改一种型号的零部件,每个零部件都要重新设计,然后重新进行装配,非常麻烦。采用这种自上而下方法建立的布局草图,可以实现零部件的参数化、系列化设计,根据用户需求仅调整相应参数即可得到不同的设计结果,以该圆锥滚子轴承为例,只需更改基本尺寸即可获得下列设计:

① 动态改变轴承的宽度(通过在布局草图中拖动两侧边实现)。

② 动态调整内、外圈尺寸(通过在布局草图中拖动内圈或外圈实现)。

③ 改变滚动体位置并相应修改内、外圈上的滚道。

④ 通过标注一组图 5-35 所示的基本尺寸(R_1、R_2、R_3、T、C、B、L、α)，即可得到任意圆锥滚子轴承的基本结构。

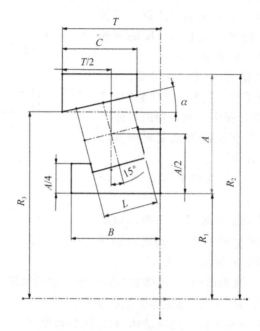

图 5-35　圆锥滚子轴承基本尺寸

例如，现需设计 297 圆锥滚子轴承，按以下步骤设计：

① 打开以上设计的一个副本，右击 FeatureManager 设计树中的"草图 1"，选择【编辑草图】。

② 标注图 5-36(a)所示的基本尺寸。

③ 单击【退出草图】按钮，退出布局草图。

④ 作滚动体的阵列(滚动体数目为 14)，如图 5-36(b)所示。

⑤ 分别为内、外圈倒半径为 5 mm 和 4 mm 的圆角，297 圆锥滚子轴承如图 5-36(c)所示。

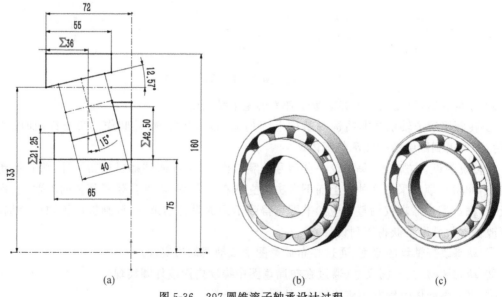

(a)　　　　　　　　　　(b)　　　　　　　　　　(c)

图 5-36　297 圆锥滚子轴承设计过程

5.6　装配环境中的设计

在 SolidWorks 中,可以在装配体文件中参考其他零件的边线、面等新建和编辑零部件,也可以建立零部件之间的关联,同时还能建立一些仅属于装配体的特征。

5.6.1　装配体特征

在装配体中,可以生成仅存在于装配体中的切除或孔特征,可以通过设定范围来决定相应特征所影响的零件,也可以像在零件中生成特征阵列一样,生成装配体特征的阵列。

对于实际组装零件之后添加并影响一个以上零部件的切除或孔,这种方法是非常有用的。当想在装配体的单一零件中添加切除或孔时,最好在关联中编辑零件而不要使用装配体特征。

最后在添加装配体特征之前完全定义装配体的零部件位置,或固定零部件的位置(建议使用这种方法,但并不强制要求这么做)。这有助于防止以后移动零部件时出现意外的错误。

1. 生成装配体特征切除的操作

① 在一个面或基准面上打开一张草图,然后绘制切除的轮廓。轮廓可以包含一个以上的闭环轮廓。

② 单击【插入】|【装配体特征】|【切除】|【拉伸】,或在特征工具栏里单击【拉伸切除】按钮 。

③ 如同零件设计一样,在属性管理器中根据需要设定选项,然后单击【确定】按钮 ✓ 生成装配体特征切除。

2. 生成装配体特征孔的操作

① 在平面上需要生成孔处单击。

② 单击【插入】|【装配体特征】|【孔】|【简单直孔】,或在特征工具栏里单击【简单直孔】按钮 。

③ 如同零件设计一样,在属性管理器中根据需要设定选项,然后单击【确定】按钮 ✓ 插入装配体特征孔。

④ 右击孔特征,然后选择快捷菜单中的【编辑草图】,按照需要标注草图的尺寸。

⑤ 单击【退出草图】按钮 ,完成装配体特征孔的插入。

3. 装配体特征切除的实例

练习之前,请扫描二维码,将"钻杆移摆机械手的夹持部分"文件夹下的 SolidWorks 零件和装配体文件拷入练习文件夹。

实例简介:本节的实例使用钻杆移摆机械手的夹持部分,如图 5-37 所示。夹持部分在工作时需要使用定位块限制其旋转的角度,因此需要设置一个定位销孔用于安装定位块。

① 打开"夹持部分"装配体文件。

② 在主菜单栏里选择【插入】|【装配体特征】|【切除】|【拉伸】。

"钻杆移摆机械手的
夹持部分"文件夹

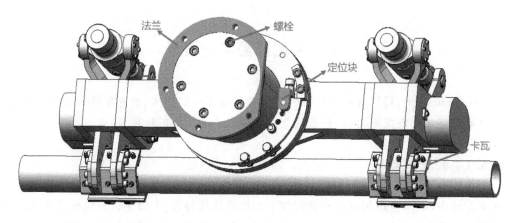

图 5-37　夹持部分装配体

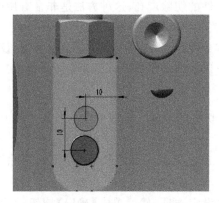

图 5-38　确定定位销孔的位置

③ 在定位块上选择图 5-38 所示的面为草图基准面。

④ 单击【正视于】按钮，并局部放大视图，绘制半径为 4 mm 的切除的轮廓，添加图 5-38 所示的两个尺寸，再单击【退出草图】按钮，结束草图绘制。

⑤ 在属性管理器中设置拔模斜度为 1°，给定终止条件为【完全贯穿】，单击【确认】按钮。

⑥ 在零件"法兰"上重复上述操作，可添加另一个定位销孔。

5.6.2　在装配环境中修改零件

零部件装配后，一般有两种方法可以修改零件尺寸或形状：一种方法是打开该零件进行修改后保存，装配体将自动更新；另一种更有效的方法是直接在装配体中修改，这样可以直观地看到修改对装配体的影响，并可方便地使用装配体中的其他相关零部件来确定尺寸和形状。

在装配环境中对零件进行修改设计的步骤及实例如下。

实例简介：本实例将要修改夹持部分装配体中的法兰，法兰的作用是将夹持部分和它前面的部分连接起来，当设计的连接强度不能满足要求时，可以在装配环境中增大法兰的直径或厚度，以提高强度。

① 打开"夹持部分"装配体文件。

② 在 FeatureManager 设计树或图形区域中选择零件"法兰"，单击装配体工具栏中的【编辑零件】按钮，或右击鼠标，在弹出的快捷菜单中选择【编辑零件】选项，这时，FeatureManager 设计树中的"法兰"将变成蓝色，表示已进入编辑零件状态。

③ 在 FeatureManager 设计树中单击"法兰"前的按钮，将其展开，右击其中的"凸台-拉伸 3"，在弹出的快捷菜单中选择【编辑草图】选项，其草图部分自动变成粗实线显示。

④ 单击【正视于】按钮，并局部放大视图，如图 5-39 所示。

⑤ 在尺寸"30"上右击或双击，并在弹出的尺寸特征管理器中修改【主要值】为 33 mm，单

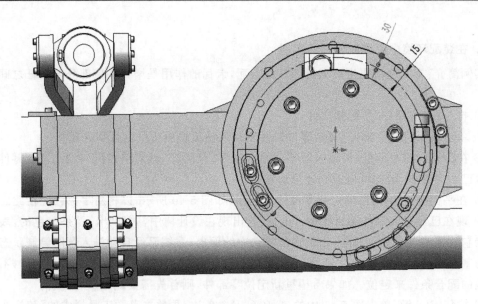

图 5-39　在装配环境中修改零件

击【确定】按钮 ✓ ,完成尺寸修改。

⑥ 单击【退出草图】按钮 ,再单击【编辑零部件】按钮 退出编辑,完成装配环境中零部件的修改。

5.6.3　在装配环境中设计新零件

SolidWorks 2020 支持以装配体为中心的设计方法,可以在装配体中创建新的零件或装配体,并可以利用装配体中的其他零部件来确定新零部件的形状、尺寸及位置。

可以在关联装配体中生成一个新零件,这样在设计零件时就可以使用其他装配体零部件的几何特征。新的零件有自己的零件文件,可以独立于装配体修改它。

1. 在装配环境中设计新零件的操作

① 在装配体文件中,单击【插入】|【零部件】|【新零件】。

② 在【另存为】对话框中,输入新零件的名称,然后单击【保存】。新零件保存在它自己的文件中,因此可以独立地编辑它。

③ 如果装配体是空的,可以在 FeatureManager 设计树中选择一个基准面。否则,选择一个基准面或平面,以将新零件放置在此面上。新零件的名称会出现在 FeatureManager 设计树中,并且零部件指针出现,在新零件的基准面和所选的基准面或面之间添加重合配合。新的零件通过重合配合完全定位,不再需要其他的配合条件来定位。如果希望重新定位零部件,则首先需要删除重合配合。

④ 如要生成零件特征,请使用与生成零件相同的方法。如果需要,可参考装配体中其他零部件的几何特征。如果使用【成形到下一面】选项来拉伸一个特征,则下一面必须位于同一零件上,无法使用【成形到下一面】选项拉伸至另一零部件的面上。

⑤ 单击【文件】|【保存】,然后在弹出的特征管理器中选择零件名称,或选择装配体名称以保存整个装配体及其零部件。

⑥ 如要回到编辑装配体状态,可以单击设计树中的装配体名称,然后单击【编辑零件】按

钮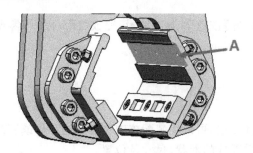。

2. 在装配环境中设计新零件的实例

实例简介：本实例将要生成夹持部分的卡瓦，卡瓦的作用是增大夹持部分与钻杆之间的摩擦力。

① 打开"夹持部分"装配体文件。

② 单击【插入】|【零部件】|【新零件】，使用默认模板选项中的默认零件模板。

③ 在【另存为】对话框中，输入新零件的名称为"卡瓦1"，然后单击【保存】。该新零件保存在它自己的文件中，因此可以独立地编辑它。

④ 在平面 A 上单击以确定新零件的基准面，如图 5-40 所示，以将新零件放置在此面上。

⑤ 现在已经进入零件编辑状态，"卡瓦"已出现在设计树中，并且"卡瓦"是蓝色的，表明正在编辑它。同时，"卡瓦"的原点出现在刚才选中的面上，系统已经自动进入草图绘制状态。新零件的基准面和所选的面 A 之间添加了重合配合。新的零件通过重合配合完全定位，不再需要其他的配合条件来定位。如果希望重新定位零部件，则首先需要删除重合配合。

⑥ 按住 Ctrl 键，单击图 5-41 中的 A、B、C、D 4 条边，再单击草图工具栏中的【转换实体引用】按钮 。

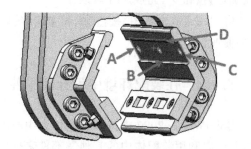

图 5-40　选择新插入零件的基准面　　　　图 5-41　绘制新零件的草图

⑦ 单击特征工具栏中的【拉伸凸台/基体】按钮 ，给定终止条件为【给定深度】，深度值为 10 mm，确认实体的拉伸方向朝上后，单击【确定】按钮 ，再单击【编辑零部件】按钮 退出编辑。至此，完成"卡瓦1"的设计。

5.6.4　零部件阵列

在装配体中，可以像在零件中定义特征阵列一样，定义零部件的阵列。

1. 零部件线性阵列的操作

① 在装配体中插入并配合零部件。

② 单击【插入】|【零部件阵列】。

③ 在阵列类型选项中，选择【线性阵列】。

④ 在 FeatureManager 设计树或图形区域中选取要阵列的零部件。零部件会列在【要阵列的零部件】方框。

⑤ 在【阵列轴】方框中选择一个轴、模型边线或角度尺寸作为阵列轴，若有需要，可以单击【反向】按钮。对于线性阵列，选择线性边线或线性尺寸。

⑥ 单击【要阵列的零部件】方框,可以删除已选中的零部件或在图形区域中单击零部件添加到【要阵列的零部件】方框。

⑦ 指定间距和实例数(包括源零部件在内的实例总数)。

⑧ 如果想要生成两个方向的阵列(仅指线性阵列),单击方向 2 的【阵列方向】方框,然后重复步骤⑤～⑦。

⑨ 单击【确定】按钮 ✔ 完成阵列。

2. 零部件圆周阵列的操作

① 将具有阵列特征的零部件插入装配体,并且插入一个或多个零部件以与该阵列配合。

② 单击【插入】|【零部件阵列】。

③ 在阵列类型选项中,选择【圆周阵列】。

④ 在 FeatureManager 设计树或图形区域中选取要阵列的零部件。所选零部件在【要阵列的零部件】方框中列出。

⑤ 在【阵列轴】方框中选择一个轴、模型边线或角度尺寸作为阵列轴。

⑥ 指定角度和实例数。

⑦ 单击【要阵列的零部件】方框,可以删除已选中的零部件或在图形区域中单击零部件添加到【要阵列的零部件】方框。

⑧ 单击【确定】按钮 ✔ 完成阵列。

3. 零部件圆周阵列的实例

① 打开"夹持部分"装配体文件。

② 在图 5-42(a)所示的位置插入一个螺栓,并添加配合关系。

③ 在主菜单栏里选择【插入】|【零部件阵列】|【圆周阵列】,或在特征工具栏里单击【圆周零部件阵列】按钮 ✤。

④ 在【阵列轴】方框中选择法兰的轴线作为阵列轴。

⑤ 在【角度】方框内输入两个实例之间的角度 60°,或者勾选【等间距】复选框,总角度设置为 360°。

⑥ 在【实例数】方框内输入需要的阵列实例的数量 6。

⑦ 在【要阵列的零部件】方框内选择要阵列的零部件,即图 5-42(a)所示的螺栓。

⑧ 然后单击【确定】按钮 ✔,将完成零部件阵列操作,如图 5-42(b)所示。

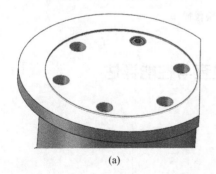
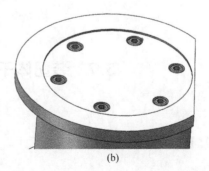

(a)　　　　　　　　　　　　　　　　　　(b)

图 5-42　零部件阵列

5.6.5 零部件镜像

与零件设计中特征的镜像相似,也可以在装配体中进行零部件的镜像,但具体操作有所不同。零部件的镜像是生成对称布置的零部件的好方法。

1. 零部件镜像的操作

① 单击【插入】|【镜像零部件】。

② 选择需要镜像的零部件及镜像面(可以是基准面或实体上的面)。

③ 若需要的话可进行必要的调整。

④单击【确定】按钮 ✓。

2. 零部件镜像的实例

实例简介:本实例将要用镜像零部件的方法镜像出抓手的另一部分卡瓦。

① 打开"夹持部分"装配体文件。

② 单击【插入】|【镜像零部件】。

③ 系统弹出【镜像零部件】属性管理器,选择图 5-43 所示的基准面作为镜像平面,选择5.6.3 节创建的零部件"卡瓦 1"作为镜像的源零件。

④ 单击【确定】按钮 ✓,将完成零部件镜像操作,如图 5-43 所示。

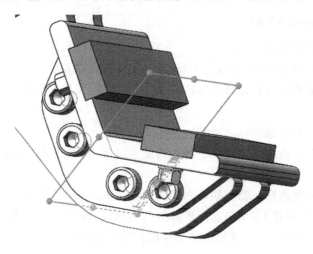

图 5-43 零部件镜像操作

5.7 装配体干涉检查与性能评估

5.7.1 干涉检查

在一个复杂的装配体中,如果用视觉检查零部件之间是否存在干涉的情况是件困难的事情。在 SolidWorks 2020 中,装配体可以进行干涉检查,其功能如下所述。

- 决定零部件之间的干涉。

- 显示干涉的真实体积为上色体积。
- 更改干涉和不干涉零部件的显示设置以便于查看干涉。
- 选择忽略需要排除的干涉,如紧密配合、螺纹扣件的干涉等。
- 选择将子装配体看成单一零部件。这样子装配体零部件之间的干涉将不被报告出。
- 选择将实体之间的干涉包括在多实体零件中。
- 将重合干涉和标准干涉区分开。

1. 干涉检查的操作及实例

练习之前,请扫描二维码,将"干涉检查实例"文件夹下的 SolidWorks 零件和装配体文件拷入练习文件夹。

① 打开"干涉检查实例"装配体文件,如图 5-44 所示。

"干涉检查实例"
文件夹

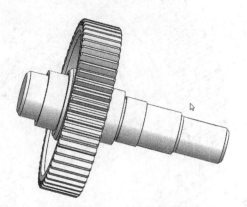

图 5-44　打开装配体

② 在主菜单栏里选择【工具】|【评估】|【干涉检查】,或在装配体工具栏中单击【干涉检查】按钮 🖳,会出现【干涉检查】属性管理器,如图 5-45 所示。

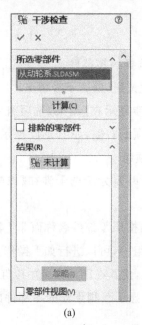

(a)

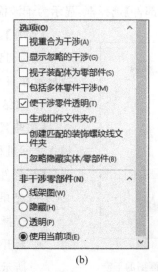

(b)

图 5-45　【干涉检查】属性管理器

③ 设置装配体干涉检查属性：

- 在【所选零部件】选项组中，系统默认选择整个装配体为检查对象。
- 在【选项】选项组中，勾选【使干涉零件透明】复选框。
- 在【非干涉零部件】选项组中，勾选【使用当前项】复选框。

④ 完成上述操作之后，单击【所选零部件】选项组中的【计算】按钮，此时在【结果】选项组中会显示干涉检查结果，如图 5-46 所示。

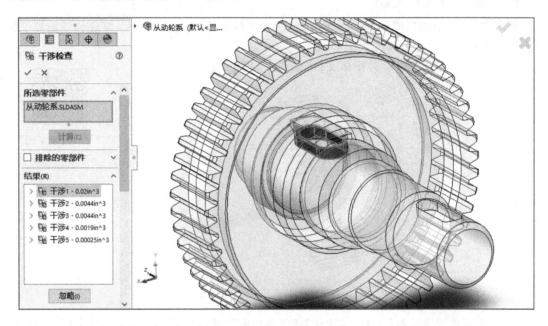

图 5-46　干涉检查结果

2.【干涉检查】属性管理器

（1）【所选零部件】选项组

【要检查的零部件】选择框：显示为干涉检查所选择的零部件。

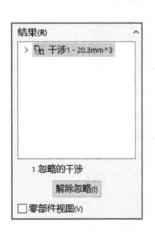

图 5-47　被检测到的干涉

【计算】：单击此按钮，检查干涉情况。

被检测到的干涉显示在【结果】选项组中，干涉的体积数值显示在每个列举项的右侧，如图 5-47 所示。

（2）【结果】选项组

【忽略】【解除忽略】：为所选干涉在【忽略】和【解除忽略】模式之间进行转换。

【零部件视图】：按照零部件名称而非干涉标号显示干涉。

在【结果】选项组中，可以进行如下操作。

- 选择某干涉，使其在图形区域中以红色高亮显示。
- 展开干涉以显示互相干涉的零部件的名称，如图 5-48 所示。

- 右击某干涉，在弹出的快捷菜单中选择【放大所选范围】，如图 5-49 所示，在图形区域
  中放大干涉。

- 右击某干涉，在弹出的快捷菜单中选择【忽略】或【解除忽略】。

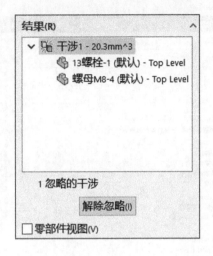

图 5-48 展开干涉

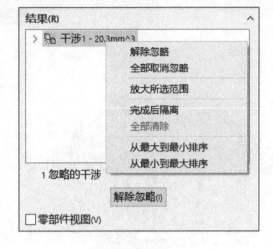

图 5-49 快捷菜单

（3）【选项】选项组

【视重合为干涉】：将重合实体报告为干涉。

【显示忽略的干涉】：显示在【结果】选项组中被设置为忽略的干涉。

【视子装配体为零部件】：取消选择此项时，子装配体被看作单一零部件，子装配体零部件之间的干涉将不被报告。

【包括多体零件干涉】：报告多实体零件中实体之间的干涉。

【使干涉零件透明】：以透明模式显示所选干涉的零部件。

【生成扣件文件夹】：将扣件（如螺母和螺栓等）之间的干涉隔离为【结果】选项组中的单独文件夹。

【创建匹配的装饰螺纹线文件夹】：生成一个带有螺纹线的文件夹。

【忽略隐藏实体/零部件】：忽略被隐藏的实体。

（4）【非干涉零部件】选项组

以所选模式显示非干涉的零部件，包括【线架图】【隐藏】【透明】【使用当前项】4 个选项。

5.7.2 性能评估

SolidWorks 2020 提供了对装配体进行统计报告的功能，即装配体性能评估。通过装配体性能评估，可以生成一个装配体文件的统计资料。练习之前，请扫描二维码，将"减速器"文件夹下的 SolidWorks 零件和装配体文件拷入练习文件夹。

装配体性能评估操作如下。

"减速器"文件夹

① 打开"减速器"装配体文件。

② 在主菜单栏里单击【工具】|【评估】|【性能评估】，或单击装配体工具栏中的【性能评估】按钮 ，会出现【性能评估】对话框，如图 5-50 所示。

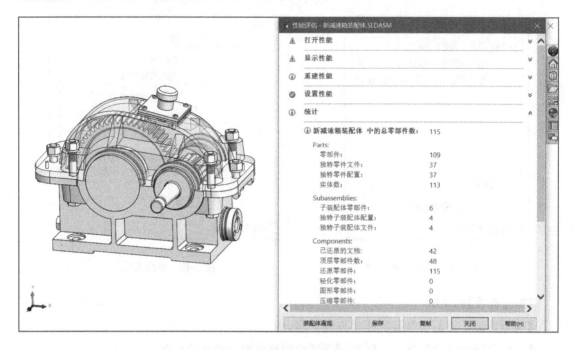

图 5-50 【性能评估】对话框

③ 在【性能评估】对话框中，可以查看装配体文件的统计资料，其中各项的介绍如下。

- 零部件：统计的零部件数包括装配体中所有的零部件，无论是否被压缩，但是被压缩的子装配体的零部件不包括在统计中。
- 独特零件文件/配置：仅统计未被压缩的互不相同的零件。
- 子装配体零部件：统计装配体文件中包含的子装配体个数。
- 独特子装配体配置：仅统计装配体文件中包含的未被压缩的互不相同的子装配体个数。
- 还原零部件：统计装配体文件中处于还原状态的零部件个数。
- 压缩零部件：统计装配体文件中处于压缩状态的零部件个数。
- 顶层配合：统计最高层装配体文件中所包含的配合关系的个数。

④ 单击【性能评估】对话框中的【关闭】按钮。

5.8 爆 炸 视 图

在零部件装配完成后，为了在制造、维修及销售中，直观地分析各个零部件之间的相互关系，将装配图按照零部件的配合条件来产生爆炸视图。装配体爆炸以后，用户不可以对装配体添加新的配合关系。

5.8.1　生成爆炸视图

在 SolidWorks 2020 中,可以将子装配体作为一个整体处理,将其整体移动,也可以对各子装配体内的零件单独处理,对每一个零件进行爆炸操作。

下面以牛头刨床为例介绍爆炸视图的操作步骤。练习之前,请扫描二维码,将"牛头刨机构模型"文件夹下的 SolidWorks 零件和装配体文件拷入练习文件夹。

"牛头刨机构模型"文件夹

① 在装配体工具栏中单击【爆炸视图】按钮 ,打开【爆炸视图】属性管理器。

② 在【添加阶梯】栏选择爆炸步骤为【常规步骤】 ,设置【爆炸步骤名称】 为【爆炸步骤 1】。

③ 选择【爆炸步骤零部件】 为"手柄-圆盘-曲柄"子装配体,爆炸方向为 Z 轴;设置【爆炸距离】为 −100 mm。

④ 单击【确定】按钮 ,在爆炸步骤中添加【爆炸步骤 1】。

以同样的方式添加【爆炸步骤 2】～【爆炸步骤 10】,具体的爆炸步骤参数如表 5-2 所示。

表 5-2　爆炸步骤

爆炸步骤名称	零部件	方向	距离/mm
爆炸步骤 2	连杆、铆钉(1)、铆钉(2)	Z	100
爆炸步骤 3	铆钉(1)、铆钉(2)	Z	50
爆炸步骤 4	滑枕	X	400
爆炸步骤 5	滑枕	Y	80
爆炸步骤 6	滑枕	X	−400
爆炸步骤 7	手柄-圆盘-曲柄/圆盘 手柄-圆盘-曲柄/手柄	Z	−50
爆炸步骤 8	手柄-圆盘-曲柄/手柄	Z	−30
爆炸步骤 9	手柄-圆盘-曲柄/销	Z	30
爆炸步骤 10	手柄-圆盘-曲柄/键	X	−30

按照表 5-2 爆炸后的效果如图 5-51 所示。

注意:① 若要选择子装配体内的零件,需要在【选项】选项组中勾选【选择子装配体零件】,如图 5-52 所示。

② 在生成爆炸视图时,建议将每一个零部件在每一个方向上的爆炸设置为一个爆炸步骤。如果一个零部件需要在 3 个方向上爆炸,建议使用 3 个爆炸步骤,以方便修改爆炸视图,如零件"滑杆"的设置。

图 5-51　爆炸效果图

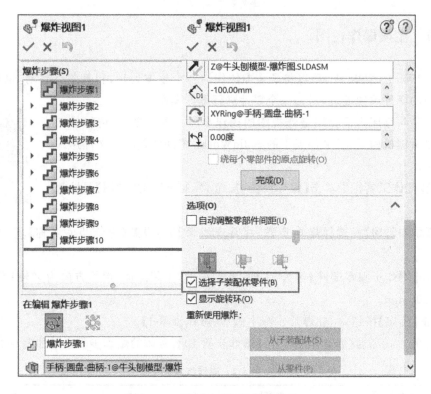

图 5-52 【爆炸视图】属性管理器

5.8.2 编辑爆炸视图

装配体爆炸后,可以利用【爆炸视图】属性管理器进行编辑,也可以添加新的爆炸步骤。操作步骤如下:

① 打开一个装配体文件的爆炸视图。

② 在配置设计树中右击要编辑的爆炸视图,在弹出的快捷菜单中选择【编辑特征】,此时系统弹出【爆炸视图】属性管理器。

③ 单击【爆炸步骤】栏中需要修改的步骤。

④ 修改距离参数,或者拖动视图中要爆炸的零部件,然后单击【确定】按钮 ✓,即可完成对爆炸视图的修改。

⑤ 右击【爆炸步骤1】,从快捷菜单中选择【删除】,该爆炸步骤就会被删除。零部件恢复爆炸前的配合状态。

⑥ 单击【添加阶梯】即可添加新的爆炸步骤。

5.9 大型装配体

大型装配体由于包含的零部件很多,每进行一些编辑,将需要大量的计算,因此需要一种能够减少加载和编辑零部件时间的方法。SolidWorks 2020 系统提供了几种不同的方法:轻化、隐藏和压缩零部件。

5.9.1 轻化零部件

使用零部件的轻化状态是提高大型装配体性能的主要方法。因为轻化后，系统只装入零部件的有限数据到内存里，如主要的图形信息、默认的引用几何体等。对于大型装配体，建议将系统选项默认设置为打开装配体时自动轻化零部件，这样可以明显提高打开文件的速度，同时节约系统资源，让零件的显示更加流畅。如果用户需要以还原方式打开装配体，只要在打开装配体时不勾选【轻化】复选框即可。

轻化后的零部件可以进行以下操作：加速装配体的工作；保持完整的配合关系；保证零部件的位置；保持零部件的方向；移动和旋转；上色、隐藏线或线架模式显示；选择轻化零部件的边、面或顶点可用于配合；可以执行【质量特征】或【干涉检查】。但是在轻化状态下零部件不可被编辑，在 FeatureManager 设计树中也不显示轻化零部件的特征。因此，SolidWorks 2020 提供了【轻化】的反操作【还原】，如果需要对零部件进行编辑，可令零部件进入还原状态，一个还原的零部件会被完全加载到内存中并且是可编辑的。

1. 以轻化状态打开装配体

以轻化状态打开装配体有两种方式，操作如下：

① 在【打开】对话框的【模式】选项中选择【轻化】，如图 5-53 所示。

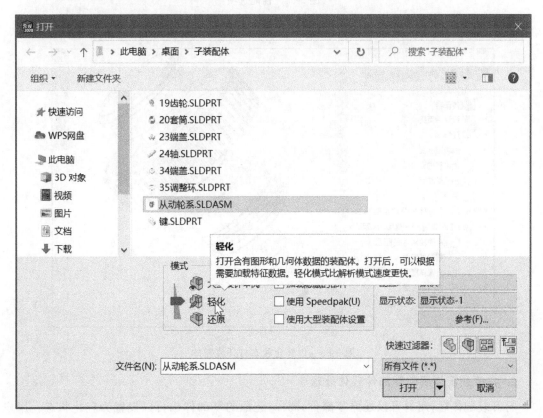

图 5-53　【打开】对话框

② 通过选择【工具】|【选项】|【系统选项】,改变【性能】标签中的【自动以轻化状态装入零部件】选项的设置,如图 5-54 所示,则打开的装配体中所有单独的零件和子装配体均以轻化状态装入。如果选择【始终还原子装配体】,则不会以轻化模式打开子装配体。

【检查过时轻量零部件】可以设置为 3 种不同的值:【不检查】【提示】或【总是还原】。这些选项控制在装配体保存后,指定系统如何将过时的轻化零部件装入。

【解析轻量零部件】可以设置为【总是】或【提示】。该设置提供用于还原装配体中轻化零部件的选项。有些操作需要没在轻化零部件中装入的模型数据。

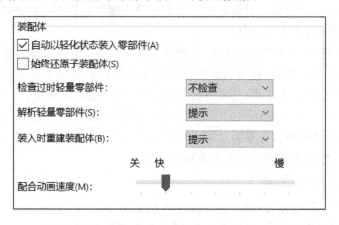

图 5-54　性能选项

③ 当装配体是以轻化状态打开时,所有零部件都会标记上特殊标志 ,如图 5-55 所示。

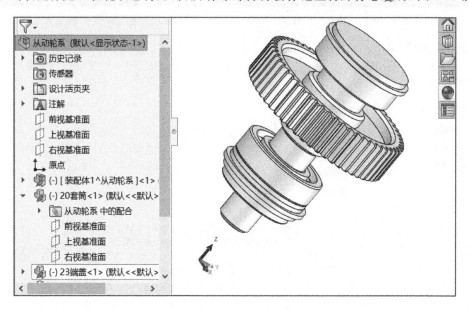

图 5-55　以轻化状态打开装配体

2. 打开装配体后的零部件轻化处理

打开装配体后,用户可以还原零部件,同样,还原的零部件也可以设置为轻化状态。用户可以通过下列方法改变零部件的轻化或还原状态,如表 5-3 所示。

表 5-3　设定零部件的轻化或还原状态

设定轻化到还原	设定还原到轻化
在图形区域双击零部件,将自动设定为还原	
右击零部件,并选择【设定为还原】	右击零部件,并选择【设定为轻化】
右击顶层的装配体名称,选择【设定轻化到还原】。这将还原所有轻化零部件,包括其内部子装配体的零件	右击顶层的装配体名称,选择【设定还原到轻化】。这将轻化所有还原的零部件,包括其内部子装配体的零件

5.9.2　隐藏/显示零部件

隐藏一个零部件就是临时删除该零部件在装配体中的显示图形,但零部件在装配体中还处于激活状态,隐藏的零部件仍然保留在内存中并保持与其他零部件的配合关系,而且在诸如质量属性计算这样的操作中仍需考虑它的存在。

【隐藏零部件】命令可以关闭一个零部件的显示,以便更清楚地看到装配体中其他的零部件。

【显示零部件】是【隐藏零部件】的反操作,用来恢复被隐藏零部件的显示。

可以通过以下 3 种操作方法隐藏或显示零部件:

① 在装配体工具栏中单击【隐藏/显示零部件】按钮 ◥。该命令类似于一个开关:如果零部件显示,按下该按钮则隐藏零部件;如果零部件隐藏,按下该按钮则显示零部件。

② 在设计树或图形区域中右击零部件,从快捷菜单中选择【隐藏零部件】。

③ 在主菜单栏中选择【编辑】|【隐藏零部件】,或【编辑】|【显示零部件】。

隐藏后的零部件在设计树上的图标呈白色显示 ◈ 。

5.9.3　压缩/解压缩零部件

通过压缩零部件可以将零部件从子装配体和顶层装配体中暂时"移除",零部件在装配体中将不显示图形,且在装配体中处于非激活状态,如同它们已不存在。压缩一个零部件,同时也会压缩与之相关联的配合。

对于零件数目较多或零件较复杂的装配体,根据某段时间内的工作范围,可以指定合适的零部件压缩状态。这样可以减少工作时装入和计算的数据量,装配体的显示和重建会更快,也可以更有效地使用系统资源。

解压缩是压缩的反操作,用户可以根据需要随时进行压缩和解压缩操作。

可以通过以下 4 种方法压缩/解压缩零部件:

① 在设计树或图形区域中右击所需压缩的零部件,并选择【零部件属性】,在弹出的【零部件属性】对话框中选择【压缩】,再单击【还原】即可解除压缩。

② 在设计树或图形区域中单击所需压缩的零部件,在装配体工具栏中单击【改变压缩状态】按钮 ◈ ,单击【压缩】,再单击【还原】即可解除压缩。

③ 在设计树或图形区域中右击所需压缩的零部件,从快捷菜单中选择【压缩】,再选择【解除压缩】即可解除压缩。

④ 在设计树或图形区域中单击所需压缩的零部件,选择主菜单栏中的【编辑】|【压缩】|【此配置】,再选择【编辑】|【解除压缩】|【此配置】即可解除压缩。

压缩后的零部件在设计树上的图标呈灰色显示 。

5.10 综合例子——减速器装配

练习之前,请扫描二维码,将"减速器"文件夹下的 SolidWorks 零件和装配体文件拷入练习文件夹。

"减速器"文件夹

1. 减速器虚拟装配过程分析

(1) 确定装配层次

确定装配层次是指分析减速器装配体是由哪几大部件组成的,按照确定运动关系和功能可将减速器划分为下箱体、上箱体(包含通气塞组件)、油面指示组件、清油组件及端盖等固定零部件,输入轴组件、输出轴组件等运动部件。其中下箱体为减速器装配的装配基准件。

(2) 确定装配顺序

按照"先下后上,先内后外,先不动件(机架)、后运动件,先主动件、后从动件,先连杆架、后连杆体"的原则确定整个减速器的装配顺序。装配顺序如表 5-4 所示。

表 5-4 装配顺序

序号	装配顺序
1	完成高速轴组件、低速轴组件、上箱体组件及油面指示组件的子装配
2	选定减速器下箱体为基准零部件进行装配
3	将高速轴组件和低速轴组件装配到下箱体相应的轴承孔上
4	装配端盖
5	装配上箱体组件及油面指示组件
6	装配紧固件(包括螺钉和垫圈等)
7	配钻定位销的锥孔
8	装配螺塞和定位销

(3) 确定装配约束

装配约束是指确定基准件和其他组成件的定位及相互约束关系。

2. 子装配体装配

减速器中的子装配体包括高速轴组件、低速轴组件、上箱体组件(包含通气塞组件)及油面指示组件。可参照 5.4.1 节进行子装配体的创建与装配。

3. 减速器总装配

(1) 下箱体定位

由于下箱体是减速器其他零部件装配的基础,因此先插入下箱体,并把它设为【固定】状态,操作如下:

① 新建装配体文件。

② 插入零件"箱座"。单击装配体工具栏中的【插入零部件】按钮🔧,将"箱座.sldprt"添加到装配体中。

③ 单击标准工具栏中的【保存】按钮,将该装配体命名为"减速器装配"并保存。

(2)装配低速轴组件

① 插入低速轴组件。单击装配体工具栏中的【插入零部件】按钮🔧,将"低速轴组件.sldasm"添加到装配体中。

② 添加装配关系。单击装配体工具栏中的【配合】按钮🖐,结合【移动零部件】按钮🖱或【旋转零部件】按钮🖱,将零部件调整到图 5-56 所示的位置,添加图中 A、D 两圆柱面的【同轴心】配合,C、B 两平面的【重合】配合,完成后如图 5-57 所示。

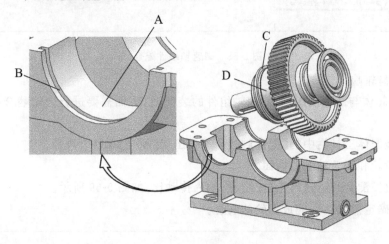

图 5-56　配合面图

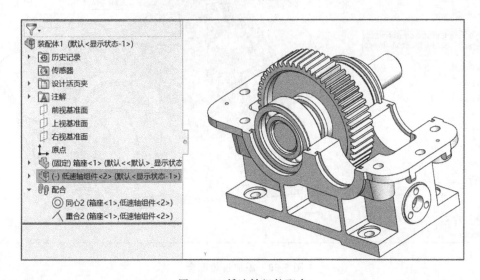

图 5-57　低速轴组件配合

(3)装配高速轴组件

高速轴组件装配和低速轴组件装配方法类似,重复上述操作即可。装配完成后如图 5-58 所示。

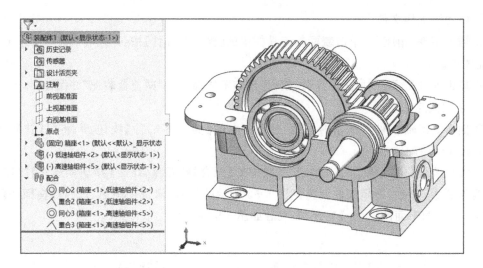

图 5-58　高速轴组件配合

（4）装配齿轮啮合

完成了下箱体与高速轴组件、低速轴组件的装配后，下面需要进行齿轮啮合的装配，步骤如下：

① 单击装配体工具栏中的【配合】按钮，会出现【配合】属性管理器。

② 选择齿轮和齿轮轴上的齿面。

③ 选择机械配合，单击【齿轮】按钮，输入传动比，如图 5-59 所示。

④ 单击【确定】按钮，完成齿轮的啮合。

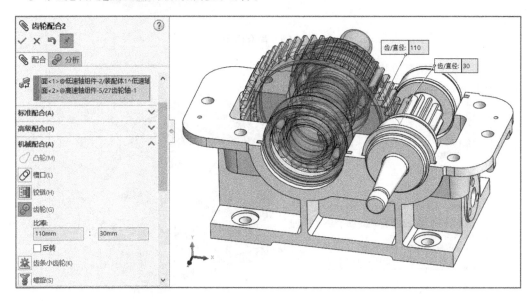

图 5-59　添加齿轮配合

（5）装配端盖

端盖的装配包括大、小闷盖的装配。小闷盖的装配过程如下：

① 单击装配体工具栏中的【插入零部件】按钮，将"26 端盖.sldasm"添加到装配体中。

② 添加装配关系。单击装配体工具栏中的【配合】按钮，结合装配体工具栏中的【移动

零部件】按钮🔳和【旋转零部件】按钮🔘,将零部件调整到图 5-60 所示的位置,添加图中 A、B 两圆柱面的【同轴心】配合,C、D 两平面的【重合】配合,完成小闷盖的装配。

　　重复上述操作装配大闷盖。

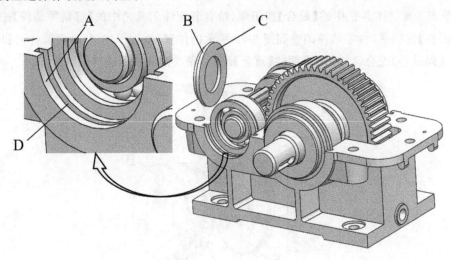

图 5-60　装配小闷盖

（6）装配上箱体组件

　　① 插入上箱体组件。单击装配体工具栏中的【插入零部件】按钮,将"上箱体组件.sldasm" 添加到装配体中。

　　② 添加装配关系。单击装配体工具栏中的【配合】按钮🔖,结合装配体工具栏中的【移动 零部件】按钮🔳和【旋转零部件】按钮🔘,将零部件调整到图 5-61 所示的位置,添加图中 A、C 两圆柱面和 E、F 两圆柱面的【同轴心】配合,B、D 两平面的【重合】配合,完成上箱体组件的 装配。

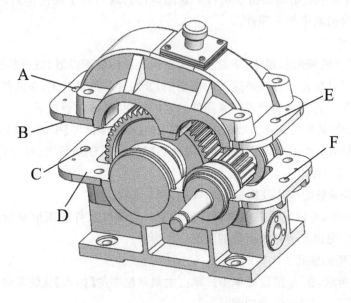

图 5-61　装配上箱体组件

（7）装配油面指示组件

① 插入油面指示组件。单击装配体工具栏中的【插入零部件】按钮，将"油面指示组件. sldasm"添加到装配体中。

② 单击装配体工具栏中的【配合】按钮🖱，结合装配体工具栏中的【移动零部件】按钮🔳和【旋转零部件】按钮🔳，将零部件调整到图 5-62 所示的位置，添加图中 A、B 两圆柱面和 C、F 两圆柱面的【同轴心】配合，D、E 两平面的【重合】配合，完成油面指示组件的装配。

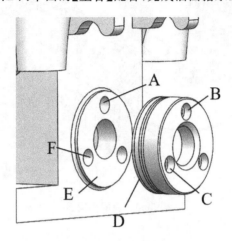

图 5-62　装配油面指示组件

注意：有时装配后发现需要修改一些零部件，例如此处的油面指示组件缺少一个零件，有两种方法可以添加。

方法 1：在设计树中单击油面指示组件子装配体，单击装配体工具栏中的【编辑零部件】按钮🖱，在装配环境中添加零件。

方法 2：在设计树中右击油面指示组件子装配体，选择【打开子装配体】，以在其自身窗口中打开子装配体，再向其中加入零件。

（8）装配紧固件

在完成了传动件的装配和箱体、端盖及油面指示装置的装配以后，进行紧固件的装配。紧固件包括螺栓、螺母及垫片等。在减速器的模型中，紧固件的数量较多，在此仅以上、下箱体的连接螺栓、螺母及垫片的安装为例说明紧固件的装配过程，具体步骤如下。

① 零件"13 螺栓"的装配。单击装配体工具栏中的【插入零部件】按钮，将"13 螺栓. sldprt"添加到装配体中。添加图中 A、C 两圆柱面的【同轴心】配合，B、D 两平面的【重合】配合，完成螺栓的装配，如图 5-63 所示。

② 重复上述步骤装配垫片及螺母 M8，如图 5-64 所示。

③ 仿照上述步骤，可以完成其他紧固件的装配。若螺纹组件呈矩形或圆形分布，可以利用装配特征的阵列，完成其他螺纹组件的装配。

（9）配钻定位销的锥孔

① 如图 5-65 所示，在 A 位置处单击。单击主菜单栏中的【插入】|【装配体特征】|【钻孔】|【简单直孔】，弹出【孔定义】属性管理器。

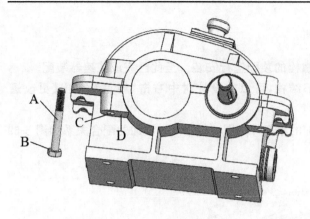

图 5-63　装配螺栓

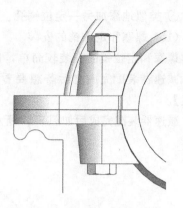

图 5-64　装配垫片及螺母 M8

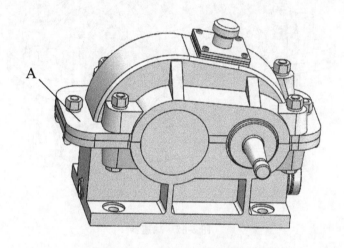

图 5-65　配钻定位销的锥孔

② 在【孔定义】属性管理器中,给定孔径为 3 mm,拔模斜度为 1.1,终止条件为【完全贯穿】,并确保图形区域中特征生长方向箭头朝下,单击【确认】按钮。

③ 在设计树中右击"孔 1",单击【编辑草图】,进入草图编辑状态。

④ 单击【正视于】按钮 ↓,并局部放大视图,添加图 5-66 所示的两个尺寸,再单击草图绘制工具,结束草图绘制,即可完成定位销孔的绘制。

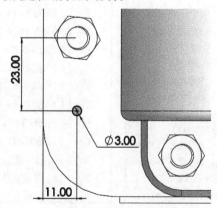

图 5-66　完成定位销孔的绘制

⑤ 类似地添加另一定位销孔。

（10）螺塞和定位销的安装

螺塞和定位销的安装较简单，可仿照螺栓的装配进行安装。至此已完成减速器装配。

减速器装配完成之后若想要看到内部结构，可以在设计树中右击"箱盖"，单击【更改透明度】。

减速器装配完成后如图 5-67 所示，添加的零部件如图 5-68 所示，添加的配合关系如图 5-69 所示。

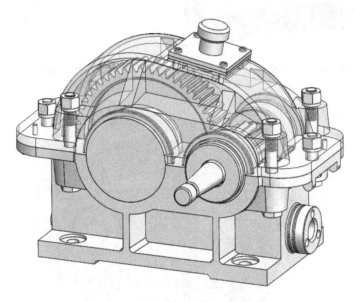

图 5-67　减速器

（默认〈显示状态-1〉）	
减速器装配（默认〈显示状态-1〉）	▶ ⬚（-）13螺栓〈2〉（默认〈〈默认〉_显示状态 1〉）
▶ ⬚ 历史记录	▶ ⬚（-）螺母M8〈2〉（默认〈〈默认〉_显示状态 1〉）
⬚ 传感器	▶ ⬚（-）15垫圈〈3〉（默认〈〈默认〉_显示状态 1〉）
▶ ⬚ 设计活页夹	▶ ⬚（-）螺母M8〈3〉（默认〈〈默认〉_显示状态 1〉）
▶ ⬚ 注解	▶ ⬚（-）15垫圈〈4〉（默认〈〈默认〉_显示状态 1〉）
⬚ 前视基准面	▶ ⬚（-）13螺栓〈4〉（默认〈〈默认〉_显示状态 1〉）
⬚ 上视基准面	▶ ⬚（-）螺母M8〈4〉（默认〈〈默认〉_显示状态 1〉）
⬚ 右视基准面	▶ ⬚（-）15垫圈〈5〉（默认〈〈默认〉_显示状态 1〉）
⬚ 原点	▶ ⬚（-）13螺栓〈5〉（默认〈〈默认〉_显示状态 1〉）
▶ ⬚（固定）箱座〈1〉（默认〈〈默认〉_显示状态 1〉）	▶ ⬚（-）螺母M8〈5〉（默认〈〈默认〉_显示状态 1〉）
▶ ⬚（-）低速轴组件〈2〉（默认〈显示状态-1〉）	▶ ⬚（-）14螺栓〈1〉（默认〈〈默认〉_显示状态 1〉）
▶ ⬚（-）高速轴组件〈5〉（默认〈显示状态-1〉）	▶ ⬚（-）15垫圈〈6〉（默认〈〈默认〉_显示状态 1〉）
▶ ⬚（-）26端盖〈1〉（默认〈〈默认〉_显示状态 1〉）	▶ ⬚（-）14螺栓〈2〉（默认〈〈默认〉_显示状态 1〉）
▶ ⬚（-）34端盖〈1〉（默认〈〈默认〉_显示状态 1〉）	▶ ⬚（-）螺母M8〈6〉（默认〈〈默认〉_显示状态 1〉）
▶ ⬚ 箱盖〈2〉（默认〈显示状态-1〉）	▶ ⬚（-）17螺塞〈1〉（默认〈〈默认〉_显示状态 1〉）
▶ ⬚ 油面指示组件〈1〉（默认〈显示状态-1〉）	▶ ⬚（-）销〈1〉（默认〈〈默认〉_显示状态 1〉）
▶ ⬚（-）13螺栓〈1〉（默认〈〈默认〉_显示状态 1〉）	▶ ⬚（-）销〈2〉（默认〈〈默认〉_显示状态 1〉）
▶ ⬚（-）15垫圈〈1〉（默认〈〈默认〉_显示状态 1〉）	▶ ⬚ 配合
▶ ⬚（-）螺母M8〈1〉（默认〈〈默认〉_显示状态 1〉）	
▶ ⬚（-）15垫圈〈2〉（默认〈〈默认〉_显示状态 1〉）	

图 5-68　减速器特征设计树上的零部件

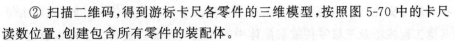

▼ 𝄞 配合	◎ 同心15 (13螺栓<1>,螺母M8<1>)
◎ 同心2 (箱座<1>,低速轴组件<2>)	⋏ 重合13 (15垫圈<1>,螺母M8<1>)
⋏ 重合2 (箱座<1>,低速轴组件<2>)	◎ 同心16 (15垫圈<2>,螺母M8<2>)
◎ 同心3 (箱座<1>,高速轴组件<5>)	◎ 同心17 (15垫圈<2>,13螺栓<2>)
⋏ 重合3 (箱座<1>,高速轴组件<5>)	⋏ 重合14 (15垫圈<2>,螺母M8<2>)
🔩 齿轮配合2 (低速轴组件<2>,高速轴组件<5>)	⋏ 重合15 (15垫圈<3>,螺母M8<3>)
⋏ 重合4 (箱座<1>,26端盖<1>)	◎ 同心20 (13螺栓<3>,螺母M8<4>)
◎ 同心6 (箱座<1>,26端盖<1>)	◎ 同心21 (15垫圈<4>,13螺栓<4>)
◎ 同心7 (箱座<1>,34端盖<1>)	⋏ 重合16 (15垫圈<4>,螺母M8<4>)
⋏ 重合5 (箱座<1>,34端盖<1>)	◎ 同心22 (13螺栓<5>,螺母M8<5>)
⋏ 重合8 (箱座<1>,箱盖<2>)	◎ 同心23 (15垫圈<5>,13螺栓<5>)
⋏ 重合9 (箱座<1>,箱盖<2>)	⋏ 重合17 (15垫圈<5>,螺母M8<5>)
◎ 同心9 (箱座<1>,箱盖<2>)	◎ 同心25 (箱座<2>,13螺栓<2>)
⋏ 重合10 (箱座<1>,油面指示组件<1>)	⋏ 重合18 (箱座<1>,13螺栓<2>)
◎ 同心10 (箱座<1>,油面指示组件<1>)	⋏ 重合19 (箱座<2>,15垫圈<2>)
◎ 同心11 (箱座<1>,油面指示组件<1>)	◎ 同心26 (箱座<2>,13螺栓<4>)
◎ 同心12 (箱座<1>,13螺栓<1>)	⋏ 重合20 (箱座<1>,13螺栓<4>)
⋏ 重合11 (箱座<1>,13螺栓<1>)	⋏ 重合21 (箱座<2>,15垫圈<4>)
◎ 同心14 (13螺栓<1>,15垫圈<1>)	◎ 同心27 (箱座<1>,13螺栓<5>)
⋏ 重合12 (箱座<2>,15垫圈<1>)	⋏ 重合22 (箱座<1>,13螺栓<5>)

⋏ 重合23 (箱盖<2>,15垫圈<5>)
◎ 同心29 (箱座<2>,14螺栓<1>)
⋏ 重合24 (箱座<1>,14螺栓<1>)
◎ 同心30 (15垫圈<3>,14螺栓<1>)
⋏ 重合25 (箱座<2>,15垫圈<3>)
◎ 同心31 (螺母M8<3>,14螺栓<1>)
⋏ 重合26 (15垫圈<6>,螺母M8<6>)
◎ 同心32 (15垫圈<6>,14螺栓<2>)
◎ 同心33 (14螺栓<2>,螺母M8<6>)
◎ 同心34 (箱座<2>,14螺栓<2>)
⋏ 重合27 (箱座<1>,14螺栓<2>)
⋏ 重合28 (箱座<2>,15垫圈<6>)
◎ 同心36 (箱座<1>,17螺塞<1>)
⋏ 重合29 (箱座<1>,17螺塞<1>)
⋏ 重合30 (箱座<1>,销<1>)
⋏ 重合35 (箱盖<2>,销<2>)

图 5-69　减速器特征设计树上的配合关系

5.11　实 践 训 练

① 学习装配体工具栏。

② 扫描二维码,得到游标卡尺各零件的三维模型,按照图 5-70 中的卡尺读数位置,创建包含所有零件的装配体。

游标卡尺零件

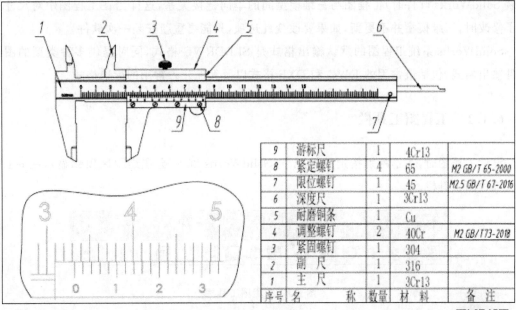

9	游标尺	1	4Cr13	
8	紧定螺钉	4	65	M2 GB/T 65-2000
7	限位螺钉	1	45	M2.5 GB/T 67-2016
6	深度尺	1	3Cr13	
5	耐磨铜条	1	Cu	
4	调整螺钉	2	40Cr	M2 GB/T73-2018
3	紧固螺钉	1	304	
2	副　尺	1	316	
1	主　尺	1	3Cr13	
序号	名　　称	数量	材　料	备　注

图 5-70　装配简图

③ 根据球阀的零件模型(扫描二维码),建立其装配体模型,并制作其爆炸视图表达其结构。

球阀零件

第6章 工 程 图

6.1 工程图概述

工程图在产品设计过程中是很重要的,它是设计人员之间进行交流和指导生产制造的依据。在工程图方面,SolidWorks 系统提供了强大的功能,用户可以很方便地借助于零件或装配体三维模型创建所需的各个视图,包括标准三视图、模型视图和派生视图。派生视图是指从标准三视图、模型视图或其他派生视图中派生出来的视图,包括剖面视图、辅助视图、局部视图、投影视图等。

默认情况下,SolidWorks 系统在工程图和零件或装配体三维模型之间提供全相关的功能,无论什么时候修改零件或装配体的三维模型,所有相关的工程视图将自动更新,以反映零件或装配体的形状和尺寸变化;反之,当在一个工程图中修改零件或装配体尺寸时,系统也将自动地将相关的其他工程视图及三维零件或装配体中的相应尺寸加以更新。也可以设定(在安装 SolidWorks 软件时)工程图与三维模型间的单向链接关系,这样当在工程图中对尺寸进行了修改时,三维模型并不更新,如果要改变此选项,只能再重新安装一次软件。

SolidWorks 系统工程图的默认输出格式是 SLDDRWG 格式,同时提供多种类型的图形文件输出格式,包括最常用的 DWG 和 DXF 格式以及其他几种常用的标准格式。

6.1.1 工程图工具栏

设计工程图时,在不特别指定的情况下,SolidWorks 2020 会在绘图区顶部显示图 6-1 所示的工程图工具栏。

图 6-1　工程图工具栏

SolidWorks 2020 系统提供了许多设计工程图的命令按钮,为了使界面简洁,并非所有的工程图命令按钮都被包含在默认的工程图工具栏中,但用户可通过自定义工具栏来新增或移除图标(如 2.2.3 节所述),以便满足自己的需要。

图标	名称	图标	名称	图标	名称
	模型视图		投影视图		辅助视图
	Section View		移出断面		局部视图
	相对视图		标准三视图		断开的剖视图
	断裂视图		剪裁视图		交替位置视图
	空白视图		预定义的视图		更新视图
	替换模型				

6.1.2 创建工程图的步骤

创建新的工程图的操作步骤如下：

① 单击标准工具栏上的【新建】按钮 ，或选择【文件】|【新建】命令。

② 在【新建 SolidWorks 文件】对话框的【Tutorial】选项卡中选择【draw】图标，如图 6-2 所示。

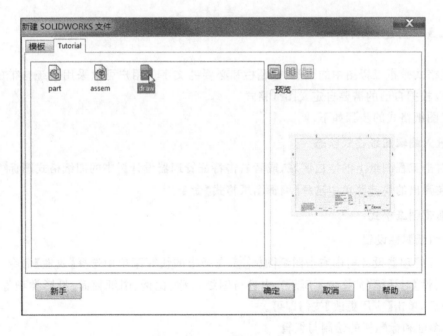

图 6-2 从向导新建工程图

也可以从模板建立一个新的工程图，在【新建 SolidWorks 文件】对话框的【模板】选项卡中选择系统或自己建立的工程图模板，如图 6-3 所示，以选择符合国标 A3 图纸的模板为例。

③ 单击【确定】按钮，默认情况下，将出现模型视图对话框。

④ 通过在浏览器或已打开的零部件中，选择需要建立工程图的三维模型，即可对零件或装配体的工程图进行创建和编辑。

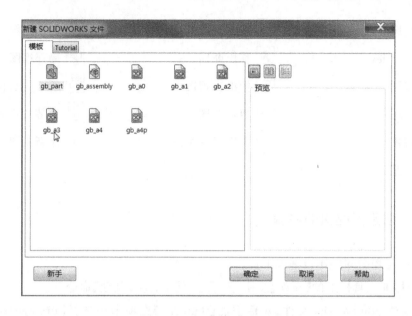

图 6-3　从模板新建工程图

6.1.3　创建图纸格式

图纸格式是指工程图中的图框、标题栏和必要的文字。用户可以采用系统自带的图纸格式，也可以根据自己的需要自定义图纸格式。

创建图纸格式的步骤如下。

1. 进入编辑图纸格式状态

① 右击工程图纸上的空白区域，或者右击特征管理器设计树中的图纸格式图标 。

② 在弹出的快捷菜单中选择【编辑图纸格式】命令。

2. 编辑图纸格式

（1）图纸属性设置

在特征管理器设计树中右击图纸图标 ，在弹出的快捷菜单中选择【属性】命令。在弹出的【图纸属性】对话框（如图 6-4 所示）中进行图纸名称、比例、图纸幅面、投影类型等的设定，设定完成后，单击【应用更改】按钮即可。

（2）图框和标题栏的绘制与编辑

① 利用草图绘制和编辑工具栏上的相关命令绘制图框和标题栏。

② 设置线型。选择【视图】|【工具栏】|【线型】命令，打开【线型】工具栏，可对绘制图线的线型进行设置。

③ 隐藏尺寸。选择【视图】|【显示/隐藏】|【注解】命令，隐藏标注的图框尺寸。

（3）注释

① 一般注释。该种方法用于不需要改变的文字。在空白处右击，在弹出的快捷菜单中选择【注解】|【注释】命令，在标题栏相应的位置上添加注释文字，添加相应内容后的标题栏如图 6-5 所示。

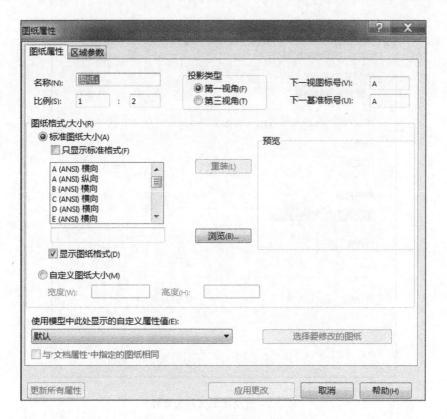

图 6-4 【图纸属性】对话框

标记	处数	分区	更改文件号	签名	年 月 日	阶 段 标 记		质量	比例	
设计			标准化						1:1	
校核			工艺							
主管设计			审核							
			批准			共 张	第 张	版本	替代	

图 6-5 标题栏中的一般注释

② 链接图纸文件的属性。标题栏中有些文字与文件某些属性的参数有关,该类文字的注释可以采用此功能。以标题栏中的"比例"为例,在标题栏的"比例"下面需要填写比例的一栏插入注释并单击定位输入点,单击左侧特征树中部的【链接到属性】按钮，将弹出【链接到属性】对话框,单击【属性名称】下拉列表框并选择【SW-图纸比例(Sheet Scale)】,如图 6-6 所示,则该注释将与图纸的比例链接并在该位置显示图纸比例。同理,其他需要链接属性可用同样方法设置。

③ 链接零件模型的属性。标题栏中有些需要填写的内容与模型的属性有关,如零件的材料、质量等。首先在零件模型文件中添加质量、材料等与模型有关的属性,然后采用与第②点相同的操作,将模型的质量、材料等信息链接到标题栏中。具体步骤如下。

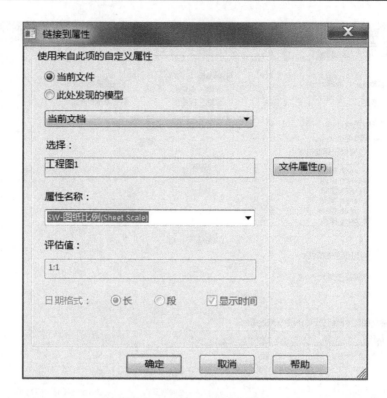

图 6-6　链接图纸文件的属性

a. 添加模型文件属性。在模型环境中，右击特征树中的【材质】，选择【编辑材料】选项，如图 6-7 所示，对零件进行材质设置。

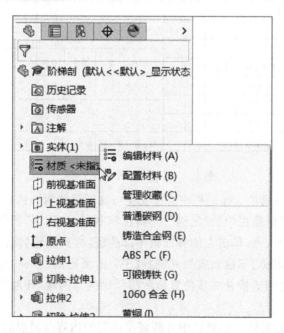

图 6-7　模型材质设置

b. 在主菜单栏中选择【文件】|【属性】命令，弹出【摘要信息】对话框，在【自定义】选项卡的

【属性名称】下拉列表中选择【Material】,在【类型】和【数值/文字表达】下拉列表中分别选择
【文字】和【材料】,则在【评估的值】选项中会出现制定的材质名称,用同样的方法可以设置质量
相关属性,如图 6-8 所示。设置完成后单击【确定】按钮。

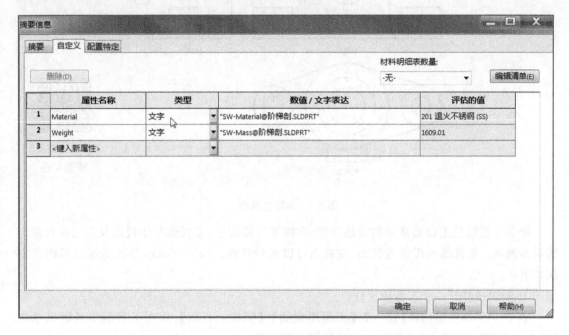

图 6-8　模型属性设置

（4）返回编辑图纸状态

在图纸的空白区域右击,从快捷菜单中选择【编辑图纸】命令,则退出图纸格式编辑状态。

（5）保存图纸格式

选择【文件】|【保存图纸格式】命令,将文件保存为"3A-横向图纸"即可。

（6）使用图纸格式

选择【文件】|【新建】命令,选工程图,单击【确定】按钮,在【图纸格式/大小】对话框中选择
相应的图纸格式,单击【确定】按钮即可。

6.2　创建工程图

在创建工程图前,应根据零件的三维模型,考虑和规划零件视图,如工程图由几个视图组
成,是否需要剖视图等。考虑清楚后,再进行零件视图的创建工作,否则如同用手工绘图一样,
可能创建的视图不能很好地表达零件的空间关系,给其他用户的识图、看图造成困难。

6.2.1　标准三视图的生成

标准三视图是指从三维模型的前视、左视、上视 3 个正交角度投影生成 3 个正交视图,如
图 6-9 所示。

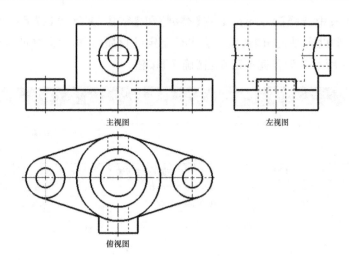

主视图

左视图

俯视图

"标准三视图"
模型文件

图 6-9　标准三视图

标准三视图是工程图常用的表达方法,在标准三视图中,主视图与俯视图及左视图有固定的对齐关系。俯视图可以竖直移动,左视图可以水平移动。SolidWorks 生成标准三视图的方法如下:

① 新建或打开一个工程图文件。

② 在主菜单栏里选择【插入】|【工程图视图】|【标准三视图】,或在工程图工具栏里单击【标准三视图】按钮，弹出【标准三视图】属性管理器。

③ 常用以下两种方法选择模型文件:

- 在【要插入的零件/装配体】选项组中,在打开文档方框内选择已有的模型文件,或单击【浏览】按钮,在弹出的【打开】窗口中选择需要生成工程图的模型文件。

- 选择一个包含模型的视图。

④ 选择模型文件后,系统会自动回到工程图文件中,并将标准三视图放置在工程图中。

⑤ 用鼠标拖动视图即可改变三视图的位置。

扫描二维码,可得到"标准三视图"模型文件,按照以上步骤得到标准三视图后,在合适位置插入中心线,则可得到图 6-9 所示的标准三视图。

6.2.2　模型视图的生成

标准三视图虽然是最基本、最常用的工程图,但是它所提供的视角十分固定,有时不能很好地描述模型的实际情况。SolidWorks 2020 提供的模型视图解决了这个问题。用户根据自己的需要,可以从不同的方向生成工程图。

插入模型视图的操作如下。

① 新建或打开一个工程图文件。

② 在主菜单栏里选择【插入】|【工程图视图】|【模型】,或在工程图工具栏里单击【模型视图】按钮。

③ 在零件或装配体文件中双击选择一个模型(扫描二维码,可得到"模型视图"模型文件),将出现【模型视图】属性管理器,如图 6-10 所示。

"模型视图"
模型文件

图 6-10 【模型视图】属性管理器

④ 在【模型视图】属性管理器的【方向】选项组中选择视图的投影方向。

⑤ 移动光标到希望放置该视图的位置，然后单击鼠标，如图 6-11 所示。

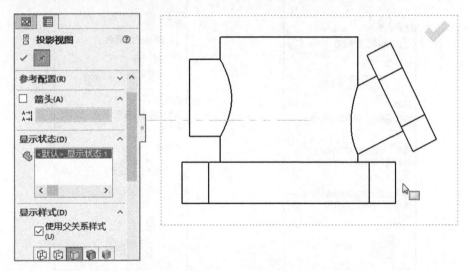

图 6-11 模型视图

⑥ 如果要更改模型视图的投影方向，则双击模型，在【方向】选项组中选择视图的投影方向。

⑦ 如果要更改模型视图的显示比例，则选择【自定义比例】，然后输入显示比例。

⑧ 单击【确定】按钮 ✓，完成模型视图的插入。

6.2.3 剖面视图

剖面视图是通过一条剖切线切割父视图而生成,属于派生视图,可以显示模型内部的形状和尺寸。剖面视图可以是剖切面或者用阶梯剖切线定义的等距剖面视图,并可以生成半剖视图。

绘制剖面视图的剖切线的方法有两种:第一种是进入【剖面视图】命令,在【剖面视图辅助】属性管理器中选择合适的切割线类型,并绘制切割线;第二种是利用草图工具栏中的【直线】命令直接在欲剖切的视图中绘制合适的剖切线。

扫描二维码,可得到本节练习用到的源文件。

"全剖和半剖"模型文件   "旋转剖"模型文件   "阶梯剖"模型文件

1. 利用第一种绘制剖切线的方法生成剖面视图

① 打开一个带有模型视图的工程图文件(扫描全剖和半剖二维码)。

② 在主菜单栏中单击【插入】|【工程图视图】|【剖面视图】,或单击工程图工具栏中的【剖面视图】按钮 ⤴,弹出【剖面视图辅助】属性管理器。

③【剖面视图辅助】属性管理器分为【剖面视图】和【半剖面】两组选项卡,如图 6-12 和图 6-13 所示,在其中选择合适的切割线类型。

   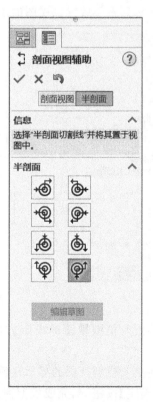

图 6-12 【剖面视图】选项卡   图 6-13 【半剖面】选项卡

【剖面视图】选项卡：其中包括【竖直】按钮 (生成剖切面为垂直方向的全剖视图)、【水平】按钮 (生成剖切面为水平方向的全剖视图)、【辅助视图】按钮 (可以根据用户需求生成任意方向的全剖视图，通常用于斜剖视)和【对齐】按钮 (生成旋转剖视图)。如果需要生成阶梯剖视图和复合剖视图等复杂的剖切，可单击【编辑草图】按钮(此时，需取消勾选【自动启动剖面实体】复选框，任选一种切割线放置方式并在视图中放置切割线，则可单击【编辑草图】按钮，然后即可在视图中绘制任意形状的切割线)。

【半剖面】选项卡：其中包括【顶部右侧】按钮 、【顶部左侧】按钮 、【底部右侧】按钮 、【底部左侧】按钮 、【左侧向下】按钮 、【右侧向下】按钮 、【左侧向上】按钮 、【右侧向上】按钮 。

④ 在相应视图中欲剖切的位置放置切割线，在弹出的对话框中单击【确定】按钮 ，将弹出【剖面视图】属性管理器，如图 6-14 所示。

⑤ 在【剖面视图】属性管理器中设置选项。

a.【切除线】选项组

【反转方向】按钮：反转切除的方向。

【标号】 ：指定与剖切线或剖面视图相关的字母。

【字体】按钮：默认采用文档字体，如果文档字体满足不了用户需要，需取消勾选【文档字体】复选框，单击【字体】按钮，将弹出图 6-15 所示的对话框，在其中可以编辑剖切线或者剖面视图的相关字母。

图 6-14 【剖面视图】属性管理器

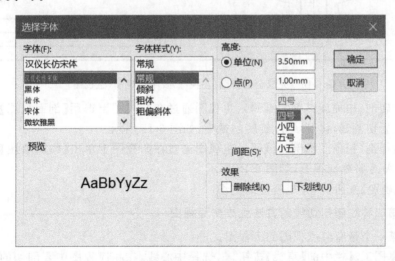

图 6-15 【选择字体】对话框

b.【剖面视图】选项组

【部分剖面】：当剖切线没有完全切透视图中模型的边框线时，会弹出剖切线小于视图几何体的提示信息，并询问是否生成局部剖视图。

【横截剖面】：只有被剖切线切除的曲面出现在剖面视图中。

【自动加剖面线】：勾选此复选框，系统可以自动添加必要的剖面(切)线。

c.【曲面实体】选项组

【显示曲面实体】：勾选此复选框，系统将显示曲面实体。

⑥ 通过移动光标带动视图方框到合适的位置，单击生成剖面视图。

若进行全剖或者半剖，如图 6-16 所示，主视图通过在俯视图上选用【半剖面】选项卡中的【左侧向上】按钮放置切割线，得到 A-A 半剖视图；左视图通过在主视图上选用【剖面视图】选项卡中的【竖直】按钮放置切割线，得到 B-B 全剖视图。

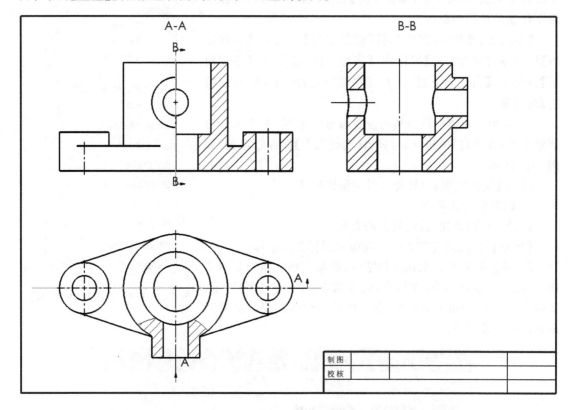

图 6-16　完成全剖视图(左视图)及半剖视图(主视图)

若进行旋转剖(扫描旋转剖二维码)，主视图通过在左视图上选用【剖面视图】选项卡中的【对齐】按钮放置切割线，得到 A-A 旋转剖视图，如图 6-17 所示。

若进行阶梯剖(扫描阶梯剖二维码)，主视图通过在俯视图上单击【编辑草图】按钮并绘制切割线，得到 A-A 阶梯剖视图，如图 6-18 所示。

⑦ 单击【确定】按钮 ✓，完成视图的剖切。

2. 利用第二种绘制剖切线的方法生成剖面视图

① 打开某一个带有模型视图的工程图文件。

② 单击草图工具栏中的【直线】按钮 ╱，选择中心线，在相应视图中要剖切的位置绘制切割线。

③ 选择绘制的直线段。

④ 在主菜单栏中单击【插入】|【工程图视图】|【剖面视图】，或单击工程图工具栏中的【剖面视图】按钮 ↻，弹出【剖面视图】属性管理器。

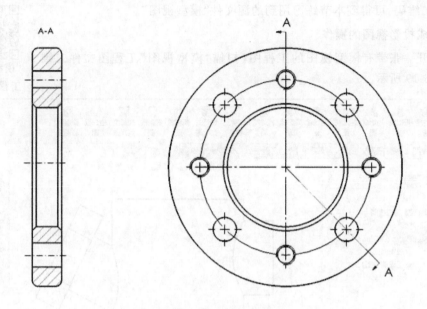

图 6-17 完成旋转剖视图

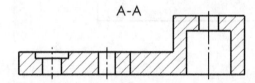

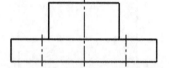

图 6-18 完成阶梯剖视图

⑤ 在【剖面视图】属性管理器中与第一种方法一样设置相应选项。

⑥ 通过移动光标带动视图方框到合适的位置,单击生成剖面视图,单击【确定】按钮 ✓,完成视图的剖切。

6.2.4 投影视图

投影视图是根据已有视图,利用正交投影生成的视图。投影视图的投影方法根据在【图纸属性】属性管理器中所设置的第一视角或者第三视角投影类型而确定。

扫描二维码,可得到本节练习用到的源文件"模型视图"。

1. 生成投影视图的操作

① 打开一张带有模型视图的工程图(扫描"模型视图"工程图文件二维码),如图 6-19 所示。

"模型视图"
工程图文件

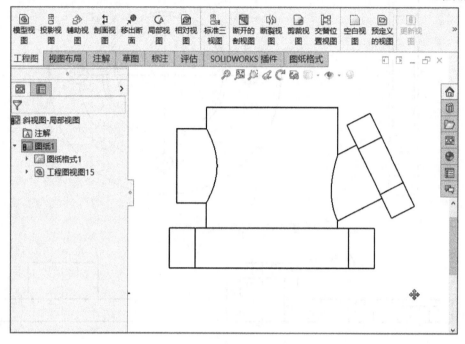

图 6-19 带有模型视图的工程图

② 在主菜单栏里选择【插入】|【工程图视图】|【投影视图】,或在工程图工具栏里单击【投影视图】按钮。

③ 在工程图中选择一个要投影的工程视图。

④ SolidWorks 2020 将根据鼠标指针相对于所选视图的位置决定投影方向。可以从所选视图的上、下、左、右 4 个方向生成基本投影视图,也可以生成其他投影方向的轴测图。

⑤ 系统会在投影的方向出现一个方框,表示投影视图的大小。移动这个方框到适当的位置,单击鼠标,则投影视图被放置在工程图中。

⑥ 单击【确定】按钮,生成投影视图,如图 6-20 所示。

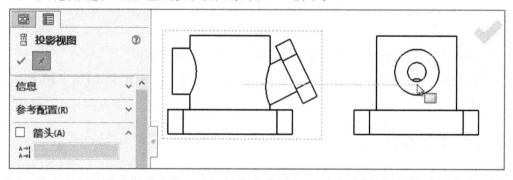

图 6-20 投影视图

2.【投影视图】属性管理器

在主菜单栏里选择【插入】|【工程图视图】|【投影视图】，或在工程图工具栏里单击【投影视图】按钮，将出现【投影视图】属性管理器，如图 6-21 所示。

（1）【箭头】选项组

【标号】：表示按相应父视图的投影方向得到的投影视图的名称。

（2）【显示样式】选项组

【使用父关系样式】：取消选择此选项，可以选择与父视图不同的显示样式。

显示样式包括（线架图）、（隐藏线可见）、（消除隐藏线）、（带边线上色）、（上色）。

（3）【比例】选项组

【使用父关系比例】：可以应用为父视图所使用的相同比例。

【使用图纸比例】：可以应用为工程图图纸所使用的相同比例。

【使用自定义比例】：可以根据需要应用自定义的比例。

图 6-21　【投影视图】属性管理器

6.2.5　辅助视图（斜视图）

辅助视图类似于投影视图，它的投影方向垂直于所选视图的参考边线，但参考边线一般不能为水平或者垂直的边线，否则生成的就是投影视图。辅助视图相当于技术制图表达方法中的斜视图，可以用来表达零件的倾斜结构。

生成辅助视图的操作如下：

① 打开一张带有模型视图的工程图（扫描 6.2.4 节中的"模型视图"工程图二维码）。

② 在主菜单栏里选择【插入】|【工程图视图】|【辅助视图】，或在工程图工具栏里单击【辅助视图】按钮，将出现【辅助视图】属性管理器。

③ 选择要生成辅助视图的工程视图上的一条直线作为参考边线，参考边线可以是零件的边线、侧影轮廓线、轴线或所绘制的直线（参考边线不可以是水平或垂直的边线，否则生成的就是标准投影视图）。

④ SolidWorks 2020 会在与参考边线垂直的方向出现辅助视图显示框，表示辅助视图的大小，移动光标到适当的位置，然后单击鼠标，辅助视图就被放置在工程图中。

⑤ 单击【确定】按钮，生成辅助视图，如图 6-22 所示。

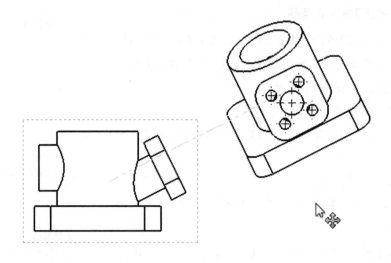

图 6-22　生成辅助视图

6.2.6　局部剖视图

断开的剖视图用于生成局部剖视图,局部剖视图是用剖切面局部地剖开零件或装配体所得的剖视图。在正交视图和轴测图中都可以创建局部剖视图。

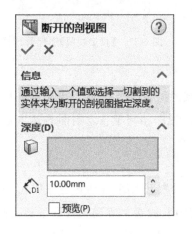

图 6-23　【断开的剖视图】属性管理器

生成局部剖视图的操作如下:

① 打开一个带有模型视图的工程图文件(扫描6.2.4 节中的"模型视图"工程图二维码)。

② 在主菜单栏中单击【插入】|【工程图视图】|【断开的剖视图】,或单击工程图工具栏中的【断开的剖视图】按钮。

③ 在要进行局部剖的部位绘制闭合的剖切线。

④ 弹出的【断开的剖视图】属性管理器如图 6-23 所示,单击【深度参考】选择框,在同一或相关视图中选择几何体,如一边线或轴,设置合适的【深度】。

⑤ 通过移动光标带动视图方框到合适的位置,单击放置视图,单击【确定】按钮,完成局部剖视图的创建,如图 6-24 所示。

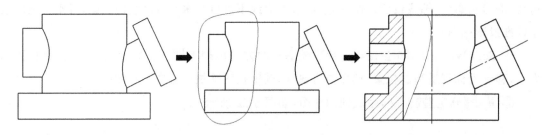

图 6-24　完成局部剖视图的创建

6.2.7 移出断面图

"断面图"
工程图文件

利用【移出断面】命令可生成断面图，常用在只需表达零件断面的场合（如轴类零件、轮辐、肋板等），这样可以使视图简化，又能使视图所表达的零件结构清晰易懂。

生成移出断面图的操作如下：

① 打开一个带有模型视图的工程图文件（扫描二维码，得到"断面图"工程图文件）。

② 在主菜单栏中单击【插入】|【工程图视图】|【移出的剖面】，或单击工程图工具栏中的【移出断面】按钮，将弹出【移出断面】属性管理器，如图 6-25 所示。

③ 在【相对的几何体】选项组中，分别在【边线】选择框和【相对的边线】选择框中选择欲生成断面图部分的两条边线。

④ 在【切割线放置】选项组中可选择【自动】和【手动】两种切割线放置方式，任选一种放置方式，在欲产生断面图的位置放置切割线。

⑤ 通过移动光标带动视图方框到合适的位置，单击放置视图。

⑥ 单击【确定】按钮，生成断面图，如图 6-26 所示。

图 6-25 【移出断面】属性管理器

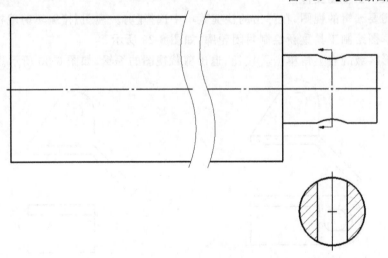

图 6-26 生成断面图

6.2.8 剪裁视图

利用【剪裁视图】命令可以剪裁现有的视图，只保留其局部信息，被保留的部分通常用样条曲线或其他封闭的草图轮廓来定义。此操作常常用于绘制局部视图。注意，剪裁视图不能应用于爆炸视图、局部视图及其父视图，在剪裁视图中不能创建局部剖视图。

剪裁视图的操作及实例如下：

图 6-27 所示的一组视图中的左边部分不能反映实形，常常仅需保留能反映实形的部分图形，而把其余部分进行剪裁。

"剪裁视图"工程图文件

① 打开某一工程图文件（扫描二维码，得到"剪裁视图"工程图文件）。

② 绘制并选中某一封闭轮廓。

③ 在主菜单栏里选择【插入】|【工程图视图】|【剪裁视图】，或在工程图工具栏里单击【剪裁视图】按钮，或右击该封闭轮廓，在弹出的快捷菜单中选择【工程视图】|【剪裁视图】，完成剪裁视图操作，如图 6-28 所示。

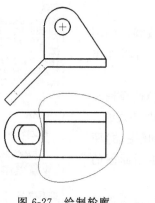

图 6-27　绘制轮廓

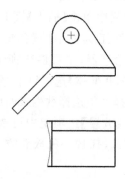

图 6-28　剪裁视图

有时需要对剪裁后的视图进行修改，编辑剪裁视图的操作如下：

① 打开某一工程图文件。

② 右击需要编辑的视图，在弹出的快捷菜单中选择【剪裁视图】|【编辑剪裁视图】。

③ 利用草图绘制工具重新绘制封闭轮廓，如图 6-29 所示。

④ 在图形区域的右上角单击　按钮，退出剪裁视图的编辑，如图 6-30 所示。

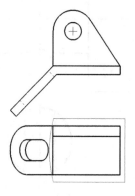

图 6-29　重新绘制轮廓

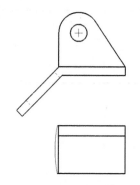

图 6-30　编辑后的剪裁视图

说明，如果想撤销对剪裁视图的剪裁，可右击剪裁视图，在弹出的快捷菜单中选择【剪裁视图】|【移除剪裁视图】来取消剪裁。

6.2.9　局部视图

局部视图是一种派生视图，可以用来显示父视图的某一局部形状，通常采用放大比例显示。局部视图的父视图可以是正交视图、空间（等轴测）视图、剖面视图、剪裁视图、爆炸装配体视图或者另一局部视图，但不能在透视图中生成模型的局部视图。

生成局部视图的操作如下。

1. 简单生成局部视图实例

① 打开一个带有模型视图的工程图文件。

② 在主菜单栏里选择【插入】|【工程图视图】|【局部视图】，或在工程图工具栏里单击【局部视图】按钮 🔾，在需要局部视图的位置绘制一个圆，将弹出【局部视图】属性管理器，如图 6-31 所示。

③ 在【比例】选项组中使用自定义比例，可以选择不同的缩放比例。

④ 移动鼠标，放置视图到适当位置，得到局部视图。

⑤ 然后单击【确定】按钮 ✓，将完成简单生成局部视图操作，如图 6-32 所示。

图 6-31 【局部视图】属性管理器

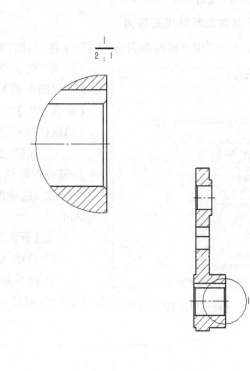

图 6-32 生成局部视图

2.【局部视图】属性管理器

在进行生成局部视图操作时，【局部视图】属性管理器里的不同选项组可以方便满足设计者不同的设计意图。

（1）【局部视图图标】选项组

【样式】🔾：在该下拉列表框中选择局部视图图标的样式，有依照标准、中断圆形、带引线、无引线和相连 5 种样式。

【标号】🔾：编辑与局部视图相关的字母。

【字体】：如果要为局部视图标号选择文件字体以外的字体，取消勾选【文件字体】复选框，然后单击【字体】按钮。

（2）【局部视图】选项组

【完整外形】：局部视图轮廓外形全部显示。

【钉住位置】：可以阻止父视图比例更改时局部视图发生移动。

【缩放剖面线图样比例】：可以根据局部视图的比例缩放剖面线图样比例。

（3）【比例】选项组

定义局部视图与原始图的不同的缩放比例。

6.2.10 断裂视图

工程图中有些截面相同的长杆件（如长轴、螺纹杆等）在某个方向的尺寸比其他方向的尺寸大很多，而且截面没有变化，因此可以利用断裂视图将零件用较大比例显示在工程图上。

生成断裂视图的操作如下。

1. 简单生成断裂视图实例

① 打开一个带有模型视图的工程图文件（扫描"断面图"模型文件）。

"断面图"模型文件

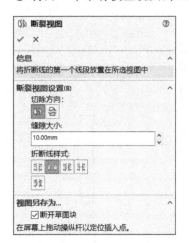

图 6-33 【断裂视图】属性管理器

② 在主菜单栏里选择【插入】|【工程图视图】|【断裂视图】，或在工程图工具栏里单击【断裂视图】按钮 ，选择要断裂的视图，将弹出【断裂视图】属性管理器，如图 6-33 所示。

③ 在【断裂视图设置】选项组中，【切除方向】选择添加竖直折断线。

④ 在【缝隙大小】方框内输入需要的折断线缝隙的大小。

⑤ 【折断线样式】选择曲线切断。

⑥ 移动鼠标，选择两个位置单击鼠标放置折断线。

⑦ 然后单击【确定】按钮 ，将完成简单生成断裂视图操作，如图 6-34 所示。

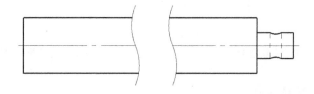

图 6-34 生成断裂视图

此时生成的折断线是虚线，不符合我国工程图绘图要求。在主菜单栏里选择【工具】|【选项】，打开【文档属性】对话框，在线型中更改折断线为细实线。

2. 【断裂视图】属性管理器

在进行生成断裂视图操作时，【断裂视图】属性管理器里的不同选项组可以方便满足设计者不同的设计意图。

【断裂视图设置】选项组中的选项如下。

【切除方向】：定义切除方向。

添加竖直折断线：生成断裂视图时，将视图沿水平方向断开。

添加水平折断线：生成断裂视图时，将视图沿竖直方向断开。

【缝隙大小】：指定缝隙的大小。

【折断线样式】：定义折断线的类型，包括直线切断、曲线切断、锯齿线切断、小锯齿线切断和锯齿状切除。

6.3　编辑工程图

利用创建工程图命令得到一组视图后，为了让视图的布局更合理、线型符合国家标准，用户常常需要对视图进行编辑，包括移动和旋转视图、显示和隐藏视图、更改某一局部的线型等。

6.3.1　移动和旋转视图

在建立工程图时，为了使视图在图纸上布局合理，常常需要重新调整视图的位置和方向，SolidWorks 2020 提供了移动和旋转视图的功能。移动或旋转视图前，先查看该视图是否被锁定，通常系统默认所有的视图都处于未锁定状态。

1. 移动视图的操作及实例

如图 6-35 所示，A-A 是按照投影方向的默认位置，因为该位置需要放置俯视图，所以需要将其移动到合适的位置。

"移动视图"工程图文件

① 打开某一工程图文件（扫描二维码，得到"移动视图"工程图文件）。

② 将光标放置在需要移动的视图上，在视图周围会显示视图界线（虚线框），再将光标移动至视图界线上，或在视图显示视图界线时按住 Alt 键。

③ 按住鼠标左键并拖动视图到合适的位置，完成视图移动，如图 6-36 所示。

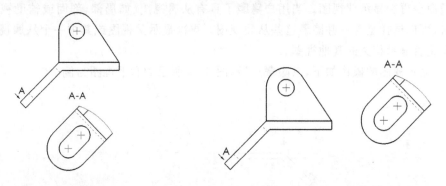

图 6-35　移动视图前　　　　　　　　图 6-36　移动视图后

说明：如果移动投影视图的父视图（如主视图），其投影视图也会随之移动；如果移动投影视图，则只能上下或左右移动，以保证与父视图的对齐关系，除非解除对齐关系。

2. 旋转视图的操作及实例

为了绘图方便，A-A 局部斜视图也可以旋转一定角度放置（水平放置）。

① 打开某一工程图文件。

② 右击需要旋转的视图,在弹出的快捷菜单中选择【缩放/平移/旋转】|【旋转视图】,或在前导视图工具栏里单击【旋转视图】按钮 ，将出现【旋转工程视图】对话框,如图 6-37 所示。

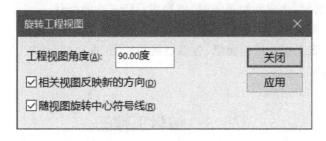

图 6-37 【旋转工程视图】对话框

③ 在【工程视图角度】文本框里输入需要的旋转角度,或将光标移至该视图中,按住鼠标左键并移动以旋转视图。

④ 单击【应用】按钮即可完成旋转视图操作,图 6-38 所示为旋转后的一组视图。

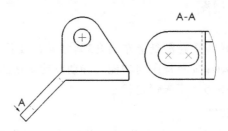

图 6-38 旋转视图后

6.3.2 显示和隐藏视图

在编辑工程图时,可以使用【隐藏/显示】命令来隐藏一个视图。隐藏视图后,可以使用【隐藏/显示】命令再次显示此视图。当用户隐藏了具有从属视图(如局部、剖面或辅助视图等)的父视图时,可以选择是否一并隐藏这些从属视图。再次显示父视图或其中一个从属视图时,同样可选择是否显示相关的其他视图。

隐藏/显示视图的操作如下,以隐藏/显示图 6-39 所示的右下视图为例。

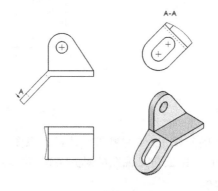

图 6-39 隐藏前的视图

① 在 FeatureManager 设计树中右击要隐藏的视图。

② 在弹出的快捷菜单中选择【隐藏】命令,如果该视图有从属视图(局部、剖面视图等),则会弹出询问对话框,如图 6-40 所示。

图 6-40 隐藏视图提示信息

③ 单击【是】按钮将会隐藏其从属视图,单击【否】按钮将只隐藏该视图。此时,视图被隐藏起来,当单击该视图所在的位置时,将只显示该视图的边界。

④ 如果要查看工程图中被隐藏视图的位置,但不显示它们,则在主菜单栏里选择【视图】|【隐藏/显示】|【被隐藏视图】,如图 6-41 所示。

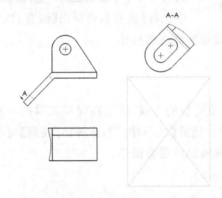

图 6-41 查看被隐藏视图的位置

⑤ 如果要再次显示被隐藏的视图,则在 FeatureManager 设计树或图形区域中右击被隐藏的视图,在弹出的快捷菜单中选择【显示】,如果该视图有从属视图,则会弹出询问对话框,如图 6-42 所示。

图 6-42 显示视图提示信息

6.3.3 更改线型

在工程图视图中,用户可以通过使用线型工具栏中的各命令来修改指定边线的颜色、线宽

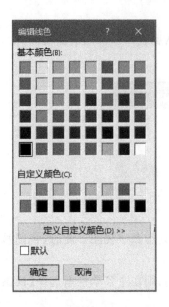

图 6-43 【编辑线色】对话框

及线型；如果工具栏按钮区没有显示线型工具栏，请右击工具栏按钮区，在弹出的快捷菜单中选择【工具栏】|【线型】，拖动线型工具栏到界面的左侧或右侧，将其固定。

1. 修改边线颜色的操作

① 打开某一工程图文件。

② 在视图中选取需要修改颜色的边线，然后在线型工具栏中单击【线色】按钮✏，或右击边线，在弹出的快捷菜单中选择【线色】，将弹出【编辑线色】对话框，如图 6-43 所示。

③ 在对话框中选取需要的颜色。

④ 单击【确定】按钮，完成修改边线颜色的操作。

2. 修改边线线宽的操作

① 打开某一工程图文件。

② 在视图中选取需要修改线宽的边线，然后在线型工具栏中单击【线宽】按钮▤，或右击边线，在弹出的快捷菜单中选择【线宽】，将弹出【线宽】列表，如图 6-44 所示。

③ 单击需要的线宽，完成修改线宽的操作。

3. 修改边线线型的操作

① 打开某一工程图文件。

② 在视图中选取需要修改线型的边线，然后在线型工具栏中单击【线条样式】按钮▦，或右击边线，在弹出的快捷菜单中选择【线条样式】，将弹出【线型】列表，如图 6-45 所示。

③ 单击需要的线型，完成修改线型的操作。

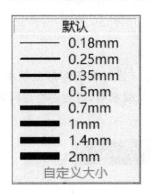

图 6-44 【线宽】列表

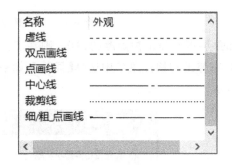

图 6-45 【线型】列表

6.3.4 分离视图/工程图

分离格式的工程图无须将三维模型文件装入内存，即可打开并编辑工程图。用户可以将 RapidDraft 工程图传送给其他的 SolidWorks 用户而不传送模型文件。分离工程图的视图在模型的更新方面也有更多的控制。当设计组的设计员编辑模型时，其他设计员可以独立地在工程图中进行操作，对工程图添加细节及注解。

由于内存中没有装入模型文件,以分离模式打开工程图的时间将大幅缩短,因为模型数据未被保存在内存中,所以有更多的内存可以用来处理工程图数据,这对大型装配体工程图来说是很大的性能改善。

转换工程图为分离工程图格式的操作如下:

① 打开某一工程图文件。

② 在主菜单栏里选择【文件】|【保存】,或在标准工具栏中单击【保存】按钮 ,将弹出【另存为】对话框,如图 6-46 所示。

图 6-46 【另存为】对话框

③ 选择【保存类型】为【分离的工程图】。

④ 单击【保存】按钮,完成转换工程图为分离工程图格式的操作。

6.4 工程图中的标注

如果在三维模型或装配体中添加了尺寸、注释或符号,则在将三维模型转换为二维工程图的过程中,系统会将这些尺寸、注释等一起添加到图纸中。在工程图中,用户可以添加必要的参考尺寸、注解等,这些参考尺寸和注解不会影响零件或装配体文件。

6.4.1 尺寸标注

1. 尺寸标注规则

工程图中的尺寸由数值、尺寸线等组成。尺寸标注应满足以下规则:所标尺寸应为机件最后完工尺寸;机件的每一尺寸只应在反映该结构最清晰的图形上标注一次;尺寸数字不可被任何图线通过,当无法避免时,必须将该图线断开;当圆弧大于180°时,应标注直径符号ϕ,当圆弧小于或等于180°时,应标注半径符号R。

2. SolidWorks 2020 尺寸标注类型

在SolidWorks 2020的工程图中可以标注两种类型的尺寸。

(1)模型尺寸

在SolidWorks 2020中生成每个零件特征模型时标注的尺寸称为模型尺寸,该类尺寸标注是与模型相关联的。将这些尺寸插入各个工程图视图后,在模型中改变尺寸会更新工程图,在工程图中改变插入的尺寸也会更新模型。

模型尺寸标注方法:单击注解工具栏中的【模型项目】按钮🔧,然后在【模型项目】属性管理器中设定选项,则可将驱动尺寸插入工程图中。

(2)参考尺寸

在SolidWorks中,用户可以在工程图文件中添加尺寸,添加的尺寸是参考尺寸,并且是从动尺寸。参考尺寸显示模型的测量值,但并不驱动模型,也不能更改其数值。但是当更改模型时,参考尺寸会相应地更新。当压缩特征时,特征的参考尺寸也随之被压缩。

参考尺寸标注方法:单击注解工具栏中的【智能尺寸】按钮✎,然后在【智能尺寸】属性管理器中设定选项,则可将参考尺寸插入工程图中。

默认情况下,插入的模型尺寸显示为黑色,包括零件或装配体文件中显示为蓝色的尺寸(如拉伸深度);参考尺寸显示为灰色,并带有括号。

3. 常用尺寸编辑方法

① 改变尺寸属性:单击视图中标注的尺寸,将弹出【尺寸】属性管理器,在【数值】选项卡中可以设置公差等属性,在【引线】选项卡中可以设置尺寸线属性,在【其他】选项卡中可以设置文本属性。

② 对齐尺寸位置:选中需要在某方向上对齐的多个尺寸,在主菜单栏里选择【工具】|【对齐】,选择对齐方式则可调整尺寸布局。

4. SolidWorks 2020 智能尺寸标注过程

使用智能尺寸命令,可将尺寸放置于任意单个元素之上、任意两个元素之间或同一模型的不同视图内的元素之间。可用的尺寸类型取决于选择的元素。

标注智能尺寸的操作如下:

① 打开一个工程图文件(扫描二维码,得到"端盖"工程图文件)。

② 单击注解工具栏上的【智能尺寸】按钮✎,即可标注尺寸。

"端盖"工程图文件

③ 对于有公差要求的尺寸,在【尺寸】属性管理器的【公差/精度】选项组中:在下拉框中设定【公差类型】,在十和一输入框中输入【公差数值】,在下拉框中设定【单位精度】,在下拉框中设定【公差精度】。

④ 对于沿圆周或矩形分布的孔直径等尺寸,在【尺寸】属性管理器的【标注尺寸文字】选项组中输入需要的符号。

⑤ 单击【确定】按钮✔,完成尺寸标注,如图6-47所示。

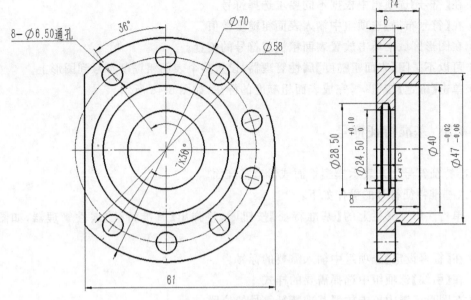

图 6-47 尺寸标注后的端盖视图

6.4.2 表面粗糙度

表面粗糙度用来表示加工表面上的微观几何形状特性,它对于机械零件表面的耐磨性、疲劳强度、配合性能、密封性、流体阻力以及外观质量等都有很大的影响。

插入表面粗糙度的操作如下:

① 单击注解工具栏上的【表面粗糙度】按钮 √,将弹出【表面粗糙度】属性管理器,如图 6-48 所示。

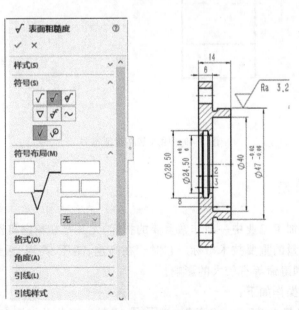

图 6-48 插入表面粗糙度

② 在【符号】选项组中根据不同要求选择符号。

③ 在【符号布局】选项组中输入表面粗糙度数值。

④ 在图形区域中单击放置表面粗糙度符号的位置。

⑤ 可以不关闭【表面粗糙度】属性管理器,设置多个表面粗糙度符号到图形上。

⑥ 单击【确定】按钮 ✓,完成表面粗糙度的标注,如图 6-48 所示。

6.4.3 基准特征符号

基准特征符号用来表示模型平面或参考基准面。

插入基准特征符号的操作如下:

① 单击注解工具栏上的【基准特征】按钮 🅐,将弹出【基准特征】属性管理器,如图 6-49 所示。

② 在【标号设定】选项组中输入需要的标号。

③ 在【引线】选项组中选择需要的样式。

④ 在图形区域中单击放置基准特征符号的位置。

⑤ 可以不关闭【基准特征】属性管理器,设置多个基准特征符号到图形上。

⑥ 单击【确定】按钮 ✓,完成基准特征符号的标注,如图 6-49 所示。

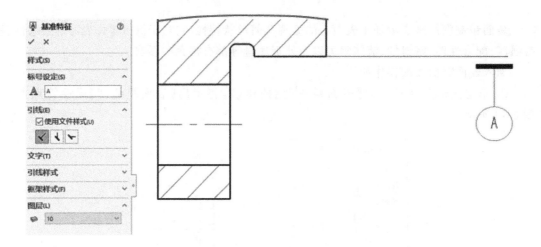

图 6-49 插入基准特征符号

6.4.4 形位公差

形位公差是机械加工工业中一项非常重要的指标,尤其是在精密机器和仪表的加工中,形位公差是评定产品质量的重要技术指标。它对于在高速、高压、高温、重载等条件下工作的产品零件的精度、性能和寿命等有较大的影响。

插入形位公差的操作如下:

① 单击注解工具栏上的【形位公差】按钮 ▣▣,将弹出形位公差【属性】对话框,如图 6-50 所示。

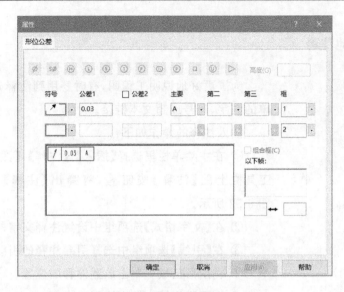

图 6-50 形位公差【属性】对话框

② 单击【符号】下拉按钮 ⏷ ,在其中选择形位符号。

③ 在【公差】方框内输入形位公差值。

④ 如果是位置公差则在【主要】方框内输入基准要素(形状公差不需要)。

⑤ 设置好的形位公差会在形位公差【属性】对话框中显示。

⑥ 在图形区域中单击放置形位公差的位置。

⑦ 可以不关闭形位公差【属性】对话框,设置多个形位公差到图形上。

⑧ 单击【确定】按钮,完成形位公差的标注,如图 6-51 所示。

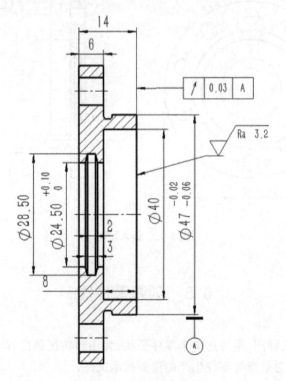

图 6-51 插入形位公差

6.4.5　其他注释

图 6-52　【注释】属性管理器

为了更好地说明工程图，有时要用到注释，注释可以包括简单的文字、符号或超文本链接。

插入注释的操作如下：

① 在主菜单栏里选择【插入】|【注解】|【注释】，或单击注解工具栏上的【注释】按钮 **A**，将弹出【注释】属性管理器，如图 6-52 所示。

② 在【文字格式】选项组中设置注释文字的格式。

③ 在【引线】选项组中选择引导注释的引线和箭头类型。

④ 在图形区域中单击放置注释的位置。

⑤ 在图形区域中键入注释文字。

⑥ 单击【确定】按钮 ✓，完成注释，如图 6-53 所示。

注释也可以添加技术要求，单击注解工具栏上的【注释】按钮 **A**，在图形区域中单击以放置注释，在文本框中输入技术要求，可以在格式化工具栏中设置文本格式。

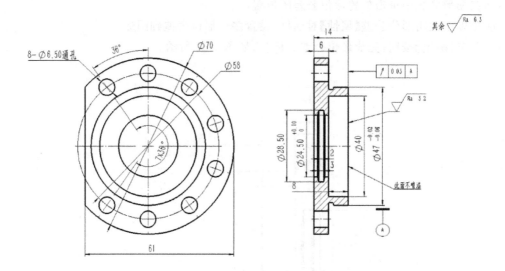

图 6-53　插入注释

6.5　创建零件图

零件图又称零件工程图，是表达单个零件形状、大小和特征的图样，也是在制造和检验机器零件时所用的图样，它是指导零件生产的重要技术文件。

6.5.1 零件图基础知识

零件图的基本要求应遵循 GB/T 17451—1998《技术制图 图样画法 视图》的规定。该标准明确指出：绘制技术图样时，应首先考虑看图方便。根据物体的结构特点选用适当的表达方法，在完整、清晰地表达物体形状的前提下，力求制图简便。

1. 零件图内容

① 一组视图（视图、剖视图、断面图）：表达零件各部分的形状、结构、位置。

② 完整的尺寸：确定零件各部分形状的大小、各结构之间的相对位置。

③ 技术要求：说明零件在制造和检验时应达到的技术标准。

④ 标题栏：说明零件的名称、材料、数量以及签署等。

2. 零件图的视图选择原则

① 主视图安放位置应符合零件的加工位置或工作位置，以能最清楚地显示零件的形状特征的方向为主视图的投影方向。

② 其他视图的选择。主视图确定后，选择适当的其他视图（剖视图、断面图）表达该零件还没有表达的结构、形状。

③ 在选择视图时，可进行几种方案的分析、比较，然后选出最佳方案。

3. 零件图的尺寸标注要求

零件图上所标注的尺寸是制造、检验零件的依据，合理的尺寸标注在于正确地选择尺寸的基准及其配置形式，使之既符合设计要求以保证质量，又满足工艺要求以便加工和检验。在尺寸标注中，对于一些常见局部结构的简化标注法和习惯标注法，国家标准（GB/T 16675.2—2012）都作了相应的规定，标注时必须符合这些规定，并在标注实践中逐渐熟记。

（1）正确选择尺寸基准

标注尺寸时要选好基准，即尺寸标注的起点，标出足够的尺寸而不重复，并且要便于零件的加工制造，应避免在加工时进行计算。尺寸基准按用途分为设计基准和工艺基准。

① 设计基准。零件工作时用以确定其位置的基准面或线称为设计基准。如图 6-54 所示的轴承座，分别选下底面 A 和对称平面 B 为高度方向和左右方向的设计基准。因为一根轴通常要用两个轴承座支持，两者的轴孔应在同一轴线上。两个轴承座都以底面与机座贴合确定高度方向位置，以对称平面确定左右位置。所以，在设计时以底面为基准来确定高度方向的尺寸，以对称平面为基准确定底板上两个螺栓孔的孔心距及相对于轴孔的对称关系，最终实现两轴承座安装后轴孔同心。

② 工艺基准。零件在加工和测量时用以确定其位置的基准面或线称为工艺基准。在设计工作中，尽量使设计基准和工艺基准一致，这样可以减少尺寸误差，便于加工。

③ 辅助基准。基准又可分为主要基准和辅助基准。零件在长、宽、高 3 个方向都应有一个主要基准，如图 6-54 所示，轴承座底平面 A 为高度方向的主要基准，左右对称面 B 为长度方向的主要基准，轴承端面 C 为宽度方向的主要基准。主要基准与辅助基准之间应有尺寸联系。一般零件的主要尺寸应从主要基准起始直接注出，以保证产品质量。非主要尺寸从辅助基准标注，以方便加工测量的要求，如图 6-54 中的 D 基准。

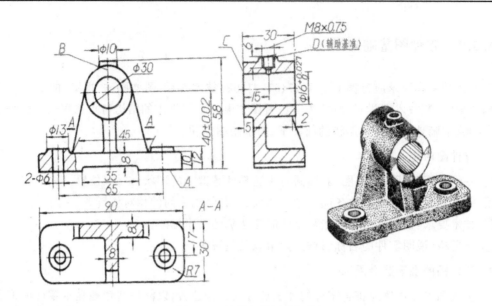

图 6-54 轴承座的尺寸标注

（2）按零件加工工序标注尺寸

标注尺寸应尽量与加工工序一致，以便于加工，并能保证加工尺寸的精度。图 6-55 中轴的轴向尺寸是按加工工序标注的。

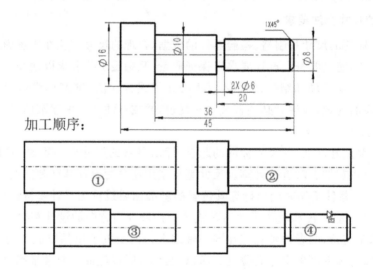

图 6-55 标注与加工工序一致

（3）标注尺寸要便于测量

图 6-56 所示为套筒件轴向尺寸的两种标注方式。图 6-56(a)所示的标注方式不方便测量，图 6-56(b)所示的标注方式方便测量。

（4）避免标注成封闭的尺寸链

尺寸链就是在同向尺寸中首尾相接的一组尺寸，每个尺寸称为尺寸链中的一环。尺寸一般都应留有开口环，即对精度要求较低的一环不标注尺寸。图 6-57(a)所示的轴的尺寸就构成了一个封闭的尺寸链，因为尺寸 d 为尺寸 a、b、c 之和，而尺寸 b 没有精度要求。在加工尺寸时，所产生的误差将积累到尺寸 b 上，因此挑选一个不重要的尺寸 b 不标注，如图 6-57(b)所示。

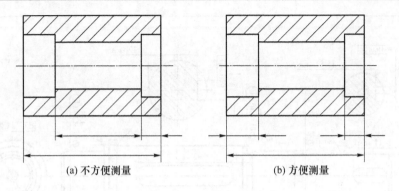

(a) 不方便测量　　　　　　　　(b) 方便测量

图 6-56　标注与测量

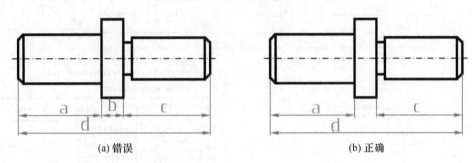

(a) 错误　　　　　　　　　　　(b) 正确

图 6-57　尺寸链问题

6.5.2　轴类零件工程图实践

轴类零件的结构一般比较简单,各组成部分多是同轴线的不同直径的回转体(圆柱或圆锥),而且轴向尺寸大,径向尺寸相对较小。另外,这类零件一般起支承轴承、传动零件的作用,因此常带有键槽、轴肩、螺纹及退刀槽、中心孔等结构。这类零件常在车床、磨床上加工成形。

如图 6-58 所示,轴类零件一般只需一个主视图,在有键槽和孔的地方,增加必要的剖视或剖面。

对于不易表达清楚的局部,如退刀槽、中心孔等,必要时应绘制局部放大图。选择主视图时,多按加工位置将轴线水平放置,以垂直于轴线的方向作为主视图的投影方向。凡有配合处的径向尺寸都应标出尺寸偏差。标注轴向尺寸时,首先应选好基准面,并尽量使尺寸的标注反映加工工艺的要求,不允许出现封闭的尺寸链。对尺寸及偏差相同的直径应逐一标注,不得省略,倒角、圆角都应标注无遗,或在技术要求中说明。

本例完成轴类零件工程图创建,内容包括打开工程图模板、生成主视图、移动工程视图、生成移出剖面视图、添加中心符号线和中心线、标注尺寸、插入表面粗糙度符号、插入基准特征符号和形位公差符号、插入注释并格式化、打印工程图。扫描二维码,可得到本节练习用到的源文件。

生成轴类零件工程图的操作如下。

1. 绘图前准备

“轴”模型文件

为了在工程图中链接相关属性,一般在零件环境中设定自定义属性。打开“轴.sldprt”零件模型,在主菜单栏中单击【文件】|【属性】,选择【自定义】选项卡,设置图纸名称为“轴工程图”,图纸代号为“LX-ZGZT-001”,零件材料为“45 钢”,如图 6-59 所示,单击【确定】按钮,保存该文件。

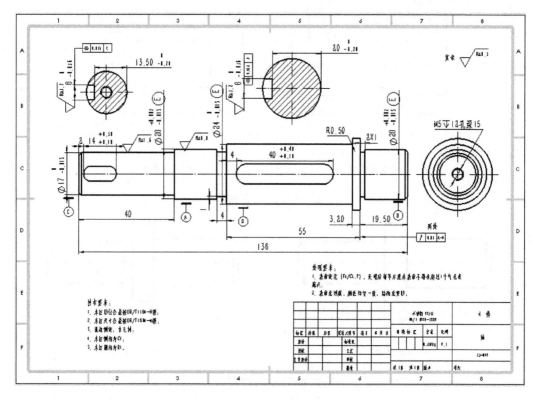

图 6-58　轴类零件工程图

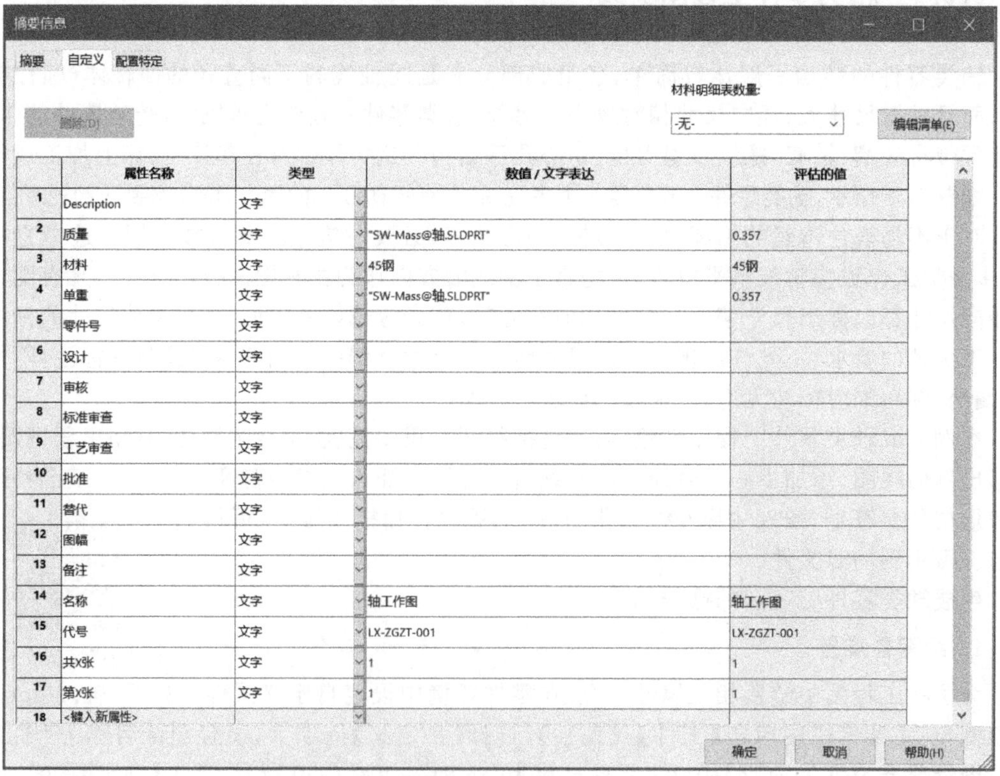

图 6-59　自定义文件属性

2. 生成视图

（1）打开工程图模板

在标准工具栏中单击【新建】按钮，在弹出的对话框中单击【高级】按钮，选择【模板】中的【gb_a4】，然后单击【确定】按钮。新工程图出现在图形区中，并弹出【模型视图】对话框。

（2）生成主视图

① 在【模型视图】属性管理器中，选择【要插入的零件/装配体】选择框中的"轴"，若在该选择框中没有欲生成工程图的零件，则单击【预览】按钮，在弹出的对话框中选择零件并打开。

② 在【方向】选项组中单击【标准视图】下的【前视】按钮，勾选【预览】，将光标移到图形区，并显示前视图的预览。将前视图作为主视图放置于合适的位置。

③ 单击【确定】按钮，完成主视图的绘制。

（3）生成左视图

① 在主菜单栏中单击【插入】|【工程图视图】|【投影视图】，或在工程图工具栏中单击【投影视图】按钮。

② 将光标沿主视图向右移动，在出现的方框中会显示左视图的预览，在合适的位置单击以放置左视图，如图 6-60 所示。

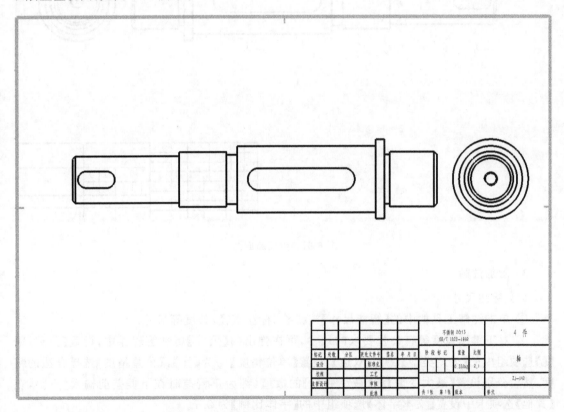

图 6-60　放置轴类零件的主视图及左视图

③ 单击【确定】按钮，完成左视图的绘制。

（4）比例设定

在 PropertyManager 设计树中右击【图纸格式 1】，在弹出的快捷菜单中选择【属性】，在【图纸属性】对话框中设置【比例】为 1：2。

（5）生成移出剖面视图

① 在主菜单栏中单击【插入】|【工程图视图】|【移出的剖面】，或在工程图工具栏中单击【移出断面】按钮，📎。

② 在【边线】和【相对的边线】选择框中分别选择小键槽所在的轴部位的两条边线，【切割线放置】选择【自动】，将光标移动到键槽断面处单击，完成切割线的绘制。

③ 将光标移到主视图上侧，选择合适位置并单击放置小键槽的断面图。

④ 重复上述操作，生成大键槽的断面图，如图 6-61 所示。

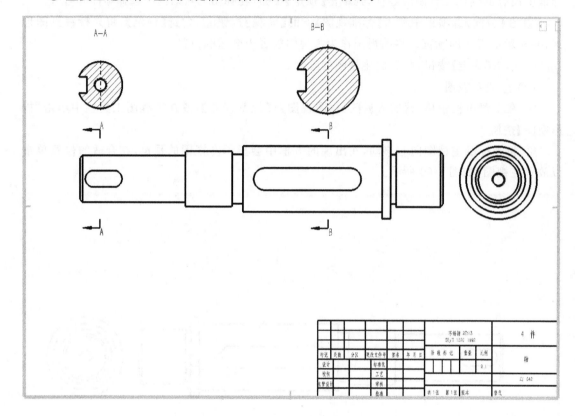

图 6-61　生成断面图

3．添加注解

（1）标注尺寸

① 单击注解工具栏中的【智能尺寸】按钮✎，标注直径、长度等尺寸。

② 对于键槽宽度等有公差要求的尺寸，可在弹出的【尺寸】属性管理器中，设置【公差/精度】选项组中的【公差类型】为【双边】，设置【单位精度】为【无】，【公差精度】选择合适的精度，然后分别设置【最大变量】和【最小变量】的数值（都为正偏差时在下偏差前输入"＋"），在【其他】选项卡中设置【文本字体】选项组中的【字体比例】为 0.7。

③ 对于砂轮越程槽宽度等需要增加文字的尺寸标注，可在【标注尺寸文字】选项组下的两个输入框中输入相应的内容。

（2）添加中心符号线和中心线

① 单击主菜单栏中的【插入】|【注解】|【中心符号线】，或在注解工具栏中单击【中心符号线】按钮。

② 单击选择左视图及两个断面图,在选择后的圆线中会显示中心符号线的预览。

③ 单击【确定】按钮 ✓ ,完成中心符号线的添加。

④ 单击主菜单栏中的【插入】|【注解】|【中心线】,或在注解工具栏中单击【中心线】按钮。在【中心线】选项卡中勾选【选择视图】,单击主视图,在主视图中会显示中心线的预览。

⑤ 单击【确定】按钮 ✓ ,完成中心线的添加。

⑥ 拖动视图中的中心线和中心符号线的控制点来调整其长度。

（3）插入表面粗糙度符号

① 单击主菜单栏中的【插入】|【注解】|【表面粗糙度符号】,或在注解工具栏中单击【表面粗糙度】按钮 √ 。

② 在【表面粗糙度】属性管理器中单击【符号】选项组中的【要求切削加工】按钮 √ ,在【符号布局】选项组中输入【最大粗糙度】的数值为 3.2,然后在视图中依次单击对应部位。

③ 单击【确定】按钮 ✓ ,拖动插入的表面粗糙度符号以调整位置。

④ 标注其他的表面粗糙度符号与上述步骤相似。

（4）插入基准特征符号和形位公差符号

① 单击主菜单栏中的【插入】|【注解】|【基准特征符号】,或在注解工具栏中单击【基准特征】按钮 ⒶＡ 。

② 在视图的对应部位附近选择合适位置,单击将基准特征符号放置在工程图视图中,通过移动光标调整基准特征符号的大小,调整完成后单击放置。

③ 放置其余基准特征符号并调整,直至所有基准特征符号绘制完成。

④ 单击【确定】按钮 ✓ ,完成基准特征符号的绘制。

⑤ 单击主菜单栏中的【插入】|【注解】|【形位公差】,或在注解工具栏中单击【形位公差】按钮 ⊡⒔ 。

⑥ 在弹出的形位公差【属性】对话框中,在第一行的【符号】中选择【对称】≡,设置【公差】的数值为 0.015,在【主要】中输入 C,在【形位公差】属性管理器中选择【引线】为【多转折引线】 ∿ 。

⑦ 在视图中对应的部位单击放置引线的箭头,移动鼠标以调整引线的形状及尺寸,调整完成后双击,完成第一个形位公差符号的放置。

⑧ 标注其他位置的形位公差和上述步骤相似。

⑨ 所有形位公差符号绘制完成后,单击【确定】按钮 ✓ ,完成所有注解的标注。

（5）技术要求

放大显示工程图图纸的左下角。

① 单击主菜单栏中的【插入】|【注解】|【注释】,或在注解工具栏中单击【注释】按钮 Ａ 。

② 在图形区中单击以放置注释框。在【格式化】对话框中选择【字号】为【5】,输入技术要求内容。

③ 单击【确定】按钮 ✓ ,完成"技术要求"的书写。

④ "处理要求"的书写和上述步骤相似。

（6）填写标题栏

右击图纸空白区,在弹出的快捷菜单中选择【编辑图纸格式】,进入图纸格式编辑环境,填写【材料】【图样名称】等内容。再次右击图纸空白区,在弹出的快捷菜单中选择【编辑图纸】,返回图纸编辑环境。

保存图纸,完成轴工程图设计全部内容。

4. 输出图纸

(1) 打印工程图

在主菜单栏中单击【文件】|【打印】,弹出【打印】对话框。

在【打印】对话框中,单击【页面设置】按钮,弹出【页面设置】对话框,可在此更改打印设定,如分辨率、比例、纸张大小等。在【比例和分辨率】选项组下,选择【调整比例以套合】,单击【确定】按钮以关闭【页面设置】对话框。

欲打印全部图纸,则在【打印范围】中选择【所有】。再次单击【确定】按钮以关闭【打印】对话框并打印工程图。如欲打印工程图的所选区域,则在【打印范围】中选择【当前屏幕图像】,并选择【选择】,然后单击【确定】按钮,【打印所选区域】对话框将出现并在工程图纸中显示一个选择框。单击【自定义比例】,并输入需要的数值,然后单击【应用比例】。将选择框拖动到想要打印的区域,单击【确定】按钮。

(2) 保存工程图

单击标准工具栏中的【保存】按钮 。如果系统提醒工程图参考的模型已修改,并询问是否要保存更改,则单击【是】按钮,关闭工程图。

6.5.3 盘类零件工程图实践

齿轮和端盖等盘状传动件的主体结构是同轴线的回转体,厚度方向的尺寸比其他两个方向的尺寸小。这类零件图一般用两个视图表示。选择主视图时,一般按加工位置将轴线水平放置,以垂直于轴线的方向作为主视图的投影方向,并用剖视图表示内部结构及其相对位置。当盘类零件由不同种类的孔沿圆周分布时,通常采用旋转剖。有关零件的外形和各种孔、筋、轮辐等的数量及其分布状况,通常选用左(或右)视图来补充说明。如果还有细小结构,则还需增加局部放大视图。各径向尺寸以轴的中心线为基准标出,厚度方向的尺寸以端面为基准标出。

1. 齿轮工程图内容

如图 6-62 所示,一般齿轮工程图包括以下内容。

① 视图:圆柱齿轮一般用两个视图表达。

② 标注尺寸及公差:包括齿轮宽度、齿顶圆和分度圆直径、轴孔键槽尺寸等。

③ 标注形位公差:包括齿轮齿顶圆的径向圆跳动公差、齿轮端面的轴向圆跳动公差、键槽的对称度公差。

④ 标注表面粗糙度。

⑤ 编写啮合特性表:特性表内容包括齿轮的基本参数、精度等级、圆柱齿轮和齿轮传动检验项目、齿轮副的侧隙、齿厚极限偏差或公法线长度极限偏差。

⑥ 编写技术要求。齿轮工程图上的技术要求一般包括:对材料表面性能的要求,如热处理方法,热处理后应达到的硬度值;对图中未标明的圆角、倒角尺寸及其他特殊要求的说明。

扫描二维码,可得到本节练习用到的源文件("齿轮 1"模型文件)。

"齿轮 1"模型文件

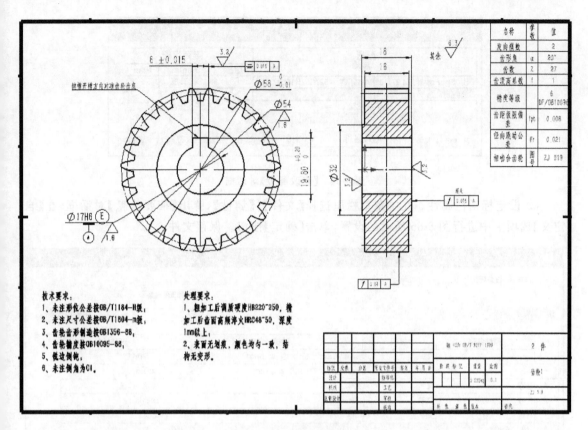

图 6-62　齿轮工程图

2. 齿轮工程图设计

(1) 绘图前准备

① 添加工程图配置。如图 6-63 所示,右击 FeatureManager 设计树中的"阵列齿槽",选择【配置特征】,将弹出【修改配置】对话框,如图 6-64 所示,在【配置名称】方框内输入"工程图配置",勾选【阵列齿槽】中的【压缩】复选框,单击【确定】按钮。保存文件。

图 6-63　添加配置

修改配置(M)
配置名称
阵列齿槽
压缩
Angle
Num_t
GB - Spur gear 2M 27T 20PA 16FW ---S27C32H18L17.0S1
13.333度
27
工程图配置
13.333度
27
<生成新配置。>
<输入名称>
确定(O)
取消(C)
应用(A)
帮助(H)

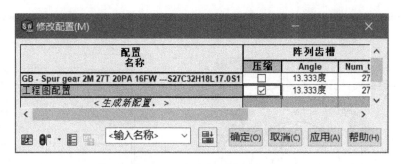

图 6-64 【修改配置】对话框

② 设定标题栏属性。在主菜单栏里选择【文件】|【属性】,弹出【摘要信息】对话框,在【自定义】选项卡中进行图 6-65 所示的设置,单击【确定】按钮。保存文件。

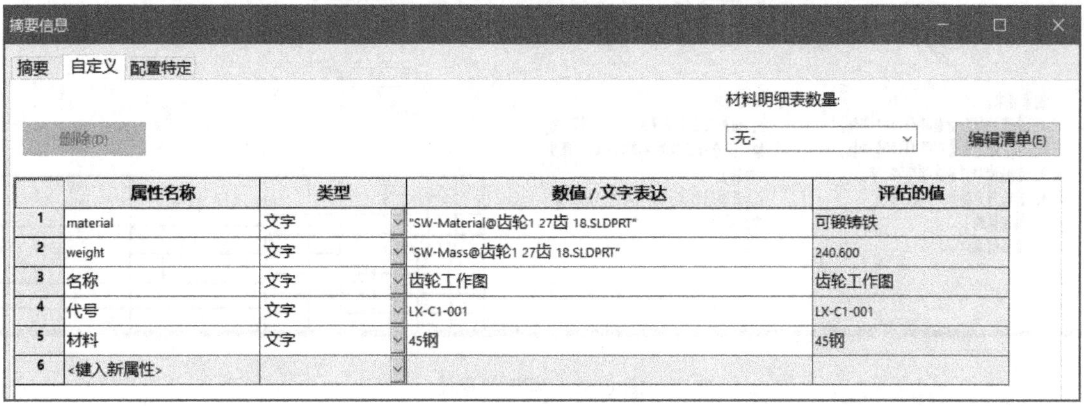
摘要信息
摘要
自定义
配置特定
材料明细表数量:
删除(D)
-无-
编辑清单(E)
属性名称
类型
数值 / 文字表达
评估的值
1 material 文字 "SW-Material@齿轮1 27齿 18.SLDPRT" 可锻铸铁
2 weight 文字 "SW-Mass@齿轮1 27齿 18.SLDPRT" 240.600
3 名称 文字 齿轮工作图 齿轮工作图
4 代号 文字 LX-C1-001 LX-C1-001
5 材料 文字 45钢 45钢
6 <键入新属性>

图 6-65 更改属性

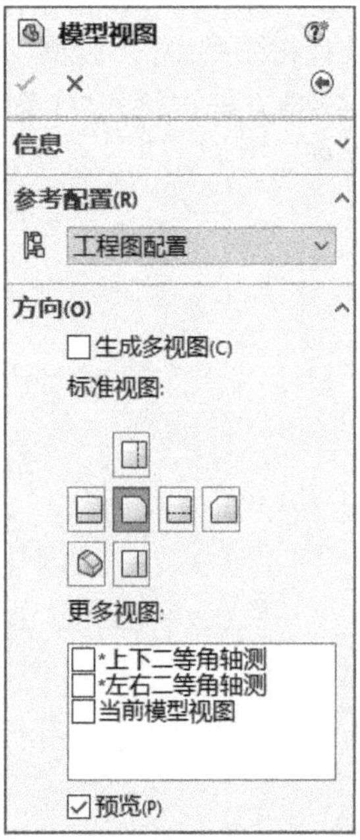
模型视图
信息
参考配置(R)
工程图配置
方向(O)
生成多视图(C)
标准视图:
更多视图:
*上下二等角轴测
*左右二等角轴测
当前模型视图
预览(P)

图 6-66 【模型视图】属性管理器

(2) 生成视图

① 打开工程图模板。单击标准工具栏上的【新建】按钮,弹出【新建 SolidWorks 文件】对话框。在该对话框中单击【高级】按钮,选择【模板】中的【gb_a4】,然后单击【确定】按钮,新工程图窗口弹出。

② 生成左视图。如图 6-66 所示,在【模型视图】属性管理器中的【要插入的零件/装配体】选项组下选择"齿轮"。单击【下一步】按钮,在【参考配置】选项组下选择【工程图配置】,在【方向】选项组下单击【前视】按钮,勾选【预览】,在图形区中显示预览。单击放置左视图,然后单击【确定】按钮。

③ 比例设定。右击 FeatureManager 设计树中的"图纸格式 1",选择【属性】,如图 6-67 所示,在弹出的【图纸属性】对话框中将【比例】设定为 3∶2,单击【应用更改】按钮。

④ 生成主视图。在工程图工具栏里单击【剖面视图】按钮,弹出【剖面视图辅助】属性管理器,如图 6-68 所示,在【切割线】选项组中单击【竖直】按钮,单击视图中需要主视图的位置,移动鼠标,将主视图放置到适当位置,如图 6-69 所示。

图 6-67 【图纸属性】对话框

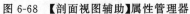

图 6-68 【剖面视图辅助】属性管理器

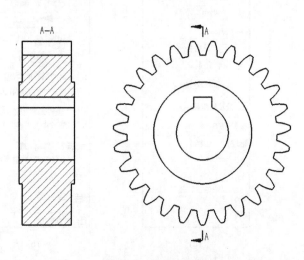

图 6-69 生成主视图

⑤ 添加中心线。单击草图工具栏上的【中心线】按钮 和【圆形】按钮 ,如图 6-70 所示,在两个视图中绘制相关中心线和分度圆完成视图准备。保存文件。

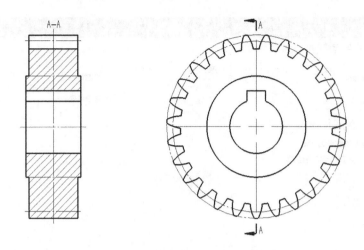

图 6-70 绘制中心线和分度圆

（3）添加注解

① 标注尺寸。单击注解工具栏上的【智能尺寸】按钮 ，标注齿宽等尺寸。如图 6-71 所示，对于键槽宽度等有公差要求的尺寸，在【尺寸】属性管理器的【公差/精度】选项组中设定【公差类型】 为双边，设定【单位精度】 为 0.12（即保留两位小数），输入最大变量和最小变量，在【标注尺寸文字】选项组中输入需要的特殊符号，在【引线】选项卡中可以设定引线的样式，在【其他】选项卡中可以设定文本的字体和大小，单击【确定】按钮 。

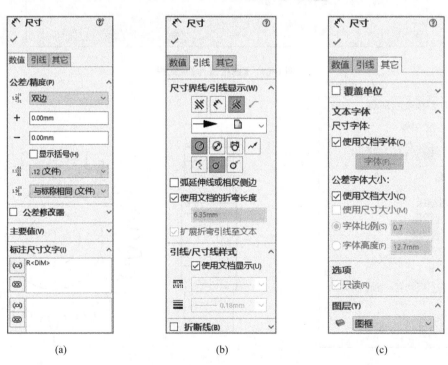

(a)　　　　　　　　　　　(b)　　　　　　　　　　　(c)

图 6-71 尺寸标注操作

② 插入表面粗糙度符号。单击注解工具栏上的【表面粗糙度】按钮 ，弹出【表面粗糙度】属性管理器，在【符号】选项组中选择【要求切削加工】符号 ，在【符号布局】选项组中输入表

面粗糙度数值为 3.2,然后在图形区中单击剖视图轴孔,单击【确定】按钮 ✓。同理,标注其他位置的表面粗糙度。

③ 插入基准特征符号。单击注解工具栏上的【基准特征】按钮 🅐,弹出【基准特征】属性管理器,在【引线】选项组中选择【垂直】✓,在图形区齿轮轴孔标注线附近移动指针将引线放置在工程图视图中,单击【确定】按钮 ✓。

④ 插入形位公差符号。单击注解工具栏上的【形位公差】按钮 ⊡⊞,弹出形位公差【属性】对话框,在第一行【符号】中选择 ↗,在【公差 1】中输入 0.02,在【主要】中输入 A,然后在图形区中单击剖视图齿顶圆并移动指针以放置形位公差符号,单击【确定】按钮完成环向跳动标注。同理,标注其他位置的形位公差。保存文件。

(4) 技术要求

放大显示工程图图样的左下角,单击注解工具栏上的【注释】按钮 🅐,在图形区中单击以放置注释。输入以下内容:"技术要求:1. 未注形位公差按 GB/T 1184—H 级;2. 未注尺寸公差按 GB/T 1804—m 级;3. 齿轮齿形制造按 GB 1356—88;4. 齿轮精度按 GB 10095—88;5. 锐边倒钝;6. 未注倒角为 C1。"可在 Word 中输入,再复制粘贴。选择所有注释文字,在格式化工具栏上输入图 6-72 所示的格式。类似地插入处理要求。保存文件。

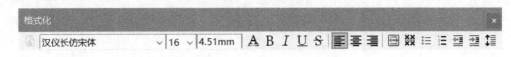

图 6-72　格式化工具栏

(5) 插入啮合特性表

在 Excel 中编辑啮合特性表并保存。在主菜单栏里选择【编辑】|【粘贴】,将 Excel 中编辑的啮合特性表粘贴到工程图中并拖动放置到右上角。保存文件。

(6) 填写标题栏

右击图纸空白区,在弹出的快捷菜单中选择【编辑图纸格式】,进入图纸格式编辑环境,输入"单位名称"等内容。然后,单击右上角的退出按钮 ⬜,返回图纸编辑环境。保存文件,完成齿轮工程图。

6.5.4　壳体类/箱体类零件工程图实践

壳体类、箱体类零件用以支持和固定轴系零件,是保证传动件啮合精度、良好润滑及轴可密封的重要零件。壳体类、箱体类零件多是铸造件,也可以是焊接件,进行批量生产时,通常使用铸造件。壳体类、箱体类零件多以空腔和各种孔类结构为主,并且常常是结构复杂的零件,为了清晰表达该类特征,壳体类、箱体类零件多用包含剖视图的一组视图表达,并且对于肋板等国家标准中有规定画法的零件,需要进行一些特殊的处理。下面以一个轴承座为例,介绍该类零件工程图的绘制方法。

扫描二维码,可得到本节练习用到的源文件("轴承座"模型文件)。

1. 轴承座工程图内容

① 一组视图:轴承座通常用包含剖视图的多个视图表达。

"轴承座"模型文件

② 标注尺寸:包括总体尺寸、安装孔尺寸、轴承孔尺寸等。

③ 标注表面粗糙度。

④ 编写技术要求:对材料处理的要求、对图中未注明的圆角及其他要求的说明。

2. 轴承座工程图的绘制

(1) 生成工程图文件

打开"轴承座"零件图。单击标准工具栏中的【新建工程图】按钮，或在主菜单栏里选择【文件】|【从零件制作工程图】。单击【高级】按钮,选择【模板】中的【gb_a4】,然后单击【确定】按钮。新工程图将出现在图形区中。

(2) 绘制主视图

在工程图工具栏中单击【模型视图】按钮，在【要插入的零件/装配体】中打开文件,双击选择"轴承座",创建并在合适位置放置主视图,并在模型视图管理器中调整视图比例,如图 6-73 所示。

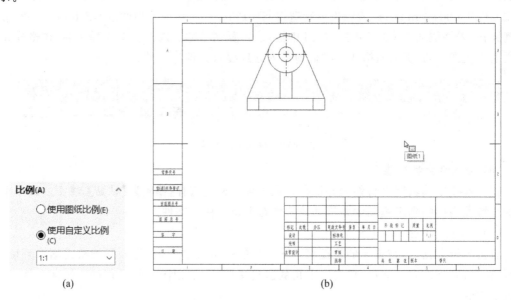

(a) (b)

图 6-73 调整视图比例

(3) 绘制剖视图

在草图工具栏中单击【中心线】按钮，按图 6-74 所示绘制剖切线。

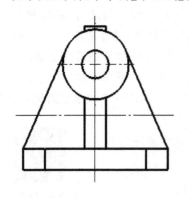

图 6-74 绘制剖切线

选择水平剖切线后,在工程图工具栏中单击【剖面视图】按钮，创建俯视图。选择竖直剖切线后,在工程图工具栏中单击【剖面视图】按钮，因为用筋特征创建的肋板在剖切时有规定画法,所以在创建左视图时,在图形区域中选择筋特征,【剖面视图】|【剖面范围】|【筋特征】选项框中出现所选筋特征,如图 6-75 所示。

生成剖视图后,选择切割线箭头,右击打开快捷菜单并选择【隐藏切割线】,得到图 6-76 所示的工程图。

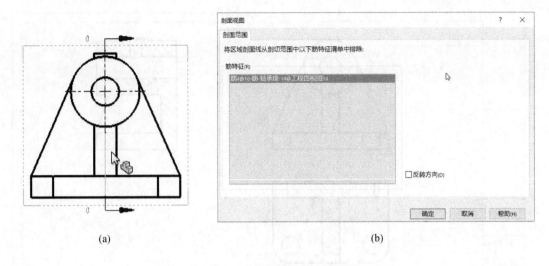

(a)   (b)

图 6-75 选择筋特征及选项框

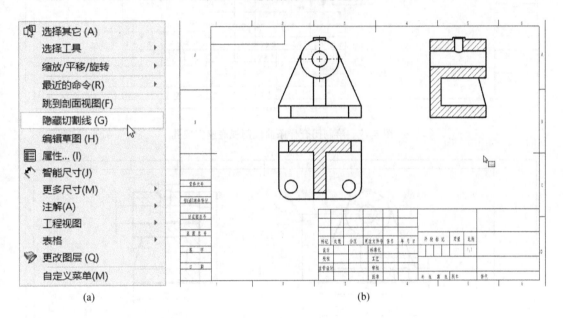

(a)   (b)

图 6-76 隐藏切割线

（4）绘制局部剖视图

在工程图工具栏中单击【断开的剖视图】按钮，创建局部剖视图，绘制闭合样条曲线剖视底座安装孔，如图 6-77 所示。

（5）标注尺寸

在注释工具栏中单击【智能尺寸】按钮 标注尺寸，如图 6-78 所示。

（6）标注技术要求

在注释工具栏中依次单击【表面粗糙度】按钮 和【注释】按钮 ，标注表面粗糙度符号和技术要求，最终结果如图 6-79 所示。

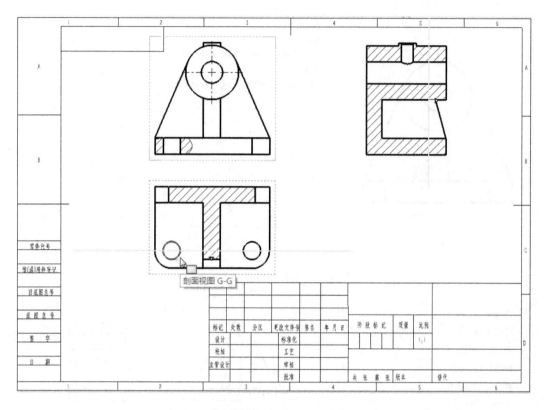

图 6-77　绘制闭合样条曲线剖视底座安装孔

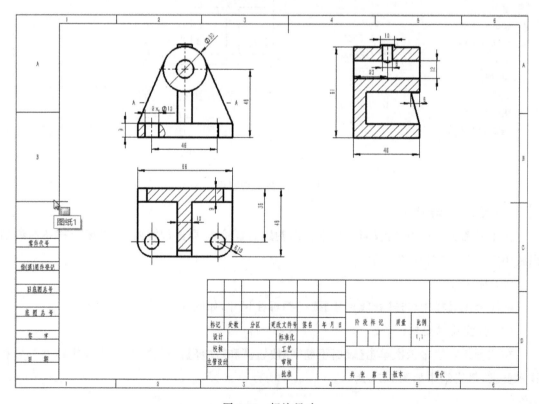

图 6-78　标注尺寸

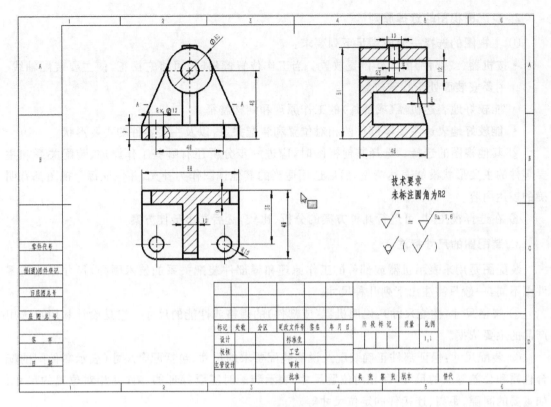

图 6-79 最终结果

6.6 创建装配图

装配图是很重要的一种工程图样,创建零件图的表达方法都可以用于装配图,但因装配图是由多数零件组成的部件和机器的工程图,它的作用与零件图也有区别,因此,在创建装配图时需要一些特殊的操作。本节主要讲解装配图中与零件图不同的内容。

6.6.1 装配图基础知识

1.装配图的主要内容

① 一组视图:表达机器或部件的结构、工作原理、装配关系、各零件的主要结构形状。

② 完整的尺寸:机器或部件的配合尺寸、安装尺寸(如安装孔间距)、总体尺寸。

③ 技术要求:说明机器或部件的性能、装配、检验等要求。

④ 标题栏:说明名称、重量、比例、图号、设计单位等。

⑤ 零件编号:装配图中每种零件或部件都要进行编号,且形状尺寸完全相同的零件和部件只编一个序号,数量填写在材料明细表中。

⑥ 材料明细表:列出机器或部件中各零件的序号、名称、数量、材料等。

2. 装配图视图的选择原则

① 主视图的选择一般应满足下列要求：

• 按机器（或部件）的工作位置放置。当工作位置倾斜时，可将它摆正，使主要装配轴线、主要安装面处于特殊位置。

• 能较好地表达机器（或部件）的工作原理和结构特征。

• 能较好地表达主要零部件的相对位置和装配关系，以及主要零件的主要形状。

② 其他视图的选择。选择其他视图时，应进一步分析还有哪些工作原理、装配关系和主要零件的主要形状没能表达清楚，然后选用适当的其他视图作为补充，并保证每个视图都有明确的表达内容。

③ 在选择视图时，可进行几种方案的分析、比较，然后选出最佳方案。

3. 装配图的尺寸标注

装配图是用来表示机器或部件的工作原理和零部件装配关系的技术图样，尺寸标注与零件图不同，一般只需注出下列几种尺寸。

① 规格尺寸（性能尺寸）：说明机器（或部件）的规格或性能的尺寸。它是设计和用户选用产品的主要依据。

② 装配尺寸：保证部件正确装配及说明装配要求的尺寸，包括配合尺寸（表示零件间的配合性质和公差等级的尺寸）和相对位置尺寸（表示装配时需要保证的零件间相对位置的尺寸，如重要的间隙、距离、连接件的定位尺寸等）。

③ 安装尺寸：机器或部件被安装到其他基础上时所必需的尺寸。

④ 外形尺寸：机器或部件整体的总长、总宽、总高。外形尺寸为包装、运输、安装提供了需占有空间的大小。

⑤ 某些重要尺寸：运动零件的极限位置尺寸、主要结构的尺寸，如两啮合齿轮的中心距、齿轮的模数。

4. 装配图中的技术要求

技术要求是指在设计时，对部件或机器装配、安装、检验和工作运转时所必须达到的指标和某些质量、外观上的要求。拟定机器或部件技术要求时应具体分析，一般从以下 3 个方面考虑，并根据具体情况而定。

① 装配要求：指装配过程中的注意事项，装配后应达到的要求。

② 检验要求：指对机器或部件整体性能的检验、试验、验收方法的说明。

③ 使用要求：对机器或部件的性能、维护、保养、使用注意事项的说明。

5. 装配图的零部件序号、标题栏和材料明细表

装配图上所有的零部件都必须编注序号或代号，并填写材料明细表，以便统计零件数量，进行生产的准备工作。同时，在看装配图时，也是根据序号查阅材料明细表，了解零件的名称、材料和数量等，这有助于看图和图样管理。

（1）零部件序号

一般规定：装配图中所有零部件都必须编注序号，相同的零部件只编一个序号，零部件的序号应与材料明细表中的序号一致。同一装配图中编注序号的形式应一致，序号应按水平或垂直方向排列整齐,并按顺时针或逆时针方向顺序排列。

(2) 标题栏和材料明细表

材料明细表是说明装配图中各零件的名称、数量、材料等内容的表格。材料明细表中所填序号应和装配图中所编零件序号一致。序号在材料明细表中应自下而上按顺序填写,如位置不够,可将材料明细表紧接标题栏左侧画出,仍按自下而上的顺序填写。对于标准件,在名称栏内还应注出规定标记及主要参数,并在代号栏中写明所依据的标准代号。装配图的标题栏与零件图的标题栏类似。

6.6.2 SolidWorks 装配图操作

1. 剖视图中不欲剖切零件的处理

我国制图标准规定,剖视图所包含的标准件(如螺栓、螺母、垫圈和开口销等)及实心轴不做剖切处理。在 SolidWorks 工程图环境下,可以按照以下操作来实现:

① 激活所完成的剖视图,并右击该剖视图。

② 在弹出的快捷菜单中选择【属性】,在弹出的【工程视图属性】对话框中单击【剖面范围】选项卡。

③ 在剖视图中单击不进行剖切的零件,则在【不包括零部件/筋特征】窗口中将显示不绘制剖面线的零件,如图 6-80 所示。

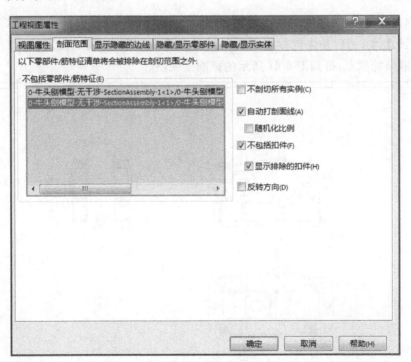

图 6-80 不剖切零件设置

④ 单击【确定】按钮,【不包括零部件/筋特征】窗口中显示的零件则按不剖切处理。

2. 零件序号

零件序号可手工或自动插入。通常首先自动插入零件序号,即单击注解工具栏中的【自动零件序号】按钮,然后对不满足设计者需要的序号采用手工插入,可以删除、增加、重编序号。

3. 改变材料明细表中零件的顺序

材料明细表中零件的顺序依据的是各零件装入装配体的顺序,若想改变,需要调整装配体特征管理器设计树下零件的顺序,然后重新插入材料明细表。

6.6.3 减速器装配图实践

本节主要完成减速器总装配图设计,包括打开工程图模板、生成新工程图、更改比例、移动工程视图、生成剖面视图、生成局部剖视图、添加中心符号线和中心线、修改剖面线、标注尺寸、插入材料明细表、自动插入零件序号、插入注释并格式化、打印工程图。

扫描二维码,可得到本节练习用到的源文件。

"减速器"模型文件

1. 打开工程图模板

单击主菜单栏中的【文件】|【新建】|【模板】,选择【gb-a1】模板,单击【确定】按钮 ✓。一个新工程图将出现在图形区中。

2. 生成新工程图

在【要插入的零件/装配体】下,选择"减速器.sldasm",将出现【模型视图】属性管理器,在其中将比例设置为 1∶1,并生成标准三视图。在主菜单栏里选择【视图】|【隐藏/显示】|【原点】命令,隐藏坐标原点,得到图 6-81 所示的标准三视图。

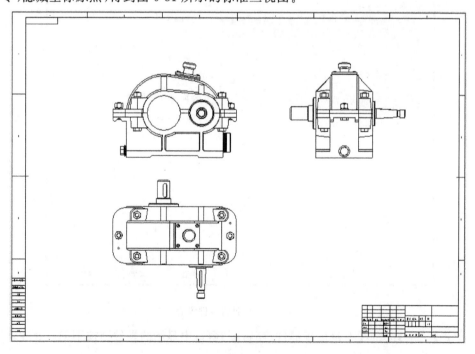

图 6-81　减速器标准三视图

3. 生成俯视图的剖面视图

单击草图工具栏中的【矩形】按钮,在俯视图中绘制矩形确定剖切范围。单击工程图工具栏中的【断开的剖视图】按钮,在【剖面视图】属性管理器中选中【不剖切所有实例】【不包括扣件】【显示删除的扣件】【自动打剖面线】复选框,并在主视图上选择不需要剖切的零件,如两个齿轮轴,单击【确定】按钮。在主视图中单击轴承端盖上的圆轮廓线,作为剖切位置,单击【确定】按钮 ✓ 生成全剖视图,如图 6-82 所示。

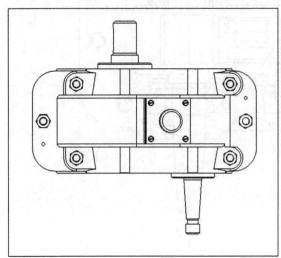

(a) 剖切范围

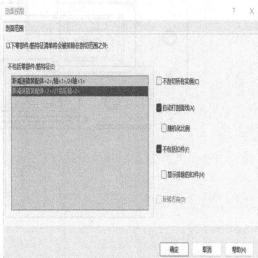

(b) 选择不需要剖切的零件

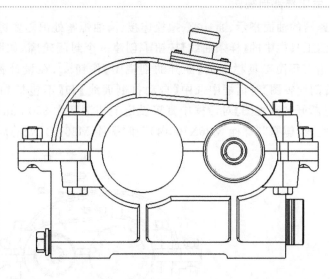

(c) 确定剖切位置

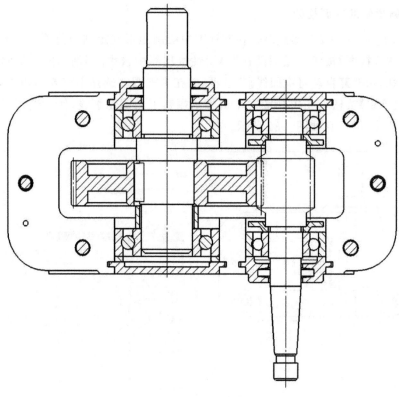

(d) 全剖后的俯视图

图 6-82 俯视图的剖面视图操作

4. 生成局部剖视图

减速器的油面指示、通气塞、螺栓连接、清油螺塞处都需要进行局部剖表达局部功能结构。单击草图工具栏中的【样条曲线】按钮∿创建一个封闭轮廓，如图 6-83 所示，单击【确定】按钮✔。单击工程图工具栏中的【断开的剖视图】按钮，在设计树中选择不进行剖切的【通气塞】，在【剖面视图】对话框中选中【自动打剖面线】和【不包括扣件】复选框，单击【确定】按钮✔。在【断开的剖视图】对话框中直接设定剖切深度为 300 mm，单击【确定】按钮✔。重复上述步骤完成"螺塞""螺栓 M36X100(4)"和"螺栓 M36(2)"处的局部剖视图。

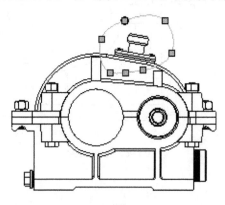

图 6-83 局部剖视图操作

单击标准工具栏中的【保存】按钮。接受默认文件名称,单击【确定】按钮 ✓。

5. 添加中心符号线和中心线

单击注解工具栏中的【中心符号线】按钮 ⊞。在各视图中,单击圆线,单击【确定】按钮 ✓。单击注解工具栏中的【中心线】按钮 ⊞,在各视图中,选择须添加中心线的两条边线,单击【确定】按钮 ✓。

6. 修改剖面线

在剖视图中选中轴承滚珠处的剖面线,在图 6-84 所示的【区域剖面线/填充】对话框中,不勾选【材质剖面线】复选框,并选中剖面线【属性】为【无】,则可去除轴承滚珠处的剖面线。

在剖视图中选中轴承外圈处的剖面线,在图 6-84 所示的【区域剖面线/填充】对话框中,不勾选【材质剖面线】复选框,并设定剖面线的角度为 0。重复上述操作,完成剖视图中剖面线的修改。

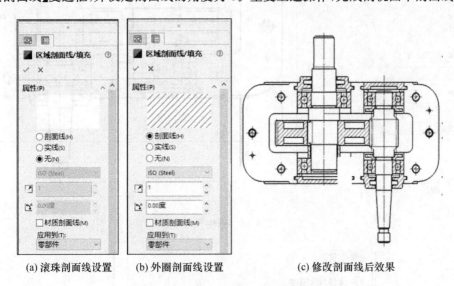

(a) 滚珠剖面线设置　　　　(b) 外圈剖面线设置　　　　(c) 修改剖面线后效果

图 6-84　修改剖面线

7. 标注尺寸

单击注解工具栏上的【智能尺寸】按钮 ◇。将指针移动到全剖视图中大齿轮与低速轴配合段的一条边线上并单击,移动指针到另一条边线上并单击,移动指针并单击来放置尺寸,直径尺寸 140 出现。按图 6-85 所示在【尺寸】对话框中设置【公差/精度】,在【标注尺寸文字】中单击直径符号 ∅。重复上述操作完成尺寸标注。

8. 自动插入零件序号

零件序号可手工或自动插入,在此自动插入零件序号。单击注解工具栏中的【自动零件序号】按钮 ⅄。在 PropertyManager 中的零件序号布局下,单击【圆形】,并选中【忽略多个实例】复选框。这样,同一种零件的序号只在一个视图中出现,如图 6-87 所示。单击需要插入序号的视图,最后单击【确定】按钮 ✓。将按需要移动零件序号,可框选多个零件序号后右击,在弹出的快捷菜单中选择【对齐】命令对零件序号进行【水平对齐】【垂直对齐】【水平均分】【垂直均分】等序号组织。

9. 插入材料明细表

插入材料明细表,以在装配体中识别每个零件并标号。

选择主视图,选择【插入】|【表格】|【材料明细表】命令。在图 6-86 所示的【选择材料明细表模板】对话框中选择国标的模板【gb-bom-material. sldbomtbt】或者自己建立的模板文件,单击【打开】按钮。在图 6-86 所示的【材料明细表】属性管理器中勾选【附加到定位点】,单击【确定】按钮 ✔ 生成材料明细表。

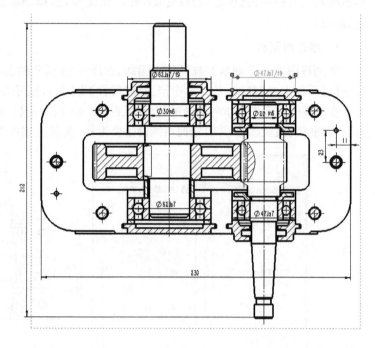

图 6-85　标注尺寸

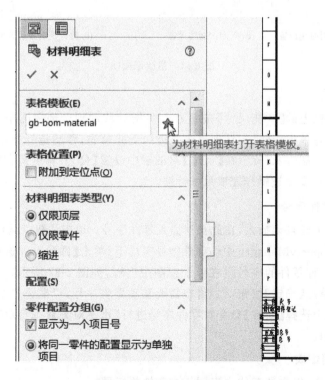

图 6-86　插入材料明细表

10. 插入注释

放大显示工程图图纸的左下角,单击注解工具栏中的【注释】按钮**A**,在图形区中单击以放置注释,输入以下内容:

技术要求:

1. 装配前,全部零件用煤油清洗,箱体内壁涂两次不被机油浸蚀的涂料;

2. 装配时,剖分面不得使用任何填料;

3. 箱座内装填 50 号润滑油脂规定高度;

4. 表面涂灰色油漆。

最后,得到图 6-87 所示的减速器装配图。

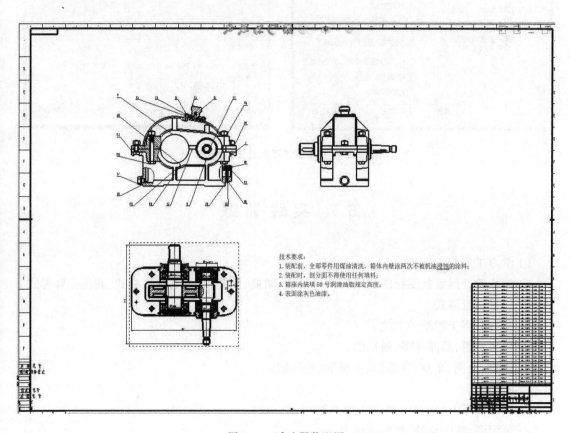

图 6-87　减速器装配图

11. 打印工程图

选择【文件】|【打印】命令,弹出【打印】对话框。在【打印范围】下,选择【所有图纸】。单击【页面设置】按钮,弹出【页面设置】对话框,可在此更改打印设定,如分辨率、比例、纸张大小等。在【比例和分辨率】下,选中【调整比例以套合】单选按钮。单击【确定】按钮 ✔,关闭【页面设置】对话框。再次单击【确定】按钮 ✔,关闭【打印】对话框并打印工程图,如图 6-88 所示。

单击标准工具栏中的【保存】按钮。如果系统提醒工程图参考的模型已修改,并询问是否要保存更改,单击【是】按钮,关闭工程图。

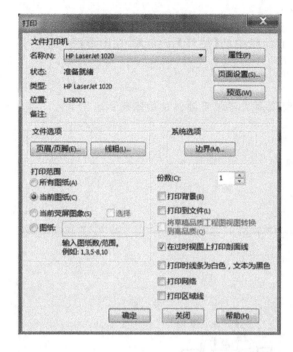
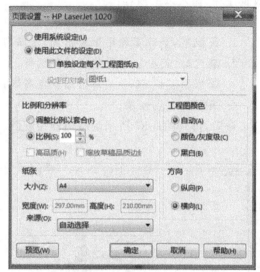

图 6-88 【打印】和【页面设置】对话框

6.7 实 践 训 练

① 学习工程图工具栏。

② 制作符合国家制图标准的工程图样模板：图框、标题栏、尺寸标注样式、其他注释样式。

③ 设置图纸格式。

④ 掌握常用工程图的方法：

a. 基本视图、局部视图、斜视图。

b. 剖视：全剖、半剖、局部剖、阶梯剖、旋转剖。

c. 断面图。

d. 断裂图。

e. 装配图：零件编号、材料明细表。

⑤ 编辑工程图：移动/显示或隐藏/更改线型/解除对齐。

⑥ 尺寸及注解的标注。

⑦ 根据零件模型（扫描二维码），建立轴套、杠杆和球阀阀体的完整零件图，如图 6-89 所示。

轴套零件模型　　　　杠杆零件模型　　　　球阀阀体零件模型

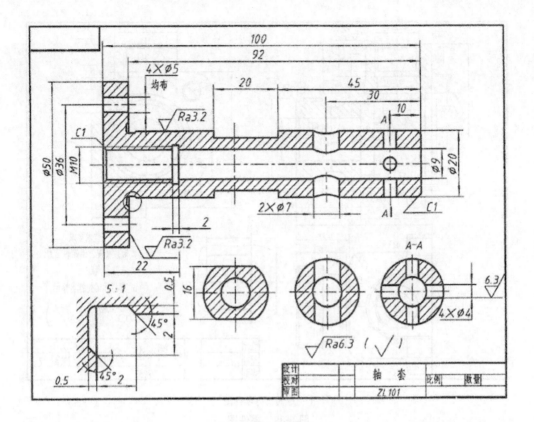

（a）轴套零件图

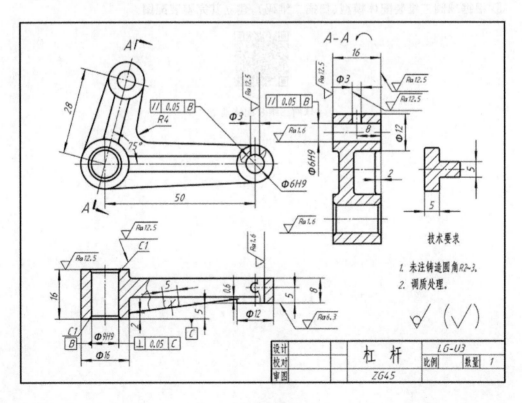

（b）杠杆零件图

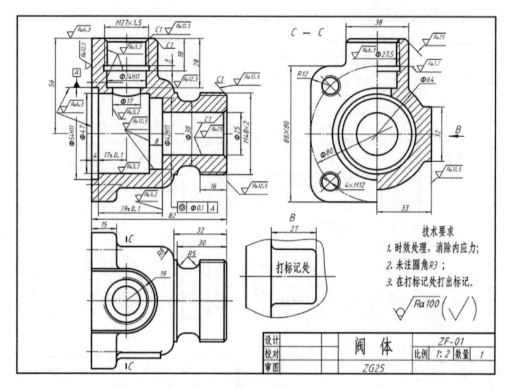

技术要求

1. 时效处理，消除内应力；

2. 未注圆角R3；

3. 在打标记处打出标记。

$\sqrt{Ra\,100}\quad(\sqrt{})$

设计		阀 体		ZF-01	
校对			比例	1：2	数量	1
审图				ZG25		

（c）球阀阀体零件图

图 6-89　零件图

⑧ 根据球阀三维装配体模型（扫描二维码），建立其完整装配图。

球阀三维装配体模型

第7章 标准件库及系列零部件

7.1 SolidWorks Toolbox

7.1.1 Toolbox 概述及安装

1. Toolbox 概述

SolidWorks Toolbox 库包含所支持标准的主零件文件以及零部件大小和配置信息的文件夹。在 SolidWorks 中使用新的零部件大小时,Toolbox 会根据用户参数设置更新主零件文件以记录配置信息。

SolidWorks Toolbox 支持的国际标准包括 ANSI、AS、BSI、CISC、DIN、GB、ISO、IS、JIS 和 KS。Toolbox 包括轴承、螺栓、凸轮、齿轮、钻模套管、螺母、销钉、扣环、螺钉、链轮、结构形状(包括铝和钢)、正时带轮和垫圈等五金件。

在 Toolbox 中所提供的扣件为近似形状,不包括精确的螺纹细节,因此不适用于某些分析,如应力分析。Toolbox 的齿轮为机械设计展示所用,它们并不是为制造使用的真实渐开线齿轮。此外,Toolbox 提供以下数种工程设计工具:决定横梁的应力和偏转的横梁计算器、决定轴承的能力和寿命的轴承计算器、将标准凹槽添加到圆柱零件的凹槽、作为草图添加到零件的结构钢横断面。

2. Toolbox 安装和激活

Toolbox 包括以下两个插件:

① SolidWorks Toolbox Utilities:装载钢梁计算器,轴承计算器以及生成凸轮、凹槽和结构钢所用的工具。

② SolidWorks Toolbox Library:装入 Toolbox 配置工具和 Toolbox 设计库,可在设计库任务窗格中访问 Toolbox 零部件。

推荐将 Toolbox 数据安装到共享的网络位置或安装到 SolidWorks Enterprise PDM 库中。通过使用公共位置,所有 SolidWorks 用户共享一致的零部件信息。可随同 SolidWorks Premium 或 SolidWorks Professional 安装 SolidWorks Toolbox,或从任务窗格进行安装。从任务窗格进行安装的步骤如下:

① 在【设计库】任务窗格中单击【Toolbox】,弹出图 7-1 所示的窗口。

② 单击【现在插入】即可安装 Toolbox。

一旦进行安装,必须激活 SolidWorks Toolbox 插件。激活 Toolbox 插件的步骤如下:

① 在主菜单栏中选择【工具】|【插件】，弹出【插件】对话框，如图 7-2 所示。

② 在【活动插件】和【启动】下勾选【SolidWorks Toolbox Utilities】或者【SolidWorks Toolbox Library】复选框，也可以两者都选择。

③ 单击【确定】按钮 ✓ 。

图 7-1　安装设计库

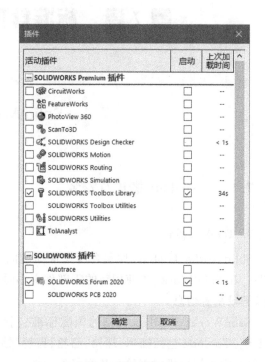

图 7-2　【插件】对话框

7.1.2　设置 Toolbox

1. 设置 Toolbox 的步骤

Toolbox 管理员使用 Toolbox 设置工具来选择并自定义五金件，设置用户优先参数和权限。最佳做法是在使用 Toolbox 前对其进行设置。

设置 Toolbox 的操作如下：

① 从 Windows 中选择【开始】|【所有程序】|【SolidWorks 2020】|【SolidWorks 工具】|【Toolbox 设置 2020】命令，或在主菜单栏中选择【工具】|【选项】，弹出【系统选项】对话框，如图 7-3 所示，在【系统选项】选项卡中，选择【异型孔向导/Toolbox】选项，并单击【配置】按钮，弹出【欢迎使用 Toolbox 设置】向导，如图 7-4 所示。

② 如果 Toolbox 受 Enterprise PDM 管理，在提示时单击【是】按钮，以检出 Toolbox 数据库。

③ 要选择标准和五金件，可单击第 2 项【自定义您的五金件】。要简化 Toolbox 配置，只选取使用的标准和器件。选取五金件后，可以选择大小或定义自定义属性，并添加零件号。要减少配置数，可以选择每个标准和自定义属性，然后清除未使用的大小和数据。

④ 要设定 Toolbox 用户首选项，单击第 3 项【定义用户设定】。

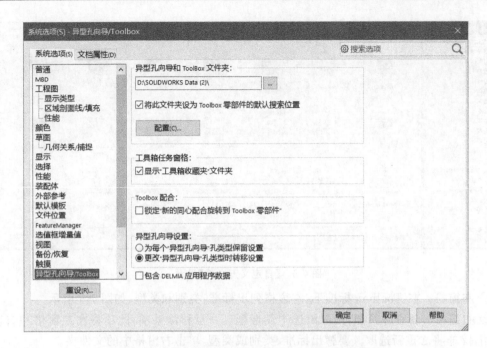

图 7-3　【系统选项】|【异型孔向导/Toolbox】对话框

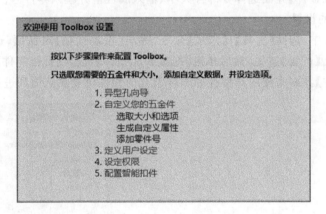

图 7-4　Toolbox 设置向导

⑤ 要以密码保护 Toolbox 不受未授权访问并为 Toolbox 功能设定权限,单击第 4 项【设定权限】。

⑥ 要指定默认智能扣件、异型孔向导孔以及其他扣件首选项,单击第 5 项【配置智能扣件】。

⑦ 单击【保存】按钮■。

⑧ 单击【关闭】按钮■。

2. 设置内容介绍

(1) 五金件的设置

在 SolidWorks 中,选择【工具】|【选项】命令,弹出【系统选项】对话框,选择【异型孔向导/Toolbox】选项,单击【配置】按钮,然后单击【自定义您的五金件】,进入【自定义五金件】界面,如图 7-5 所示。使用左窗格或单击右窗格中的文件夹导览来选取五金件。

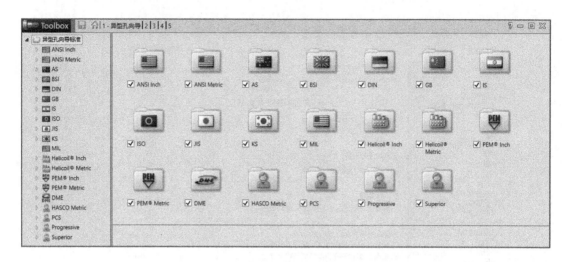

图 7-5 【自定义五金件】界面

① 左窗格。在 Toolbox 标准下,左窗格列出标准、类别和类型,如图 7-6 所示。

② 右窗格。要移除某项,则取消选中复选框。一旦移除某项,此项将在左窗格和右窗格中禁用,除非将之重新选取。要弹出标准、类别或类型,单击右窗格中的文件夹。

使用【自定义五金件】界面选择零部件大小、输入属性值并输入零件号。

(2) 智能扣件的设置

在 SolidWorks 中,选择【工具】|【选项】命令,弹出【系统选项】对话框,选择【异型孔向导/Toolbox】选项,单击【配置】按钮,然后单击【配置智能扣件】,进入【智能扣件】界面,如图 7-7 所示。使用【智能扣件】界面为使用异型孔和非异型孔的扣件设置默认值和进行其他设定。

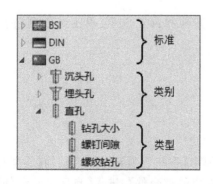

图 7-6 标准、类别和类型

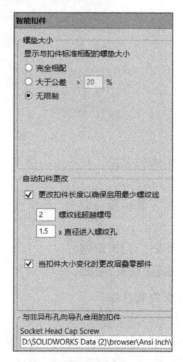

图 7-7 【智能扣件】界面

①【螺垫大小】选项组：根据智能扣件的大小，从选项中选择以限制可用的螺垫类型。

【完全相配】：将可用类型限制到与扣件大小完全匹配的螺垫。

【大于公差】：将可用类型限制到在输入的公差内与扣件大小匹配的孔直径。

【无限制】：使所有螺垫类型都可使用。

②【自动扣件更改】选项组：当硬件层叠变化时，可使扣件的长度变化；当扣件大小变化时，可以使层叠硬件大小变化。更改扣件长度以确保启用最少螺纹线，调整扣件长度以满足螺纹线需求。

【螺纹线超越螺母】：增加扣件长度以确保指定螺纹线数量超越螺母。

【直径进入螺纹孔的倍数】：根据扣件直径的倍数设置扣件啮合螺纹孔的最小长度。

③【默认扣件】选项组：可以指定默认的智能扣件零部件，以用于不同的标准和孔类型。

【与异型孔向导孔合用的扣件】：为异型孔向导孔的每个孔标准指定默认扣件。

【与非异型孔向导孔合用的扣件】：为非异型孔向导孔指定默认的孔标准和扣件。

7.1.3　生成零件

从 Toolbox 零部件中生成零件的操作步骤如下：

① 在【设计库】任务窗格中，在【Toolbox】下依次选择标准、类别和零部件的类型，可用的零部件的图像和说明将弹出到任务窗格中，如图 7-8 所示。

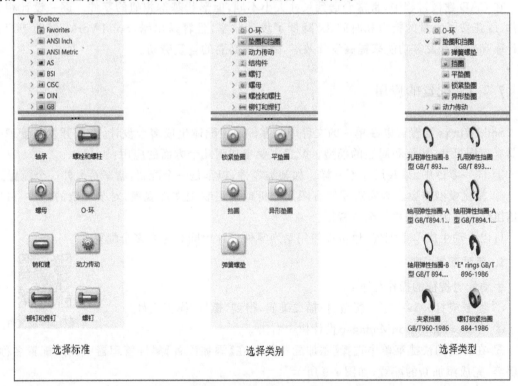

图 7-8　【设计库】任务窗口

② 右击零部件，然后在弹出的快捷菜单中选择【生成零件】。

③ 在【配置零部件】属性管理器中指定属性值。

④ 单击【确定】按钮，完成零件的生成。

7.1.4 将零件添加到装配体

将 Toolbox 零部件插入装配体中的操作步骤如下：

① 弹出某一装配体文件。

② 在【设计库】🗐 任务窗格中，在【Toolbox】🔧 下依次选择标准、类别和零部件的类型，可用零部件的图像和说明将弹出到任务窗格中。

③ 执行以下操作之一：

a. 将零部件拖动到装配体中。如果将零部件放置在合适的特征旁边，SmartMates 将在装配体中定位零件。

b. 右击零部件，然后在弹出的快捷菜单中选择【插入到装配体】。

④ 在【配置零部件】属性管理器中指定属性值。

⑤ 单击【确定】按钮 ✔，零件弹出到装配体中。

7.2 系列零部件

在 CAD 建模过程中，常常会遇到尺寸大小不同，但形状基本相似的零件。逐一设计相似零件，既花费了大量的精力和时间，又降低了设计效率，且容易出错，SolidWorks 借助于配置设计库和二次开发等功能来提高设计效率，减少不必要的重复劳动。

7.2.1 配置的应用

SolidWorks 配置可以在单一的文件中对零件或装配体生成多个设计，从而开发与管理一组具有不同尺寸、特征和属性的模型。配置主要有如下几个方面的应用：

① 同一零件中，某些尺寸不一样。如轴类零件，粗车是一个配置，精车是另外一个配置。

② 简化模型需要。为实现零件有限元分析或减小装配文件规模，对于复杂的零件，可以考虑压缩一些圆角、倒角等细节特征。

可以手动生成单个配置，也可以使用系列零件设计表同时建立多个配置。

1. 手动配置特征

手动配置特征的操作如下：

① 绘制或打开某一零件模型（扫描二维码，得到"螺杆"模型文件）。

② 在 ConfigurationManager 设计树中右击。

"螺杆"模型文件

③ 在弹出的快捷菜单中选择【添加配置】⁣🗝，在【添加配置】属性管理器中输入配置名称、说明等，完成添加新的配置，如图 7-9 所示。

④ 在 FeatureManager 设计树或绘图区中右击要配置的特征或草图。

⑤ 在弹出的快捷菜单中选择【配置特征】，弹出【修改配置】对话框，如图 7-10 所示。

⑥ 在【修改配置】对话框中选择要配置的特征或尺寸并输入配置名称、参数等，完成配置，得到图 7-11 所示的两种配置。

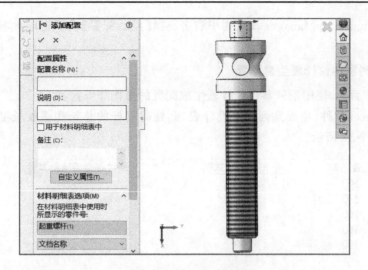

图 7-9　添加新的配置

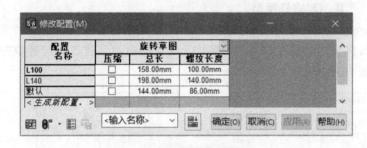

图 7-10　【修改配置】对话框

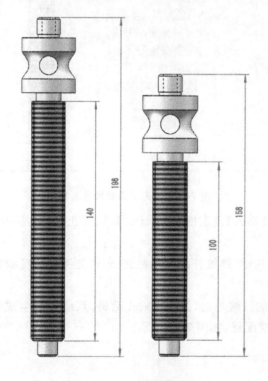

图 7-11　不同配置的零件

⑦ 在 ConfigurationManager 设计树中右击选择【显示配置】或双击配置名称可进行配置切换。

2. 使用系列零件设计表生成配置

以"起重杆"为例,使用系列零件设计表生成配置的操作如下:

① 打开 Excel 软件,生成系列零件设计表,此处起重杆的总长和螺纹长度将设置不同的配置参数,如图 7-12 所示。

配置名称	总长@旋转草图	螺纹长度@旋转草图
100	158	100
120	178	120
140	198	140
160	218	160
180	238	180

图 7-12　螺纹杆配置参数表

② 绘制或打开某一起重杆模型。

③ 在 FeatureManager 设计树中更改特征和草图的名称与系列零件设计表中的螺纹杆配置参数一一对应;将表达起重杆的总长和螺纹长度值的参数名称改为与螺纹杆配置参数表中的名称一致,如图 7-13 所示。

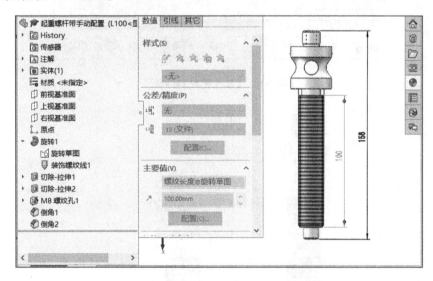

图 7-13　设定草图和尺寸名称

④ 在工具栏中选择【插入】|【表格】|【设计表】，弹出【系列零件设计表】属性管理器,如图 7-14 所示。

⑤ 单击【浏览】按钮选中"螺纹杆配置参数表. xls"文件,单击【确定】按钮 ✓,在绘图区将出现 Excel 工作表。

⑥ 在 Excel 表以外的区域单击,退出 Excel 编辑,系统提示生成的系列零件的数量和名称,单击【确定】按钮,完成配置,如图 7-15 所示。

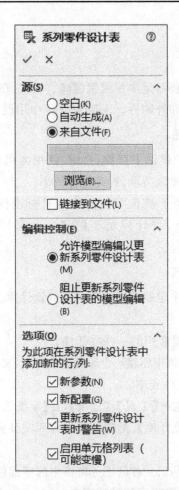

图 7-14　【系列零件设计表】属性管理器

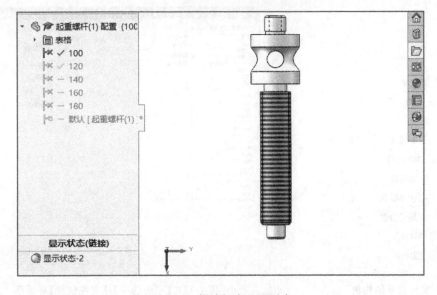

图 7-15　螺纹长度配置列表

7.2.2 定制设计库

一个产品在设计中自制件越多,成本相应就越高。因此,在一个产品设计中不可避免地要用到很多的标准件、企业常用件和外购件。SolidWorks 中用设计库实现类似功能。

1. SolidWorks 的设计库使用

SolidWorks 的设计库为用户提供了存储、查询、调用常用设计数据和资源的空间。利用设计库可以提高检索效率,减少重复劳动,提高设计效率。

SolidWorks 的设计库主要用于以下几个方面:企业标准件/常用件库、特征库、常用注释库和图块库。默认安装情况下,设计库位于【〈安装目录〉\ SOLIDWORKS Date \ design library】文件夹中。

2. SolidWorks 的设计库定制

设计者可以在 SolidWorks 中定制符合企业特点的设计库。

设计库定制的操作如下:

① 生成库元素。生成企业里常用的一些零部件。

② 保存库元素。在本地计算机中创建一个库元素文件夹,文件目录结构树可以参考图 7-16,把生成的库元素保存在相应的文件夹中。

③ 启动 SolidWorks 软件,选择【工具】|【选项】,在【系统选项】对话框中选择【文件位置】,在【显示下项的文件夹】中选择【设计库】,把创建的设计库文件夹添加到列表中即可,如图 7-17 所示。

④ 使用设计库时,将 SolidWorks 右侧任务窗格中的零部件直接拖进来即可。

⑤ 此外,还可以将生成的配置应用到设计库中。

图 7-16　文件目录结构树　　　　　　图 7-17　【系统选项】|【文件位置】对话框

7.3　实　践　训　练

① 认识 SolidWorks Toolbox 库,并实践将库中标准件生成新零件并添加到装配图中的方法和步骤。

② 实践将常用件通过配置方法得到系列零件的方法。

③ 根据自己的需要定制自己的设计库。

第8章 零部件的有限元分析

8.1 CAE 基础

CAE 技术是计算机技术和工程分析技术相结合形成的新兴技术,是指工程设计中的分析计算与分析仿真,具体包括运动/动力学仿真、工程有限元分析、强度与寿命评估、结构与过程优化设计。计算机辅助工程 CAE 是一个很广的概念,从字面上讲它可以包括工程和制造业信息化的所有方面。

8.1.1 CAE 的研究内容

从过程化、实用化技术发展的角度看,CAE 技术的核心为有限元法(Finite Element Method,FEM)与虚拟样机的运动/动力学仿真。

对 CAE 进一步分析,其具体的含义包含以下几个方面:

① 运动/动力学仿真。运用运动/动力学的理论和方法,对由 CAD 实体造型设计出的机构、整机进行运动/动力学仿真,给出机构和整机的运动轨迹、速度、加速度以及动反力的大小等。

② 有限元分析。运用工程数值分析中的有限元等技术分析计算产品结构的应力、变形等物理场量,给出整个物理场量在空间与时间上的分布,实现结构从线性、静力计算分析到非线性、动力计算分析。

③ 强度与寿命评估。运用结构强度与寿命评估的理论、方法和规范,对结构的安全性、可靠性以及使用寿命做出评价与估计。

④ 结构与过程优化设计。运用过程优化设计的方法在满足工艺和设计的约束条件下,对产品的结构、工艺参数和结构形状参数进行优化设计,使产品结构性能和工艺过程达到最优。

8.1.2 SolidWorks 设计验证工具

在整个产品设计过程中采用三维设计软件 SolidWorks,运用其基本功能可以完成从方案设计到零件和装配体建模,再到工程图出图的全部 CAD 功能,而在此基础上利用其丰富的插件,采用同一个三维实体模型即可完成 CAE 分析,确保了设计的精确性,大大缩短了设计时间,提高了设计效率和设计质量。

通过使用 SolidWorks 设计验证工具模拟真实情况并测试多套方案,可以提高设计质量,降低成本。

常用的验证工具包括以下几种：

① SolidWorks Simulation。SolidWorks Simulation 是一个与 SolidWorks 完全集成的设计分析系统，可以进行应力分析、频率分析、扭曲分析、热分析和优化分析。

② SolidWorks Motion。SolidWorks Motion 是完全嵌入 SolidWorks 软件内部的运动学仿真软件包，使用现有的 SolidWorks 装配体进行机构运动模拟，还可以将载荷无缝传入 Simulation 以进行应力分析。

③ SolidWorks Flow Simulation。SolidWorks Flow Simulation 是一款 3D 流体动力学仿真器，可进行流体分析和传热分析，还可以将压力和温度传入 Simulation 以进行应力分析。

④ COSMOSEMS。COSMOSEMS 是一款 3D 电磁场仿真器，它可以评估电气和电子产品暴露在低频电磁电流和电磁场中时的效果，还可以评估绝缘效果，并预测带电物体在电场和磁场中的受力情况。

8.2　有限元法简介

8.2.1　有限元法的发展历程简介

有限元法本来是一种经典的工程数学方法，但巨大的运算量长期制约着这种方法在工程实践中的深层次应用。

有限元法的发展有赖于计算机的发展和数值分析在工程中作用的日益提高。其思想可追溯到 1943 年数学家 Courant 的工作，他利用三角形单元和最小势能原理研究了扭转问题。1956 年，随着计算机开始应用，美国 Matin、Topp 等人将这一思想发展为造成矩阵位移法。1960 年，加利福尼亚大学伯克利分校的 Clough 把这个新的工程计算方法正式命名为 Finite Element Method。

有限元分析技术在现代机械设计中占据着十分重要的地位，有限元法是一种获得工程问题近似解的数值计算方法。实际的工程结构多数非常复杂，有时无法用经典的弹性力学通过求解微分方程而得到解析解，而有限元法则避免了求解微分方程，因此利用有限元法可以求解复杂形状、复杂结构、复杂边界条件的工程问题。它与 CAD 系统结合，使设计者可以在计算机中进行结构的刚度分析、强度分析、疲劳寿命分析等各种性能分析，从而取代了传统设计方法中"设计—验证—设计"的循环。整个设计过程只需要在最后阶段进行必要的验证性试验，这就极大地提高了工作效率，缩短了设计周期，降低了设计成本。

8.2.2　有限元法的基本原理

有限元法的基本思想是把连续体分割成数目有限的小块体（即单元），单元间只在数目有限的节点上相铰接，用有限个单元组成的集合体代替原来的连续体，在节点上引入等效力来代替实际作用在单元上的外力，对每一个单元则根据分块近似的思想，选择一个简单的函数来近似地表示单元上的位移分量的分布规律，并按弹性理论中的变分原理建立单元节点力和位移之间的关系，最后把所有单元的这种特性关系集合起来，就得到一组以节点位移为未知量的代数方程组,由这个方程组就可以求出物体的有限个离散节点上的位移分量。从数学角度来说,有限元法是从变分原理出发,通过区域剖分和分片插值,把二次泛函的极值问题化为普通多元二次函数的极值问题,后者等价于一组多元线性代数方程组的求解。

把物理结构分割成不同大小、不同类型的区域,这些就称为单元。根据分析不同学科,推导出每一个单元的作用力方程,进而组合成整个结构的系统方程,最后求解该系统方程,就是有限元法。

简单地说,有限元法是一种离散化的数值方法。离散后的单元与单元间只通过节点相联系,所有力和位移都通过节点进行计算。对每个单元,选取适当的插值函数,使得该函数在子域内部、子域分界面上(内部边界)都满足一定的条件。然后把所有单元的方程组合起来,就得到了整个结构的方程。求解该方程,就可以得到结构的近似解。

离散化是有限元法的基础。必须依据结构的实际情况,决定单元的类型、数目、形状、大小以及排列方式。这样做的目的是:将结构分割成足够小的单元,使得简单位移模型能足够近似地表示精确解。同时,单元又不能太小,否则计算量很大。

选取的函数通常是多项式,最简单的函数是位移的线性函数。这些函数应当满足一定条件,该条件就是平衡方程,它通常是通过变分原理得到的。例如,力学中的变分原理之一就是最小位能原理,位能指的是弹性体由于变形存储起来的内能和外载荷施加的能量之和,如果物体处于平衡状态,则位能将处于极小值。所以对位能求导数,并令该导数为零,就可得到平衡方程。

在数学上,有限元法的理论基础是变分法,应用到结构上时,就是能量原理。根据所用方法的不同,得到的方程组中所含未知数的性质分为以下 3 种情况。

① 当利用以最小位能原理为基础的位移法求解时,未知量为位移。

② 当利用以最小余能原理为基础的应力法求解时,未知量是应力。

③ 以这两种方法混合求解时,则未知量为位移和应力的组合。

在广义上,有限元的未知量称为场变量,如结构分析中的位移。场变量模型或模式是一个假设函数,用它来近似表示有限元上场变量的分布或变化。因此,有限元法得到的解是近似的,原则上,随着网格的加密或近似函数阶次的提高,有限元的工程数值解将收敛到精确解。

8.2.3 有限元法的解题思路与步骤

对于不同物理性质和数学模型的问题,利用有限元法求解的基本步骤是相同的,只是具体公式推导和运算求解不同。

利用有限元法求解问题的基本步骤如下。

① 问题及求解域定义:根据实际问题近似确定求解域的物理性质和几何区域。

② 求解域离散化:将求解域近似为具有不同有限大小和形状且彼此相连的有限个单元组成的离散域,习惯上称为有限元网络划分。显然单元越小(网络越细)则离散域的近似程度越好,计算结果也越精确,但计算量及误差都将增大,因此求解域的离散化是有限元法的核心技术之一。

③ 确定状态变量及控制方法:一个具体的物理问题通常可以用一组包含问题状态变量边界条件的微分方程式表示,为适合有限元法,通常将微分方程化为等价的泛函形式。

④ 单元推导:对单元构造一个适合的近似解,即推导有限单元的列式,其中包括选择合理

的单元坐标系,建立单元试函数,以某种方法给出单元各状态变量的离散关系,从而形成单元矩阵(结构力学中称刚度阵或柔度阵)。

为保证问题求解的收敛性,单元推导有许多原则要遵循。对工程应用而言,重要的是应注意每一种单元的解题性能与约束。例如,单元形状应该规则,畸形时不仅精度低,而且有缺秩的危险,将导致无法求解。

⑤ 总装求解:将单元总装形成离散域的总矩阵方程(联合方程组),反映对近似求解域的离散域的要求,即单元函数的连续性要满足一定的连续条件。总装是在相邻单元节点间进行,状态变量及其导数(可能的话)连续性建立在节点处。

⑥ 联立方程组求解和结果解释:有限元法最终会联立方程组。联立方程组的求解可用直接法、迭代法和随机法。求解结果是单元节点处状态变量的近似值。对于计算结果的质量,将通过与设计准则提供的允许值比较来评价并确定是否需要重复计算。

与之相对应,使用软件进行有限元分析,也可分成 3 个阶段:前处理、处理和后处理。前处理是建立有限元模型,完成单元网格划分;后处理则是采集处理分析结果,使用户能简便提取信息,了解计算结果。

8.3　SolidWorks Simulation

8.3.1　SolidWorks Simulation 简介

1. SolidWorks Simulation 概述

SolidWorks Simulation 是一个与 SolidWorks 完全集成的设计分析系统,为线性和非线性静态、频率、扭曲、热力、疲劳、压力容器、跌落测试、线性和非线性动态和优化分析提供了模拟解决方案。

在快速、准确的解算器支持下,SolidWorks Simulation 允许用户在进行设计时直观处理大型问题。

SolidWorks Simulation 采用有限元分析方法,提供表 8-1 所示的几种算例类型。

表 8-1　算例

算例类型	算例图标	算例类型	算例图标
静态		模态时间历史	
频率		谐波	
屈曲		无规则振动	
传热		跌落测试	
设计		疲劳	
非线性静态		压力容器设计	
非线性动态			

2. SolidWorks Simulation 激活

激活 Simulation 的步骤如下：

① 在主菜单栏中选择【工具】|【插件】，弹出【插件】对话框。

② 在【活动插件】和【启动】下勾选【SolidWorks Simulation】复选框。

③ 单击【确定】按钮。

激活 SolidWorks Simulation 后会在任务窗格中弹出【Simulation 顾问】窗口，如图 8-1 所示，可以通过【Simulation 顾问】窗口检查现有模型已添加和待添加的属性，完成模型的正确定义。

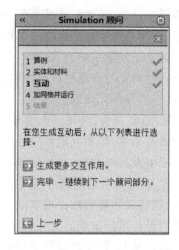

图 8-1 【Simulation 顾问】窗口

8.3.2 SolidWorks Simulation 分析步骤

SolidWorks Simulation 进行有限元分析的步骤取决于算例类型，可以通过如下步骤完成算例：

① 创建算例并定义其分析类型和选项。如果需要，可以定义算例参数。算例参数可以是模型尺寸、材料属性、力等参数。

② 定义材料属性。如果在 CAD 系统中定义了材料属性则不需要该步骤。疲劳算例和优化算例使用参考算例来获得材料定义。

③ 指定约束和载荷。其中疲劳算例和优化算例采用参考算例指定约束和载荷。跌落测试算例不允许用户定义在设置过程之外指定的约束和载荷。

④ 程序自动为厚度均匀的曲面和钣金创建壳体网格；钣金可以通过右击壳体图标并选择【视为实体】以创建实体单元网格；程序自动为带横梁的单元创建网格；模型中存在不同的几何体（实体、壳体、结构构件等）时，程序自动创建混合网格。

⑤ 定义零部件接触与相触面组。

⑥ 划分网格。将模型划分为许多称为"单元"的小块，其中疲劳算例和优化算例使用参考算例中的网格。

⑦ 运行算例。

⑧ 查看结果。

Simulation 顾问是引导用户进行分析过程的一组工具，通过回答一系列问题引导用户完成分析流程，该流程从决定算例类型开始到分析模拟输出，该工具收集必要的数据以帮助用户进行分析。

8.4 SolidWorks Simulation 功能介绍

8.4.1 创建新算例

在主菜单栏中选择【Simulation】|【算例】🔍，或者单击 Simulation 工具栏中的【算例】按钮

，弹出【算例】属性管理器，如图 8-2 所示。【算例】属性管理器里的不同选项组可以方便满足设计者不同的设计意图。

(a)

(b)

图 8-2　【算例】属性管理器

1.【名称】选项组

为新算例输入名称。

2.【常规模拟】选项组

【静态】：生成静态算例以计算在其上缓慢应用载荷的模型的响应。载荷在达到完全量值后保持不变。

【使用 2D 简化】：生成 2D 简化算例，通过 2D 简化模拟并保存分析时间来简化某些 3D 模型。可供使用的分析类型包括平面应力、平面应变以及轴对称。

【频率】：生成频率算例以计算模型的自然频率和模式形状。

3.【设计洞察】选项组

【拓扑算例】：生成拓扑优化算例，以了解零部件的概念设计。

【设计算例】：生成设计算例以执行参数优化或评估设计的特定情形。

4.【高级模拟】选项组

【热力】：生成热力算例以计算实体中由于传导、对流及辐射的温度分布。

【屈曲】：生成屈曲算例以计算实体的挫屈模态和临界屈曲载荷。

【疲劳】：生成疲劳算例以计算在周期性载荷作用下的总寿命、损害以及载荷因子。

【非线性】：生成非线性算例以计算模型由于应用载荷引起的非线性响应。

【线性动力】：生成线性动力算例以通过将每个模态的基值积聚到装载环境来计算模型的响应。载荷随时间或频率改变。

5.【专用模拟】选项组

【子模型】：创建子模型算例以完善大型模型局部区域的结果，而无须重新运行整个模型的分析。

【跌落测试】：生成跌落测试算例以评估具有刚性或柔性平面/曲面的零件或装配体的

冲击。

【压力容器设计】:生成压力容器设计算例以将静态算例的结果与指定因素组合。

8.4.2 应用材料

在运行算例之前,必须先定义相应分析类型所需的所有材料属性。所有材料属性都通过【材料】对话框定义。例如,静态算例、频率算例和扭曲算例需要定义弹性模量,而热力算例需要定义热导率等。线性各向同性材料和正交各向异性材料可用于所有结构算例和热力算例,其他材料模型可用于非线性应力算例。von Mises 塑性模型可用于跌落测试算例。材料属性可以指定为温度的函数。

定义材料属性的操作如下:

① 在主菜单栏中选择【Simulation】|【材料】|【应用材料】⌘,或者单击 Simulation 工具栏中的【应用材料】按钮⌘,弹出【材料】对话框,如图 8-3 所示。在【材料】对话框中,必需的属性和可选的属性会高亮显示。红色表示该属性对于活动的算例类型和材料模型是必需的,蓝色表示该属性是可选的。

图 8-3 【材料】对话框

② 通过左侧的材料属性文件夹可以选择材料库中的材料类型。

③ 选择所需的材料后单击【应用】按钮,将所选材料应用在指定零件上,然后单击【关闭】按钮,关闭【材料】对话框。

若材料库中现有的材料不满足使用需要,可在【自定义材料】|【塑料】|【自定义塑料】相应的文本框中输入材料的名称和材料属性等性质,同时可以设置自定义材料的外观、剖切线等属性,单击【应用】按钮完成自定义材料的设置,【自定义材料】对话框如图 8-4 所示。

图 8-4 【自定义材料】对话框

8.4.3 定义夹具

在主菜单栏中选择【Simulation】|【载荷/夹具】|【夹具】 💤，弹出【夹具】属性管理器，如图 8-5 所示。【夹具】属性管理器里的不同选项组可以方便满足设计者不同的设计意图。

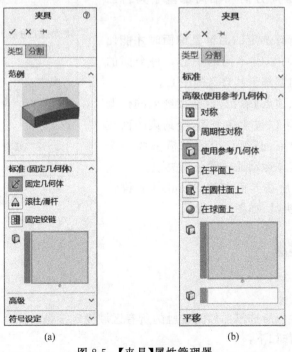

(a)   (b)

图 8-5 【夹具】属性管理器

1.【标准】选项组

【固定几何体】 ：固定的几何体，指定的平面不可移动。

【滚柱/滑杆】 ：指定平面在其基准面方向能够自由移动，但不能在垂直于基准面的方向移动。

【固定铰链】 ：指定的圆柱面只能绕自己的轴旋转，在载荷下，圆柱面的半径和长度保持恒定。

【夹具的面、边线、顶点】 ：选定施加约束的位置定义约束。每个约束可以包含多个面，受约束的面在所有方向上都受到约束，必须至少约束模型的一个面，以防止由于刚性实体运动而导致分析失败。

2.【高级】选项组

若【标准】选项组中的约束类型不能满足模型的需要，则在【高级】选项组中有进一步的约束类型。

【对称】：可使用对称性对模型的一部分进行造型，而不是对完整模型进行造型。未造型部分的结果可以从造型部分推断得出。

【周期性对称】：周期性对称允许用户通过为具有代表性的片段构造模型来分析带有绕轴圆周阵列的模型。通常可以使用周期性对称来分析涡轮、叶片、飞轮和马达转子。

【使用参考几何体】：可以使用所选参考几何体来应用约束。参考可以是基准面、轴、边线或面。使用此选项可以规定对顶点、边线、面及横梁铰接在所需方向上规定的平移和旋转。

【在平面上】：可以使用模型直边线作为参考来应用约束，可以规定沿边线方向平移。对于壳体网格，还可以指定相对于边线旋转。

【在圆柱面上】：当所有选定的面都是圆柱面时才能使用此选项。每个面都可以有不同的轴。每个面的径向、圆周方向和轴向都基于其自己的轴。

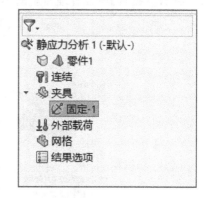

【在球面上】：当所有选定的面都是球面时才能使用此选项。每个面都可以有不同的中心。每个面的径向、经度和纬度方向都基于其自己的中心。

【夹具的面、边线、顶点】 ：选定施加约束的位置定义约束。每个约束可以包含多个面，受约束的面在所有方向上都受到约束，必须至少约束模型的一个面，以防止由于刚性实体运动而导致分析失败。

完成夹具的定义后在界面左侧 Simulation 设计树中将弹出新定义的夹具，如图 8-6 所示。

图 8-6　完成夹具设置的 Simulation 设计树

8.4.4　定义接触

1. 零部件相触

选接触零部件，并为所选零部件间接触的所有区域设定接触条件。

零部件相触的操作如下：

① 右击 Simulation 设计树中的"夹具" ，选择【夹具顾问】 ，通过【Simulation 顾问】任

务窗格选择【生成接触】⬛选项，按照引导选择接触的类型，或在主菜单栏中选择【Simulation】|【接触/缝隙】|【为零部件定义相触】🖱，弹出【零部件相触】属性管理器，如图 8-7 所示。

② 在【接触类型】选项组中选择所需的接触类型。

③ 在【零部件】选项组中选择相接触的零部件。

④ 勾选【全局接触】选项可以自动选择模型所有接触面。

⑤ 然后单击【确定】按钮✔，完成零部件相触的定义。

【零部件相触】属性管理器：

①【接触类型】选项组：

【无穿透】：用于静态算例、跌落测试算例和非线性算例。此接触类型可防止两接触实体间产生干涉，但允许形成缝隙。

【接合】：适用于所有需要网格化的算例类型。该程序会接合两接触实体，实体之间可以相互接触或相隔很小的距离。

【允许贯通】：适用于静态算例、非线性算例、频率算例、扭曲算例及跌落测试算例。该程序将两接触面视为不相连。

②【零部件】选项组：选取可以相互进行接触的实体。

2. 相触面组

手动选择两接触面，并为所选接触面设定接触条件。

相触面组的操作如下：

① 右击 Simulation 设计树中的"夹具"🖱，选择【夹具顾问】🖱，通过【Simulation 顾问】任务窗格选择【生成接触】⬛选项，按照引导选择接触的类型，或在主菜单栏中选择【Simulation】|【接触/缝隙】|【定义相触面组】🖱，或者单击 Simulation 工具栏中的【相触面组】按钮🖱，弹出【相触面组】属性管理器，如图 8-8 所示。

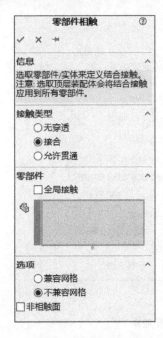

图 8-7　【零部件相触】属性管理器

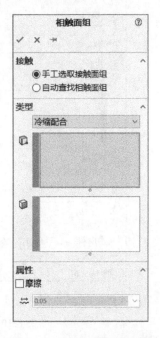

图 8-8　【相触面组】属性管理器

② 在【接触】选项组中选择两接触面之间的接触
类型。

③ 在【组 1 的面、边线、顶点】⬚和【组 2 的面、边
线、顶点】⬚方框内分别选择两接触面、边线或顶点。

④ 若要定义两接触面之间的摩擦属性,勾选【属
性】选项组中的【摩擦】并输入摩擦因数。

⑤ 然后单击【确定】按钮 ✓,完成相触面组的
定义。

完成接触的定义后在界面左侧 Simulation 设计树
中将弹出新定义的接触,如图 8-9 所示。

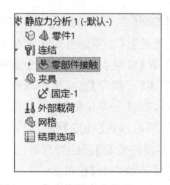

图 8-9 完成接触定义的 Simulation
设计树

8.4.5 施加载荷

SolidWorks Simulation 可定义的载荷有"力""扭矩""压力""引力""轴承载荷""远程载
荷/质量""分布质量""温度""流动效应""热力效应"和"规定的位移"几种形式。以力/扭矩为
例介绍施加载荷的操作。

1. 施加载荷的操作步骤

① 右击 Simulation 设计树中的"外部载荷"↓↓,选择【外部载荷顾问】↓↓,通过【Simulation
顾问】任务窗格选择所需的载荷类型,或在主菜单栏中选择【Simulation】|【载荷/夹具】|【力】
↓,弹出【力/扭矩】属性管理器,如图 8-10 所示。

(a)

(b)

图 8-10 【力/扭矩】属性管理器

② 在【力/扭矩】选项组中,选择载荷的类型为【力】↓。

③ 在【法向力的面】⬜方框内选择力作用的位置。

④ 在【单位】▯方框内选择力的单位。

⑤ 在【力值】⤓方框内输入力的大小来定义法向力。

⑥ 然后单击【确定】按钮 ✓,完成载荷的施加。

2.【力/扭矩】属性管理器

【力/扭矩】属性管理器里的不同选项组可以方便满足设计者不同的设计意图。

(1)【力/扭矩】选项组

【力】⤓:选择载荷的类型为力。

【扭矩】🗗:选择载荷的类型为扭矩。

①【法向】

【法向力的面】⬜:选择力作用的位置。

【单位】▯:选择力的单位,包含 SI、IPS 和 G。

【力值】⤓:指定力的大小来定义法向力。

②【选定的方向】

【基准面】⬜:选择基准面。

【单位】▯:选择力的单位,包含 SI、IPS 和 G。

【力】:包含沿基准面方向 1 ⬘、沿基准面方向 2 ⬘和垂直于基准面 ⬘ 3 个方向,分别输入力的大小定义任意方向的力。

(2)【非均匀分布】选项组

【坐标系轴】:选择力的参考坐标系,包括直角坐标系⬜、圆柱坐标系⬜和球坐标系⬜。

【单位】▯:选择坐标系单位,包含 mm、cm、m、in 和 ft。

【角度单位】⬘:圆柱坐标系和球坐标系应选择角度单位,包括 deg 和 rad。

【编辑方程式】:定义非均匀分布方程式。

力和扭矩在设计树中的显示如图 8-11 所示。

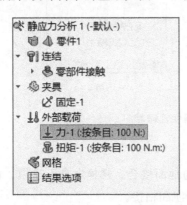 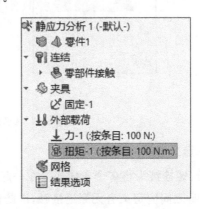

图 8-11　完成施加载荷的 Simulation 设计树

8.4.6　定义连接

除前述接触类型外,SolidWorks Simulation 还可以定义多种接头的连接类型以简化装配体的建模。

1. 以弹簧为例介绍定义连接的操作

① 右击 Simulation 设计树中的"连结" 🎋,选择【连结顾问】🎋,通过【Simulation 顾问】任务窗格选择所需的连接类型,弹出【接头】属性管理器,如图 8-12 所示。

② 在【类型】选项组中选择接头的类型为【弹簧】。

③ 根据模型需要选择弹簧的类型:【压缩与延伸】🎋、【压缩弹簧】🎋 或【拉伸弹簧】🎋。

④ 选择弹簧连接的两个面的类型,并选择两个面的位置。

⑤ 在【选项】选项组中选择参数的【单位】🎋。

⑥ 在【法向刚度】🎋 方框内输入弹簧法向刚度的值。

⑦ 在【轴向刚度】🎋 方框内输入弹簧轴向刚度的值。

⑧ 在【预载】🎋 方框内输入弹簧预载的值。

⑨ 然后单击【确定】按钮 ✓,完成连接的定义。

(a)   (b)

图 8-12 【接头】属性管理器

2. 可供选择的接头类型

① 螺栓:螺栓接头将多个实体连接在一起或与地面接合。螺栓本身不建模。由螺栓连接的实体在自身之间应定义有无穿透接触,以防止干涉和粘接。

② 弹簧:弹簧将两个位置连接在一起,由此模拟将平行平面、两个同心圆柱面或两个顶点连接在一起的弹簧接头。

③ 柔性支撑:柔性支撑,如抗振动装置,可使用弹性支撑进行模拟。弹性支撑以分布的弹簧将实体的面与地面接合。

④ 轴承:轴承将两个面接合在一起,但只将转移一些力和动量。轴承接头将实体接合在

一起。轴承支撑将实体与地面接合。

⑤ 粘合剂：粘合剂在重叠区域将实体连接在一起，粘合剂的行为取决于其强度和厚度。

⑥ 焊接：焊接将实体接合在一起。焊接由于化学、温度、基体材料、焊接几何、受热影响的区域、微裂纹、残余应力以及零件几何而有所不同，这些因素使焊接模拟十分困难。在大部分普通情况下，焊接用作载荷路径。

接头在设计树中的显示如图 8-13 所示。

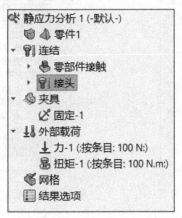

图 8-13　完成定义连接的 Simulation 设计树

8.4.7　划分网格

划分网格是设计仿真过程中一个至关重要的步骤。SolidWorks Simulation 的自动网格器会根据整体单元大小、公差及局部网格控制规格来创建网格。通过对网格属性的控制能够为零部件、面、边线及顶点指定不同的单元大小。

一般而言，网格细化都能够在一定程度上提高结构网格和流体网格求解的精度，但是由于计算成本和计算机硬件性能的限制，在进行网格划分的过程中需要平衡网格数量和计算效率及精度之间的关系。对于模型关键部位及关注度高的部位可以通过细化网格的方式来提高求解精度，但是对于模型中的其他位置可以考虑采用更为粗糙的网格来进行离散。

划分网格的操作如下：

① 在主菜单栏中选择【Simulation】|【网格】|【生成】💊，或者单击 Simulation 工具栏中的【生成网格】按钮💊，弹出【网格】属性管理器，如图 8-14 所示。

② 在【网格密度】选项组中通过拖动滑杆控制【网格因子】💊，可以改变网格的大小。

③ 在【网格参数】选项组中选择网格的类型为【标准网格】【基于曲率的网格】或【基于混合曲率的网格】。

④ 在【单位】▮方框内选择网格的单位。

⑤ 输入网格的【整体大小】🔺和【公差】🔺来控制网格尺寸。

⑥ 然后单击【确定】按钮✔，完成划分网格。

网格在设计树中的显示如图 8-15 所示。

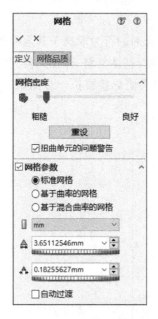

图 8-14 【网格】属性管理器

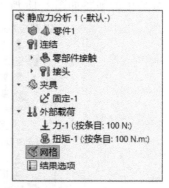

图 8-15 完成划分网格的 Simulation 设计树

8.4.8 执行运算

在执行仿真前右击 Simulation 设计树中的算例名称,选择【属性】▤,将弹出【静应力分析】对话框,可以更改算例的属性,如图 8-16 所示。

图 8-16 【静应力分析】对话框

在主菜单栏中选择【Simulation】|【运行】，或者单击 Simulation 工具栏中的【运行】按钮，可以执行算例的计算。

8.4.9 查看结果

以静应力分析为例，完成计算后，Simulation 设计树的【结果】文件夹下将自动生成【应力】、【位移】和【应变】结果，如图 8-17 所示。

右击 Simulation 设计树中的【结果】文件夹，如图 8-18 所示，在弹出的快捷菜单中可以执行【定义安全系数图解】、【定义设计洞察图解】等操作，得到更多仿真分析图解。

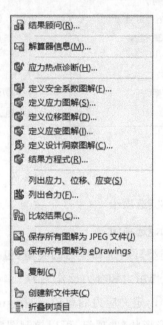

图 8-17　完成计算后的 Simulation 设计树　　　　图 8-18　运行结果快捷菜单

对于给定的最小安全系数，Simulation 会将可能的安全与非安全区域分别绘制为蓝色和红色，根据指定安全系数划分的非安全区域显示为红色。

右击 Simulation 设计树中的单项分析结果，如图 8-19 所示，在弹出的快捷菜单中通过选择【编辑定义】、【图表选项】和【设定】选项，将弹出【位移图解】属性管理器，可以改变图解的定义与显示内容，在下面进行详细介绍，如图 8-20 所示。

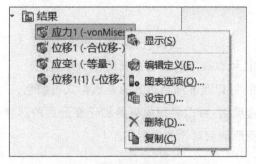

图 8-19　单项分析结果快捷菜单

(a)

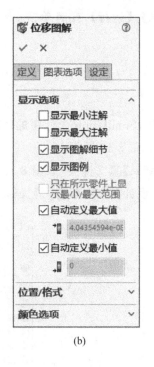
(b)

(c)

图 8-20 【位移图解】属性管理器

1.【定义】选项卡

①【显示】选项组：

【应力类型】：选择应力的类型，包括 X 位移、Y 位移、Z 位移、合位移、X 反作用力、Y 反作用力、Z 反作用力和合力反作用力。

【单位】：定义应力的单位，包括 am、nm、micron、mm、cm、m、microln、mil、in 和 ft。

②【变形形状】选项组：可以控制图解变形的比例。

2.【图表选项】选项卡

①【显示选项】选项组：可以通过勾选使图解显示最小注解、最大注解和图例等注解。

②【位置/格式】选项组：可以改变图例的【位置】、【宽度】、【数字格式】、【小数位数】等属性。

③【颜色选项】选项组：可以改变图解的颜色样式、【图表颜色数】以及编辑用户自定义颜色样式。

3.【设定】选项卡

①【边缘选项】选项组：可以设定过渡色边缘的显示样式。

②【边界选项】选项组：可以更改网格边界的显示样式与颜色。

③【变形图解选项】选项组：可以将原模型叠加于变形后的形状上，通过改变模型的显示类型与颜色，以形成模型变形前后对比的示意图。

8.5 静态应力分析及实例

注:本节部分彩图可扫描下面的"本章部分彩图"二维码进行查看。

1. 打开零件模型

打开某一零件模型,如图 8-21 所示(扫描二维码,得到"轴承座简化模型"模型文件)。

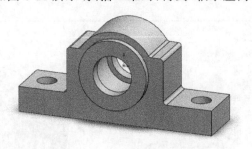

本章部分彩图

图 8-21 轴承座简化模型

"轴承座简化模型"
模型文件

2. 创建默认网格算例

① 在【SolidWorks 插件】下加载【SolidWorks Simulation】插件。

② 在主菜单栏中选择【Simulation】|【算例】,在【算例】属性管理器中创建名为"静应力分析 1"的静应力分析算例,单击【确定】按钮 ✓ 完成算例的创建。

3. 定义材料属性

在主菜单栏中选择【Simulation】|【材料】|【应用材料】,弹出【材料】对话框,将模型材料选择为"合金钢",单击【应用】按钮并关闭窗口。

4. 定义约束

① 在主菜单栏中选择【Simulation】|【载荷/夹具】|【夹具】 。

② 在【夹具】属性管理器中选择【固定几何体】,选择模型的两螺栓孔内圆柱面进行固定,如图 8-22 所示,单击【确定】按钮 ✓ 完成约束的定义。

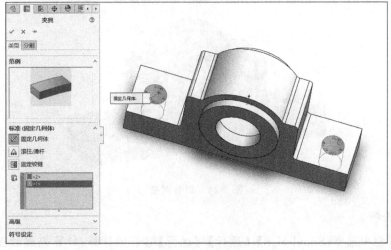

图 8-22 定义约束

5. 定义载荷

① 在主菜单栏中选择【Simulation】|【载荷/夹具】|【力】⊥。

② 在【力/扭矩】属性管理器中选择载荷类型为【力】，选择力的作用面为模型中部内圆柱面，力的方向设置为【选定的方向】，选定方向的参考面为模型底部平面，力的方向和大小设置为【垂直于基准面】的 100 N 力，单击【确定】按钮 ✓。

③ 以同样的方式创建垂直于模型表面的 60 N 作用力，如图 8-23 所示，单击【确定】按钮 ✓ 完成载荷的定义。

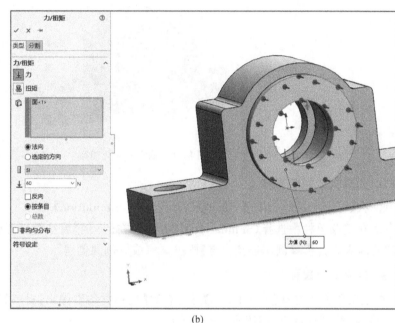

(a)　　　　　　　　　　　　　　　　　(b)

图 8-23　定义载荷

6. 划分网格

在主菜单栏中选择【Simulation】|【网格】|【生成】⬡，在【网格】属性管理器中设置网格密度，并单击【确定】按钮 ✓，完成网格的划分。此时的模型如图 8-24 所示。

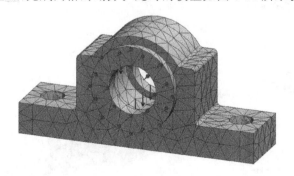

图 8-24　划分网格

7. 运行分析

在主菜单栏中选择【Simulation】|【运行】|【运行】⬡ 开始计算，计算完成后在设计树中得

到【结果】文件夹以及应力、位移和应变结果。

8. 查看结果

（1）应力应变结果

右击 Simulation 设计树中的【应力】选项，选择【图表选项】![图标]，弹出【应力图解】属性管理器，在【显示选项】中勾选【显示最小注解】和【显示最大注解】，得到最小应力为 2.355×10^3 Pa，最大应力为 1.433×10^6 Pa。以同样的方式得到最小应变为 1.450×10^{-8} m，最大应变为 4.444×10^{-6} m。得到的应力云图和应变云图如图 8-25 所示。

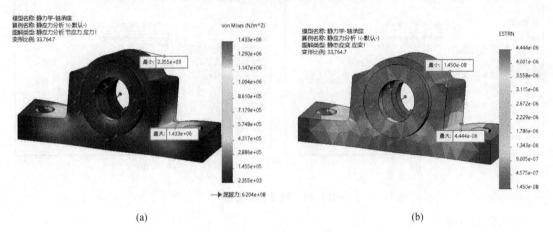

(a)   (b)

图 8-25　应力云图和应变云图

（2）安全系数结果

安全系数向导通过以下 3 个步骤评估模型的安全性：

- 设定安全标准。确定使用的应力度量以用于对所选应力极限值的比较。
- 选择应力极限值。根据应力结果与材料属性来决定安全系数。
- 指定观察安全系数的区域，查看模型的安全系数分布。

右击 Simulation 设计树中的结果文件夹，选择【定义安全系数图解】![图标]，弹出【安全系数】属性管理器，在【步骤 1】中选择范围与判断准则，单击【下一步】按钮![图标]，在【步骤 2】中设置应力极限程度为"1"，单击【下一步】按钮![图标]，在【步骤 3】中输入"1.25"显示安全系数小于 1.25 的分布图解，单击【确定】按钮![图标]完成安全系数图解的设置并生成结果，如图 8-26 所示，可以得到模型在设定的约束与载荷条件下是安全的。

图 8-26　安全系数结果

（3）设计洞察

设计洞察图解会显示模型中能够有效承担载荷的区域，可以观察设计洞察图解得到承受较小载荷的区域，进而在优化设计中有针对性地减少模型材料。

右击 Simulation 设计树中的结果文件夹，选择【定义设计洞察图解】，弹出【设计洞察】属性管理器，调整【载荷级别】滑杆观察承受较多载荷的区域，如图 8-27 所示，单击【确定】按钮 ✔ 得到设计洞察图解。

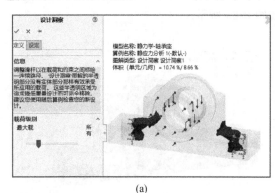 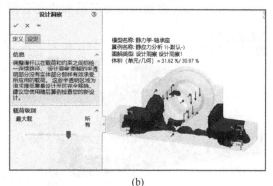

(a)   (b)

图 8-27 设计洞察图解

（4）变形动画

在【Simulation 顾问】任务窗格中单击【播放动画】按钮，可以观察模型的变形过程，单击【停止动画】按钮停止动画的播放。

（5）查看求解信息

右击 Simulation 设计树中的结果文件夹，选择【解算器信息】，弹出【解算器信息】对话框，如图 8-28 所示，在对话框中会显示节点数、单元数、自由度数与总求解时间。

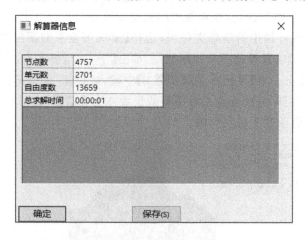

图 8-28 【解算器信息】对话框

（6）探测结果

探测功能可以查看指定节点或要素中心设置的数量值。右击 Simulation 设计树中的"应力 1"，选择【探测】查看探测结果。在【选项】选项组中选择【在位置】得到节点的探测结果，如图 8-29 所示。

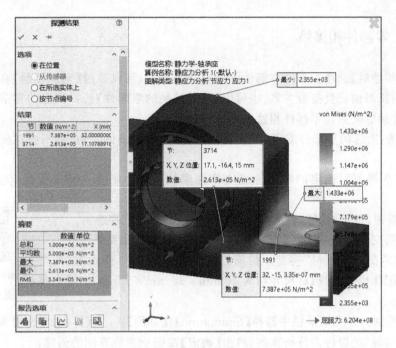

图 8-29 探测结果

（7）Iso 剪裁

Iso 剪裁可以查看已经绘制图解结果中具有指定值的曲面。右击 Simulation 设计树中的"应力 1"，选择【Iso 剪裁】，弹出【Iso 剪裁】属性管理器，输入【等值】数值或拖动滑杆，可以得到模型上相应的应力值包围的曲面，如图 8-30 所示。

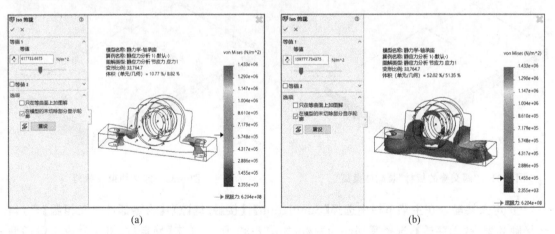

(a)   (b)

图 8-30 Iso 剪裁

8.6 接触应力分析及实例

注：本节部分彩图可扫描第 333 页"本章部分彩图"二维码进行查看。

SolidWorks Simulation 提供两种接触面选项：零部件相接触和相触面组。

8.6.1　零部件相接触

　　【零部件相接触】选项在不同零部件间设置接触条件,可以通过【全局接触】自动为装配体中所有零件的接触面设置接触关系,也可以通过【接触的零部件】选择指定的零部件并为其所有接触面设置接触关系。零部件相接触有 3 种类型:

　　① 无穿透:所选的零部件或实体无论设置的初始接触条件如何,都不会在模拟过程中互相穿透。

　　② 接合(无缝隙):选定的零部件或实体在模拟过程中不会有分离情况,类似于粘接或焊接。

　　③ 允许贯通:选定的零部件或实体可在模拟过程中彼此穿透。

　　下面以"两交叠的板材"为例介绍上述 3 种零部件相接触关系。

"两交叠的板材"
装配体模型

　　① 打开"两交叠的板材"模型。扫描二维码得到图 8-31 所示的"两交叠的板材"装配体模型:两板材尺寸均为 40 mm×30 mm×5 mm,中间交叠宽度为 10 mm。

　　② 创建算例。在主菜单栏中选择【Simulation】|【算例】🔍,在【算例】属性管理器中创建名为"悬臂两板接触"的静应力分析算例,单击【确定】按钮 ✔ 完成算例的创建。

　　③ 定义材料属性。在主菜单栏中选择【Simulation】|【材料】|【应用材料】≣,弹出【材料】对话框,将模型材料选择为"合金钢",单击【应用】按钮并关闭窗口。

　　④ 定义约束与载荷。定义上板的右端与下板的左端为固定约束,在上板左端面施加一 y 方向 100 N 的作用力。完成定义的模型如图 8-32 所示。

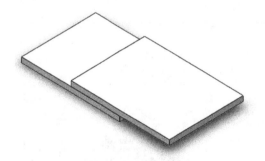
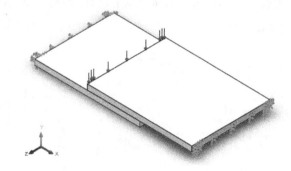

图 8-31　"两交叠的板材"装配体模型　　　　图 8-32　定义约束与载荷

　　⑤ 定义接触。在主菜单栏中选择【Simulation】|【接触/缝隙】|【为零部件定义相触】👆,勾选接触类型为【无穿透】,选择零部件为两板,如图 8-33 所示,单击【确定】按钮 ✔ 完成接触类型的定义。

　　⑥ 划分网格。在主菜单栏中选择【Simulation】|【网格】|【生成】🦐,在【网格】属性管理器中设置网格密度,并单击【确定】按钮 ✔,完成网格的划分。

　　⑦ 运行分析。在主菜单栏中选择【Simulation】|【运行】|【运行】🦑 开始计算,计算完成后在设计树中得到结果文件夹以及应力、位移和应变结果。

　　⑧ 查看结果。通过改变接触类型进行【接合】与【允许贯通】方式的分析,3 种接触类型的计算结果应力云图如图 8-34 所示。

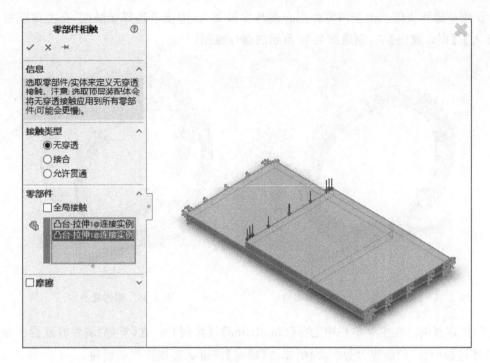

图 8-33　零部件定义相触过程

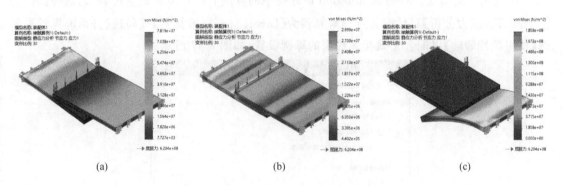

(a)　　　　　　　　　　　(b)　　　　　　　　　　　(c)

图 8-34　3 种接触类型的计算结果应力云图

8.6.2　相触面组

【相触面组】可以为不同的零件或组合自动寻找相触面组或手动选择相触面组，并按照所选的接触类型定义两者间的接触。

除【无穿透】【接合】与【允许贯通】外，相触面组的接触类型还有【冷缩配合】与【虚拟壁】两种。

① 冷缩配合：允许相互有干涉配合作用，如过盈配合。

② 虚拟壁：当零件接触一弹性或一刚性平面时适用。

下面以"双环过盈配合"为例介绍相触面组的接触关系。

① 打开"双环过盈配合"模型。扫描二维码得到图 8-35 所示的"双环过盈配合"装配体模型。

"双环过盈配合"
装配体模型

② 创建爆炸视图。由于两零件配合面与实体交叉,为便于选择接触面,在主菜单栏中选择【插入】|【爆炸视图】💨,创建图 8-36 所示的爆炸视图。

图 8-35 "双环过盈配合"装配体模型 　　　　　　　　图 8-36 爆炸视图

③ 创建算例。在主菜单栏中选择【Simulation】|【算例】🔍,在【算例】属性管理器中创建名为"双环过盈配合"的静应力分析算例,单击【确定】按钮 ✔ 完成算例的创建。

④ 定义算例属性。右击 Simulation 设计树中的算例名 🔍("双环过盈配合"),选择【属性】🗐,弹出【静应力分析】对话框。选择解算器为【Direct sparse 解算器】或勾选【自动解算器】,勾选【使用惯性卸除】以配合无载荷无约束的算例设置,如图 8-37 所示。

图 8-37 【静应力分析】对话框

⑤ 定义材料属性。在主菜单栏中选择【Simulation】|【材料】|【应用材料】≣，弹出【材料】对话框，将模型材料选择为"合金钢"，单击【应用】按钮并关闭窗口。

⑥ 定义接触类型。在主菜单栏中选择【Simulation】|【接触/缝隙】|【定义相触面组】👆，选择接触类型为【冷缩配合】，选择【组 1】🔲的面为小环外圆柱面，选择【组 2】🔳的面为大环内圆柱面，如图 8-38 所示，单击【确定】按钮 ✔ 完成接触类型的定义，在【装配体】下拉菜单中关闭爆炸视图。

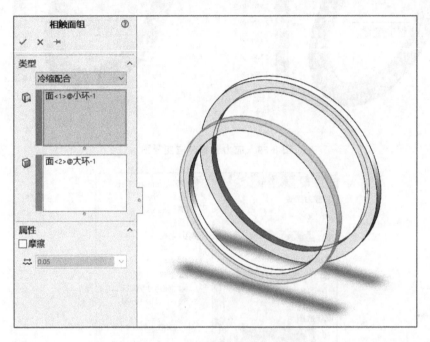

图 8-38　【相触面组】属性管理器

⑦ 划分网格。在主菜单栏中选择【Simulation】|【网格】|【生成】🔷，在【网格】属性管理器中设置网格密度，并单击【确定】按钮 ✔，完成网格的划分。

⑧ 运行分析。在主菜单栏中选择【Simulation】|【运行】|【运行】🔷开始计算，计算完成后在设计树中得到结果文件夹以及应力、位移和应变结果。

⑨ 查看结果。计算完成得到的应力云图与应变云图如图 8-39 所示。

对于具有轴对称特性的模型，在圆柱坐标系中观察计算结果能更好地反映其特征。

① 创建基准轴。在装配体工具栏中单击【参考几何体】按钮⁕🔲，在下拉菜单中选择【基准轴】⁄，选择大环外圆柱面创建基准轴并单击【确定】按钮 ✔，建立基准轴。

② 设置应力类型。右击 Simulation 设计树中的"应力 1"，选择【编辑定义】🔷，选择【显示】🔷的应力类型为【X 法向应力】，在【高级选项】下拉菜单中定义参考的基准为上一步创建的基准轴，如图 8-40 所示，单击【确定】按钮 ✔ 完成径向应力云图的设置。

得到的径向应力云图如图 8-41 所示，可以看出两过盈配合面径向应力沿 $-z$ 方向，小环内圆柱面和大环外圆柱面的径向应力沿 $+z$ 方向。径向应力的不完全均匀是由于网格分布的不均匀，可以通过提高网格密度来改善这种现象。

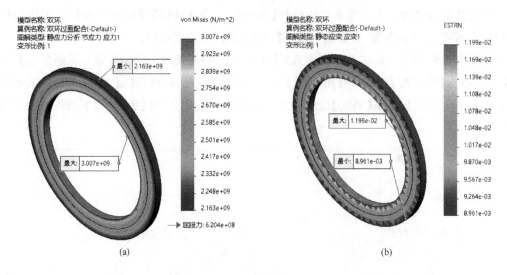

图 8-39　应力云图与应变云图

图 8-40　设置应力类型

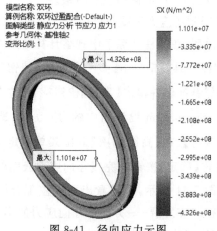

图 8-41　径向应力云图

8.7　热应力分析及实例

注：本节部分彩图可扫描第 333 页"本章部分彩图"二维码进行查看。

1. 建立模型

建立图 8-42 所示的装配体模型：平壁炉的炉壁面积为 300 mm×300 mm，内层厚度 $L_1 =$ 100 mm，外层厚度 $L_2 = 6$ mm。

图 8-42　建立装配体模型

2. 创建算例

在主菜单栏中选择【Simulation】|【算例】，在【算例】属性管理器中设置名称为"热分析"，在【高级算例】选项组下选择【热力】，单击【确定】按钮 完成算例的创建。

3. 指定材料

右击 Simulation 设计树中的"壁面内层"零件，选择【应用/编辑材料】，弹出【材料】对话框，如图 8-43 所示，选择【自定义材料】，在属性中设【质量密度】为 5 800 kg/m³，设【热导率】为 1.07 W/(m·K)，单击【应用】按钮完成自定义材料的设置。按照同样的方法，在属性中设【质量密度】为 7 800 kg/m³，设【热导率】为 45 W/(m·K)，指定壁面外层材料。

图 8-43　指定材料

4. 划分网格

在主菜单栏中选择【Simulation】|【网格】|【生成】，在【网格】属性管理器中设置网格密度，并单击【确定】按钮 ，完成网格的划分。

5. 施加热载荷和边界条件

在主菜单栏中选择【Simulation】|【载荷/夹具】|【温度】🌡，弹出【温度】属性管理器，如图 8-44 所示，选择壁面内层内表面为温度的面，设定温度为 1150 开尔文（885.85℃），单击【确定】按钮 ✔ 完成热载荷的施加。按照同样的方法，在壁面外层外表面施加 30 开尔文（-243℃）的温度。

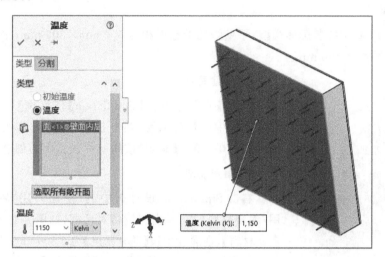

图 8-44　施加热载荷

6. 运行分析

在主菜单栏中选择【Simulation】|【运行】|【运行】🔲开始计算，计算完成后在设计树中得到结果文件夹以及温度图解。

7. 查看结果

① 查看温度分布。右击 Simulation 设计树中的"温度"选项，选择【编辑定义】，弹出【热力图解】属性管理器，在【显示】选项组中设定温度单位为 Celsius（摄氏度），单击【确定】按钮 ✔，显示温度图解，如图 8-45 所示。

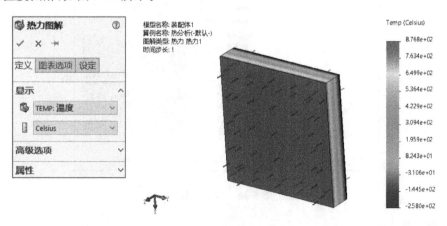

图 8-45　温度图解

② 使用探测工具。只有在节点对应的位置才能探测到结果。因此，在结果中显示网格层

理有助于探测。右击 Simulation 设计树中的"温度"选项,选择【设定】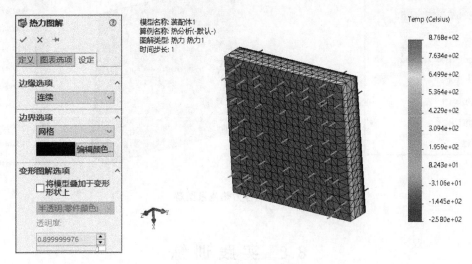,弹出【热力图解】属性管理器,在【边界选项】选项组中选择【网格】,单击【确定】按钮 ✔,显示带网格的图形,如图 8-46 所示。

图 8-46　带网格的图形

放大边界区域,右击 Simulation 设计树中的"温度"选项,选择【探测】,弹出【探测结果】属性管理器,单击图中壁面内层与外层的接触面,将探测并显示应力,如图 8-47 所示。可见,此处温度为 31.6 ℃。

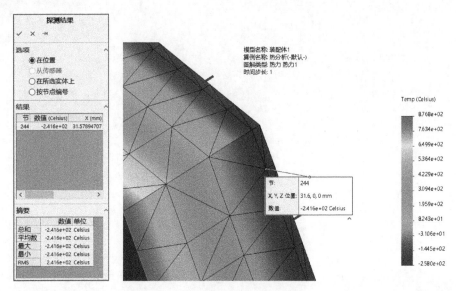

图 8-47　探测结果图

③ 绘制热流量图解。在主菜单栏中选择【Simulation】|【图解结果】|【热力】,弹出【热力图解】属性管理器,在【显示】选项组中设定零部件 为"HFLUXNZ:Z 热流量",设定单位 为 W/m²,单击【确定】按钮 ✔,显示合力热流量图解,如图 8-48 所示。同时在设计树中的热力文件夹中生成新图标。

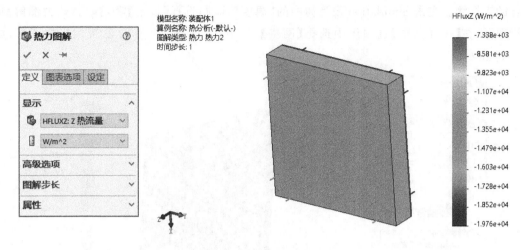

图 8-48　合力热流量图解

8.8　实践训练

① 理解有限元法的基本原理，实践 SolidWorks Simulation 插件的功能和步骤。

② 实践静应力、接触应力和热应力的分析步骤。

第9章 动态仿真

9.1 SolidWorks Motion

9.1.1 SolidWorks Motion 简介

目前机械工程领域中常说的虚拟样机通常指 MDI(Mechanical Dynamics Ins.)公司研制开发的 ADAMS(Automatic Dynamics Analysis of Mechanical System)机械系统动力学仿真分析软件系统。该软件功能强大,可以对虚拟机械系统进行静力学、运动学和动力学分析,缺点是价格昂贵,并且同三维建模软件兼容性较弱。SolidWorks Motion 是 ADAMS 软件的简化版,是 MDI 公司专门针对 SolidWorks 2020 等软件开发的运动仿真模块。它以插件形式无缝兼容于 SolidWorks 2020,具有体积小、运动速度快和对计算机硬件要求不高等特点。SolidWorks Motion 可以对中小装配体进行完整的运动学和动力学仿真,得到系统中各零部件的运动情况,包括位移、速度、加速度、作用力及反作用力等,并以动画、图形、表格等多种形式输出结果,还可将零部件在复杂运动情况下的载荷信息直接输出到主流有限元分析软件中进行强度和结构分析。

9.1.2 SolidWorks Motion 启动与用户界面

1. 启动

SolidWorks Motion 完全内嵌于 SolidWorks 2020 的 MotionManager 工作环境中,可以利用在 SolidWorks 2020 中定义的质量属性进行运动模拟。和其他插件一样,单击【工具】|【插件】,在【插件】对话框中选中【SolidWorks Motion】,如图 9-1 所示,单击【确定】按钮即可激活该插件。

打开某一装配体文件,单击左下角的【运动算例】,在【Motion 运动算例类型】列表中选择【Motion 分析】即可打开 MotionManager 界面,如图 9-2 所示。

2. MotionManager 界面

在介绍 Motion 分析之前,先介绍 MotionManager 界面。

(1) 时间轴

时间轴是动画的时间界面,它显示在 MotionManager 设计树的右侧。当定位时间栏、在图形区域中移动零部件或者更改视像属性时,时间栏会使用键码点和更改栏显示这些更改。

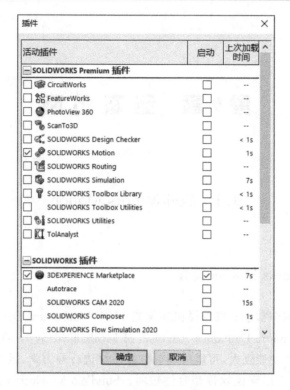

图 9-1 【插件】对话框

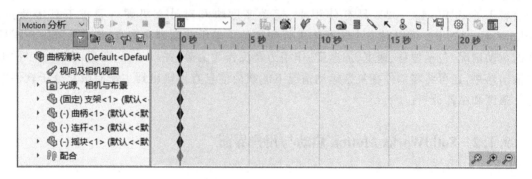

图 9-2 MotionManager 界面

时间轴被竖直网格线均分,这些网络线对应于表示时间的数字标记。数字标记从 00:00:00 开始,其间距取决于窗口的大小。例如,沿时间轴可能每隔 1 秒、2 秒或者 5 秒就会有 1 个标记,如图 9-3 所示。

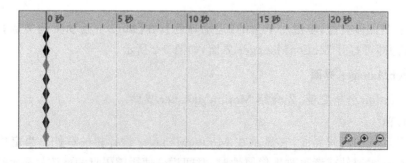

图 9-3 时间轴

在已设置动画的情况下,如果需要显示零部件,可以沿时间轴单击任意位置,以更新该点的零部件位置。定位时间栏和图形区域中的零部件后,可以通过控制键码点来编辑动画。在时间轴区域右击,在弹出的快捷菜单中进行选择,如图 9-4 所示。

【放置键码】:添加新的键码点,并在指针位置添加一组相关联的键码点。

【动画向导】:可以调出【动画向导】对话框。

沿时间轴右击任一键码点,在弹出的快捷菜单中可以选择需要执行的操作,如图 9-5 所示。

图 9-4　选项快捷菜单　　　　　　　图 9-5　操作快捷菜单

【剪切】【删除】:对于 00:00:00 标记处的键码点不可用。

【替换键码】:更新所选键码点以反映模型的当前状态。

【压缩键码】:将所选键码点及相关键码点从其指定的函数中排除。

【插值模式】:在播放过程中控制零部件的加速、减速或者视像属性。

(2) 键码

每个键码画面在时间轴上都包括代表开始运动时间或者结束运动时间的键码点。无论何时定位一个新的键码点,它都会对应于运动或者视像属性的更改。

键码点:对应于所定义的装配体零部件位置、视觉属性或模拟单元状态的实体。

关键帧:键码点之间可以为任何时间长度的区域,此定义为零部件运动或视觉属性发生更改时的关键点。

当将鼠标指针移动至任一键码点上时,零件序号将会显示此键码点的键码属性,如图 9-6 所示。

图 9-6　键码属性

如果零部件在 MotionManager 设计树中没有展开,则所有的键码属性都会包含在零件序号中,如表 9-1 所示。

表 9-1　键码属性与描述

键码属性	描述
箱<1> 0 秒	MotionManager 设计树中的零件 spider<1>
🔁	移动零部件
🔧	爆炸步骤运动
●=☒	应用到零部件的颜色
🔲	零部件显示：上色

（3）时间轴视图

时间轴位于 MotionManager 设计树的右方。时间线显示 Motion 算例中动画事件的时间和类型。

时间轴上的纯黑灰色竖直线即为时间栏，它代表当前时间。

更改栏是连接键码点的水平栏，它们表示键码点之间的更改。根据实体的不同，更改栏使用不同的颜色来直观地识别零部件和类型的更改，如表 9-2 所示。

表 9-2　更改栏

图标	更改栏	功能	注释
🎁	◆————————◆	总动画持续时间	
✏	◆————————◆	视向及相机视图	视图定向的时间长度
✏	◆————————◆	选取了禁用观阅键码播放	视图定向的时间长度
●	◆————————◆	外观	包括所有视觉属性，如颜色或透明度。可独立于零部件运动存在
🔁	◆————————◆	驱动运动	驱动运动和从动运动更改栏可在相同键码点之间生成
🔁	————————	从动运动	从动运动零部件可以是运动的，也可以是固定的 运动：◆————————◆ 无运动：◆————————◆
🔧	◆————————◆	爆炸	使用"动画向导"生成
📎	◆————————◆	零部件或特征属性更改	
🔁	◆	特性键码	
🔁	◆	任何压缩的键码	
🔁	◆	位置还未解出的键码	
🔁	◆	位置无法到达的键码	零件有干涉
🔁	◇	任务触发器键码	

续 表

图标	更改栏	功能	注释
		Motion 解算器故障	
		任务触发器	
		隐藏的子关系	范例：在 SolidWorks FeatureManager 设计树中生成的文件夹。折叠项目
		活动特征	范例：配合压缩一段时间

9.1.3　MotionManager 工具栏

MotionManager 工具栏如图 9-7 所示。

图 9-7　MotionManager 工具栏

MotionManager 工具栏中各选项含义如表 9-3 所示。

表 9-3　MotionManager 工具栏中各选项含义

图标	选项名称	选项含义
	计算	计算运动算例
	从头播放	重新设定部件并播放模拟。在计算模拟后使用
	播放	从当前时间栏位置播放模拟
	停止	停止播放模拟
	播放速度	设定播放速度乘数或总的播放时间
	播放模式	包括正常、循环和往复 3 种模式
	保存动画	将动画保存为 AVI 或其他格式
	动画向导	在当前时间栏位置插入视图旋转或爆炸/解除爆炸
	自动键码	当按下时，将自动为拖动的部件在当前时间栏生成键码
	添加/更新键码	以所选项的当前特性生成一新键码，或更新现有键码
	马达	以马达驱动的形式移动零部件
	弹簧	在两个零部件之间添加一弹簧
	阻尼	在两个零部件之间添加一阻尼
	力	以力驱动的形式移动零部件

续　表

图标	选项名称	选项含义
	接触	定义选定零部件之间的接触
	引力	给算例添加引力
	结果和图解	计算结果并生成图表
	运动算例属性	为运动算例指定模拟属性

9.1.4　SolidWorks Motion 特征树

特征树包括过滤器和 MotionManager 设计树等内容。过滤器如图 9-8 所示。

图 9-8　过滤器

过滤器中各选项含义如表 9-4 所示。

表 9-4　过滤器中各选项含义

图标	选项名称	选项含义
	无过滤	显示所有项
	过滤动画	只显示在动画过程中移动或更改的项目
	过滤驱动	只显示引发运动或其他更改的项目
	过滤选定	只显示选中项
	过滤结果	只显示模拟结果项目

MotionManager 设计树如图 9-9 所示。

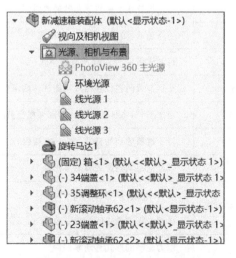

图 9-9　MotionManager 设计树

MotionManager 设计树中各选项含义如表 9-5 所示。

表 9-5　MotionManager 设计树中各选项含义

	图标	选项名称	选项含义
视向及相机视图		禁用观阅键码播放	防止在编辑或播放动画时模型视图被更改
		禁用观阅键码生成	锁定动画。使用旋转、缩放或平移对模型所做的更改不作为关键帧保存到动画
		视图定向	指定方向。当禁用观阅键码生成已被清除时可用
		相机视图	通过相机定义视图。当禁用观阅键码生成已被清除时可用
光源、相机与布景		添加线光源	
		添加聚光源	
		添加点光源	
		添加阳光	
		添加相机	
		显示光源	在图形区域中切换光源的显示状态
		显示相机	在图形区域中切换相机的显示状态
光源、相机与布景（右键光源）		开关	切换光源为打开或关闭状态
		属性	在光源 PropertyManager 中指定光源属性
		显示光源	在图形区域中切换光源的显示状态
光源、相机与布景（右键相机）		属性	在相机 PropertyManager 中指定相机属性
		相机视图	通过使用选定相机显示模型。可在动画中添加多个相机
		显示相机	在图形区域中切换所有相机的显示状态
零部件实体		移动	指示可以移动零部件
		分解	表示零部件已在图形区域中重新定位
		外观	表示零部件的外观已被指定
		隐藏	隐藏或显示零部件开关
		更改透明度	更改是否透明的开关
		外观	更改视觉特性,如颜色

9.2 驱动元素类型

SolidWorks Motion 可利用【马达】概念运动参数（如位移、速度或加速度）以定义各种运动，还可以利用【力】【引力】【弹簧】【阻尼】【3D 接触】和【配合摩擦】改变动力参数以影响运动。SolidWorks Motion 驱动元素的类型如表 9-6 所示。

表 9-6 SolidWorks Motion 驱动元素的类型

图标	名称	作用
⚙	马达	以运动参数——位移、速度、加速度驱动主动件
≡	弹簧	以动力参数——弹力阻碍构件运动
✎	阻尼	以动力参数——阻尼力驱动或阻碍构件运动
↖	力	以动力参数——力、力矩驱动或阻碍构件运动
🔩	相触	在两构件之间建立不可穿越的约束
🔵	引力	以动力参数——引力驱动或阻碍构件运动
	配合摩擦	以动力参数——摩擦力阻碍构件运动

9.2.1 马达

马达为通过模拟各种马达类型的效果而在装配体中移动零部件的运动算例单元，运动算例马达模拟作用于实体上的运动。定义马达的操作步骤如下。

① 单击 MotionManager 工具栏中的【马达】按钮⚙，弹出【马达】属性管理器，如图 9-10 所示。

② 在【马达类型】选项组中选择【旋转马达】↻或者【线性马达（驱动器）】→。在【零部件/方向】选项框中选择【马达位置】▣，可通过【反向】↗按钮来调节方向。

③ 在【运动】选项组的【类型】下拉列表框中选择运动类型，包括【等速】【距离】【振荡】【线段】【数据点】【表达式】和【伺服马达】，马达类型的定义如下。

【等速】：马达速度为常量，需输入速度值，如图 9-11 所示。

【距离】：马达以设定的距离和时间帧运行，需输入位移、开始时间及持续时间值，如图 9-12 所示。

【振荡】：需输入振幅和频率值，如图 9-13 所示。

【线段】：选定线段（位移、速度、加速度），然后为插值时间和数值设定值，如图 9-14 所示。

图 9-10 【马达】属性管理器

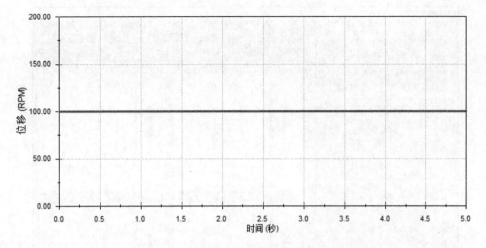

图 9-11 等速马达

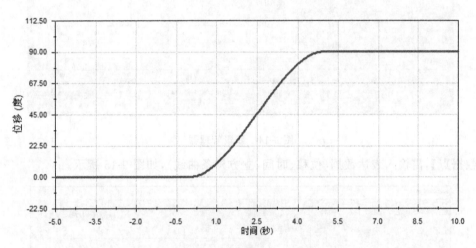

图 9-12 距离马达

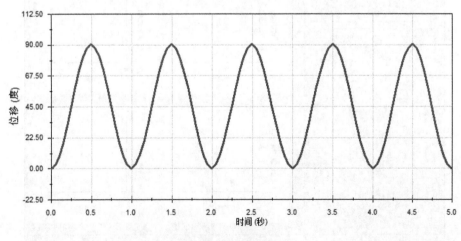

图 9-13 振荡马达

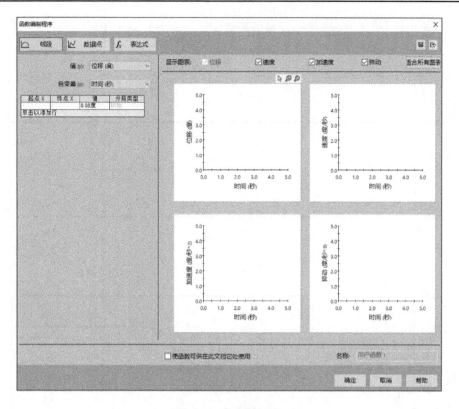

图 9-14 线段管理器

【数据点】：需输入表达数据（位移、时间、立方样条曲线），如图 9-15 所示。

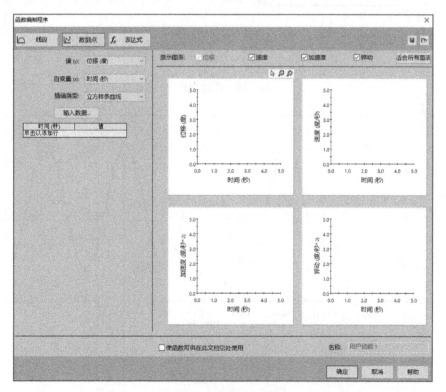

图 9-15 数据点管理器

【表达式】：选取马达运动表达式所应用的变量（位移、速度、加速度），如图 9-16 所示。

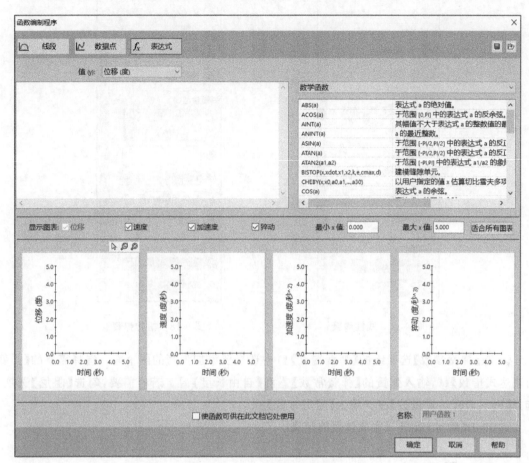

图 9-16　表达式管理器

【伺服马达】：使用基于时间的运动视图来控制马达的值。

④ 选择合适的马达运动类型，输入马达转速，单击【确定】按钮 ✔ 完成马达的定义。

9.2.2　弹簧

弹簧为通过模拟各种弹簧类型的效果而绕装配体移动零部件的模拟单元。定义弹簧的操作步骤如下。

① 单击 MotionManager 工具栏中的【弹簧】按钮 ☰ ，弹出【弹簧】属性管理器。

② 在【弹簧】属性管理器中选择【弹簧类型】为【线性弹簧】→，如图 9-17 所示，或【扭转弹簧】↺，如图 9-18 所示。弹簧类型的定义如下：

【线性弹簧】：代表沿特定方向以一定距离在两个零部件之间作用的力。根据两个零部件间的距离计算弹簧力，将力应用于选取的第一个零件。

【扭转弹簧】：代表作用于两个零部件之间的扭转力。绕指定轴根据两个零部件之间的角度计算弹簧力矩，将力矩应用于所选的第一个零件。

图 9-17　线性弹簧

图 9-18　扭转弹簧

③ 在【弹簧参数】选项组的【弹簧端点】 中选择要添加弹簧的两个面。选择需要的【弹簧力表达式指数】，输入弹簧的【弹簧常数】k 和【自由长度】 。若有需要，勾选【阻尼】选项，选择【阻尼力表达式指数】cv 并输入【阻尼常数】C 。

④ 单击【确定】按钮 完成弹簧的定义。

9.2.3　阻尼

如果对动态系统应用了初始条件，系统会以不断减小的振幅振动，直到最终停止，这种现象称为阻尼效应。阻尼效应是一种复杂的现象，它以多种机制（如内摩擦和外摩擦、轮转的弹性应变、材料的微观热效应以及空气阻力）消耗能量。定义阻尼的操作步骤如下。

① 单击 MotionManager 工具栏中的【阻尼】按钮 ，弹出【阻尼】属性管理器，如图 9-19 所示。

② 在【阻尼类型】选项组中选择阻尼的类型为【线性阻尼】 →或【扭转阻尼】 。阻尼类型的定义如下：

【线性阻尼】：代表沿特定方向以一定距离在两个零件之间作用的力。根据两个零件之间的相对速度计算阻尼力，对所选的第一个零件应用作用力。

【扭转阻尼】：代表绕一特定轴在两个零部件之间应用的旋转阻尼。绕指定轴根据两个零件之间的角速度计算弹簧力矩，对所选的第一个零件应用作用力。

图 9-19　【阻尼】属性管理器

③ 在【阻尼参数】选项组的【阻尼端点】💿中选择要添加阻尼的两个面。选择【阻尼力表达式指数】$c\varepsilon$并输入【阻尼常数】C。

④ 单击【确定】按钮 ✔ 完成阻尼的定义。

9.2.4 力

力/扭矩对任何方向的面、边线、参考点、顶点和横梁应用均匀分布的力、力矩或扭矩,以供在结构算例中使用。

① 单击 MotionManager 工具栏中的【力/扭矩】按钮↖,弹出【力/扭矩】属性管理器。

② 在【类型】选项组中选择力的类型为【力】→或【力矩】↻,如图9-20和图9-21所示。

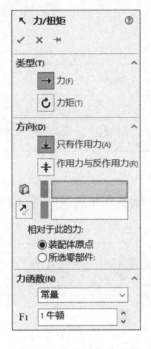

图9-20 力的属性管理器

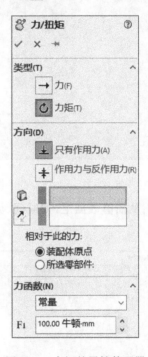

图9-21 力矩的属性管理器

1. 定义力

① 在【方向】选项组中选择力的方向为【只有作用力】⊥或【作用力与反作用力】╪。若要定义作用力,应通过【作用零件和作用应用点】💿选择力作用的零件和作用点,若要改变力的方向则单击【反向】按钮↗,选择力的方向是【装配体原点】或【所选零部件】。若要定义作用力与反作用力,则通过【作用零件和作用应用点】💿与【力反作用位置】💿确定力的位置与方向。

② 在【力函数】选项组中选择力的类型是【常量】【步进】【谐波】【线段】【数据点】或【表达式】。力函数的定义如下:

【常量】:指定常量力轮廓。

【步进】:指定步进力轮廓。

【谐波】:指定谐波力轮廓。

【线段】:从时间或循环角度的分段连续函数定义轮廓,如图9-22所示。

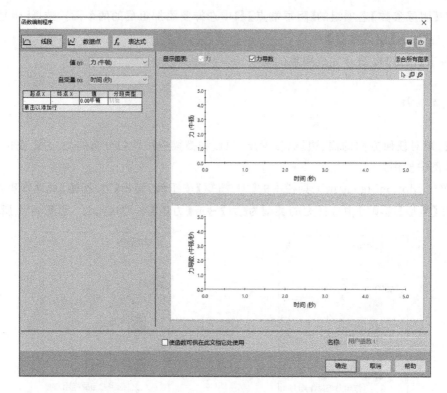

图 9-22　线段管理

【数据点】:从插值数据组(如时间、循环角度或 Motion 算例结果函数)定义轮廓,如图 9-23
所示。

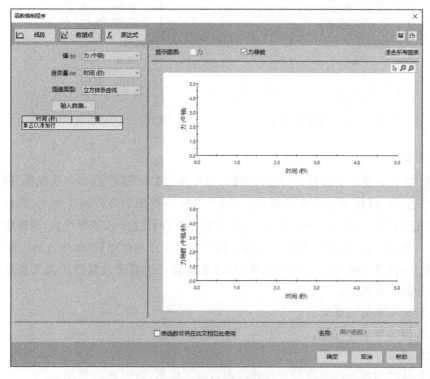

图 9-23　数据点管理

【表达式】：定义轮廓为时间、循环角度或 Motion 算例结果的数学表达式，如图 9-24 所示。

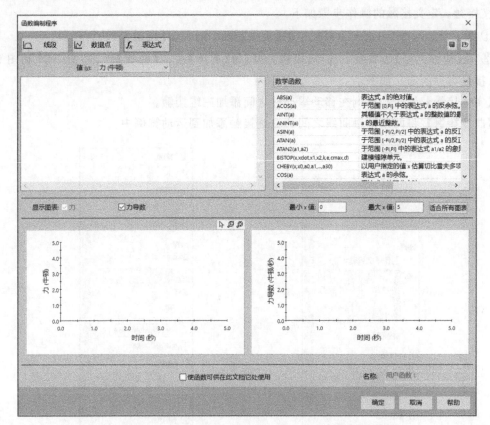

图 9-24　表达式管理

③ 常量力通过输入【常量值】F_1 来定义；步进力通过输入【初始值】F_1、【开始步长时间】t_1、【初始值】F_2 以及【结束步长时间】t_2 4 个值来定义；谐波力通过输入【高低幅度】A、【频率】f、【平均数】ave 以及【相移】Pb 4 个值来定义。

④ 单击【确定】按钮 ✔ 完成力的定义。

2. 定义力矩

① 在【方向】选项组中选择力矩的方向为【只有作用力】⊥ 或【作用力与反作用力】✦。若要定义作用力，应通过【作用零件和作用应用点】⬜ 选择力作用的零件和作用点，若要改变力的方向则单击【反向】按钮 ↗，选择力矩的方向是【装配体原点】或【所选零部件】。若要定义作用力与反作用力，则通过【作用零件和作用应用点】⬜ 与【覆盖默认方向方式】⬜ 确定力矩的位置与方向，若要改变力的方向则单击【反向】按钮 ↗。

② 在【力函数】选项组中选择力矩的类型是【常量】【步进】【谐波】【线段】【数据点】或【表达式】，力矩大小定义的方式与力相同。

③ 单击【确定】按钮 ✔ 完成力矩的定义。

9.2.5　接触

如果零部件碰撞、滚动或滑动，可以使用接触来约束零件在整个运动分析过程中保持相触。在运动算例中定义接触以防止零件在运动过程中彼此穿透,可随基本运动和运动分析一起定义接触。定义接触的操作步骤如下。

① 单击 MotionManager 工具栏中的【接触】按钮,弹出【接触】属性管理器。

② 在【接触类型】选项组中选择【接触类型】为【实体】或【曲线】,如图 9-25 和图 9-26 所示,接触类型的定义如下:

【实体接触】:给运动算例在移动零部件之间添加三维接触。

【曲线接触】:将两条接触曲线之间的二维接触添加到运动算例中。

图 9-25　实体接触　　　　　　　　　图 9-26　曲线接触

③ 若接触类型为实体接触,在【选择】选项组中通过【零部件】确定相接触的面,接触面可以通过零部件相触或相触面组两种形式确定。

④ 若接触类型为曲线接触,在【选择】选项组中选择相接触的两条曲线,可以通过选择【向外法向方向】来设置曲线方向。

⑤ 在【材料】栏通过选择两零件的【材料名称】确定两接触面的摩擦因数。

⑥ 若要手动输入两接触面的摩擦因数,则取消勾选【材料】,在【摩擦】栏输入【动态摩擦速度】v_k、【动态摩擦系数】μ_k、【静态摩擦速度】v_s 以及【静态摩擦系数】μ_s 4 个参数。

⑦ 单击【确定】按钮完成接触的定义。

9.2.6　引力

引力(仅限基本运动和运动分析)为通过插入模拟引力而绕装配体移动零部件的模拟单元,所有零部件无论其质量如何都在引力效果下以相同加速度移动。定义引力的操作步骤如下。

① 单击 MotionManager 工具栏中的【引力】按钮 ，弹出【引力】属性管理器，如图 9-27 所示。

图 9-27　【引力】属性管理器

② 在【引力参数】栏确定引力方向，若引力方向沿三坐标轴，则通过选择三坐标轴确定引力方向；还可以通过选择力方向为法线的平面来确定引力方向，可以通过【反向】按钮 改变引力的方向。通过输入【引力值】 确定引力大小。

③ 单击【确定】按钮 完成引力的定义。

9.3　曲柄滑块机构动态分析实例

基于 SolidWorks Motion 的机构仿真的基本步骤如下。

① 装机械：在 SolidWorks 2020 中完成机构装配。

② 添驱动：为主动件添加运动参数（如位移）或动力参数（如扭矩）。

③ 做仿真：设置仿真时间、仿真间隔等仿真参数后，运行仿真计算。

④ 看结果：查看运动件的运动特性（如位移曲线）和运动副特性（如反作用力）。

下面以一个曲柄滑块机构动态分析实例来介绍运动仿真的步骤。

已知某曲柄滑块机构，曲柄长度为 50 mm，宽度为 10 mm，厚度为 10 mm；连杆长度为 100 mm，宽度为 10 mm，厚度为 5 mm；滑块尺寸为 40 mm×30 mm×20 mm。全部零件为普通碳钢，曲柄以 30 rad/s 的速度逆时针旋转。在滑块端部连接有原长 40 mm、弹性模量 $k=0.1$ N/mm、阻尼系数 $b=0.5$ N/(mm·s⁻¹) 的弹簧，地面摩擦系数 $f=0.25$，求：

① 滑块的位移、速度、加速度和弹簧的受力曲线。

② 求出当曲柄与水平正向成 $\beta=90°$ 时滑块的位移、速度和加速度，$\beta=180°$ 时弹簧的受力。

③ 求出弹簧受力最小时的机构参数值。

9.3.1　建立模型

建立图 9-28 所示的机构模型，单击【SolidWorks 插件】下拉菜单中的【SolidWorks Motion】选项 ，启动运动仿真，单击 MotionManager 工具栏左上角的【Motion 运动算例类型】下拉菜单，将算例类型设置为【Motion 分析】。

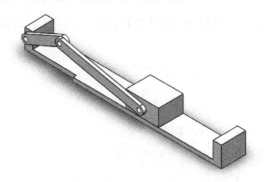

图 9-28　曲柄滑块机构模型

9.3.2　添加马达

① 打开"曲柄滑块简化机构"模型文件（扫描二维码得到模型文件）。

② 单击 MotionManager 工具栏中的【马达】按钮◎，弹出【马达】属性管理器。

"曲柄滑块简化机构"模型文件

③ 在【马达类型】选项组中选择【旋转马达】◔，在【马达位置】选项框◙中选择曲柄转轴的圆柱面，单击【反向】按钮↗ 将方向设置为逆时针，在【运动】选项组中设置马达运动类型为【等速】，转速为 90 RPM，如图 9-29 所示。

④ 单击【确定】按钮✔完成新马达的生成。

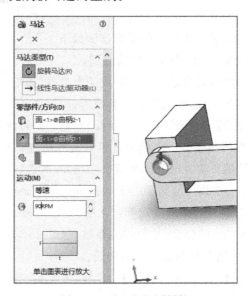

图 9-29　设置【马达】属性

9.3.3　添加弹簧

① 单击 MotionManager 工具栏中的【弹簧】按钮🗏，弹出【弹簧】属性管理器。

② 在【弹簧类型】选项组中选择【线性弹簧】→，在【弹簧断点】选项框中选择滑块右侧面与支架内部右侧面，输入【弹簧常数】k 为 0.1 N/mm，【弹簧的自由长度】◲ 为 60 mm，勾选【阻

尼】选项组,输入【阻尼常数】C 为 0.5 N/(mm·s⁻¹),如图 9-30 所示。

　　③ 单击【确定】按钮 ✔ 完成新弹簧的生成。

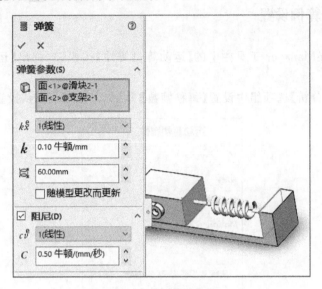

图 9-30　设置【弹簧】属性

9.3.4　添加实体接触

　　① 单击 MotionManager 工具栏中的【接触】按钮 ,弹出【接触】属性管理器。

　　② 在【接触类型】选项组中选择【实体】 ,在【零部件】选项组中选择滑块与支架两个零件,取消勾选【材料】选项组以自定义摩擦因数,在【摩擦】选项组中设置【动态摩擦速度】v_k 为 0.25 mm/s、【动态摩擦系数】μ_k 为 0.1,其余采用默认设置,如图 9-31 所示。

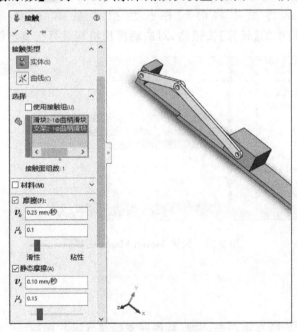

图 9-31　设置【接触】属性

③ 单击【确定】按钮 ✔ 完成新接触关系的生成。

9.3.5 仿真算例设置

① 单击 MotionManager 工具栏中的【运动算例属性】按钮 ⚙，弹出【运动算例属性】属性管理器。

② 在【Motion 分析】选项组中设置【每秒帧数】为 50，其余采用默认设置，如图 9-32 所示。

图 9-32 设置【运动算例属性】属性

③ 单击【确定】按钮 ✔，完成运动算例属性的设置。

9.3.6 运行仿真算例

在 MotionManager 界面中将时间栏长度拉伸至 10 s，如图 9-33 所示，单击 MotionManager 工具栏中的【计算】按钮 🖩，对曲柄滑块机构进行仿真求解的计算。

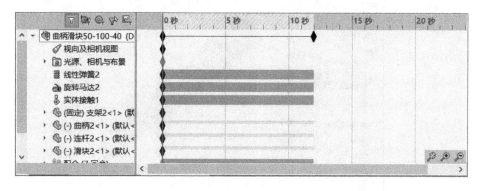

图 9-33 设置 MotionManager 界面

9.3.7 查看结果

仿真完成后，通过对结果进行后处理，分析计算结果并进行图解。

1. 滑块直线运动的结果

① 单击 MotionManager 工具栏中的【结果和图解】按钮 ，弹出【结果】属性管理器。

② 在【结果】选项组的【选取类别】下拉列表中选择分析的类别为【位移/速度/加速度】，在【选取子类别】下拉列表中选择分析的子类别为【线性位移】，在【选取结果分量】下拉列表中选择分析的结果分量为【X 分量】，在下方的选项框中选择滑块上任意一个面为参考面，如图 9-34 所示。

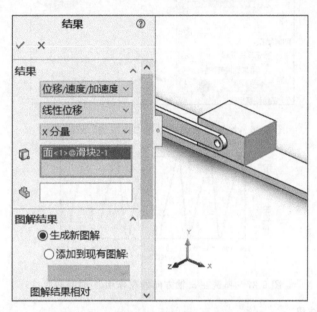

图 9-34 设置滑块运动曲线的【结果】属性

③ 单击【确定】按钮 得到滑块在 x 轴方向的线性位移-时间曲线。以同样的方式得到滑块在 x 轴方向的速度-时间和加速度-时间曲线，上述 3 条曲线如图 9-35 所示。

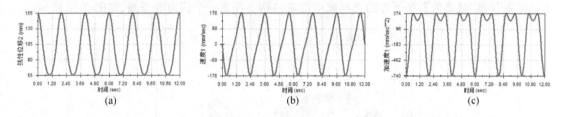

图 9-35 滑块在 x 轴方向的线性位移-时间、速度-时间和加速度-时间曲线

2. 线性弹簧力的结果

① 单击 MotionManager 工具栏中的【结果和图解】按钮 ，弹出【结果】属性管理器。

② 在【结果】属性管理器的【选取类别】下拉列表中选择分析的类别为【力】，在【选取子类别】下拉列表中选择分析的子类别为【反作用力】，在【选取结果分量】下拉列表中选择分析的结果分量为【X 分量】，在设计树中选择生成的线性弹簧作为反作用力的分析对象，如图 9-36 所示。

③ 单击【确定】按钮 ，得到图 9-37 所示的弹簧在 x 轴方向的反作用力-时间曲线。

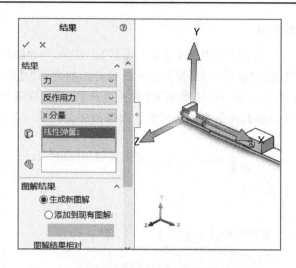

图 9-36　设置弹簧的反作用力曲线的【结果】属性

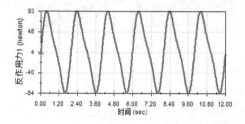

图 9-37　弹簧在 x 轴方向的反作用力-时间曲线

3. 曲柄转动的结果

① 单击 MotionManager 工具栏中的【结果和图解】按钮 ，弹出【结果】属性管理器。

② 在【结果】选项组的【选取类别】下拉列表中选择分析的类别为【位移/速度/加速度】，在【选取子类别】下拉列表中选择分析的子类别为【角位移】，在【选取结果分量】下拉列表中选择分析的结果分量为【幅值】，在下方的选项框中选取曲柄上任意一个面为参考面，如图 9-38 所示。

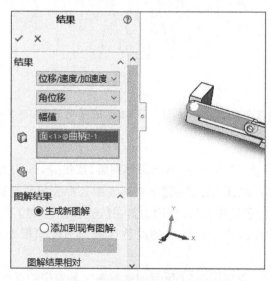

图 9-38　设置曲柄转动的【结果】属性

③ 单击【确定】按钮 ✓,得到图 9-39 所示的曲柄的角位移-时间曲线。

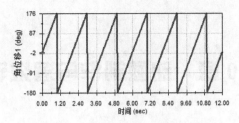

图 9-39　曲柄的角位移-时间曲线

9.4　实践训练

设计一个运动机构,并对其进行动态仿真。

第10章 动画制作与渲染输出

10.1 动 画 制 作

10.1.1 SolidWorks Motion 动画功能简介

运动算例是装配体模型运动的图形模拟,并可将诸如光源和相机透视图之类的视觉属性融合到运动算例中。可在运动算例中使用 MotionManager 运动管理器,此为基于时间轴的界面,包括以下运动算例工具。

① 动画(可在核心 SolidWorks 内使用):可使用动画来演示装配体的运动。例如:添加马达来驱动装配体一个或多个零件的运动,通过设定键码点在不同时间规定装配体零部件的位置。

② 基本运动(可在核心 SolidWorks 内使用):可使用基本运动在装配体上模仿马达、弹簧、碰撞以及引力,基本运动在计算运动时考虑质量。

③ 运动分析(可在 SolidWorks Premium 的 SolidWorks Motion 插件中使用):可使用运动分析在装配体上精确模拟和分析运动单元的效果(包括力、弹簧、阻尼以及摩擦)。运动分析使用计算能力强大的动力求解器,在计算中考虑材料属性、质量及惯性。

10.1.2 动画类型介绍

1. 装配体爆炸动画

装配体爆炸动画是将装配体爆炸的过程制作成动画形式,方便用户观看零件的装配和拆卸过程。通过【动画向导】🐾可以生成爆炸动画,即装配体的爆炸视图步骤按照时间先后顺序转化为动画形式。

生成爆炸动画的具体操作如下:

① 打开某一包含爆炸视图的装配体文件〔扫描二维码,得到"曲柄滑块机构"(爆炸视图)文件〕,如图 10-1 所示。

"曲柄滑块机构"文件

② 单击 MotionManager 界面左上角的【Motion 运动算例类型】标签,在下拉列表中选择【动画】选项,将算例类型设置为动画制作。

③ 单击 MotionManager 工具栏中的【动画向导】按钮🐾,弹出【选择动画类型】对话框,如图 10-2 所示。

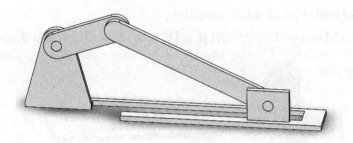

图 10-1　装配体

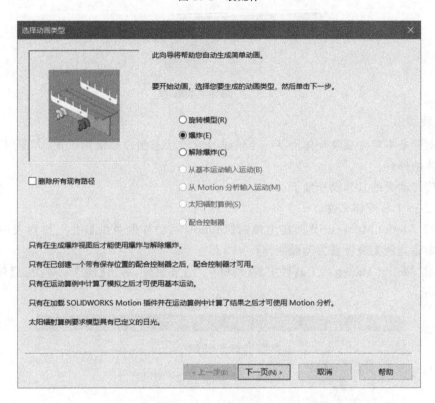

图 10-2　【选择动画类型】对话框

④ 选择要生成的动画类型为【爆炸】。

⑤ 单击【下一页】按钮,如图 10-3 所示,在弹出的【动画控制选项】对话框中,设置动画的【时间长度】与【开始时间】。

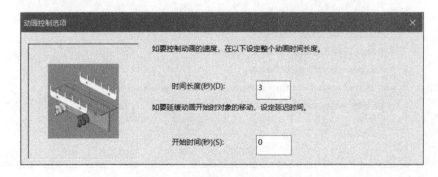

图 10-3　【动画控制选项】对话框

⑥ 单击【完成】按钮 ✓，完成爆炸动画的设置。

⑦ 单击 MotionManager 工具栏中的【播放】按钮 ▶，观看爆炸动画效果，如图 10-4 所示。

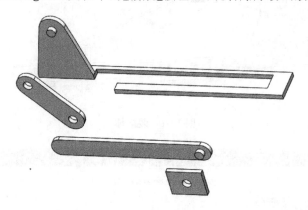

图 10-4　爆炸动画效果

2．旋转动画

旋转动画是将零件或装配体沿某一个轴线的旋转状态制作成动画形式，方便用户全方位地观看物体的外观。

生成旋转动画的具体操作如下：

① 弹出一个装配体文件。

② 单击 MotionManager 界面左上角的【Motion 运动算例类型】，在下拉列表中选择【动画】选项，则将算例类型设置为动画制作。

③ 单击 MotionManager 工具栏中的【动画向导】按钮 📷，弹出【选择动画类型】对话框，如图 10-5 所示。

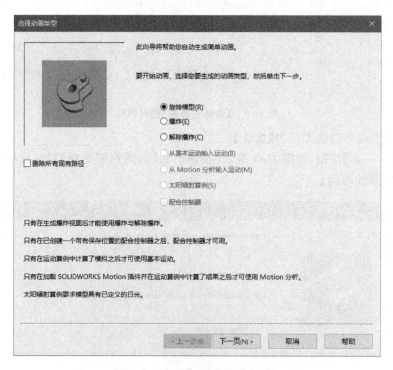

图 10-5　【选择动画类型】对话框

④ 选择动画类型为【旋转模型】。

⑤ 单击【下一页】按钮,如图 10-6 所示,在【选择-旋转轴】对话框中选择旋转轴为【x-轴】【y-轴】或【z-轴】,输入【旋转次数】,确定旋转方向为【顺时针】方向或【逆时针】方向。

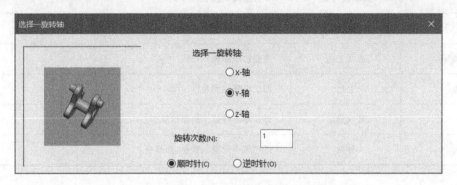

图 10-6　【选择-旋转轴】|【旋转模型】对话框

⑥ 单击【下一页】按钮,如图 10-7 所示,在【动画控制选项】对话框中设置动画的【时间长度】和【开始时间】。

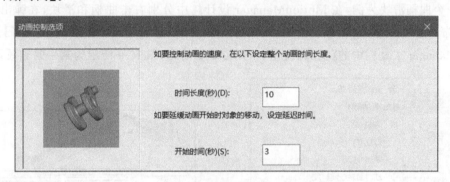

图 10-7　【动画控制选项】|【旋转模型】对话框

⑦ 单击【完成】按钮 ✓,完成旋转动画的设置。

⑧ 单击 MotionManager 工具栏中的【播放】按钮 ▶,观看旋转动画效果。

3. 视象属性动画

用户可以在动画过程中动态改变单个或者多个零部件的显示,并且在相同或者不同的装配体零部件中组合不同的显示选项。如果需要更改某一个零部件在某时刻的视象属性,操作如下:

① 在时间轴上选择更改视象属性的时刻。

② 在 MotionManager 设计树中右击需要更改视象属性的零部件,在弹出的快捷菜单中选择零部件的视象属性。视象属性的定义表 10-1 所示。

表 10-1　视象属性的定义

图标	属性名称	属性定义
👁	隐藏	隐藏或者显示零部件
👁	更改透明度	更改零部件的显示方式为半透明
⊞	线框	指定零部件显示方式为线框

图标	属性名称	属性定义
	隐藏线可见	零件隐藏线设置为可见
	移除隐藏线	移除线框模型的隐藏线
	边线上色	改变边线颜色
	上色	改变零部件颜色
	默认显示	返回零部件显示的原始状态
	外观	可用来更改视象特性,如颜色

③ 此时将在时间轴上该时刻位置增加一个键码,确定零件视象属性完成改变的时刻。默认视象属性开始时间是上一个键码的时间,可以通过在该键码前后增加或移动键码的方式来设定该视象属性改变的开始和结束时间。

以一个曲柄滑块为例,在 MotionManager 设计树中分别右击曲柄和滑块,在弹出的快捷菜单中选择【外观】命令 ⬤,如图 10-8 所示,并设置开始和结束时间键码。单击MotionManager 工具栏中的【播放】按钮 ▶,则可观看动画,图 10-9 所示为某一时刻效果。

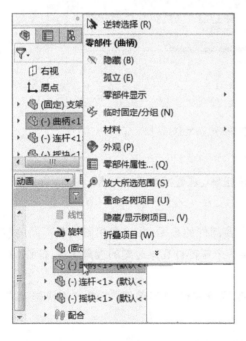

图 10-8　选择【外观】命令

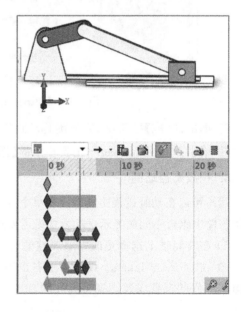

图 10-9　更改外观后的效果

4. 距离/角度配合动画

在 SolidWorks 中,在装配时可以添加限制运动的配合,这些配合也影响到 SolidWorks Motion 中的距离/角度配合动画。生成距离/角度配合动画的前提是装配体的配合关系中有【距离】/【角度】关系,以建立距离动画为例,具体操作方法如下:

① 在 MotionManager 设计树中单击【配合】中的【距离】关系。

② 沿时间轴拖动时间线,设置动画的时间长度,单击动画的最后时刻确定完成距离更改的时间点,如图 10-10 所示。

③ 在 MotionManager 设计树中,双击【距离 1】按钮。

④ 在弹出的【修改】属性管理器中,更改【距离】关系的数值,如图 10-11 所示。

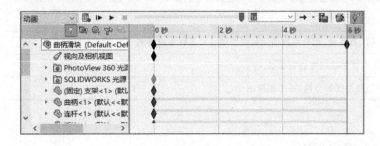

图 10-10　设定时间长度

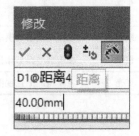

图 10-11　【修改】属性管理器

⑤ 单击 MotionManager 工具栏中的【播放】按钮 ▶,当动画开始时,滑块侧面和支架侧面之间的距离是 120 mm,如图 10-12 所示;当动画结束时,滑块侧面和支架侧面之间的距离是 40 mm,如图 10-13 所示。

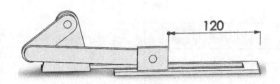

图 10-12　动画开始时

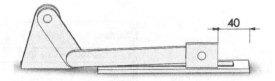

图 10-13　动画结束时

5. Motion 算例单元

在用 SolidWorks Motion 制作动画的过程中,可用的运动算例单元有【马达】【弹簧】【阻尼】【力】【接触】【引力】6 种,它们的设定步骤与【Motion 分析】类型下的步骤相同,具体的步骤见 9.3 节。

10.2　渲　　染

10.2.1　PhotoView 360 插件简介

SolidWorks 2020 中的插件 PhotoView 360 可以对三维模型进行外观渲染,包括设置外观、布景、贴图、相机、灯光等众多操作,并可形成十分逼真的渲染效果图。在 PhotoView 360 渲染工具中可以编辑的模型属性如表 10-2 所示。

表 10-2　渲染工具中可以编辑的模型属性

名称	内容
外观	定义模型包括颜色和纹理在内的视象属性,其中模型的物理属性是由材料定义的,改变外观不会对其物理属性造成改动
布景	在模型后提供一可视背景,在模型上能够提供反射。在插入了 PhotoView 360 插件时,布景可以提供逼真的光源
贴图	贴图是应用到模型上的 2D 图像,用户可以使用贴图给模型应用警告或指南标识等
相机	在模型中添加相机,并通过相机视图查看模型
灯光	在模型的上色视图中调整光线的方向、强度和颜色

10.2.2　PhotoView 360 用户界面

在主菜单栏里单击【工具】|【插件】,在弹出的【插件】对话框中选中 PhotoView 360,如图 10-14 所示,或单击【SolidWorks 插件】选项卡中的【PhotoView 360】按钮 ⬤,则可激活 PhotoView 360 插件,此时将弹出【渲染工具】选项卡,如图 10-15 所示。

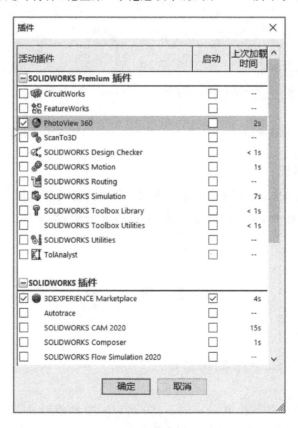

图 10-14　【插件】对话框

图 10-15　【渲染工具】选项卡

10.2.3　渲染操作

扫描二维码，可得到本节练习用到的源文件。

"千斤顶"模型文件

1. 外观

外观是模型材料属性，添加外观是使模型表面具有某种材料的表面属性，用户也可以自定义模型的颜色和纹理。

定义模型外观的操作如下：

① 在设计树或者图形区域中选择需要设置外观的特征或零部件。

② 单击【渲染工具】选项卡中的【编辑外观】按钮，将弹出【外观】属性管理器。

③ 在【外观、布景和贴图】任务窗格中可以在【外观】下选择材料，模型将显示该材料的颜色和纹理。

④ 如果用户需要自定义模型的颜色和纹理，在【外观】属性管理器中设置模型的颜色和纹理。

单击【基本/高级】切换按钮可以进行外观属性更详细的设置，包括【颜色/图像】、【表面粗糙度】、【照明度】和【映射】。

⑤ 单击【确定】按钮，完成外观的定义，如图 10-16 所示。

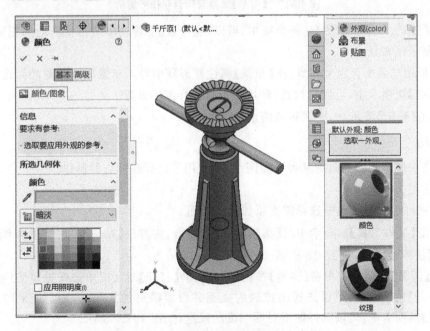

图 10-16　【外观】属性管理器和任务窗格

2. 布景

布景是由环绕 SolidWorks 模型的虚拟框或者球形组成的，可以调整布景壁的大小和位置。此外，可以为每个布景壁切换显示状态和反射度并将背景添加到布景。

添加布景的操作如下：

① 单击【渲染工具】选项卡中的【编辑布景】按钮，将弹出【布景】属性管理器和【外观、布景和贴图】任务窗格，如图 10-17 所示。

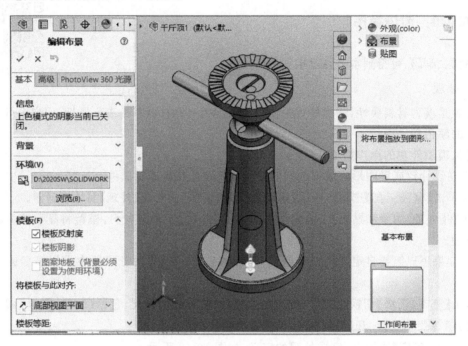

图 10-17 【布景】属性管理器和任务窗格

② 在【外观、布景和贴图】任务窗格中，可以在【布景】下将选中的布景拖动到图形区域，图形区域将显示该布景。

③ 如果用户需要自定义布景，在【布景】属性管理器中导入布景环境的图像并设置各项属性。在【高级】选项卡中，可以对楼板、环境等进行更详细的设置。

④ 单击【确定】按钮，完成布景的定义。

3. 贴图

贴图是在模型的表面附加某种平面图形，一般用于商标或标志的制作。

添加贴图的操作如下：

① 在零件的图形区域中选择需要添加贴图的面。

② 单击【渲染工具】选项卡中的【编辑贴图】按钮，将弹出【贴图】属性管理器和【外观、布景和贴图】任务窗格，如图 10-18 所示。

③ 在【图像】选项卡中单击【浏览】按钮，在弹出的【打开】对话框中选择想要使用的贴图文件。在【映射】选项卡中，可以选择图像映射类型并设置映射的大小、方向，如图 10-19 所示。在【照明度】选项卡中，可以选择贴图对照明度的反应，如图 10-20 所示。

④ 单击【确定】按钮，完成贴图的定义。

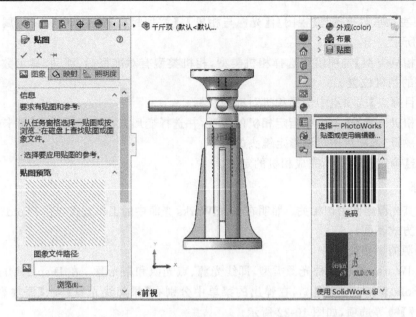

图 10-18　【贴图】属性管理器和任务窗格

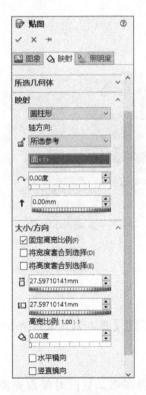

图 10-19　【映射】选项卡　　　　　　　　图 10-20　【照明度】选项卡

4. 相机

为了从不同视角观察模型，可以向模型文档添加相机，通过相机透视图来查看模型。

添加相机的操作如下：

① 在 DisplayManager 设计树中右击【相机】按钮 ，在弹出的快捷菜单中选择【添加相

机】,或在主菜单栏里选择【视图】|【光源与相机】|【添加相机】,弹出【相机】属性管理器，如图 10-21 所示。

② 在【相机类型】选项组中选择相机类型，相机类型有对准目标、浮动、显示数字控制、锁定除编辑外的相机位置。

③ 在【目标点】选项组中选择相机对准的目标。

④ 在【相机位置】选项组中指定相机的位置，并选择变形方式为【球形】或【笛卡尔式】。

⑤ 在【视野】选项组中可以指定镜头的尺寸。

⑥ 单击【确定】按钮，完成相机的定义。

5. 光源

布景和其光源略图密切相关。照明在 SolidWorks 光源中的工作方式与在 PhotoView 360 光源中的工作方式不同。

添加光源的操作如下：

① SolidWorks 提供 3 种光源类型，即线光源、点光源和聚光源。在 DisplayManager 设计树中右击【SolidWorks 光源】，在弹出的菜单中分别有【添加线光源】、【添加聚光源】、【添加点光源】等选项，如图 10-22 所示。

图 10-21　【相机】属性管理器　　　　图 10-22　添加光源

② 选择要添加的光源，弹出【光源】属性管理器，包括【基本】【SolidWorks】【PhotoView 360】选项卡，如图 10-23 所示。

③ 3 个选项卡的内容如下：

· 【基本】选项卡：在【基本】选项组中可以选择是否在布景更改时保留光源，以及编辑环境光源的颜色。在【光源位置】选项组中通过不同的坐标形式设定光源的位置，并可以通过勾选【锁定到模型】来保持光源相对于模型的位置。

· 【SolidWorks】选项卡：通过勾选【在 SolidWorks 中打开】来在 SolidWorks 中打开光源。

· 【PhotoView 360】选项卡：在打开 PhotoView 360 插件后可以使用，可供编辑的属性如表 10-3 所示。

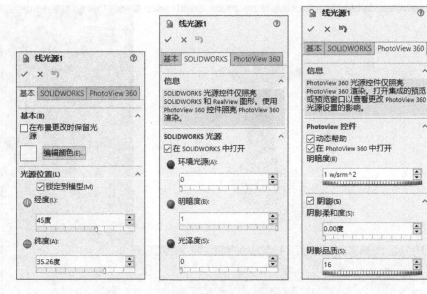

图 10-23 【光源】属性管理器

表 10-3 PhotoView 360 插件可供编辑的属性

属性	定义
明暗度	在 PhotoView 中设置光源明暗度
柔边	将过渡范围设定到光源之外以给予光源的边线更柔和的外观
光源阴影	在 PhotoView 中设定光源半径,可影响到阴影的柔和性
阴影品质	减少柔和阴影中的颗粒度
雾灯距离	设置光源周围的雾灯范围
雾灯品质	当雾灯品质增加时可降低颗粒度,相应会增加渲染时间

④ 单击【确定】按钮 ✓,完成光源的添加。

6. 输出图像

PhotoView 360 能以逼真的外观、光源、布景及贴图等渲染 SolidWorks 模型。

(1)预览渲染

PhotoView 提供在图形区域中【整合预览】和在单独的窗口中【预览窗口】两种方法来预览渲染。在【渲染工具】选项卡中单击【整合预览】按钮 或【预览窗口】按钮 ,打开预览界面。

(2)最终渲染

通过【最终渲染】窗口可以详细地调整渲染,也可以比较两种渲染以及查看渲染统计信息。单击【渲染工具】选项卡中的【最终渲染】按钮 ,打开【最终渲染】窗口,如图 10-24 所示。

(3)渲染选项

PhotoView 360 选项可以控制输出图像大小和渲染品质。单击【渲染工具】选项卡中的【选项】按钮 ,弹出【PhotoView 360 选项】属性管理器,其中主要包括【输出图像设定】【渲染品质】【轮廓/动画渲染】选项组,如图 10-25 所示。

(4)保存图像

在【最终渲染】窗口中单击【保存图像】获得图像,最终效果如图 10-26 所示。

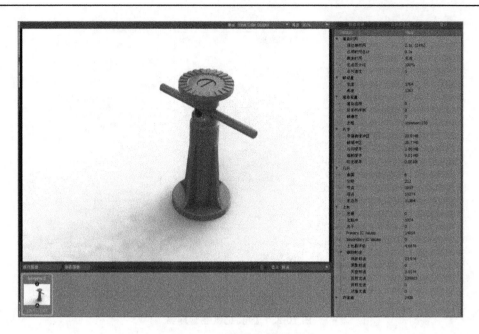

图 10-24　【最终渲染】窗口

图 10-25　【PhotoView 360 选项】属性管理器

图 10-26　输出图像

10.3　产品介绍制作综合范例

　　本节将以一个减速器为例,生成一个产品演示动画,主要介绍减速器随着时间参数的变化发生的观察角度变化、爆炸视图动画的制作、装配体中零件外观和透明度的变化、零件运动动画的制作。主要内容包括：设置相机和布景、设置光源、设置零部件外观、插入贴图、制作爆炸动画、制作旋转动画、制作视象属性动画、播放动画和渲染输出。

扫描二维码，可得到本节练习用到的源文件。

"减速器"模型文件

10.3.1　设置相机和布景

这里通过设置 3 个不同相机位置，实现在动画播放时从不同视角观察减速器。

1. 创建第一个相机位置

① 激活【SolidWorks Motion】和【PhotoView 360】插件。

② 单击左下角的【运动算例】，在【算例类型】列表中选择【动画】。

③ 将时间线拖动到"0 秒"位置。

④ 在 MotionManager 设计树中右击【光源、相机和布景】圖选项，如图 10-27 所示，在弹出的快捷菜单中选择【添加相机】圖，出现【相机】属性管理器。

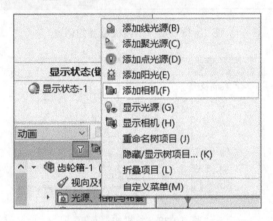

图 10-27　添加相机

⑤ 在【相机类型】选项组中选择相机的类型为【对准目标】，勾选【锁定除编辑外的相机位置】。

⑥ 在【目标点】选项组中选择相机的目标点为"端盖-1"的外侧表面。

⑦ 在【相机位置】选项组中设置相机【离目标的距离】为 1 100 mm。

⑧ 在【视野】选项组中选择相机的【标准镜头预设】为【远距摄像机】，视图的【高宽比例】为 8：5。

⑨ 在图形区域的相机视图中调整相机位置，使实际显示的视图至图 10-28 所示的位置。

⑩ 单击【确定】按钮 ✔ 完成第一个相机位置的创建。

2. 创建第二个相机位置

① 将时间线拖动到"2 秒"位置。

② 在 MotionManager 设计树中右击【光源、相机和布景】圖选项下的【相机 1】圖，如图 10-29 所示，在弹出的快捷菜单中选择【属性】，出现【相机】属性管理器。

③ 保持其他参数不变，在【相机位置】选项组中设置相机【离目标的距离】为 2 400 mm。

④ 在图形区域的相机视图中调整相机位置，使实际显示的视图至图 10-30 所示的位置。

⑤ 单击【确定】按钮 ✔ 完成第二个相机位置的创建。

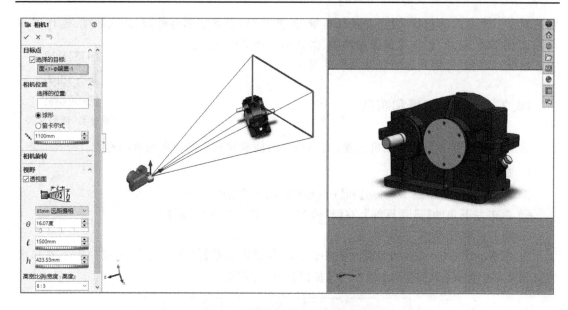

图 10-28　第一个相机位置的创建

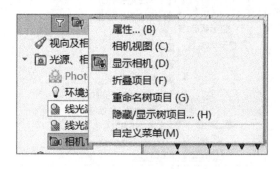

图 10-29　相机快捷菜单

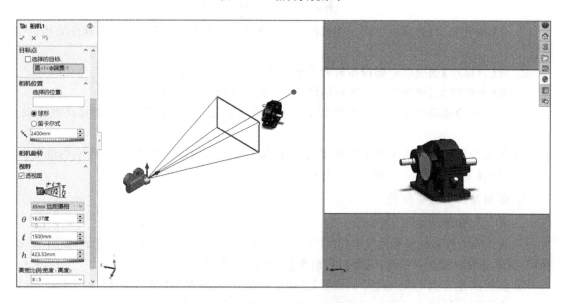

图 10-30　第二个相机位置的创建

3. 创建第三个相机位置

① 将时间轴上"2 秒"处相机对应的键码复制到"5 秒"的位置,如图 10-31 所示。

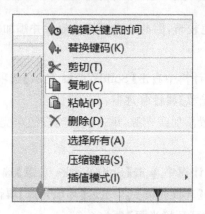

图 10-31　复制键码

② 将时间线拖动到"6 秒"位置。

③ 在 MotionManager 设计树中右击【光源、相机和布景】选项下的【相机 1】,在弹出的快捷菜单中选择【属性】,出现【相机】属性管理器。

④ 保持其他参数不变,在【相机位置】选项组中设置相机【离目标的距离】为 1 200 mm。

⑤ 在图形区域的相机视图中调整相机位置,使实际显示的视图至图 10-32 所示的位置。

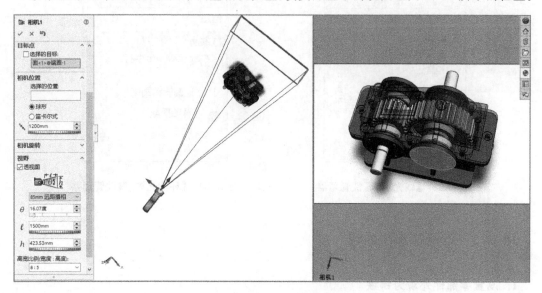

图 10-32　第三个相机位置的创建

⑥ 单击【确定】按钮 完成第三个相机位置的创建。

注意:播放动画前需在 MotionManager 设计树中右击【相机 1】,在弹出的快捷菜单中选择【相机视图】才可播放相机不同位置的视图。

4. 设置布景

在任务窗口中,将【外观、布景与贴图】设计树下的【单白色】布景拖动到界面上,完成布景的设置。

10.3.2 设置光源

由于减速器外壳铸铁颜色较暗,因此改变环境光属性并添加一个线光源来增加环境亮度。

1. 设置线光源

① 在 MotionManager 设计树中右击【SolidWorks 光源】选项,在弹出的快捷菜单中选择【添加线光源】,出现【线光源】属性管理器。

② 在图 10-33 所示的位置添加线光源,单击【确定】按钮 完成线光源的添加。

2. 更改环境光源

① 在 MotionManager 设计树中单击【SolidWorks 光源】选项 左侧的下拉箭头,展开【SolidWorks 光源】选项,双击【环境光源】,出现【环境光源】属性管理器,如图 10-34 所示。

② 在【基本】选项组中设置【环境光源】 为 0.6。

③ 单击【确定】按钮 完成环境光源的更改。

图 10-33 【线光源】属性管理器

图 10-34 【环境光源】属性管理器

10.3.3 设置零部件外观

1. 设置零部件外观为铸铁

① 在 MotionManager 设计树中右击任一零部件,在弹出的快捷菜单中选择【外观】。

② 在【所选几何体】选项组中选择减速器的上下箱体、两轴通盖和两端盖。

③ 在【外观、布景和贴图】任务窗口中设置选定零部件的外观为铸铁,如图 10-35 所示。

2. 设置零部件外观为抛光钢

以同样的方式设置其余零部件的外观为抛光钢,如图 10-36 所示。

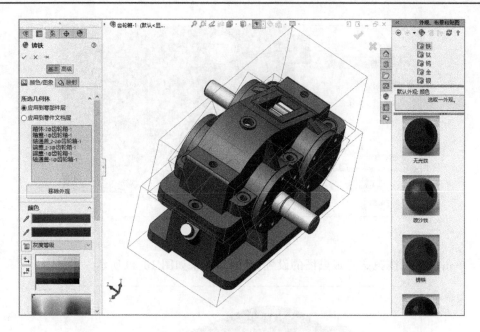

图 10-35　设置零部件外观为铸铁

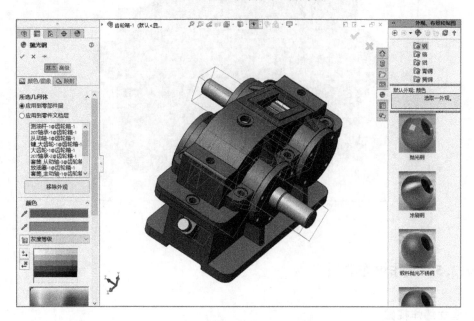

图 10-36　设置零部件外观为抛光钢

10.3.4　插入贴图

① 在主菜单栏中选择【PhotoView 360】|【编辑贴图】，出现【贴图】属性管理器。

② 要添加的贴图如图 10-37 所示，在【图像文件路径】方框内选择贴图使用的图像的路径。

③ 选择贴图位置为减速器外壳侧面中下部，调整图像的大小，如图 10-38 所示。

图 10-37　添加的贴图

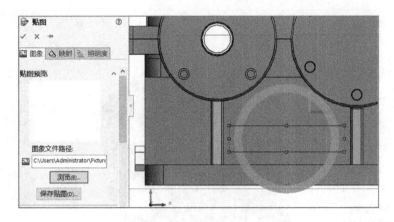

图 10-38　贴图位置

④ 单击【确定】按钮 ✔ 完成贴图的设置,贴图的效果如图 10-39 所示。

图 10-39　贴图的效果

10.3.5　制作爆炸动画

1. 建立爆炸视图

① 在主菜单栏中选择【插入】|【爆炸视图】💠,出现【爆炸】属性管理器。

② 在【添加阶梯】选项组中选择爆炸步骤为【常规步骤】🗇,设置【爆炸步骤名称】🗗、【爆炸步骤零部件】🖫、【爆炸方向】和【爆炸距离】🔩参数,如表 10-4 所示。

表 10-4　爆炸视图设置

爆炸步骤名称	零部件	方向	距离/mm
爆炸步骤 1	箱盖	$+y$	200
爆炸步骤 2	除放油塞、测油杆、箱盖和箱体以外的所有零部件	$+y$	100
爆炸步骤 3	放油塞	$-x$	100

续　表

爆炸步骤名称	零部件	方向	距离/mm
爆炸步骤 4	测油杆	x	100
爆炸步骤 5	轴通盖-1、端盖 2-3	$-z$	240
爆炸步骤 6	端盖-1、轴通盖 2-2	z	240
爆炸步骤 7	206 轴承-1、207 轴承-2	$-z$	200
爆炸步骤 8	206 轴承-2、207 轴承-1	z	200
爆炸步骤 9	套筒-主动轴、大齿轮	z	160
爆炸步骤 10	套筒-从动轴、小齿轮	$-z$	160
爆炸步骤 11	键-小齿轮、键-大齿轮	$-y$	50

③ 单击【完成】按钮，在【爆炸步骤】列表中将自动添加爆炸步骤 1～爆炸步骤 11。

④ 各爆炸步骤示意图如图 10-40 所示。

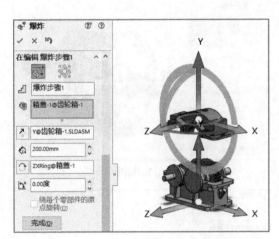

(a) 爆炸步骤1

(b) 爆炸步骤2

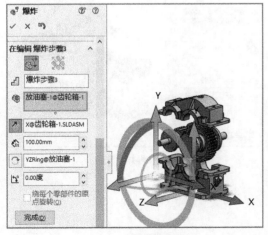

(c) 爆炸步骤3

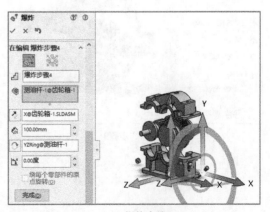

(d) 爆炸步骤4

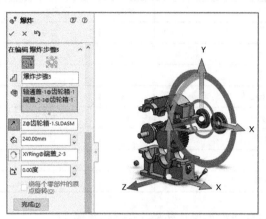

(e) 爆炸步骤5

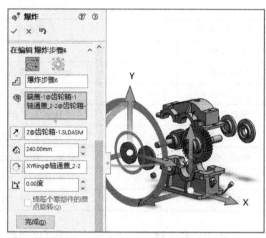

(f) 爆炸步骤6

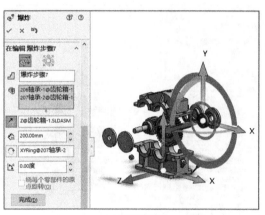

(g) 爆炸步骤7

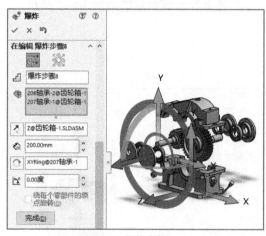

(h) 爆炸步骤8

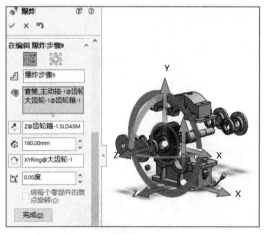

(i) 爆炸步骤9

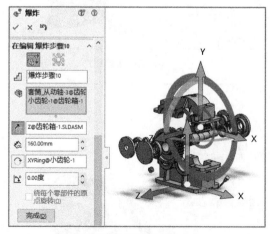

(j) 爆炸步骤10

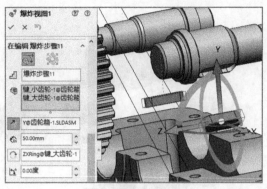

(k) 爆炸步骤11

图 10-40　各爆炸步骤示意图

2. 解除爆炸

① 打开界面左侧的 ConfigurationManager 导航栏，展开配置设计树。

② 右击设计树中的【爆炸视图】，选择【解除爆炸】，如图 10-41 所示。

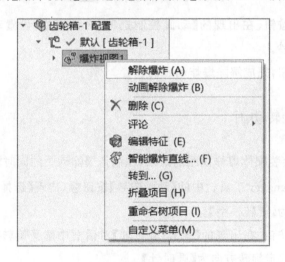

图 10-41　解除爆炸

3. 爆炸动画

① 单击 MotionManager 工具栏中的【动画向导】按钮，出现【选择动画类型】对话框。

② 选择要生成的动画类型为【爆炸】。

③ 单击【下一页】按钮，在出现的【动画控制选项】对话框中，设置动画的【时间长度】和【开始时间】为 2 秒。

④ 单击【完成】按钮，完成爆炸动画的设置。制作完成的爆炸动画如图 10-42 所示。

4. 解除爆炸动画

① 单击 MotionManager 工具栏中的【动画向导】按钮，出现【选择动画类型】对话框。

② 选择要生成的动画类型为【解除爆炸】。

图 10-42 制作完成的爆炸动画

③ 单击【下一页】按钮,在出现的【动画控制选项】对话框中,设置动画的【时间长度】为1 秒,【开始时间】为 4 秒。

④ 单击【完成】按钮,完成解除爆炸动画的设置。

10.3.6 制作旋转动画

为实现全方位观察装配体爆炸视图的效果,在制作爆炸动画的同时添加旋转动画。

① 单击 MotionManager 工具栏中的【动画向导】按钮,出现【选择动画类型】对话框。

② 选择动画类型为【旋转模型】。

③ 单击【下一页】按钮,在出现的【选择-旋转轴】对话框中选择旋转轴为【y-轴】或【z-轴】,输入【旋转次数】为 1,确定旋转方向为【顺时针】。

④ 单击【下一页】按钮,在出现的【动画控制选项】对话框中设置动画播放的【时间长度】和【开始时间】为 2 秒。

⑤ 单击【完成】按钮,完成旋转动画的设置。

10.3.7 制作视象属性动画

为了方便观察箱体内部零部件的配合情况,在解除爆炸动画结束后添加更改箱盖透明度的动画以显示箱体内部装配情况。

① 将时间线移动到时间轴上"6 秒"位置。

② 在 MotionManager 设计树中右击"箱盖",在弹出的快捷菜单中选择【更改透明度】,如图 10-43 所示。设置第 6 秒时箱盖显示为透明,如图 10-44 所示。

图 10-43　更改透明度

图 10-44　完成透明度更改

③ 将时间线移动到时间轴上"5 秒"位置。

④ 在 MotionManager 设计树中右击"箱盖"，在弹出的快捷菜单中取消选择【更改透明度】，设置第 5 秒时箱盖显示为不透明，即得到箱盖在第 5 秒到第 6 秒的时间段内由不透明过渡为透明的动画。

10.3.8　播放动画

① 将时间线拖动至"0 秒"位置。

② 单击窗口上端的【视图定向】选项，选择当前显示的视图为
【相机 1】，如图 10-45 所示。

③ 单击 MotionManager 工具栏中的【播放】按钮 ▶，即可播放
生成的动画，如图 10-46 所示。

图 10-45　选择视图

图 10-46　播放动画

10.3.9　渲染输出

① 单击 MotionManager 工具栏中的【保存动画】按钮 🖼，出现【保存动画】对话框，如图 10-47 所示。

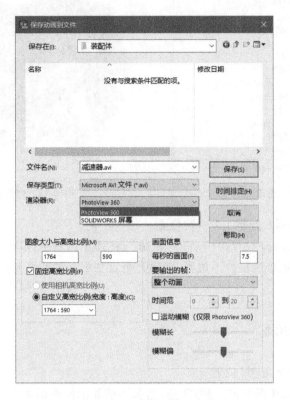

图 10-47　【保存动画】对话框

② 更改文件名称为"减速器.avi"，选择使用的渲染器为【PhotoView 360】，选择文件的保存位置。

③ 单击【保存】完成渲染输出的设置，最终完成的视频截图如图 10-48 所示。

图 10-48　最终完成的视频截图

第 11 章　Altair Inspire 结构拓扑优化设计

11.1　结构拓扑优化的概念

1. 结构拓扑优化的设计理论

1904 年,Micheel 采用解析方法研究了桁架结构拓扑优化,并给出了 Micheel 准则。这是结构拓扑优化设计发展中一个具有里程碑意义的事件。随后,Rozvany 扩展了 Micheel 的桁架结构拓扑优化理论到布局优化。1964 年,Dom 等提出基结构法,将数值计算方法引入优化设计领域,克服了桁架结构拓扑优化理论的局限性。Rossow 和 Taylor 提出了基于有限元法的结构拓扑优化法,使得结构拓扑优化的研究开始活跃起来。

结构拓扑优化方法依据其算法主要分为两类:基于梯度的方法和非基于梯度的方法。在基于梯度的方法中,设计变量往往是连续变量,在计算过程中需要求响应函数关于设计变量的一阶或二阶导数,并采用数学规划方法求解优化问题。而在非基于梯度的方法中,设计变量一般是离散变量,优化过程依赖于随机或种群算法对于性能函数的估值。

在工业上常见的结构拓扑优化方法有 3 种,分别是均匀化方法、变厚度法、变密度法。此外,还有一些比较有前途的求解策略方法,如隋允康等人提出的 ICM 法、Rozvany 和 Zhou 发明的 SIMP 法等。

2. 结构拓扑优化设计的一般工作流程

大多数结构拓扑优化设计的一般工作流程如下:

① 确定零件的受力和约束:首先对模型零件进行分析,获得零件在实际使用过程中的受力状态,包括受力类型、大小、方向和位置,以及与其他零件之间的配合关系,获得零件的运动副。需要注意的是,正确和合理地理解作用在零件上的真实力和约束对于结构拓扑优化至关重要,将直接导致优化后的零件的可靠性。

② 简化初始零件模型:根据零件预留的空间位置,确定零件的原始尺寸;分析确定初始零件中与受力、约束等有关的必须保留的区域,删除设计中由于传统制造而产生的其他特征。

③ 初始力学性能计算:根据零件材料、受力和约束等条件,进行有限元计算,获得零件的初始力学性能指标,包括位移、安全系数、米塞斯等效应力等。

④ 确定可优化的"设计空间":避免优化过程中改变需要保留的区域,设计空间区域为可以优化的区域。

⑤ 确定零件的工作工况:一般而言,零件的受力工况是多样的,在实际操作过程中,可以在每种工况中使用单一的力。每种工况都可以通过模拟该特定工况下的最坏情况来设计最优零件。然后可以将各种工况的设计概念组合成一个涵盖所有受力工况的新设计。但是,如果

用户了解每个单独力的影响,也可以同时设置多个受力的优化。

⑥ 执行结构拓扑优化:可以选择成熟的专用软件或自编程序,完成结构拓扑优化工作。

⑦ 模型光顺化与重构:结构拓扑优化生成的结果是粗糙的模型,需要对其进行平滑处理,转换为平滑模型。此过程可以采用专用软件完成。

⑧ 力学性能校核计算:在模型几何重构结束之后,对几何重构后的零件进行有限元计算,获得优化后的零件最终的力学性能指标,包括位移、安全系数、米塞斯等效应力等,以确认优化后的零件力学性能满足使用要求。

需要注意的是,实际结构拓扑优化过程为多次迭代优化结果,需要借助于有限元分析确认优化结果的安全系数,循环重复结构拓扑优化,获得优化的拓扑优化结构;另外,结构拓扑优化可以在不降低力学性能的条件下减少材料用量,因此可以使用比原始材料更昂贵或更佳的材料,来获得性能更优异、更轻巧的结构零件。

11.2　Altair Inspire 软件简介

1. Altair Inspire 主要功能

Altair Inspire 是一种概念设计工具,其功能如图 11-1 所示,可用于运行结构优化、有限元分析、运动分析和增材制造分析。该软件使用拓扑、形貌、厚度、栅格和 PolyNURBS 优化生成能够适应不同载荷的结构形状,采用多边形网格,可以将其导出到其他计算机辅助设计工具中,作为设计灵感的来源,也可以生成 .stl 格式文件,快速进行原型设计。

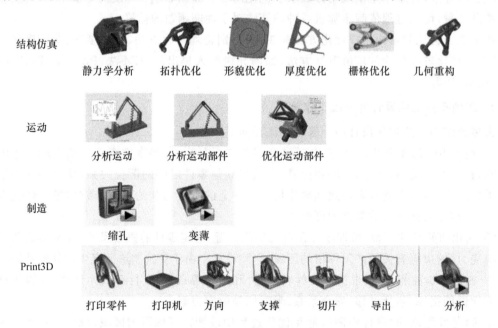

图 11-1　Altair Inspire 功能

2. Altair Inspire 操作流程

Altair Inspire 结构拓扑优化的基本操作流程主要分为 6 个步骤,如图 11-2 所示。

几何准备	定义材料	确定载荷工况	形状控制	优化设定	探索结果与分析
	Materials	Loads	Shape Controls	Optimize	

图 11-2　Altair Inspire 结构拓扑优化的基本操作流程

11.3　Altair Inspire 工作界面及功能模块

1. 启动及工作界面

本书采用的是 Altair Inspire 2022 版本,其启动界面如图 11-3 所示,各版本之间有所差异。

图 11-3　Altair Inspire 启动界面

Altair Inspire 工作界面如图 11-4 所示,包括菜单栏、基础工具栏、工具栏、模型显示区域、模型浏览器、属性编辑器等。

2. 功能模块

Altair Inspire 2022 有 7 个功能模块:草图、几何、PolyMesh、PolyNURBS、结构仿真、运动和 Print3D。

(1)草图模块

草图模块用于创建 2D 草图和参数零件,主要包括创建工作区和编辑工作区,如图 11-5 所示。

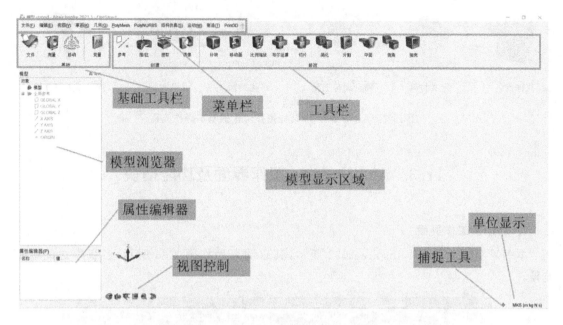

图 11-4　Altair Inspire 工作界面

图 11-5　草图功能区

（2）几何模块

几何模块用于创建和简化实体几何，主要包括创建工作区和修改工作区，如图 11-6 所示。

图 11-6　几何功能区

（3）PolyMesh 建模模块

在 Altair Inspire 软件中，不仅包括参数化建模功能，还包括 PolyMesh 建模功能。Poly 是 Polygon 的缩写，为多边形建模。PolyMesh 可以从其他类型的几何体和结果创建多边形网格对象，其基本功能包括填充、转换、收缩包裹和平滑化，如图 11-7 所示。

填充　　　转换　　　收缩包裹　　　平滑化

图 11-7　PolyMesh 功能区

（4）PolyNURBS 建模模块

NURBS 是 Non-Uniform Rational B-Splines 的缩写，即非均匀性有理 B 样条曲线（俗称曲面建模）。PolyNURBS 融合了 Polygon（多边形建模）的自由性和 NURBS 的精确性。PolyNURBS 基本功能区主要包括创建工作区、修改工作区和形状功能区，如图 11-8 所示。

基元　　　自适应　　　包覆　　　Pavo

(a) 创建工作区

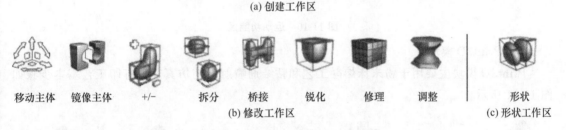

移动主体　镜像主体　+/-　　拆分　　桥接　　锐化　　修理　　调整　　　　形状

(b) 修改工作区　　　　　　　　　　　　　　　　　(c) 形状工作区

图 11-8　PolyNURBS 基本功能区

（5）结构仿真模块

结构仿真模块用于对零件进行力学性能分析，并生成优化后的概念模型，运行不同类型的优化并对比结果，主要包括连接工作区、仿真设定工作区和运行工作区，如图 11-9 所示。

螺栓连接　铰接　连接器　点焊　接触

(a) 连接工作区

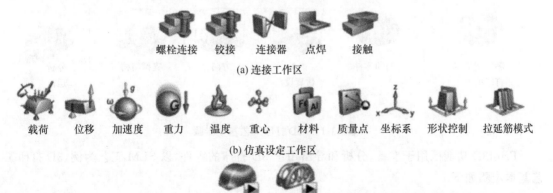

载荷　位移　加速度　重力　温度　重心　材料　质量点　坐标系　形状控制　拉延筋模式

(b) 仿真设定工作区

分析　　优化

(c) 运行工作区

图 11-9　结构仿真功能区

（6）运动模块

运动模块用于定义铰接和运动接触、创建转动电机和平动电机、运行运动分析并绘制结果，主要包括连接工作区、力工作区和运行工作区，如图 11-10 所示。

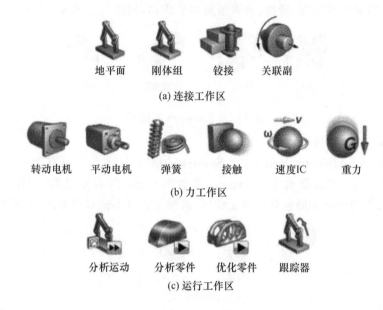

（a）连接工作区

地平面　　刚体组　　铰接　　关联副

转动电机　平动电机　弹簧　　接触　　速度IC　　重力

（b）力工作区

分析运动　分析零件　优化零件　跟踪器

（c）运行工作区

图 11-10　运动功能区

（7）Print3D 模块

Print3D 模块主要用于粉末床熔融工艺和粘结剂喷射工艺仿真，3D 打印工艺基本步骤如图 11-11 所示。

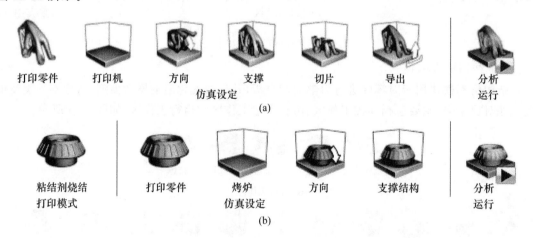

打印零件　　打印机　　方向　　支撑　　切片　　导出　　分析运行

仿真设定

（a）

粘结剂烧结打印模式　　打印零件　　烤炉仿真设定　　方向　　支撑结构　　分析运行

（b）

图 11-11　3D 打印工艺基本步骤

Print3D 功能区用于准备、分析和导出用于 3D 打印的零件，以 SLM 工艺为例，3D 打印工艺基本步骤如下。

① 打印零件：选择要打印和分配材料的零件。

② 打印机：配置 3D 打印热床。用户可以选择一个默认打印机或从几个标准打印机中进行选择。

③ 方向:将零件方向调整为相对于打印热床的方向。用户可以根据曲面来定向零件,或定向零件以达到最大或最小构建高度。

④ 支撑:创建、指定和分割 3D 打印所需的支撑。

⑤ 切片:在 3D 打印前,检查每层的零件以验证其几何体。

⑥ 导出:导出包含准备好的零件和/或 3D 打印支撑的文件。

⑦ 分析:运行增材制造分析,然后查看并绘制结果。

11.4　案例:下承式桥的结构拓扑优化设计

11.4.1　项目背景

下承式桥(through bridge)桥面系设置在桥跨主要承重结构(桁架、拱肋、主梁)下面的桥梁,即桥梁上部结构完全处于桥面高程之上的桥被称为下承式桥。本案例以深圳彩虹桥为例,如图 11-12 所示,其概念模型如图 11-13 所示。

(a)　　　　　　　　　　　　　　　　　　(b)

图 11-12　下承式桥

图 11-13　下承式桥概念模型

11.4.2　建立原始模型

① 打开 Altair Inspire 软件,单击文件图标中的【新建模型】工具 📇。

② 单击模型视窗右下角的单位系统选择器,并将显示单位更改为【CGS (cm g dyn s)】,如图 11-14 所示。

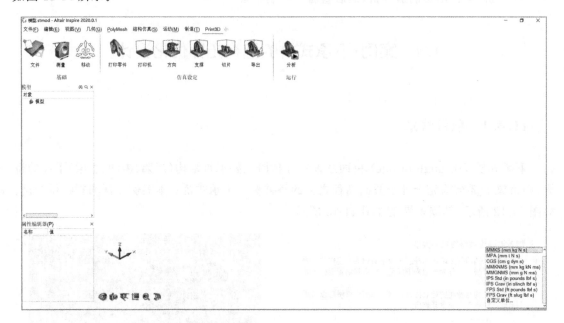

图 11-14　单位系统选择

③ 草绘一个长方形:选择【几何】功能区上的【以两角点绘制矩形】工具 📇,此时出现一个草绘平面。单击放置第一个角点,再次单击放置相对的角点,绘制尺寸为 30 cm×10 cm 的矩形,如图 11-15 所示。

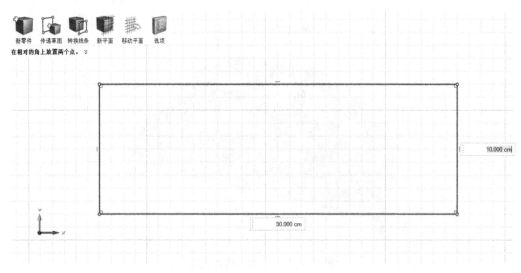

图 11-15　草绘(一)

④ 鼠标右击划过勾选标记以退出，或双击鼠标右键。

⑤ 再次双击右键退出草绘模式，进入推/拉模式。

⑥ 使用鼠标中键小幅度地旋转模型，然后单击并拖动鼠标左键，将矩形拉伸成一个厚度为 10 cm 的实体，如图 11-16 所示。双击右键退出推/拉模式。

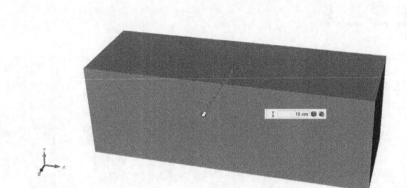

图 11-16　推拉（一）

⑦ 单击模型视窗左下角的轴图标，选择 X 轴，得到 X 轴视图，X 轴视图如图 11-17 所示。

⑧ 选择【几何】功能区的【直线】工具。单击面，以选择草绘平面。

⑨ 绘制一个高 8 cm、宽 6 cm 的矩形，如图 11-18 所示。

图 11-17　X 轴视图

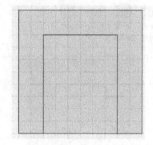

图 11-18　草绘（二）

⑩ 鼠标右击划过勾选标记以退出，或双击鼠标右键，得到的结果如图 11-19 所示。

⑪ 单击推拉工具栏，进入推/拉模式。单击鼠标左键并推动矩形面来切割实体，得到图 11-20 所示的模型。

图 11-19　退出草绘模式

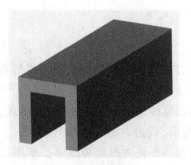

图 11-20　推拉（二）

⑫ 单击模型视窗左下角的轴图标,选择 Y 轴,得到 Y 轴视图。

⑬ 选择【几何】功能区的【直线】工具 。单击面,以选择草绘平面。

⑭ 绘制一条直线,单击两次放置两个端点,第一个端点位于底面角点处,第二个端点位于距离顶边 5 cm 处,如图 11-21 和图 11-22 所示(直线长度大约为 11.1 cm)。

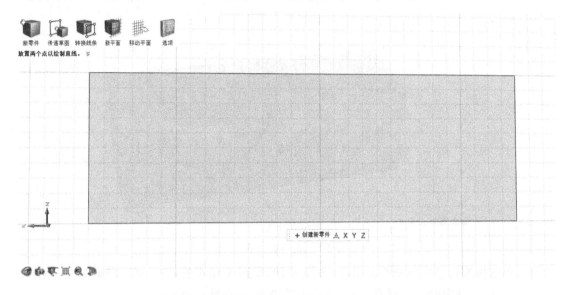

图 11-21　草绘(三)

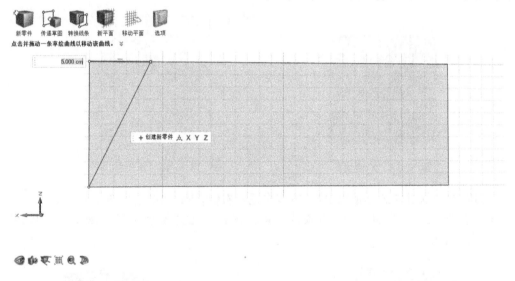

图 11-22　草绘(四)

同理,在右侧获得同样的直线。鼠标右击划过勾选标记以退出,或双击鼠标右键,得到的结果如图 11-23 所示。

⑮ 单击推拉工具栏,进入推/拉模式。单击并推动其中两个三角子面来切割实体,如图 11-24 所示。双击右键退出推/拉模式。

⑯ 创建一个长方形的桥基座。使用鼠标中键旋转模型至合适的角度,桥体底部可见,如图 11-25 所示。

图 11-23　草绘(五)

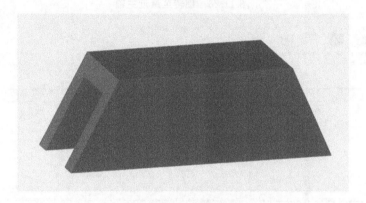

图 11-24　推拉(三)

推/拉一个面、一条直线或一条二维边。

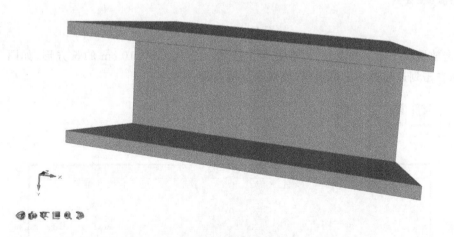

图 11-25　旋转视图

⑰ 然后单击左下侧视图控制,单击图标,如图 11-26 所示。

⑱ 选择【几何】功能区上的【以两角点绘制矩形】工具。单击其中一个底面作为草绘平面,如图 11-27 所示。

⑲ 单击小对话框上的按钮,【模型浏览器】中出现一个新零件,而将创建的几何体会被放置在新零件中。

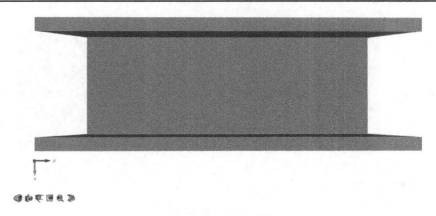

图 11-26　旋转至最近主轴

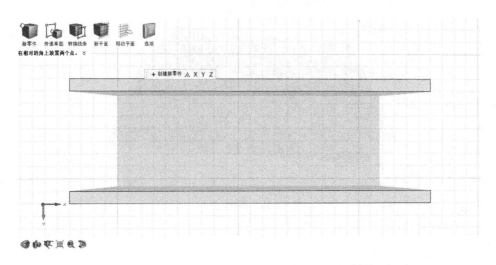

图 11-27　草绘(六)

单击放置两个相对的角点,以在底面上绘制一个 30 cm×10 cm 的长方形,如图 11-28 所示,鼠标右击划过勾选标记以退出,或双击鼠标右键。

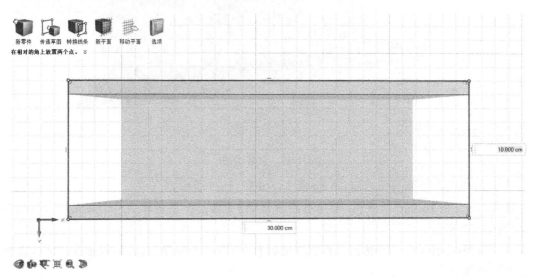

图 11-28　草绘(七)

⑳　单击推拉工具栏,进入推/拉模式。单击并拖住鼠标左键,将该矩形拉伸成一个高为 1 cm 的实体,如图 11-29 所示。双击右键退出推/拉模式。使用鼠标中键旋转模型至合适的角度。

图 11-29　推拉(四)

㉑　此时,在【模型浏览器】中新增一个零件,共计两个零件,如图 11-30 所示,分别重新命名为桥梁和桥面。

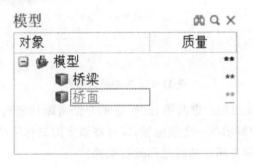

图 11-30　重新命名

至此,下承式桥的原始模型设计完成,下面进入结构拓扑优化。

11.4.3　下承式桥的结构拓扑优化

1. 定义材料

①　单击【结构仿真】功能区的【材料】图标 。

②　弹出【零件和材料】对话框,该对话框列出了该模型包含的零件数目、名称、颜色和材料,如图 11-31 所示。在材料下拉菜单中选择材料。

2. 确定工况载荷

(1) 施加固定约束

①　施加约束,调整视图直至可以看到底面上的四个角。单击【结构仿真】功能区的 图标,选择【施加约束】工具。将光标移动到最左下侧施加约束图标。

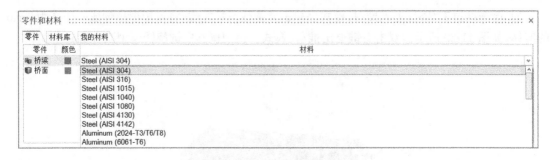

图 11-31 【零件和材料】对话框

② 在桥面底部 4 个角施加固定约束，如图 11-32 所示，该约束即显示为一个小圆锥图案。

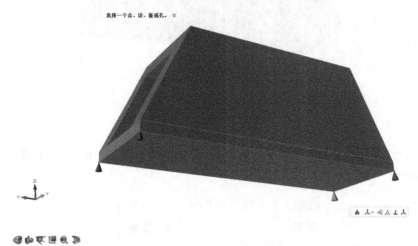

图 11-32 底部施加约束

③ 编辑约束。双击该固定约束圆锥，此时显示 3 个清晰的坐标轴，表明在这 3 个方向的移动均被锁定。单击图中所示的一个坐标轴，即可在该方向进行移动（选中的坐标轴会呈现绿色，连续单击则可在打开和关闭该功能之间进行切换）。

施加固定约束图形如表 11-1 所示。

表 11-1 施加固定约束图形

约束图形	编辑状态图形	备注
		在 3 个方向的运动完全固定
		在一个方向可以移动

续 表

约束图形	编辑状态图形	备注
		在一个平面内可自由移动，不能上下移动
		无约束

④ 双击右键退出，单击取消选择。

（2）施加力载荷

① 单击【结构仿真】功能区的【载荷】图标，选择【施加压力】工具。

② 将光标移动至桥面上方，单击顶面，施加一个压力，方向为 $-z$，如图 11-33 所示。此时弹出该压力的小对话框，通过该对话框可修改其方向或大小。在文本栏中输入 20 Ba 并按 Enter 键。

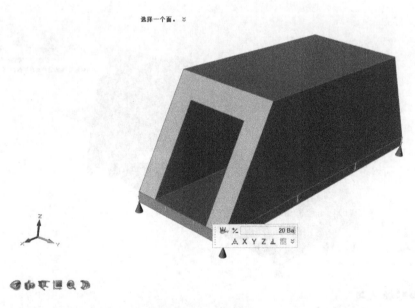

图 11-33　桥面施加压力

③ 鼠标右击划过勾选标记以退出，或双击鼠标右键。

（3）施加重力

① 单击【结构仿真】功能区的【载荷】图标，选择【重力】工具 。

② 出现【施加重力】对话框，重力方向为 $-z$ 方向，如图 11-34 所示。

③ 鼠标右击划过勾选标记以退出。

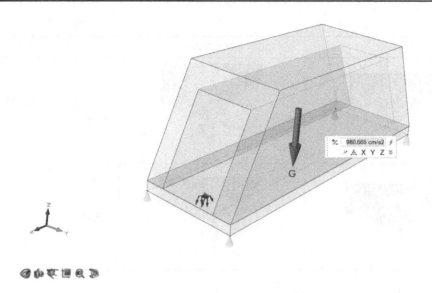

图 11-34　施加重力

（4）形状控制

① 单击【结构仿真】功能区中的【形状控制】 图标，选择对称工具。此时弹出二级功能区，默认选中【对称控制】工具 。

② 单击桥梁。此时显示 3 个红色对称平面，如图 11-35 所示，表明 3 个平面全部处于激活状态。

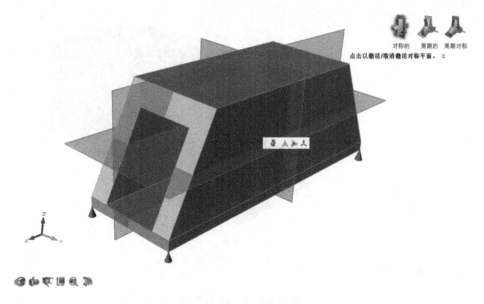

图 11-35　对称控制

由于桥不满足上下对称，单击该对称平面，使其关闭状态。取消选定水平平面，该平面即变成透明状态。

③ 鼠标右击划过勾选标记以退出，或双击鼠标右键。

（5）定义设计空间

① 该项目中的桥面为非设计空间，桥梁为设计空间。单击选中桥梁零件呈现为黄色，再

右击则弹出图 11-36 所示的快捷菜单,从菜单中选择【设计空间】。在运行优化时,所有被定义为设计空间的零件都将会生成一个新形状。

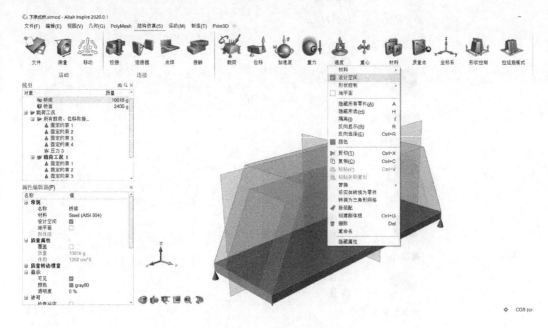

图 11-36　定义设计空间(一)

② 单击模型视窗中的空白处,取消选定零件。此时桥梁零件变为设计空间,显示为红棕色,如图 11-37 所示。

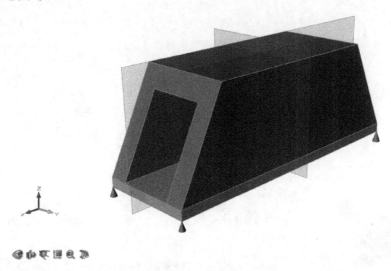

图 11-37　定义设计空间(二)

(6) 运行仿真设计设定

① 从【结构仿真】功能区的 图标中选择运行仿真工具。此时会出现【运行 Optistruct 分析】窗口,如图 11-38 所示。

② 单击【运行】,开始计算。分析完成后,【分析】图标上将显示绿色旗帜,运行状态窗口中的状态为"Completed",如图 11-39 所示。

图 11-38　运行分析设置

图 11-39　运行状态窗口

（7）仿真设计结果参看

① 双击运行状态栏"下承式桥"，进入结果查看，或者单击【显示分析结果】图标。

② 查看安全系数，如图 11-40 所示。在【分析浏览器】中，在【结果类型】下拉菜单中选择
【安全系数】。该状态安全系数最低为 17.74，可以进入优化环节。

图 11-40 运行结果显示

(8) 运行优化设计设定

① 从【结构仿真】功能区的【运行】工作区中选择【优化】工具。此时会出现【运行优化】窗口,如图 11-41 所示。选择【最大化刚度】作为优化目标。

对于质量目标,请确保从下拉菜单中选中【设计空间总体积的％】,并且选择【10】,以生成占设计空间总材料的 10％的形状。在厚度约束下,单击 ⚡ ,将最小更改为 1 cm。

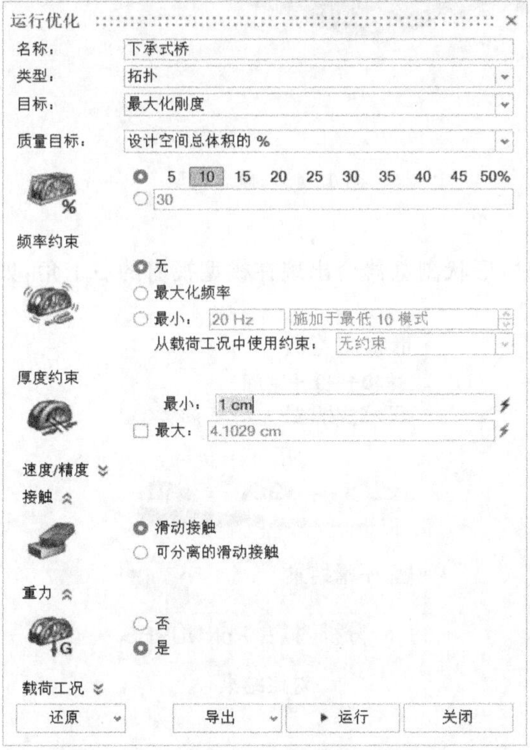

图 11-41 运行优化设置

② 单击【运行】按钮,开始优化计算。此时会弹出【运行状态】窗口,如图 11-42 所示,并显示此次运行状态的进度条。

图 11-42　【运行状态】窗口

③ 运行完成后,进度条会变成一个绿色圆圈。

双击【运行状态】窗口中的运行名称,生成的形状即会显示在模型视窗中,如图 11-43 所示。

图 11-43　概念模型

(9) 探索优化结果

查看优化后的形状时,形状浏览器会出现在模型视窗的右上角,如图 11-44 所示。

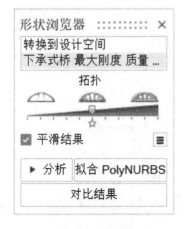

图 11-44　形状浏览器

单击并拖动【形状浏览器】中的拓扑滑块,增加或减少设计空间中的材料,如图 11-45 所示。

图 11-45　拖动拓扑滑块

注意:如果增加材料总量,桥体顶部即会出现新的几何体(图 11-46 中新出现了横向杆)。 这表明可能需要增加【设计空间总体积的%】来重新运行优化。

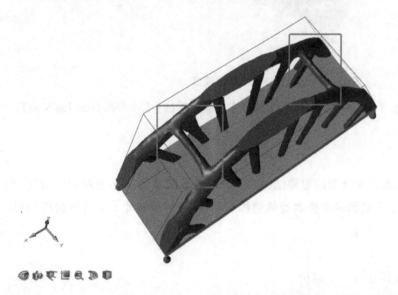

图 11-46　出现新的几何体

11.4.4　优化结构的 PolyNURBS 建模

结构拓扑优化生成的结果是粗糙的模型,如图 11-47 所示,需要对其进行平滑处理,转换 为平滑模型。此过程可以采用 PolyNURBS 建模完成。

图 11-47　结构拓扑优化概念模型生成

1. 打开优化后的下承式桥模型

① 打开上一步选择优化后的下承式桥模型：下承式桥. stmod，如图 11-48 所示。

图 11-48　结构拓扑优化概念模型

② 单击右下方单位显示工具，修改单位系统选择器中的显示单位为【MMKS（mm kg N s）】。

2. 分析和简化模型

（1）分析模型结构

如图 11-48 所示，下承式桥为典型的对称结构，沿着 X-Z 平面和 Z-Y 平面对称。因此，为了减少 PolyNURBS 建模工作量和保持桥本身的结构对称性，对该模型的 1/4 进行建模，然后镜像完成整体建模。

（2）创建剖切面

创建剖切面，将下承式桥分为 1/4 模型。

① 单击模型视图空间左下方的视图控制，单击【添加/编辑剖分】图标 。

② 如图 11-49 所示，模型中会自动出现灰色对称面。

③ 单击灰色对称面，预览剖分后的模型结构，沿着 Z-Y 面对称的 1/2 下承式桥模型如图 11-50 所示。单击【剖面】对话框的加号，如图 11-51 所示，完成增加剖分操作。

④ 在模型视图中，再次出现 X-Z 灰色对称面，如图 11-52 所示。

图 11-49　剖分视图(一)

图 11-50　剖分视图(二)

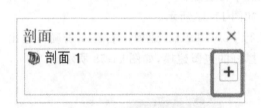

图 11-51　增加剖分

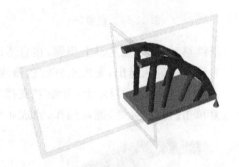

图 11-52　剖分视图(三)

⑤ 单击 X-Z 灰色对称面,预览剖分后的模型结构,沿着 X-Z 面对称的 1/4 下承式桥模型如图 11-53 所示。

⑥ 右键双击确认退出,完成 1/4 剖分操作,1/4 下承式桥模型如图 11-54 所示。

图 11-53　剖分视图(四)

图 11-54　1/4 下承式桥模型视图

3. PolyNURBS 建模

(1) 包覆命令优化模型

① 单击【几何】工具栏中的 PolyNURBS 命令,弹出 PolyNURBS 子图标。此时,模型呈现

可编辑的透明状。

② 单击【包覆】命令 ，开始 PolyNURBS 建模。选择建模的起始位置，此时在透明模型中出现预览横截面，黑色为原始模型轮廓，红色为 PolyNURBS 建模轮廓，如图 11-55 所示。

单击确定，移动鼠标，沿着移动方向在合适的位置单击确认，如图 11-56 所示，完成该部位自动包覆建模。

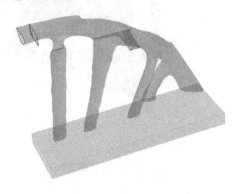
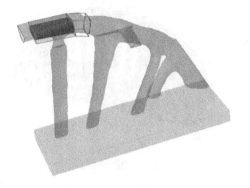

图 11-55 包覆（一）　　　　　　　　　　图 11-56 包覆（二）

继续移动鼠标，重复以上步骤，在合适的位置单击确定。

右键双击确认退出，完成上杆的包覆建模，如图 11-57 所示。

③ 再次单击【包覆】命令，开始对支撑杆进行 PolyNURBS 建模。右键双击确认退出，再次重复单击【包覆】命令，循环操作，完成 4 个支撑杆的包覆建模，如图 11-58 所示。

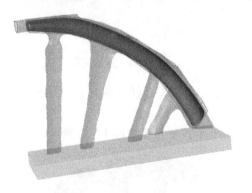
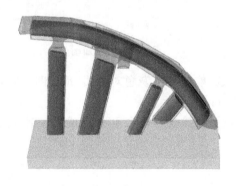

图 11-57 上杆的包覆建模　　　　　　　图 11-58 支撑杆的包覆建模

④ 再次单击【包覆】命令，对连杆进行 PolyNURBS 建模，如图 11-59 所示。

图 11-59 连杆的包覆建模

（2）桥接命令优化模型

① 单击【几何】工具栏中的 PolyNURBS 命令，开始 PolyNURBS 建模，单击【桥接】图标 。

② 单击需要桥接的两个面,如图 11-60 所示。

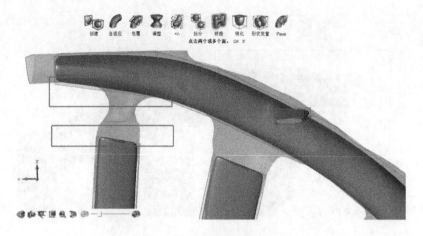

图 11-60　需要桥接的两个面

③ 出现对钩,单击确定,完成选择的两个面的桥接操作,如图 11-61 所示。

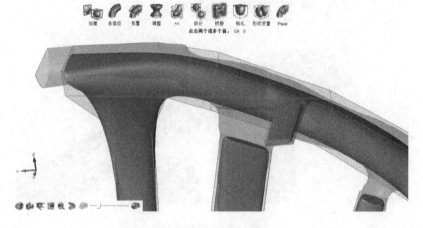

图 11-61　完成桥接

④ 需要注意的是,桥接后与原始模型相差较大,主要是桥接的上表面太大,因此,需要使用拆分工具。撤销刚才的桥接操作后,单击【拆分】工具,出现红色分隔面,如图 11-62 所示。

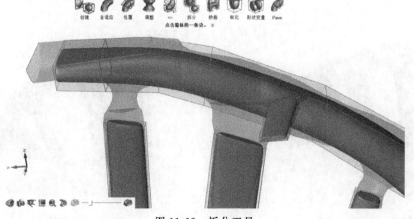

图 11-62　拆分工具

左键选择拆分位置,如图 11-63 所示,右键双击确认退出拆分。

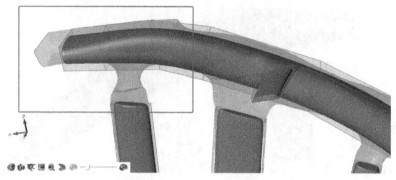

图 11-63　选择拆分位置

⑤ 单击【桥接】图标,重新选择需要桥接的两个面,完成桥接操作,如图 11-64 所示。

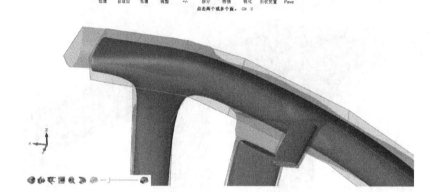

图 11-64　重新桥接

⑥ 按照上述方法,完成其余 3 个支撑杆和 1 个连杆的桥接操作,如图 11-65 所示。

(3)端面位置编辑

如图 11-66 所示,在端面由于包覆命令特点,无法完全与原始横截面接触,需要单独编辑完成。

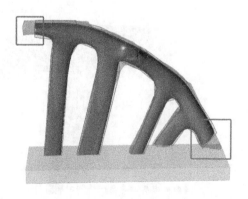

图 11-65　完成其余桥接操作　　　　　　　图 11-66　端面位置

① 选中左上方端面,出现坐标系工具栏,单击【X】,将此面与 X 方向垂直,如图 11-67 所示。

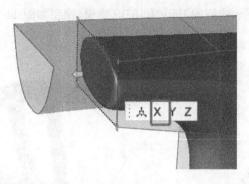

图 11-67　端面位置处理(一)

② 鼠标拉伸移动箭头 ,直至与左侧原始模型面重合(出现"在"中文提示),如图 11-68 所示。右键双击确认退出。

③ 继续选中右下侧模型斜面,出现坐标系工具栏,如图 11-69 所示。

图 11-68　端面位置处理(二)

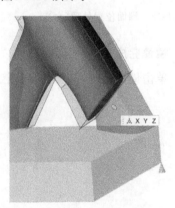

图 11-69　端面位置处理(三)

④ 单击【构建移动】命令 ,出现移动工具,调节转动按钮,使该斜面基本处于水平状态,如图 11-70 所示。

⑤ 右击确定,将反馈坐标系工具栏,单击【Z】,使该面与 Z 方向垂直,如图 11-71 所示。

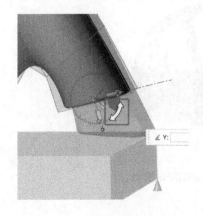

图 11-70　端面位置处理(四)

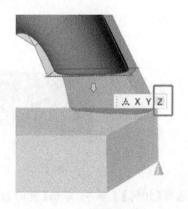

图 11-71　端面位置处理(五)

⑥ 鼠标拉伸移动箭头,直至与原始模型面重合(出现"在"中文提示),如图 11-72 所示。右键双击确认退出。

⑦ 最终完成了 1/4 下承式桥的 PolyNURBS 建模,模型如图 11-73 所示,其中绿色面为对称面。

图 11-72　端面位置处理(六)

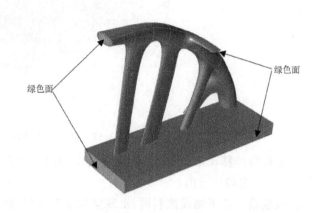

图 11-73　1/4 下承式桥的 PolyNURBS 建模

4. 镜像完成 PolyNURBS 建模

① 单击模型视图右下侧的视图工具栏,单击【剖分】命令,将两个剖分面删除,如图 11-74 所示。

图 11-74　删除剖分面

图形显示如图 11-75 所示。

图 11-75　显示完整的 PolyNURBS 模型

② 选择【几何】工具栏,单击【镜像】命令 。

③ 在弹出的菜单中,单击【零件】,然后选中 1/4 模型,如图 11-76 所示。

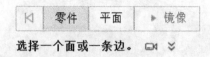

图 11-76　镜像(一)

④ 选择中部面为对称面进行镜像操作,单击【镜像】,完成 PolyNURBS 零件的镜像,如图 11-77 所示。

图 11-77　镜像(二)

⑤ 重复上述操作,选择已有的桥体为零件,选择底部宽度方向的中部面为对称镜像面,完成镜像操作,如图 11-78 所示。

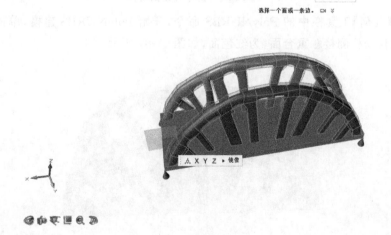

图 11-78　镜像(三)

⑥ 最终完成镜像操作后模型如图 11-79 所示。

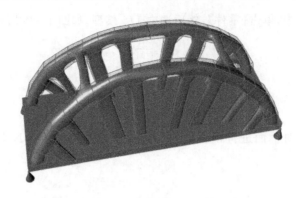

图 11-79　完成镜像操作后的模型

5. 桥接命令镜像重合面

镜像后,在对称面处没有光滑过渡,需要对接触面进行桥接,如图 11-80 所示,

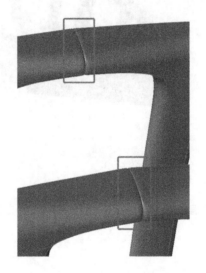

图 11-80　镜像过渡面桥接

① 单击【几何】工具栏中的 PolyNURBS 命令,开始 PolyNURBS 建模,单击 ▓ 图标。此时,在模型处自动检测接触重合面,为红色面,如图 11-81 所示。

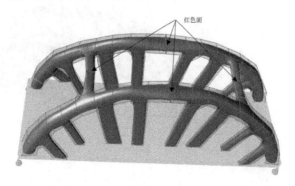

图 11-81　自动检测接触重合面

② 单击红色面,完成桥接,如图 11-82 所示。

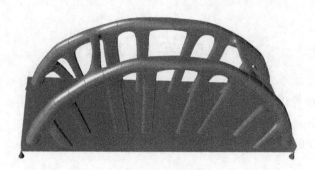

图 11-82　镜像桥接

6. 局部编辑调整

① 双击模型，出现虚线框，在需要调整的位置单击线或者面，如图 11-83 所示。

图 11-83　局部调整

② 选中线后，弹出移动工具栏，通过移动工具栏实现对线的调整，如图 11-84 所示。

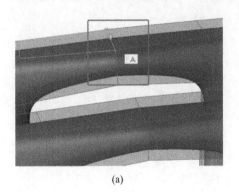

(a)

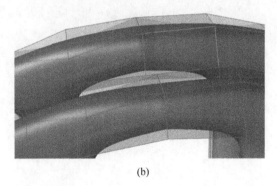

(b)

图 11-84　调整前后对比

检查模型各个位置，逐个按照上述方式编辑调整，最终模型如图 11-85 所示。

图 11-85　最终模型

11.5 实 践 训 练

① 简述结构拓扑优化设计的一般工作流程。

② 简述 Altair Inspire 结构拓扑优化的基本操作流程。

③ 简述 Print3D 的粉末床熔融工艺设计流程。

第 12 章　学科竞赛

12.1　大学生学科竞赛简介

大学生学科竞赛对于提高大学生的创新能力和实践能力具有重要意义,可以极大提高学生的学习积极性和自主性,全面提升学生实践能力、创新能力和综合素质,进而提高人才培养质量。本课程是一个实践性很强的课程,本课程相关知识可以用于参加多个学科竞赛,本章对几个相关的学科竞赛进行简单介绍。

12.2　全国大学生先进成图技术与产品信息建模创新大赛

12.2.1　竞赛介绍

"高教杯"全国大学生先进成图技术与产品信息建模创新大赛是由教育部高等学校工程图学课程教学指导委员会、中国图学学会制图技术专业委员会和中国图学学会产品信息建模专业委员会联合主办的最高的国家级赛事,2018 年由中国高等教育学会列入全国普通高校学科竞赛排行榜。

大赛旨在培养学生的工匠精神,激发学生的创新意识,探索图形学的发展方向,创新成图载体的方法和手段。以"德能兼修,技高一等"为主题,每年举办一次。旨在通过竞赛推动教、学、改,全面提高大学生的图学能力,为中华民族全面振兴和中国制造走向中国创造催生和鼓励一大批优秀人才。竞赛将新工科建设与工程教育专业认证相结合,设机械类、建筑、道桥、水利类四大类竞赛。竞赛主要围绕尺规绘图、产品信息建模、数字虚拟样机设计、3D 打印、BIM 综合应用等项目展开。

被誉为"图学界奥林匹克"的成图大赛已成功举办 15 届,得到了众多领军人物的支持,受到众多高校的广泛重视。每年都有成千上万的学生从决赛中脱颖而出,他们中的许多人已经成为各行各业的技术精英,许多导师得到了表扬和奖励,很多参赛高校以此凝练出成绩斐然的教学成果。

12.2.2 竞赛规则——以十五届国赛为例

1. 组队规则

各高校每类别限报 1 支队伍。

2. 参赛人数

各类别每支队伍人数不限(最好不要超过 50 人),由 1 名领队和 1～8 名指导教师组成。

3. 计分办法(本教材以机械类为例)

① 单项奖计分方法:个人全能总分＝工程制图＋产品信息建模。

② 团体奖计分方法:团体总分＝团队中个人全能成绩排名前 5 的选手成绩之和＋团队中图学基础知识成绩排名前 5 的选手成绩之和＋3D 打印＋轻量化设计,以上各项占比分别为 73％、9％、9％、9％。

团体奖指导教师署名人数由 4 名增至 5 名,个人奖指导教师署名人数维持 4 名不变。团体奖证书将按填报的指导教师信息表取前 5 位作为指导教师署名顺序。

4. 竞赛大纲

(1) 尺规绘图(共 120 分钟)

① 根据零件立体图绘制零件图(90 分钟);

② 智力构形并绘制轴测图(30 分钟)。

(2) 计算机绘图(共 150 分钟)

① 根据已知零件轴测图或装配图(加画),绘制零件工程图。

② 根据已知的二维零件图、轴测图、装配图(装配草图)或文字描述完成零件的三维模型,并按要求进行装配,最终生成二维工程图。

(3) 基本知识和技能

① 基本的绘图知识和绘图技能;

② 正投影基础和投影图;

③ 轴测图画法(正等测图、斜二测图);

④ 视图、剖视图、断面图等常用表达方法;

⑤ 标准件、通用件及其规定的制图方法;

⑥《技术图纸》、《机械图纸》国家标准(新颁布的标准)的相关规定;

⑦ 绘制和阅读零件图,绘制零件图;

⑧ 绘制并阅读装配图;

⑨ 阅读装配图,拆画零件图;

⑩ 计算机绘图:二维绘图和三维建模;

⑪ 零件常见工艺结构。

(4) 尺规绘图竞赛的要求

① 图纸格式:尺规绘制零件图采用 A3 图纸,智力构形绘制轴测图直接在试卷上绘制;

② 比例:按规定要求选择;

③ 图线:严格符合国家标准 GB/T 17450—1998、GB/T 4457.4—2002;

④ 图面与字体要求:布局对称,图纸整齐,图形清晰,字体工整(汉字、数字、字母应符合国

家标准 GB/T 14691—1993 字体书写要求);

⑤ 零件视图选择合理,表达完整、简洁、清楚;

⑥ 尺寸标注应符合国家标准 GB/T 4458.4—2003、GB/T 16675.2—1996 的规定,做到标注完整、正确、清晰、合理;

⑦ 技术要求中的极限与配合(GB/T 1800.1—2009,GB/T 18019—2009)、几何公差(GB/T 1182—2008)、表面结构(GB/T 131—2006)等要求的标注要符合国家标准的要求。

(5) 计算机绘图竞赛要求

用 Pro/E 4.0~Creo 2.0、SolidWorks 2008~SolidWorks 2015、Inventor 2008~Inventor 2015、Solid Edge~Solid Edge ST6、AutoCAD 2015 等软件,根据已知产品(零件和部件)的要求,设计图纸,以满足特定需求的产品(零部件),根据已知的零件轴测图或部件装配图(拆画),设计绘制其二维零件图;根据已知的二维零件图、轴测图和装配图(装配草图)建立零件的三维模型并按要求进行装配,生成二维工程图,掌握以下相关知识。

① 设计草图

掌握草图绘制的基本技能(包括:二维草图、三维草图、草图约束、草图编辑、标注尺寸等)。

② 三维建模

掌握三维建模的基本方法和步骤(包括:绘制和编辑基本特征;掌握拉伸、旋转、切除、打孔、倒角、圆角、阵列、扫描、放样、抽壳、钣金等基本操作。可添加各种辅助平面、轴、点)。

③ 曲线曲面造型

要求掌握各种三维曲面(曲线)建模方法(包括:拉伸曲面、旋转曲面、扫描曲面、放样曲面、填充曲面、等距曲面、曲面编辑等;螺旋线、分割线、投影线、组合曲线、曲线编辑等)。

④ 装配建模

掌握"自下而上"或"自上而下"的装配方法,添加各种装配约束(包括:零件装配约束、配置等;零件阵列、装配体的剖切、爆炸、动画等)。掌握使用软件标准件库添加各种标准件的方法。

⑤ 其他

解决建模(装配)过程中的各种错误,如草图过定义、装配干涉。确定零件的材料、体积、重量、表面积、重心等。能够使用方程式解决零件尺寸的关联关系,建立各种标准件常用零件如螺栓、弹簧、齿轮等的三维模型。

⑥ 工程图纸绘制

掌握由二维软件绘制零件图的方法;三维模型生成二维工程图(零件图和装配图)的方法和编辑,使其符合国家标准的要求(参阅尺规绘图对工程图的要求)。包括:零件的表达、尺寸标注、技术要求、标题栏及装配体的表达、必要尺寸、技术要求、零件序号、明细表及标题栏。

⑦ 模型渲染和动画

要求掌握三维模型着色和渲染技能(包括:贴图、贴材质、模型渲染和设置)。制作动画来表达装配过程或工作原理。

12.2.3 往年决赛题目——以十四届国赛为例

1. 机械类尺规绘图

题目如图 12-1 所示,题目要求:根据给定的轴测图绘制零件图(90 分),考试时间:90 分钟。

① 图纸尺寸为 A3,主要视图比例为 1∶5,其他视图比例为 1∶2.5,未标注尺寸自定;

② 选择合理的表达方法,清晰表达零件的结构;

③ 零件图纸内容按最新国家标准绘制;

④ 请务必在图纸左侧框内填写考号,请勿填写学校名称,否则试卷将作废!

题目要求:根据给出的轴测图绘制零件图(90分),考试时间:90分钟。

1、图纸幅面A3,主要视图比例为1∶5,其它视图比例为1∶2.5,未标注尺寸自定;
2、选用合理的表达方法将零件结构表达清楚;
3、零件图各项内容需按最新国标绘制;
4、务必注意在图纸左侧框格内填写考号,不准填写学校名、姓名,否则试卷作废!

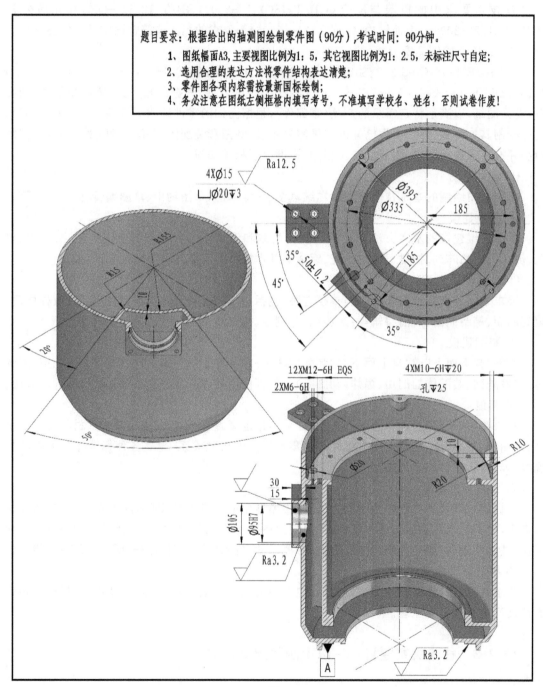

(a)

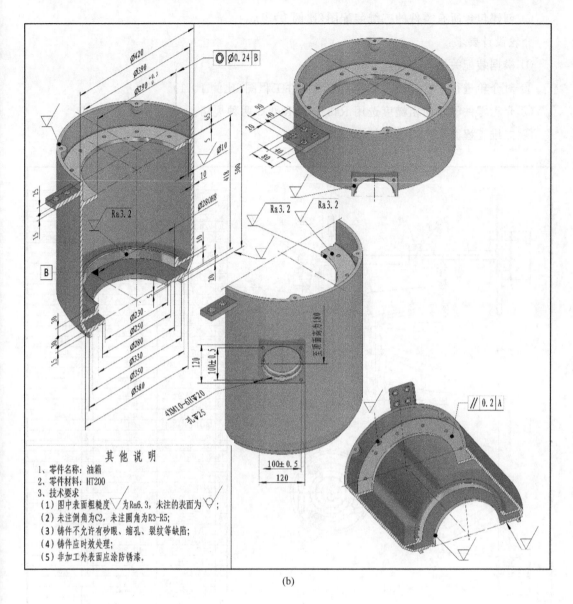

(b)

图 12-1　尺规绘图

2. 三维建模试题

题目如图 12-2 所示,题目要求:

根据给定的"三轴钻"中的零件图,创建各零件三维模型(介轮需根据所给条件自行设计),将零件组装成装配体,并生成二维装配工程图(AutoCAD 通用的 dwg 格式)。

完成如下内容:

① 简答题请选手在卡伦特系统上作答。

② 创建各零件的三维模型。

③ 将所建模型按装配示意图进行组装。

④ 根据所给条件对介轮进行设计。

⑤ 创建包含所有零件的二维装配图（比例 1：2）。

介轮设计要求：

① 根据装配关系构型设计介轮结构。

② 对介轮进行三维建模并创建其二维零件工程图（比例 1：1）。

③ 介轮零件的表面粗糙度选用 Ra3.2 和 Ra6.3 两种规格。

④ 二维工程图中需列出齿轮参数表。

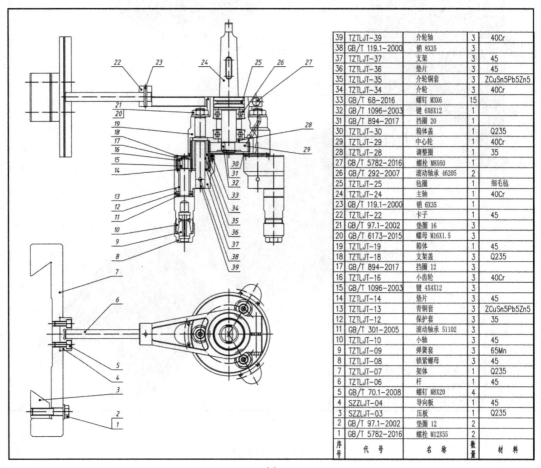

39	TZTLJT-39	介轮轴	3	40Cr
38	GB/T 119.1-2000	销 8X35	3	
37	TZTLJT-37	支架	3	45
36	TZTLJT-36	垫片	3	45
35	TZTLJT-35	介轮铜套	3	ZCuSn5Pb5Zn5
34	TZTLJT-34	介轮	3	40Cr
33	GB/T 68-2016	螺钉 M3X6	15	
32	GB/T 1096-2003	键 6X6X12	1	
31	GB/T 894-2017	挡圈 20	1	
30	TZTLJT-30	箱体盖	1	Q235
29	TZTLJT-29	中心轮	1	40Cr
28	TZTLJT-28	调整圈	1	35
27	GB/T 5782-2016	螺栓 M8X60	1	
26	GB/T 292-2007	滚动轴承 46205	2	
25	TZTLJT-25	毡圈	1	细毛毡
24	TZTLJT-24	主轴	1	40Cr
23	GB/T 119.1-2000	销 6X35	1	
22	TZTLJT-22	卡子	1	45
21	GB/T 97.1-2002	垫圈 16	3	
20	GB/T 6173-2015	螺母 M16X1.5	3	
19	TZTLJT-19	箱体	1	45
18	TZTLJT-18	支架盖	3	Q235
17	GB/T 894-2017	挡圈 12	3	
16	TZTLJT-16	小齿轮	3	40Cr
15	GB/T 1096-2003	键 4X4X12	3	
14	TZTLJT-14	垫片	3	45
13	TZTLJT-13	青铜套	3	ZCuSn5Pb5Zn5
12	TZTLJT-12	保护套	3	35
11	GB/T 301-2005	滚动轴承 51102	3	
10	TZTLJT-10	小轴	3	45
9	TZTLJT-09	弹簧套	3	65Mn
8	TZTLJT-08	锁紧螺母	3	45
7	TZTLJT-07	架体	1	Q235
6	TZTLJT-06	杆	1	45
5	GB/T 70.1-2008	螺钉 M8X20	4	
4	SZZLJT-04	导向板	1	45
3	SZZLJT-03	压板	1	Q235
2	GB/T 97.1-2002	垫圈 12	2	
1	GB/T 5782-2016	螺栓 M12X55	2	
序号	代 号	名 称	数量	材 料

(a)

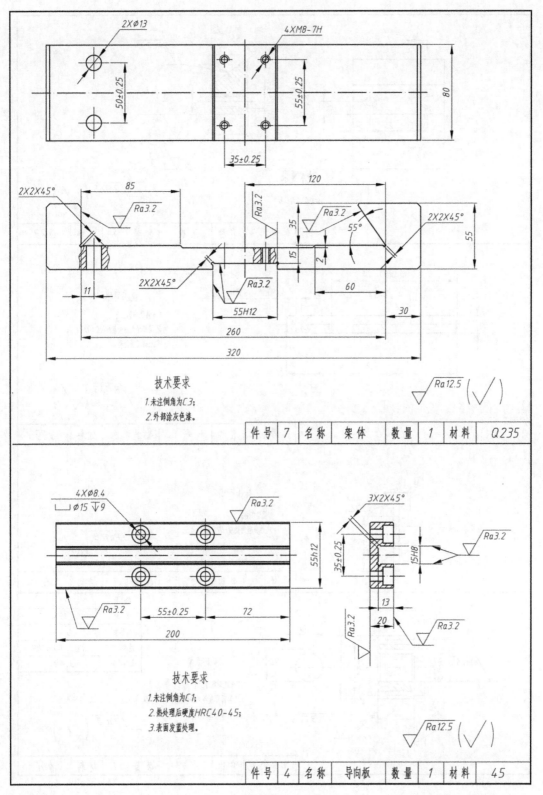

技术要求

1. 未注倒角为 C3;
2. 外部涂灰色漆。

√ Ra12.5 (√)

件号	7	名称	架体	数量	1	材料	Q235

技术要求

1. 未注倒角为 C1;
2. 热处理后硬度 HRC40-45;
3. 表面发蓝处理。

√ Ra12.5 (√)

件号	4	名称	导向板	数量	1	材料	45

(b)

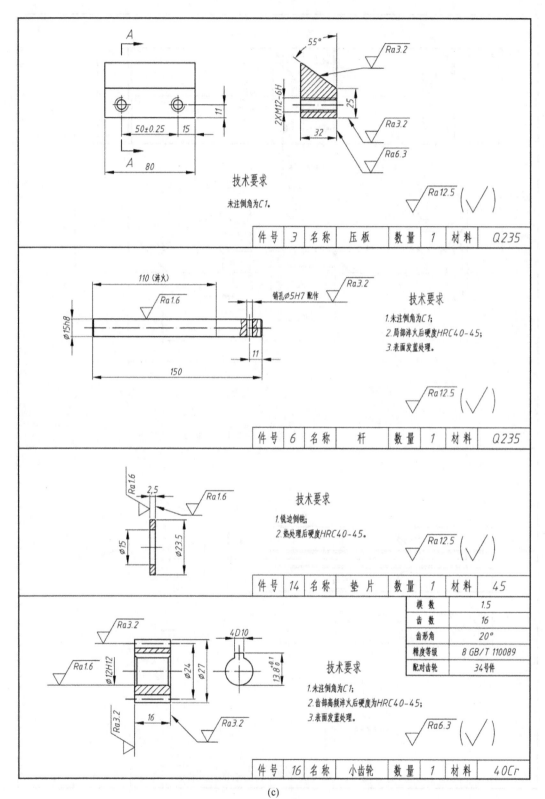

技术要求

未注倒角为C1.

| 件号 | 3 | 名称 | 压板 | 数量 | 1 | 材料 | Q235 |

技术要求

1. 未注倒角为C1；
2. 局部淬火后硬度HRC40-45；
3. 表面发蓝处理。

| 件号 | 6 | 名称 | 杆 | 数量 | 1 | 材料 | Q235 |

技术要求

1. 锐边倒钝；
2. 热处理后硬度HRC40-45。

| 件号 | 14 | 名称 | 垫片 | 数量 | 1 | 材料 | 45 |

模 数	1.5
齿 数	16
齿形角	20°
精度等级	8 GB/T 110089
配对齿轮	34号件

技术要求

1. 未注倒角为C1；
2. 齿部高频淬火后硬度为HRC40-45；
3. 表面发蓝处理。

| 件号 | 16 | 名称 | 小齿轮 | 数量 | 1 | 材料 | 40Cr |

(c)

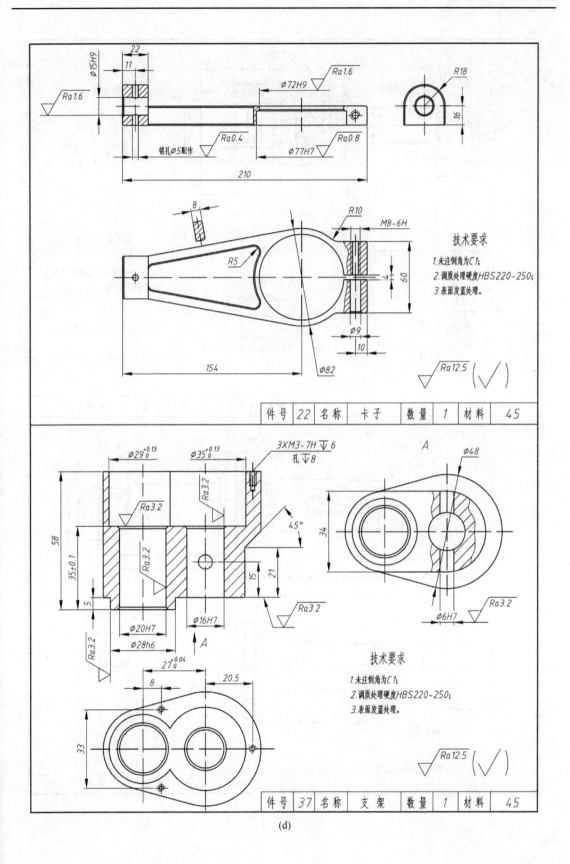

技术要求
1. 未注倒角为C1；
2. 调质处理硬度HBS220-250；
3. 表面发蓝处理。

| 件号 | 22 | 名称 | 卡子 | 数量 | 1 | 材料 | 45 |

技术要求
1. 未注倒角为C1；
2. 调质处理硬度HBS220-250；
3. 表面发蓝处理。

| 件号 | 37 | 名称 | 支架 | 数量 | 1 | 材料 | 45 |

(d)

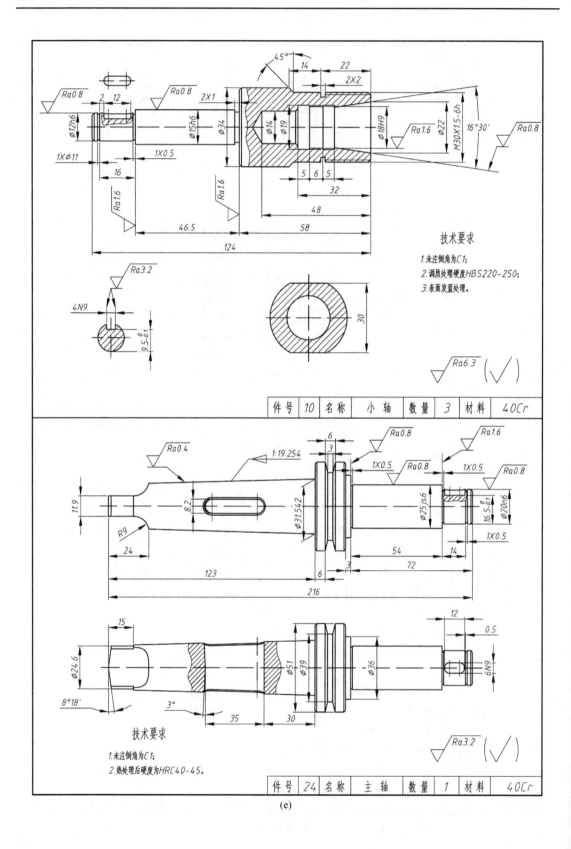

技术要求

1. 未注倒角为C1;
2. 调质处理硬度HBS220-250;
3. 表面发蓝处理.

| 件号 | 10 | 名称 | 小 轴 | 数量 | 3 | 材料 | 40Cr |

技术要求

1. 未注倒角为C1;
2. 热处理后硬度为HRC40-45.

| 件号 | 24 | 名称 | 主 轴 | 数量 | 1 | 材料 | 40Cr |

(e)

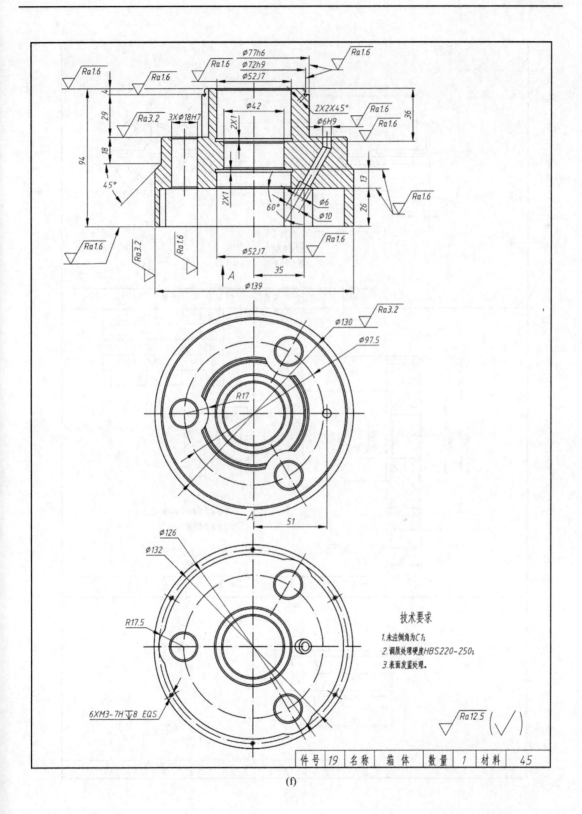

(f)

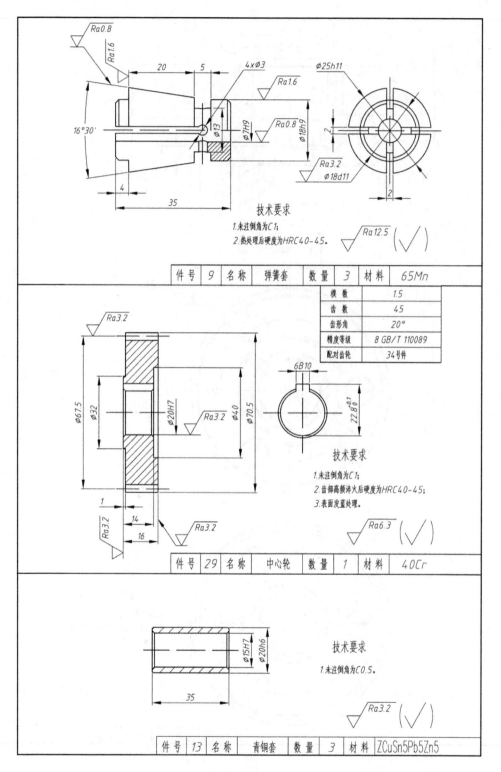

技术要求

1. 未注倒角为C1；
2. 热处理后硬度为HRC40~45。

$\sqrt{Ra12.5}$ ($\sqrt{}$)

件号	9	名称	弹簧套	数量	3	材料	65Mn

模　数	1.5
齿　数	45
齿形角	20°
精度等级	8 GB/T 110089
配对齿轮	34号件

技术要求

1. 未注倒角为C1；
2. 齿部高频淬火后硬度为HRC40~45；
3. 表面发蓝处理。

$\sqrt{Ra6.3}$ ($\sqrt{}$)

件号	29	名称	中心轮	数量	1	材料	40Cr

技术要求

1. 未注倒角为C0.5。

$\sqrt{Ra3.2}$ ($\sqrt{}$)

件号	13	名称	青铜套	数量	3	材料	ZCuSn5Pb5Zn5

(g)

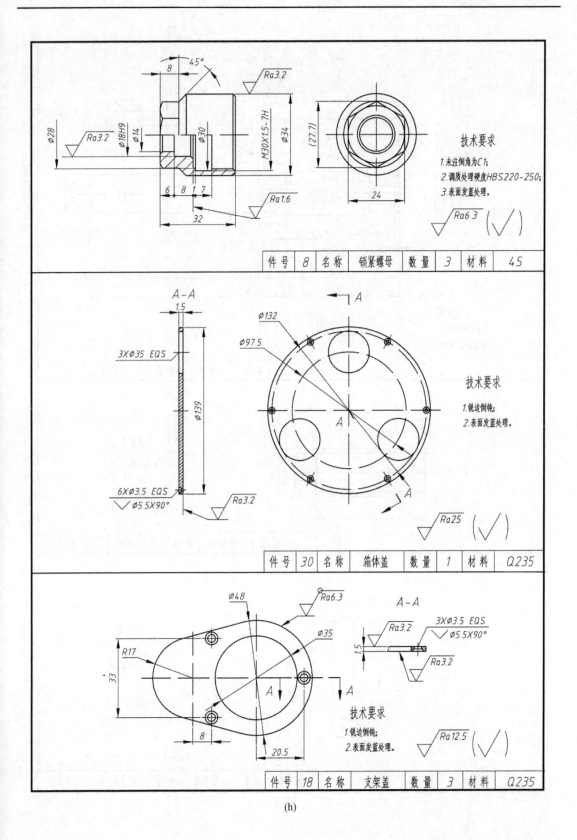

(h)

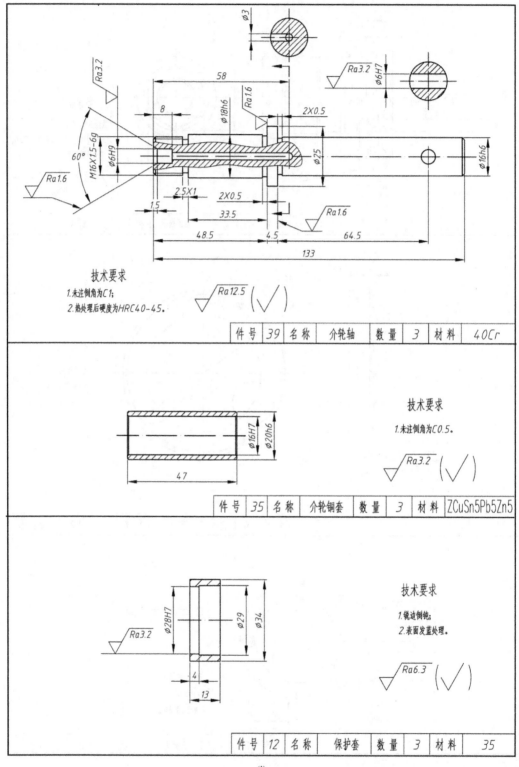

技术要求
1.未注倒角为C1;
2.热处理后硬度为HRC40-45。

件号	39	名称	介轮轴	数量	3	材料	40Cr

技术要求
1.未注倒角为C0.5。

件号	35	名称	介轮铜套	数量	3	材料	ZCuSn5Pb5Zn5

技术要求
1.锐边倒钝;
2.表面发蓝处理。

件号	12	名称	保护套	数量	3	材料	35

(i)

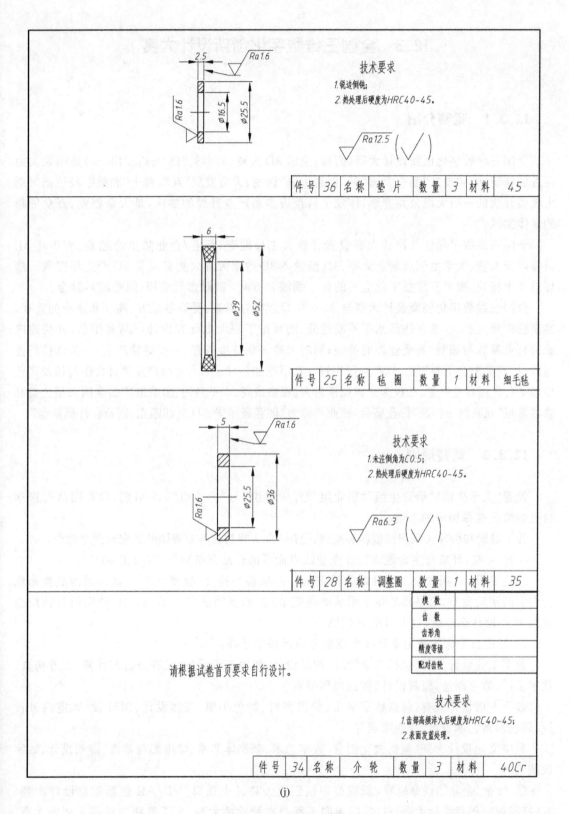

技术要求
1.锐边倒钝；
2.热处理后硬度为HRC40-45。

| 件号 | 36 | 名称 | 垫片 | 数量 | 3 | 材料 | 45 |

| 件号 | 25 | 名称 | 毡圈 | 数量 | 1 | 材料 | 细毛毡 |

技术要求
1.未注倒角为C0.5；
2.热处理后硬度为HRC40-45。

| 件号 | 28 | 名称 | 调整圈 | 数量 | 1 | 材料 | 35 |

模　数	
齿　数	
齿形角	
精度等级	
配对齿轮	

请根据试卷首页要求自行设计。

技术要求
1.齿部高频淬火后硬度为HRC40-45；
2.表面发蓝处理。

| 件号 | 34 | 名称 | 介轮 | 数量 | 3 | 材料 | 40Cr |

(j)

图 12-2　三维建模试题

12.3 全国三维数字化创新设计大赛

12.3.1 竞赛介绍

全国三维数字化创新设计大赛(简称：全国 3D 大赛、3DDS、3D Design Show)是国家大力促进创新驱动、实现从"制造大国"到"创造大国"转变、大力发展"互联网＋"和数字经济新时期大规模开展的一项大型公益赛事，体现了科技进步和产业升级的要求，是大众创业、万众创新的具体实践。

全国三维数字化创新设计大赛设置开放自主命题赛、行业/企业热点命题赛、青少年 3D 科技创新大赛、大学生创新创业大赛、3D 新锐 &3D 数字大师大奖赛以及 3D 产业年度风云榜评选 6 个板块，覆盖三维数字化应用的各个领域和方向，鼓励多元应用，鼓励跨界融合。

全国三维数字化创新设计大赛自 2008 年发起举办以来，受到各地方、高校和企业的重视，赛事规模稳定扩大，参赛作品水平不断提升，涌现出了一大批优秀设计作品和团队，并快速成长为行业新锐与翘楚，备受业界的关注；同时大赛一头链接教育、一头链接产业、一头链接行业与政府，产教融合不断深化，政产学研用资互动不断加强，技术、人才与产业项目合作对接及产业生态平台作用日益突显，已成为全国规模最大、规格最高、水平最强、影响最广的全国大型公益品牌赛事与"互联网＋创新"行业盛会，被业界称为"创客嘉年华、3D 奥林匹克、创新设计奥斯卡"。

12.3.2 竞赛规则

设置"大学生组""研究生组""职业组""青少年组"与"产业组"5 个组别，参赛团队可根据自己的情况选择相应的小组。

为了鼓励和引导大家积极创新和实践，全国 3D 大赛初赛各参赛团队要完成两个动作：

一是 A 赛：开放自主命题或行业企业热点命题的作品准备和提交(权重 80%)；

二是 B 赛：一项数字工坊命题挑战赛的作品准备与提交(权重 20%)，该命题挑战赛命题会在官网滚动发布，这是要求每个团队必须完成的，参赛团队可以是 A＋B，如果团队暂没想好 A 赛要做什么作品，也可以用 B 代 A。

① 开放自主命题赛主要有 3 个竞赛方向及评审赛项：

数字工业设计大赛(包括工业设计、产品设计、机电工程设计、工程分析与计算、工业仿真、数字工厂、数字制造，模具设计、数控编程等)；

数字人居设计大赛(包括数字城市、美丽乡村、特色小镇、规划设计、BIM 设计、室内外设计、环境景观艺术设计、智能家居等)；

数字文化设计大赛(包括文化创意、数字艺术、新媒体艺术、微电影与动漫、游戏设计、数字旅游等)。

② 行业/企业热点命题赛：新灵兽创新创业大赛、[中视典]VR/AR 创新创意设计大赛、3D 打印创新创意设计大赛、3D 扫描逆向工程与在线检测大赛、人工智能与机器人创新大赛、中医药文化主题创新大赛。

③ 青少年 3D/VR 科技创新大赛。

④ 3D/VR 数字产业年度风云榜。

12.3.3　往年决赛作品——自由飞模型

自由飞模型是利用飞机的缩比模型在真实大气中进行的为获取飞机参数的试验,从而保证一些飞机高难度动作取得时的飞行安全,是最全面、可靠的试验研究方法。团队将数字三维设计、计算机仿真技术和 3D 打印技术融入自由飞模型的设计制造过程中,探索数字化设计在自由飞模型开发中的应用。

为了适应 3D 打印平台以及模型各段的装配需求,将模型分解为不同的模块,图 12-3 所示为模型划分方案,将模型分为机身前段、机身后段、设备舱盖、左机翼、右机翼、左垂尾、右垂尾、左副翼、右副翼、左翼尖、右翼尖 11 个部分,总体结构如图 12-3 所示,并对模型各模块的结构进行设计,对电子设备进行布局并进行安装设计,设计线缆通道、加强结构通道,在满足功能性的同时,进一步提升结构工艺性,为提升 3D 打印质量与缩短打印时间奠定基础。

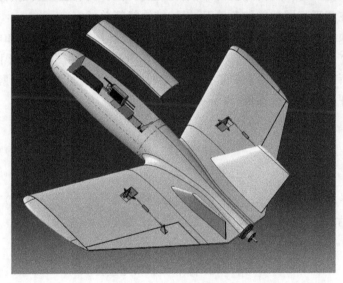

图 12-3　自由飞模型视图

12.4　全国大学生机械创新设计大赛

12.4.1　竞赛介绍

全国大学生机械创新设计大赛是由全国大学生机械创新设计大赛组织委员会和教育部高等学校机械基础课程教学指导分委员会主办,中国工程科技知识中心、全国机械原理教学研究会、全国机械设计教学研究会、各省市金工研究会、北京中教仪人工智能科技有限公司联合著名高校和社会力量共同承办的一项大学生机械学科创新设计大赛。大赛每两年举办一次。

全国大学生机械创新设计大赛分为学校选拔赛、各分赛区预赛和全国决赛 3 个阶段。选拔赛应确定出参加预赛的作品名单,预赛应确定出推荐参加决赛的参赛名单。学校选拔赛的组织和评审工作由参加的高等学校组织。预赛分赛区按省、自治区、直辖市等行政区域划分,各分赛区组织委员会负责本分赛区预赛的组织和评审工作。全国决赛的组织和评审由全国大赛组织委员会和教育部高等学校机械基础课程教学指导分委会共同负责。

全国大学生机械创新设计大赛的主要目的是引导高校在教学中注重培养大学生的创新设计能力、综合设计能力和团队精神;加强训练学生的实践能力和工程实践,提高学生实践能力的创造性思维,机械设计和制作等实际工作能力;吸引、鼓励广大学生踊跃参加课外科技活动,为优秀人才脱颖而出创造条件。

12.4.2 竞赛规则

参赛作品必须以机械设计为主,提倡运用先进的理论和智能技术。作品的评价不以机械结构为单一标准,而是对作品的功能、设计、结构、工艺、性价比、先进性、创新性、实用性等方面进行综合评价。在实现相同功能的条件下,机械结构越简单越好。

参赛团队必须提交一份完整的设计说明书和主要设计图纸(包括纸质和电子文档)。主要设计图纸包括(A0 或 A1)总装配图、部件装配图和若干重要零件图。设计图纸应正确、规范。机械设计图纸的所有国家标准要求和工艺设计要求都是图纸质量评价的要素。

参赛作品的评审采用综合评价,评价观测点有以下几个方面:

1. 选题评价

(1)新颖性   (2)实用性   (3)意义或前景

2. 设计评价

(1)创新性   (2)结构合理性   (3)工艺性

(4)先进理论和智能技术的应用   (5)设计图纸质量

3. 制作评价

(1)功能实现   (2)制作水平和完整性   (3)作品性价比

4. 现场评价

(1)介绍及演示   (2)答辩与质疑

12.4.3 往年决赛作品——"华容道"衣柜

1. 项目介绍

这款机械衣柜旨在实现老年用户轻松、快速地独自取放衣物,符合比赛主题"帮助老年人独自活动和生活的机械装置"。市面上的衣柜一般都是木结构,没有调节功能,使用者在储物柜中取顶部、底部的柜子里的物品不方便,而对于老年使用者来说,独自取高处的物品存在很大的安全风险,取底部的物品的过程比较困难。针对这种情况,本作品提供了一个可以旋转的储物柜,可以使衣柜的顶部和底部可以旋转到中间层,不仅方便了使用者获取物品,还提高了空间利用率。衣柜居中为一大隔间,可放衣架,外围是一圈一圈小型箱体,将大隔间均匀包围且尺寸相同,并于右上角空出一个相同尺寸的空间(腾出移动空间,形似益智玩具"华容道"),结构如图 12-4 所示。在一个工作周期中,可将箱体顺时针(或逆时针)变换到相邻位置,以达到调节高度的目的。经过几个工作循环后,箱体可达到合适的高度。其特点包括:高度对称结构,机构简单,双向运动,选择最优路径,提高效率。

(a) 正面箱体   (b) 背面传动机构

图 12-4 "华容道"衣柜

2. 主要创新点

① 采用变异槽轮机构与华容道式储物格结构,实现存储格的双向旋转运动。经过最优路径后,大范围改变取物高度。

② 四对气缸与上述机构的配合,将电机数量简化为一个。

③ 华容道式结构保证存储格架在运动过程中不会因重力滑动而自锁;通过旋转板、摆杆与圆弧面高度匹配,实现摆杆自锁,使系统安全可靠。

3. 推广应用价值

普通衣柜不方便老年人单独使用,这类产品稀缺。可移动的内部隔间结构方便老年用户独立使用,大大提高了实用价值。方便调整隔间高度,确保老年用户使用效率和安全。同时采用单电机,更节能。结构简单,节约成本。该机构原理的衣柜也可应用于车站储物柜、快车柜等高低存取困难的场合。

12.5 全国大学生课外学术科技作品竞赛(挑战杯)

12.5.1 竞赛介绍

"挑战杯"竞赛是"挑战杯"全国大学生系列科技学术竞赛的简称,是由共青团中央、中国科协、教育部和全国学联共同主办的全国性的大学生课外学术实践竞赛,竞赛官方网站为 www. tiaozhanbei. net。"挑战杯"竞赛在中国共有两个并列项目,一个是"挑战杯"中国大学生创业计划竞赛,另一个则是"挑战杯"全国大学生课外学术科技作品竞赛。这两个项目的全国竞赛交叉轮流开展,每个项目每两年举办一届。

竞赛采取学校、省(自治区、直辖市)和全国三级赛制,分预赛、复赛、决赛 3 个赛段进行。凡在举办竞赛终审决赛当年的 7 月 1 日以前正式注册的全日制非成人教育的各类高等院校在校专科生、本科生、硕士研究生和博士研究生(均不含在职研究生)都可参赛。参加竞赛作品分为已创业(甲类)与未创业(乙类)两类;分为农林、畜牧、食品及相关产业,生物医药,化工技术、环境科学,电子信息,材料,机械能源,服务咨询等 7 组。实行分类、分组申报。

大力实施"科教兴国"战略,努力培养广大青年的创新、创业意识,造就一代符合未来挑战要求的高素质人才,已经成为实现中华民族伟大复兴的时代要求。作为学生科技活动的新载体,创业计划竞赛在培养复合型、创新型人才,促进高校产学研结合,推动国内风险投资体系建立方面发挥出越来越积极的作用。

12.5.2 规则介绍——以第十五届"挑战杯"全国大学生课外学术科技作品竞赛"一带一路"国际专项赛为例

① 竞赛分为初赛、决赛两个阶段。初赛暂定于 2017 年 7 月,采取网络提交和线上评审形式。

② 参赛队伍初赛作品可使用中文或英文,决赛现场答辩展示均使用英文。

③ 参赛作品以"一带一路"为主题,鼓励来自不同国家、不同专业的学生组队参赛。

④ 作品内容聚焦经济合作与发展、科技创新与共享两大方面。在尊重国家主权和知识产权的基础上,以开发新一代绿色科技为核心,强调科技在沿线国家生态保护、环境治理、能源开发、交通运输、医疗救助、工业生产、人民生活等方面的应用,利用新科技提高沿线国家的基础设施水平、科技文化水平、医疗保障水平、人民生活水平,改善当地的自然环境,促进沿线国家的可持续发展。

⑤ 初赛参赛作品以不超过 3 000 字的报告形式提交,并在指定网站填写《第十五届"挑战杯"全国大学生课外学术科技作品竞赛"一带一路"国际专项赛项目申报表》。

⑥ 决赛参赛作品以报告和 PPT 形式提交,可附交动画、视频、图纸等辅助作品的介绍。

⑦ 申报作品应无知识产权争议。

12.5.3 往年决赛作品——多变实用自行车

本方案所设计的自行车是一款多功能折叠自行车,除具备自行车常见功能外,还可用作购物车、桌子、椅子等。该多变实用自行车具有体积小、重量轻、骑感舒适、性能稳定、外观时髦、结构简洁合理、能轻松折叠、易于推广、市场前景良好的特点,该参赛作品如图 12-5 所示。

① 在野餐、露营时,通过车筐的展开拼接成桌面或凳面,用定位销将其固定在车把和车座上,可以做临时的桌子和凳子,方便人们就餐和娱乐。

② 在购物时,该多变实用自行车可以显示其双重折叠功能。折叠两次,把小轮子放在中间,就可以形成精致美观的购物车。这节省了空间和资源。

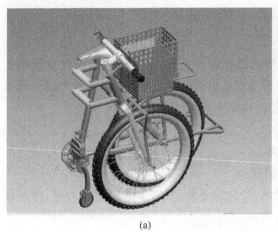

(a)　　　　　　　　　　　　　　(b)

图 12-5　多变实用自行车

③ 在居家生活时,该多变实用自行车由于体积小可以放在卧室和客厅中,既可以作为摆放物品的桌子,又可以在上面读书写字,合理地利用了空间,方便日常生活。我国现在研究的折叠自行车,其特征是用升降手闸使整车轴心向上提升折叠成超小体积的轴心型便携折叠车的整体结构,整车折叠后放进布袋(箱包)中成为折叠自行车的一体化结构。在制作中则需要用锁紧合页将车架及龙头、车座相连接;锁紧合页装有弹簧、钢索(线闸)等,操作方便;升降手闸可以控制锁合页,确保安全方便。

12.6　全国大学生工程训练综合能力竞赛

12.6.1　竞赛介绍

全国大学生工程训练综合能力竞赛是公益性的大学生科技创新竞技活动,是有较大影响力的国家级大学生科技创新竞赛,是教育部、财政部资助的大学生竞赛项目,目的是加强学生创新能力和实践能力培养,提高本科教育水平和人才培养质量。为开办此项竞赛,经教育部高等教育司批准,专门成立了全国大学生工程训练综合能力竞赛组织委员会和专家委员会。竞赛组委会秘书处设在大连理工大学。竞赛每两年一届。

竞赛活动面向全国各类本科院校在校大学生,实行校、省(或多省联合形成的区域)、全国三级竞赛制度。省级竞赛或区域竞赛的优胜者,经省或区域教育厅核准,报名推荐参加全国决赛。

全国大学生工程训练综合能力竞赛秉承"竞赛为人才培养服务,竞赛为教育质量助力,竞赛为创新教育引路"的宗旨。大赛的指导思想是"重在实践,鼓励创新,突出综合,强调能力",以提高大学生的实践动手能力、科技创新能力和团队精神。

12.6.2　规则介绍——驱动车赛项

1. 驱动车赛项赛题解析

势能驱动车:1 kg±10 g 砝码,高度 300±2 mm。

结构:车轮数量、砝码形状及尺寸、乙醇燃烧方式(单/多缸、内/外燃)均不限。

2. 规则

现场抽签现场决赛任务,按照决赛任务和所选择的运行方式,竞赛社区信息化系统的支持,完成驱动车的传动机构(不含轴)的设计,并采用现场提供的装备按照现场命题完成驱动车部分传动机构的零件制造,将加工好的零件安装在作品上并调试。

主要考核下面几个方面:

① "制造成本"(驱动车的传动机构制造成本);

② "技术能力"(技术服务能力与项目文档质量);

③ "综合素质"(工程知识面与视野、安全意识、公益服务意识、宣传意识与能力等,考评现场解决突发问题、复杂问题、未知问题的能力)。

12.6.3 往年决赛作品

根据全国大学生工程训练综合能力竞赛关于 S 形轨迹的命题要求,自主设计并完成制作了以重力势能驱动的具有方向控制功能的小车。比赛要求小车在指定的路线上实现避障行驶,且障碍物的距离在一定范围内随机调整,以小车成功绕障数量和前行的距离来评定成绩。

实现 S 形轨迹无碳小车有多种结构设计方案,基本原则是结构合理、易于拆装、便于调节、精度高。在设计时,首先查阅了相关资料及之前比赛的小车的相关论文,进行各部件的三维设计。在制作并组装实物小车后,对小车进行了运行调试,针对运行过程中出现的问题,不断修改并完善小车零件,最后得出了合理的汽车结构。无碳小车的主要结构是原动机结构、传动机构、转向机构、微调机构。

1. 原动机构

原动机构是通过绳子将重物的重力势能转化为汽车的动能。采用步进式双轮结构,减少能量传递过程中的能量损失。卷绕绳的一端与双轮连接,另一端与卷轴连接。在重物下降的过程中,带动绕线轴的转动,实现了能量转换。绕线轴的直径直接影响驱动力矩和小车前进速度,因此简管上有锥形槽,结构如图 12-6 所示。

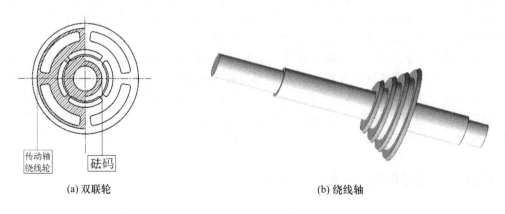

(a) 双联轮 (b) 绕线轴

图 12-6 原动机构

2. 传动机构

由于小车的驱动力小,所以传动部分采用两级齿轮传动。传动机构的传动路线分为两条。路线一:砝码 1 下落将动力通过双联轮 12 传递给绕线轴 2,绕线轴 2 通过齿轮 5 传递给齿轮 4,齿轮 4 与后轮 6 同轴,实现后轮转动驱使小车前进。路线二:绕线轴 2 通过齿轮 7 传递给齿轮 8 带动曲柄做回转运动,曲柄带动连杆 9 驱使摇杆 10 带动前轮 11 实现转弯。传动原理如图 12-7 所示。

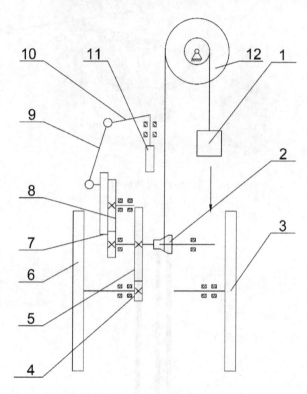

图 12-7 传动原理

3. 转向机构

转向机构是小车得以实现转向功能的关键部分,也是对小车实现周期性运动的保证。小车采用了空间曲柄连杆机构实现前轮转向,即通过曲柄旋转,带动连杆推动摇杆前后运动,从而使前轮实现左右周期性的转动。曲柄旋转一周,小车完成一个 S 形周期。通过调节连杆和摇杆的长度以及连杆和曲柄的连接孔位置,无碳小车一个周期内的直线行驶距离约为 2 米。

4. 可调机构

微分筒通过螺钉与连杆连接,实现连杆长度的微调,连杆长度控制小车的整体运行方向,根据小车的实际运行情况进行微调。曲柄加工有 4 个距中心不同距离的孔,调节孔距可以控制小车的行驶周期,桩距越大,所需周期越短,峰值越大,结构如图 12-8 所示。

最终的参赛作品如图 12-9 所示。

该设计通过将重力势能转化为动能,辅以转向机构、可调机构使小车实现 S 形轨迹和不等桩距的绕桩功能。为了优化小车的运行,在理论设计的基础上,采用控制变量法改变曲柄孔距、摇杆长度和连杆长度。通过实际测试,分析了小车轨道变化的原因,解决了小车轨道问题,找到了小车的调试方法和轨迹规律。通过实验得出了小车最佳调试数据，使小车轨迹达到最佳。

图 12-8　可调机构

图 12-9　决赛作品

参 考 文 献

[1] 黄康,田杰,王勇.机械 CAD 与 SolidWorks 三维计算机辅助设计[M].合肥:中国科学技术大学出版社,2005.

[2] 曹茹,商跃进.SolidWorks 2014 三维设计及应用教程[M].北京:机械工业出版社,2014.

[3] 赵罘,杨晓晋,刘玥.SolidWorks 2019 中文版机械设计从入门到精通[M].北京:人民邮电出版社,2019.

[4] CAD/CAM/CAE 技术联盟.SOLIDWORKS 2018 中文版从入门到精通[M].北京:清华大学出版社,2019.

[5] 陈超祥,叶修梓.SolidWorks 工程图教程(2010 版)[M].杭州新迪数字工程系统有限公司,译.北京:机械工业出版社,2010.

[6] 陈超祥,胡其登.SOLIDWORKS 零件与装配体教程(2017 版)[M].杭州新迪数字工程系统有限公司,译.北京:机械工业出版社,2017.

[7] 陈超祥,胡其登.SOLIDWORKS 工程图教程(2017 版)[M].杭州新迪数字工程系统有限公司,译.北京:机械工业出版社,2017.

[8] 陈超祥,胡其登.SOLIDWORKS Simulation Premium 教程(2017 版)[M].杭州新迪数字工程系统有限公司,译.北京:机械工业出版社,2017.

[9] 陈超祥,胡其登.SOLIDWORKS 高级教程简编(2017 版)[M].杭州新迪数字工程系统有限公司,译.北京:机械工业出版社,2017.

[10] 陈超祥,胡其登.SOLIDWORKS 高级曲面教程(2017 版)[M].杭州新迪数字工程系统有限公司,译.北京:机械工业出版社,2017.

[11] 邵立康,陶冶,樊宁,等.全国大学生先进成图技术与产品信息建模创新大赛命题解答汇编(1~11 届)(机械类、水利类与道桥类)[M].北京:中国农业大学出版社,2019.

[12] 翁海珊,王晶.第一届全国大学生机械创新设计大赛决赛作品集[M].北京:高等教育出版社,2006.

[13] 王晶.第二届全国大学生机械创新设计大赛决赛作品集[M].北京:高等教育出版社,2007.

[14] 王晶.第四届全国大学生机械创新设计大赛决赛作品选集[M].北京:高等教育出版社,2012.

[15] 袁锋.全国三维数字化创新设计大赛模拟试题精选(第一分册)[M].北京:机械工业出版社,2009.

[16] 袁锋.全国三维数字化创新设计大赛模拟试题精选(第二分册)[M].北京:机械工业出版社,2009.

[17] 张振刚,等.问鼎"挑战杯":全国大学生课外学术科技作品竞赛指南[M].北京:高等教育出版社,2010.

［18］ 王宏舟,丁力.九州共创——中国大学学术科技创新采风［M］.北京:时事出版社,2005.

［19］ 陈超祥,叶修梓.SolidWorks Simulation 基础教程(2010 版)［M］.杭州新迪数字工程系统有限公司,译.北京:机械工业出版社,2010.

［20］ 陈超祥,叶修梓.SolidWorks 高级教程简编(2010 版)［M］.杭州新迪数字工程系统有限公司,译.北京:机械工业出版社,2010.

［21］ 辛文彤,李志尊.SolidWorks 2012 中文版从入门到精通［M］.北京:人民邮电出版社,2012.

［22］ 黄成.SolidWorks 2010 中文版完全自学一本通［M］.北京:电子工业出版社,2011.

［23］ 江洪,陈燎,王智,等.SolidWorks 有限元分析实例解析［M］.北京:机械工业出版社,2007.

［24］ Lombard M.SolidWorks 2009 Bible［M］.Indianapolis:Wiley Publishing,2009.

［25］ 北京兆迪科技有限公司.SolidWorks 工程图教程(2015 版)［M］.北京:电子工业出版社,2015.

［26］ Lombard M.SolidWorks 2007 Bible［M］.Indianapolis:Wiley Publishing,2007.

［27］ 张云杰,等.SolidWorks 2010 中文版从入门到精通［M］.北京:电子工业出版社,2010.

［28］ 赵罘,王平.SolidWorks 2010 中文版快速入门与应用［M］.北京:电子工业出版社,2010.

［29］ 易继军.结构拓扑优化方法研究及其在螺旋锥齿轮机床中的应用［D］.长沙:中南大学,2014.

［30］ 孙士平.材料和结构的拓扑优化关键理论与方法研究［D］.西安:西北工业大学,2006.

［31］ Solidworks 三维产品设计与建模［EB/OL］.［2023-03-03］.https://www.icourse163.org/course/NWPU-1207040802? from＝searchPage＆outVendor＝zw_mooc_pcssjg_.